电力行业应急系列丛书

U0177990

电力应急救援作业培训教材

国网甘肃省电力公司 组编

聂江龙 马之力 主编

電子工業出版社

Publishing House of Electronics Industry

北京 · BEIJING

内 容 简 介

本书是一本基于电力应急作业人员的岗位需求，依托电力应急作业人员培训考核标准开发的，满足电力应急作业人员技能培训需求的高质量教材，内容包括电力应急救援基础技术、电力应急救援综合技术和电力应急救援场景及其应用等三部分，内容丰富，讲解细致，易于理解，具有较强的可操作性，可作为电力行业应急作业人员的培训教材。

未经许可，不得以任何方式复制或抄袭本书之部分或全部内容。
版权所有，侵权必究。

图书在版编目（CIP）数据

电力应急救援作业培训教材 / 聂江龙，马之力主编 . —北京：电子工业出版社，2022.11
（电力行业应急系列丛书）
ISBN 978-7-121-44535-4

Ⅰ . ①电…　Ⅱ . ①聂… ②马…　Ⅲ . ①电力工业－突发事件－救援－职业培训－教材　Ⅳ . ① TM08

中国版本图书馆 CIP 数据核字（2022）第 213535 号

责任编辑：夏平飞
印　　刷：中国电影出版社印刷厂
装　　订：中国电影出版社印刷厂
出版发行：电子工业出版社
　　　　　北京市海淀区万寿路 173 信箱　邮编　100036
开　　本：787×1 092　1/16　印张：21　字数：537.6 千字
版　　次：2022 年 11 月第 1 版
印　　次：2022 年 11 月第 1 次印刷
定　　价：128.00 元

凡所购买电子工业出版社图书有缺损问题，请向购买书店调换。若书店售缺，请与本社发行部联系，联系及邮购电话：（010）88254888，88258888。

质量投诉请发邮件至 zlts@phei.com.cn，盗版侵权举报请发邮件至 dbqq@phei.com.cn。

本书咨询联系方式：（010）88254498。

丛书编委会

主　任：聂江龙　马之力

副主任：武　平　程　健　宋红为　田迎祥

委　员：杨国练　王　静　王　跃　谭　亮　贺洲强　夏　天　赵连斌
陈　钊　朱海涛　高　翔　冉利利　李玉鹏　白　宁　杜超本
赵金雄　郭文科　孙四海　付　娟　弥海峰

本书编写人员

主　　编：聂江龙　马之力

副 主 编：程　健　田迎祥　邓　创　鲁周勋

编写人员：陈　功　王艳秋　李　波　李洪战　杨志红　关　猛
郑松源　潘岐深　周　炜　张　斌　罗　刚　杜祖坤
席文飞　王延国　侯　飞　潘　轩　杜　权　史敏涛
高自力　李克君　康　竞　高　嵩　马文豪　黄　超
张纪礼　王　超　张凯林　卜微微

定 稿 人：李　进　钱洪伟

序

PREFACE

近年来，自然灾害频发，雪灾、火灾、泥石流、台风等突发性灾难事件引发的大面积、长时间停电，严重威胁着人们正常的生产生活，而电力企业作为一类对社会有着重要影响的行业，其安全生产运行关系到社会的正常用电，并且未来发展趋势也会对整个社会产生重要影响。因此，电力企业应进一步加强突发事件的应急管理工作，建立健全应急管理体系，及时有效应对突发事件，降低自然灾害带来的损失和影响。为解决上述问题，出版内容专业、规范的系列图书，为电力应急岗位人员提供理论与实操方面的知识是应对当前形势的途径之一。为此，电力应急领域相关的专家们成立了编委会，组织编写并出版“电力行业应急系列丛书”（以下简称“丛书”），以满足电力行业应急体系建设的实际需求。

“丛书”从电力企业应急自救急救、电力企业应急后勤保障、应急供电、电力企业应急信息通信、电力企业应急装备等多方面专业技术角度，以实际操作技能为主线，按照相关岗位能力需求，构建与阐述电力行业应急专项能力知识点，力求在深度、广度上涵盖电力应急技能相关培训与应用所要求的内容。

“丛书”的出版是规范与提高电力行业应急技能的探索和尝试，凝聚了全行业专家的经验和智慧，具有实用性、针对性、可操作性等特点，旨在开启建立健全应急管理体系的新篇章，实现全行业教育培训资源的共建共享。

当前社会，科学技术飞速发展，“丛书”虽然经过认真编写、校订和审核，仍然难免有疏漏和不足之处，需要不断地补充、修订和完善。欢迎使用“丛书”的读者提出宝贵意见和建议。

清华大学　范维澄院士

2022 年 11 月

前言

PREFACE

随着电力工业不断发展，电力体制改革继续深化，电力应急管理责任体系的不断完善亟须电力应急管理方法和技术手段持续创新，电力应急相关岗位人员的应急救援处置能力亦需进一步的提高。在这种形势下，全面加强电力应急能力建设，进一步提高电力应急管理水平势在必行。

电力应急培训是提高电力人员应急技能，提升电力系统应急能力的重要途径之一。由于电力应急培训专业内容复杂，且与消防救援、国家综合应急救援等知识能力项有学科交叉，因此如何有针对性地对电力应急人员展开培训，教材的选择就显得尤为重要。

在此背景下，国网甘肃省电力公司组织电力应急领域的专家，依托电力应急作业人员培训考核标准，制定科学、有效、符合现实需求的教材开发大纲，进而编写一本满足电力应急作业人员技能培训需求的高质量教材，全面提升电力应急技能培训工作的有效性。

本书共分三部分：第一部分讲述电力应急救援基础技术，包括应急管理基础、应急自救急救、灾害现场应急避险与生存、绳索技术；第二部分阐述电力应急救援综合技术，包括电力应急勘灾技术、电力应急后勤保障技术、电力应急交通保障与应急驾驶技术、电力应急现场救援技术、应急供电技术、电力应急信息与通信技术；第三部分介绍电力应急救援场景及其应用，列举了大量真实应急救援案例，让读者从更直观的角度理解应急救援的要义。

本书图文并茂，追求知识性和直观性，对我国电力系统现有的应急救援体系和救援现场安全管理进行了梳理，对电力突发事件应急处置应掌握的救援实用技术、保障技能、综合技能等基础知识进行了框架性描述和详细的阐述，具有较高的实用性、权威性和系统性。

编写工作启动以后，编写组进行了多方调研，广泛收集了相关资料，并在此基础上进行提炼和总结，凝聚了专家和广大电力工作者的智慧，以期能够准确表达技术规范和标准要求，为电力工作者的应急救援工作提供参考。但电力行业不断发展，电力应急培训内容繁杂，书中所写的内容与实际情况可能会有偏差，恳请读者理解，并衷心希望读者提出宝贵的意见和建议。

编　者

2022 年 9 月

目录

CONTENTS

第一部分

电力应急救援基础技术

Chapter 1

第一章 应急管理基础

模块一　突发事件与应急管理

培训目标

1. 了解突发事件的概念、特点及其分类，理解突发事件的本质特征及发生、发展变化规律。

2. 了解突发事件应急管理的概念和特点，熟悉我国应急管理的发展和现状及我国的应急管理体系架构，了解我国应急管理体制、机制、法制和应急预案的概念。

3. 理解现代应急管理理念及内涵。

4. 了解我国应急管理法制体系的基本构成，熟知我国应急法律、法规的性质、特点、目的、任务、调整对象和基本原则。

知识点

一、突发事件及其分类与特点

人类社会发展到今天，由于社会化进程的加快、对资源开发利用的加深、网络通信的迅猛发展、多个领域互联互通快速增长等诸多因素的影响，经济、社会和自然界都进入了一个各类突发事件发生概率增多、破坏力更大、影响力更广的特殊发展阶段。越来越多的各类危机及突发事件，对人类的生命财产安全、生态安全、社会稳定，甚至国家安全造成越来越大的威胁。

（一）突发事件的概念

广义上讲，突然发生的事情，都可称之为突发事件，而突发事件影响的范围、造成的危害及发生、发展、变化的态势各不相同。本书所指的突发事件，是突然发生的具有公共影响力或严重危害性的重大或敏感事件，即突发公共事件，简称突发事件。根据《中华人民共和国突发事件应对法》中的定义，突发事件是指突然发生，造成或者可能造成严重社会危害，需要采取应急处置措施予以应对的自然灾害、事故灾难、公共卫生事件和社会安全事件。

（二）突发事件的分类

我国根据突发事件的发生过程、性质和机理，将突发事件主要分为自然灾害、事故灾难、公共卫生事件和社会安全事件四类。

自然灾害是指由于自然界发生异常变化造成的人员伤亡、财产损失、社会失稳、资源破坏等现象或一系列事件。自然灾害主要包括水旱灾害、气象灾害、地震灾害、地质灾害、海洋灾害、生物灾害和森林草原火灾等。它的形成必须具备两个条件：要有自然异变作为诱因；要有受到损害的人、财产、资源作为承受灾害的客体。自然灾害是人与自然矛盾的一种表现形式，已经成为制约国民经济和社会又好又快发展的重要因素。

事故灾难主要包括工矿商贸等企业的各类安全事故、交通运输事故、公共设施和设备事故、环境污染和生态破坏事件等。人类的任何生产、生活活动过程中都可能发生事故。各类事故的起因，或为天灾，或因人祸。由于导致事故发生的原因非常复杂，往往包括许多偶然因素，因而事故的发生具有随机性质。事故灾难往往造成人员伤害、死亡、职业病或设备设施等财产损失和其他损失。

公共卫生事件主要包括传染病疫情、群体性不明原因疾病、食品安全和职业危害、动物疫情以及其他严重影响公众健康和生命安全的事件。引起公共卫生事件的因素多种多样，比如生物因素、食品药品安全事件、自然灾害、各种事故灾难等。重大的公共卫生事件不但对人的健康有影响，还影响社会的稳定、经济的发展。

社会安全事件主要包括重大刑事案件、重特大火灾事件、恐怖袭击事件、涉外突发事件、金融安全事件、规模较大的群体性事件、民族宗教突发群体事件、学校安全事件以及其他对社会影响严重的突发事件。社会安全事件一旦发生，可能会造成重大人员伤亡、重大财产损失和对部分地区的经济社会稳定、政治安定构成重大威胁，并有重大社会影响。

以上四种突发事件的分类只是相对的，各类突发事件之间又会相互影响、相互交叉，有些突发事件很难分清是自然灾害还是人为事故，而且不同类型的突发事件是可以相互转化的。例如，洪涝灾害、重大事故都会衍生防疫问题，自然灾害、事故灾难、公共卫生事件都会诱发社会稳定问题。

（三）突发事件的特点

突发事件的类型众多，每类突发事件都独具特点。但总体而言，突发事件具有以下共同特征。

（1）公共性和社会性。这种公共性和社会性表现在：事件本身引起公众的高度关注，不能引起公众的高度关注的事件不具备公共性，不是公共危机事件；对公共利益产生较大消极负面影响，如危及公共安全、损害公共财产和广大民众的私有财产，甚至严重破坏正常的社会秩序、危及社会的基本价值等；事件本身与公权力之间发生直接联系尤其是形成某种公法关系。

（2）突发性和紧迫性。突发事件的发生往往是突如其来，如果不能及时采取应对措施，危机就会迅速扩大和升级，会造成更大的危害。“突发”在时间上体现为来得快，常常在一瞬间发生，或者说在意想不到的时间和地点发生，即使出现预兆，也是短时的、难以捕捉和难以识别的。

（3）危害性和破坏性。危害性和破坏性是突发事件的本质特征，一旦发生突发事件，就会对生命财产、社会秩序、公共安全构成严重威胁，如果应对不当，就会造成巨大的生命、财产损失或社会秩序的严重动荡。

突发事件必须借助公权力的介入和动用社会人力、物力才能解决。公权力在突发事件应对过程中发挥着领导、组织、指挥、协调等功能。公权力介入应对突发事件，既是政府的权力，也是政府的义务。如果突发事件不需要公权力介入，只需要在一定群体中自行解决，这样的事件就不具有公共危机事件的公共性。

（四）突发事件的分级

按照突发事件的性质、严重程度、可控性和影响范围等因素，《中华人民共和国突发事件应对法》中将自然灾害、事故灾难、公共卫生事件、社会安全事件分为特别重大、重大、较大、一般四个等级。

可以预警的自然灾害、事故灾难和公共卫生事件的预警级别，按照突发事件发生的紧急程度、发展势态和可能造成的危害程度分为一级、二级、三级和四级，分别用红色、橙色、黄色和蓝色标识，一级为最高级别。预警级别的划分标准由国务院或者国务院确定的部门制定。

完整的预警信息内容包括突发事件名称、预警级别、预警区域或场所、预警期起始时间、影响估计及应对措施、发布单位和时间等。在日常生活中，可以通过广播电台、电视、互联网、手机短信、客户端、公交和地铁移动电视、公共场所电子大屏幕、农村广播等获取预警信息。

二、突发事件应急管理

应急管理是和突发事件紧密相连的一个概念。有了突发事件，也就有了应急管理。

（一）应急管理的概念

应急管理工作在内容、目的、对象、流程、方法、职责、管理制度等方面，都与传统安全生产有很大不同，是新形势下出现的一个新专业、新领域。《中华人民共和国突发事件应对法》指出，应急管理是指政府及其他公共机构在突发公共事件的事前预防、事发应对、事中处置和善后管理过程中，通过建立必要的应对机制，采取一系列必要措施，保障公众生命财产安全，促进社会和谐健康发展的有关活动。可以从学术和实践两个角度理解应急管理的概念。

（1）从学术的角度讲，应急管理是一门新兴的管理学科，是一门研究突发事件的现象及其发展规律的新兴学科；是一门综合了公共管理、运筹学、战略管理、信息技术以及各种专门知识的交叉学科，是针对突发事件的决策优化的研究；是为了降低突发灾难性事件的危害，基于对造成突发事件的原因、发生、发展过程以及所产生的负面影响的科学分析，有效集成社会各方面的资源，采用现代技术手段和管理方法，对突发事件进行有效的应对、控制和处理的一整套理论、方法和技术体系。

（2）从实践的角度讲，应急管理是政府及其他公共机构在应对突发事件过程中，采取一系列必要措施，保障公众生命财产安全，促进社会发展的有关活动；是在应对突发事件的过程中，为了预防和减少突发事件的发生，控制、减轻和消除突发事件带来的危害，基于对突发事件的原因、过程及后果进行分析，对突发事件进行有效预防、准备、响应和恢复的过程。

（二）应急管理的实质

应急管理的主体是政府或其他公共机构（单位、企业），客体（或对象）是突发事件，其目的是降低或减少突发事件带来的影响和损失。

应急管理的实质是指突发事件的预防与应急准备、监测与预警、应急处置与救援、事后恢复与重建等应对活动的过程，图 1-1 直观地表示出突发事件的事前、事发、事中、事后四个阶段应急处置的关系内涵，应急管理全过程是一个动态的“预防—准备—响应—恢复—再预防”的闭环管理过程。每个阶段都起源于前一阶段，同时又是下一阶段的前提。

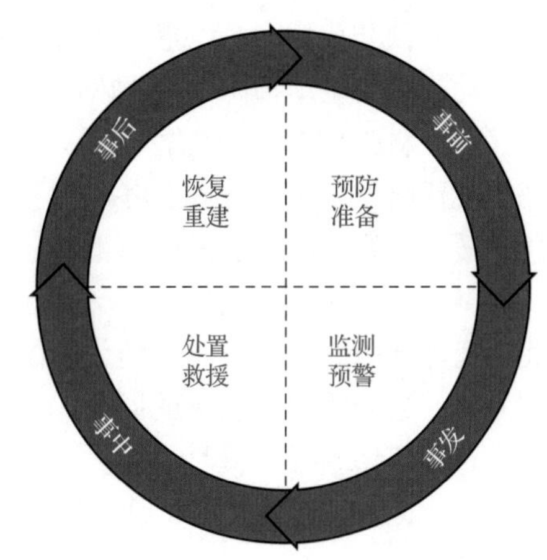

图 1-1 应急管理的全过程

（1）预防准备阶段。该阶段主要工作任务包括应急组织规划与管理、应急体系建设、风险管理、应急物资储备、应急队伍建设、应急能力评估等内容，预防准备阶段是复杂而全面的，也是最容易被忽视的阶段。

（2）监测预警阶段。该阶段主要工作任务包括灾害风险评估、灾害信息收集与监测监控、发布预警及启动应急响应等内容，监测预警工作要求及时、准确，是应急管理的关键阶段。

（3）处置救援阶段。该阶段主要工作任务包括先期处置、资源调配、指挥协调、现场救援、信息发布等内容，处置救援需要科学的组织管理和救援技术支撑，是应急管理最为复杂艰巨的阶段。

（4）恢复重建阶段。该阶段主要工作任务包括秩序恢复、事故调查、损失评估、启动重建、总结提高等内容，恢复重建需要科学的理念指导，需要复杂细致的梳理总结工作，可能是一个漫长的过程。

（三）应急管理的特点

（1）应急处置的时效性。时效性就是要求“急”“快”“迅速反应”，这是应急管理的首要特征。

（2）应急救援的人本性。人本性就是应急救援要“以人为本”，把保障公众生命安全和健康作为首要任务。

（3）应急主体的政府主导性。应急管理是政府的职责，政府主导才能使应急管理有力、有序、高效进行，真正实现“统一领导、分工协作”的应急管理机制。

（4）应急技术的专业性。以科学的知识和专门技术为武器，讲求应急技术的专业性和科学性。

（5）应急力量的社会参与性。面对重大的自然和社会危机，没有全社会的积极参与和大力支持，仅仅依靠政府的力量，想圆满地解决危机是不可能的。

（四）现代应急管理理念

当今世界，有效预防和妥善处置各种突发事件已经成为各国和社会各界共同面临的严峻挑战，加强合作，积极沟通，逐步成为各国共识，也逐步形成现代应急管理的基本理念。

（1）以人为本。生命至上，在应急管理过程中，更加尊重生命、善待生命，把确保人民身体健康和生命安全作为首要目标。

（2）政府主导。面对突发事件的应急管理，政府应发挥主导作用，但不能仅仅依靠政府，企事业单位、社会组织、公众、志愿者等也是应急管理的重要主体，社会力量成为核心依托。

（3）预防为主。应急管理从事件处置到事前预防与事件处置并重转变，注重风险管理，变被动应对为主动预防，从更基础的层面减少突发事件的发生或降低事件带来的危害和损失。

（4）科学应对。应急管理是一门科学，必须尊重客观规律，必须依靠科技，注重学习，利用现代科学技术优化整合各类科技资源，加强技术研发，形成集监测预警、指挥调度、应急救援、后勤保障等协同应急机制，确保应急管理科学有序高效开展。

（5）综合协调。突发事件频发且成因更加复杂，影响更加深远，必须建立地区之间、行业之间、部门之间、条块之间、军民之间以及跨国之间的密切合作机制建设。

（6）公开透明。救灾的同时，必须实事求是，加强与社会各界的信息沟通，加强应急新闻宣传和舆情引导。

（7）依法应对。应急管理必须纳入法制化轨道，虽然事态紧急，但应急管理必须有法可依，有章可循。

三、国内外突发事件应急管理现状与发展

（一）国外突发事件应急管理现状与发展

1. 美国

美国已基本建立起一个比较完善的应急管理组织体系，形成了联邦、州、县、市、社区五个层次的应急管理与响应机构。应急管理机制实行统一管理、属地为主、分级响应、标准运行。

为了让应急预案体系能够更有效地针对不同的突发安全事故，美国将不同的电力突发安全事故进行了界定，分为人为事故和非人为事故两大类。其电力系统突发安全事故预案体系建设涉及预防、准备、响应和恢复四个典型环节，这四个环节是一个整体，也是一个动态过程。预防环节包括危险源及威胁的识别和危险缓解等。准备环节主要是应急资源准备、预案编写与修订、演练以及预测预警和模拟分析，主要目的是提高应急处置能力。响应环节包括使用应急资源缓解灾害对人身安全、电力设施、国家安全、社会环境的危害并启动相关救援行动。恢复环节就是采取行动终止应急状态、恢复正常秩序等。

关于电力系统突发事件管理的立法，美国陆续制定了一系列法规和计划，如《联邦应急计划》《洪水灾害防御法》等。

2. 加拿大

加拿大将电力行业突发安全事故分为三种：电力系统事故、建筑结构事故、流行病事故。电力系统事故是指可能影响发电站供应市场电网及配电系统的事故，这种事故需要启动应急计划。当电力传输设施由于火灾或其他灾害导致建筑结构部分或全部不可用时，可被认作为

建筑结构事故，这种事故同样需要采取应急计划。一场流行病疫影响输电系统 20% ～ 40% 的员工 3 ～ 4 周不能进行工作时，可被认作是流行病事故。

加拿大电力系统应急预案体系建设涉及三方面部门：能源部、发电企业、独立电力运营商。加拿大应急预案体系建设主要包含突发安全事件分析、应急管理支持团队、应急运行中心、应急演练规划、应急预案体系维护等五个方面。

在电力系统应急管理方面，《加拿大电力法案（1998）》第 39 章规定：由能源部及独立电力运营商作为责任组织负责组织市场参与者进行应急预案建设并保障能对电力应急事件进行有效管理。加拿大独立电力运营商建立了应急预案管理机构（Emergency Planning Team Framework，EPTF），进行统筹准备应急预案体系并提供长期维护。依据加拿大《加拿大电力法案（1998）》第 5 章 11 节规定，由独立电力运营商建立相关应急预案标准，其中主要包含电力预案内容标准、电力预案测试标准、电力应急通信标准等。电力应急通信标准规定企业必须提供全天候 24h 运行联系电话及企业主管领导电话以供应急管理。

3. 英国

英国注重多层分工、上下联动、跨部门协作的运行机制。英国没有常设的中央级部门专职负责应急管理工作，国家层面主要由内阁国民应急事务秘书处牵头，而在地方层面，警察、消防、医疗救助等部门并不直接隶属于地方政府。在这种复杂的体制下，经过多年的摸索，英国建立了中央政府三级响应模式：第一级是超出地方处置范围和能力但不需要跨部门协调的重大突发公共事件，由相关中央部门作为“主责政府部门”负责协调上下级关系，主导事件处理；第二级是产生大范围影响并需要中央协调处置的突发公共事件，启动内阁简报室（COBR）机制，协调军队、情报机构等相关部门进行处置；第三级是产生大范围蔓延性、灾难性影响的突发公共事件，启动 COBR 机制。这时的 COBR 是在首相或副首相的领导下进行运转的，决定全国范围内的应对措施。地方层面建立“金、银、铜”三级指挥运行机制。“金”层级负责“做什么”的问题；“银”层级负责“如何做”的问题，根据“金”层级下达的指令分配任务；“铜”层级在现场负责具体实施应急处置任务。

在英国，与电力应急管理相关的法规主要有《电力法》《电力供应紧急状态实施规则》《国民紧急事故法》等。英国政府 1989 年的《电力法》中明确提出：设置“电监会”代表英国政府对电力市场进行统一管理。电监会负责起草、修改、核定所有有关法律法规，内容涉及电力市场的运营规则、电力市场参与者必须达到的技术经济指标和安全生产标准、应急机制等。

4. 日本

日本所处的地理位置特殊，是自然灾害的多发国家，发生地震、台风、海啸等灾害的频率极高。因此，日本的应急管理制度比较完善，各级政府为了应对各种可能的突发公共事件，采取了完善立法、加强应急基础设施建设、建立危机管理体制等有效措施。日本电力中央研究所根据地震频发的特点，重点开展了危机分类及评估的研究，研究了地震等外部危机因素对城市电网的影响，并以安全性和经济性为评价目标，提出了提高城市电网抗灾能力的改造方案和详细的电网应急预案。总结来说，日本形成了特色鲜明、成效显著的应急管理体系。其主要特点如下：

（1）应急管理法律体系健全完善。在预防和应对灾害方面，日本坚持“立法先行”，建立了完善的应急管理法律体系。

（2）应急管理组织体系科学严密。日本建立了中央政府、都道府县（省级）政府、市町村政府分级负责，以市町村为主体，消防、国土交通等有关部门分类管理，密切配合，防灾局综合协调的应急管理组织体制。

（3）应急保障有力。一是建立了专职和兼职相结合的应急队伍；二是应急设施齐备；三是应急物资种类多、数量足、质量高。

（4）预测预警和应急通信系统完善发达。利用先进的监测预警技术系统，实时跟踪和监测天气、地质、海洋、交通等变化；建立起覆盖全国、功能完善、技术先进的应急通信网络。

（二）我国的突发事件应急管理现状与发展

我国现代应急管理体系建设的起步之年是 2003 年，2005 年召开的全国应急管理工作会议指出：加强应急管理工作，是维护国家安全、社会稳定和人民群众利益的重要保障，是履行政府社会管理和公共服务职能的重要内容。

1. 我国突发事件应急管理的工作原则

《中华人民共和国突发事件应对法》第五条规定，“突发事件应对工作实行预防为主、预防与应急相结合的原则”，这是突发事件应急管理最核心的指导原则。《国家突发公共事件总体应急预案》提出了六项工作原则，即以人为本，减少危害；居安思危，预防为主；统一领导，分级负责；依法规范，加强管理；快速反应，协调应对；依靠科技，提高素质。

2. 我国应急管理工作的主要实践历程

与发达国家相比，我国的现代应急管理体系建设起步较晚，在新中国成立直到 21 世纪初的几十年里，从最初的单一部门应对单一灾种到区域综合灾害应对，取得了一些研究成果和实践成果，但还没有形成应急预案和相应的体制机制组成的应急管理体系，应急救灾的效率低、成本高，灾害的科学应对存在许多薄弱环节。2003 年的 SARS 事件成为推动我国现代应急管理体系建设的里程碑事件，之后我国应急管理体系的科学化、正规化建设开始起步。2007 年，《中华人民共和国突发事件应对法》颁布实施，“一案三制”为核心的应急管理体系正式确立，标志着我国的应急管理工作走上了法制化的轨道。时至今日，我国应急管理体系的基础已基本奠定，“一案三制”逐步完善，科学的应急理念逐步深入人心，应急能力得到了进一步增强。表 1-1 列举了我国应急管理工作发展过程中的重大事件。

表 1-1　我国应急管理工作发展过程中的重大事件

年　份	重大事件	意　义
2003	SARS 事件	暴露出我国突发事件应对工作普遍存在的体制不完善、机制不健全、应急处置能力不足等问题，我国现代应急管理因 SARS 事件正式启动，提出“一案三制”建设，是我国应急管理体系建设的第一个里程碑
2004	党的十六届四中全会	作出《关于加强党的执政能力建设的决定》，进一步提出“建立健全社会预警体系，形成统一指挥、功能齐全、反应灵敏、运转高效的应急机制，提高保障公共安全和处置突发公共事件的能力”
2005	第一次全国应急管理工作会议	颁布《国家突发公共事件总体应急预案》，中国应急管理纳入了经常化、制度化、法制化的工作轨道。到 2005 年底，我国突发公共事件应急预案体系框架基本构建形成，是我国现代应急管理体系建设的第二个里程碑

续表

年　份	重大事件	意　义
2006	国家制定“十一五”规划	把应急管理体系建设纳入国家经济社会发展战略计划和社会主义现代化建设“四位一体”总体布局，是应急管理体系建设的第三个里程碑
2007	《中华人民共和国突发事件应对法》颁布实施	标志着我国现代应急管理正式走上法治化的道路；“一案三制”正式确立
2008	南方低温雨雪冰冻灾害 汶川地震	我国应急体系经受住了严峻考验，发挥了重要作用。深入总结我国应急管理的成就和经验，查找存在的问题，进一步提出加强应急管理的方针政策，我国的应急管理体系建设再一次站到了历史的新起点上
2009	“防灾减灾日”设立	经国务院批准，自2009年起，将每年5月12日确立为全国防灾减灾日。旨在增强全社会防灾减灾意识，推动全民防灾减灾知识和避灾自救技能普及推广，提高全社会综合防灾减灾能力
2017	党的十九大	十九大报告中指出，树立安全发展理念，弘扬生命至上、安全第一的思想，健全公共安全体系，完善安全生产责任制，坚决遏制重特大安全事故，提升防灾减灾救灾能力
2018	应急管理部成立	为防范化解重特大安全风险，健全公共安全体系，整合优化应急力量和资源，推动形成统一指挥、专常兼备、反应灵敏、上下联动、平战结合的中国特色应急管理体制，提高防灾减灾救灾能力，确保人民群众生命财产安全和社会稳定，组建应急管理部，作为国务院组成部门
2018	习近平总书记向国家综合性消防救援队伍授旗并致训词	习近平总书记强调，组建国家综合性消防救援队伍，是党中央适应国家治理体系和治理能力现代化作出的战略决策，是立足我国国情和灾害事故特点、构建新时代国家应急救援体系的重要举措，对提高防灾减灾救灾能力、维护社会公共安全、保护人民生命财产安全具有重大意义
2019	国新办举行新时代应急管理事业改革发展情况发布会	发布会强调：新中国成立以来，特别是党的十八大以来，以习近平同志为核心的党中央，从实现“两个一百年”奋斗目标和中华民族伟大复兴的战略高度，全面推进应急管理事业迈入新的历史发展阶段。创新发展了新时代应急管理思想，基本形成了中国特色应急管理体系，显著提升了攻坚克难的应急能力，稳步实现了安全生产形势持续稳定好转，全面取得了防灾减灾救灾新成效
2022	《“十四五”国家应急体系规划》	《“十四五”国家应急体系规划》总体目标：到2025年，应急体系和应急能力现代化建设取得重大进展，形成统一指挥、专常兼备、反应灵敏、上下联动的中国特色应急管理体制，建成统一领导、权责一致、权威高效的国家应急能力体系，防范化解重大安全风险体制机制不断健全，应急救援力量全面加强，应急管理法治水平、科技信息化水平和综合保障能力大幅提升，安全生产、综合防灾减灾形势趋稳向好，自然灾害防御水平明显提高，全社会防范和应对处置灾害事故能力显著增强。到2035年，建立与基本实现现代化相适应的中国特色大国应急体系，全面实现依法应急、科学应急、智慧应急，形成共建共治共享的应急管理新格局

3. 我国电力突发事件应急管理现状与发展

电力工业是国民经济和社会发展的重要基础产业，在国民经济和人民生活中扮演着举足轻重的角色。电力系统存在于自然环境和社会环境中，易受到极端自然条件的挑战和来自社会环境的损坏或破坏。同时，电力系统灾害也会对社会环境带来严重影响。健全和完善电力企业应急管理体系，提高防灾减灾救灾水平，服务经济社会发展至关重要。

与我国应急管理发展同步，我国电网企业应急管理体系建设从2003年开始起步，以2008年南方低温雨雪冰冻灾害为分水岭，电网应急管理的发展大致经历了应急预案体系建设阶段和应急管理体系全面建设两个发展阶段。经过近20年的建设与发展，各大电网企业应急管理体系建设初步完善，应急组织体系、应急标准体系、应急预案体系、培训演练体系等全面建成并发挥重要作用，应急队伍能力、综合保障能力、舆情应对能力、恢复重建能力、预测预警能力、应急信息与指挥协调能力显著增强，为确保电网安全生产和突发事件科学有效处置提供了重要支撑。

（1）国家电网公司的应急管理工作

国家电网公司深入贯彻党的十九大精神和习近平新时代中国特色社会主义思想，认真落实习近平总书记关于安全生产、防灾减灾抗灾救灾重要指示精神，严格执行国家安全生产应急工作部署，坚持“依法治安、科技兴安、改革强安、铁腕治安”，加强安全管理，构建风险管控和隐患排查治理双重预防机制，不断提升本质安全水平。

近年来，国家电网公司在夯实安全基础的同时，居安思危，未雨绸缪，牢固树立科学应急理念和主动应急意识，不断强化应急管理，开展应急能力建设评估，健全应急体系，提升应急能力，科学高效处置突发事件，有力保障了电网安全稳定运行和可靠供电。结合电力行业特点和公司实际，落实《中华人民共和国突发事件应对法》《中华人民共和国安全生产法》《电力安全事故应急处置和调查处理条例》《生产安全事故应急条例》等要求，大力开展“统一指挥、结构合理、功能齐全、反应灵敏、运转高效、资源共享、保障有力”的应急体系建设，取得显著工作成效。

① 应急组织体系建设。成立了覆盖总部、分部、省、地市和县公司层面的应急指挥和管理机构，应急工作由安监部归口管理，分设安全应急办和稳定应急办；相关职能部门按照“谁主管，谁负责”原则具体实施；应急工作管理实现常态化、专业化、规范化和标准化。

② 应急预案体系建设。建成由总体应急预案、专项应急预案、部门应急预案、现场处置方案构成的应急预案体系，实现了预案体系“横向到边、纵向到底、上下对应、内外衔接”，涵盖自然灾害、事故灾难、公共卫生、社会安全等突发事件，覆盖公司总部、分部、省、地市、县公司各级单位。

③ 应急制度体系建设。加强应急规章制度建设，建立了完备的应急规章制度体系，明确了应急工作职责、分工、流程、机制、要求等。

④ 培训演练体系建设。建成投运两个公司总部应急培训基地，结合所处区域气候特点和电网实际，以防范大面积停电事件为重点，开展丰富多样的应急培训和演练，建设开发了科学完备的应急技能培训课程体系和培训教材体系。

⑤ 科技支撑体系建设。积极开展雨雪冰冻、山火、地质灾害等监测、预警、防治技术研究，取得了丰硕的成果。

⑥ 应急能力建设。组建并不断完善省、地市和县三级应急抢修队伍、应急救援基干分队和应急专家队伍；建设覆盖各大区域的公司级应急物资储备库，以及省级、地市级公司应急物资库，配备应急电源、照明类、运输车辆类、单兵装备类、餐饮、宿营、救援、生命救助、医疗、应急通信等多种应急装备；建立电网防冰、防山火、防雷、防台风等各类在线监测、监控系统，整合利用相关信息，强化监测预警能力；各级单位应急指挥中心全面建成投运，实现总部、省（分部）、地市、县四级应急指挥中心互联互通，应急指挥中心整合电网调度、生产、营销等内部信息，以及气象、交通、舆情等外部信息，提供应急

指挥和辅助决策功能，在历次重特大自然灾害应急处置和重大活动保供电工作中，发挥了重要作用。

（2）南方电网公司的应急管理工作

南方电网公司以习近平新时代中国特色社会主义思想为根本遵循，贯彻落实习近平总书记提出的“两个坚持、三个转变”的防灾减灾救灾新理念，开展电网抗灾能力建设，降低因灾损失；严格规范应急抢修管理，确保抢修安全和质量；科学规划应急保障能力建设，提升应急处置水平，提升客户服务应急工作水平。

近年来，南方电网公司坚持“预防为主、预防与应急相结合”的主线思维，和“不因应急处置不当导致事故事件扩大”的底线思维，大力开展应急管理体系建设，形成了以“三个体系、一个机制”为核心的应急管理体系框架。

① 应急组织体系。建设以公司总部为核心，覆盖“网、省、地、县”的四级应急指挥机构，形成以各单位主要负责人担任总指挥、应急办（安监部）与各专业管理部门协调联动、现场应急指挥部指挥协调的应急指挥体系，实现应急管理工作统一指挥、分工协作。

② 应急预案体系。建成以总体预案、专项预案、专项部门预案、现场处置方案（应急处置卡）构成的四层应急预案体系，覆盖自然灾害、事故灾难、公共卫生、社会安全等四类突发事件，公司级应急预案承接国家相关预案，下属分、子公司预案、地市级单位预案、县级供电企业预案上下衔接，并与相关级别政府预案实现有效衔接。

③ 应急保障体系。应急保障体系是快速有序开展抗灾抢修复电的重要支撑，主要包括应急队伍、应急物资、应急装备、应急指挥平台和应急基地等 5 个方面。按照“内外结合、平战结合”的原则，全面组建了承担输配电线路、变电、通信、配电、试验及其他专业应急抢修队伍；按照“分层、分级、分类管理”的原则，建成“一级 + 二级 + 急救包”模式的应急物资保障体系，统筹管理全网应急物资，按照“实物储备 + 协议储备”的方法，最大限度地提升应急供应能力，实现科学调配，保证供应；制定《应急装备分类及产品目录》和《应急装备配置指导原则》，明确应急物资的分类及配置原则，实现应急装备标准化管理，配置了应急指挥通信、应急发电、电力抢修等应急装备，以满足应急处置需要；建立覆盖“网、省、地、县”各级单位的应急指挥平台，以确保应急指挥政令畅通；按照 1 个综合应急基地 +N 个专项应急基地（地震、台风、低温雨雪冰冻灾害）的“1+N”模式建设公司应急基地，承担应急指挥人员培训、应急队伍驻扎与实训、应急演练等任务，为突发事件应急处置提供人才支撑。

④ 应急运转机制。规范建立“预警发布—响应启动—后期处置—响应解除—灾后重建”的突发事件应急处置流程；根据地域及灾害特点，建立“灾前防、灾中守、灾后抢”的抗击台风应急工作机制，全力提升灾前预防预警及应急反应能力、灾中指挥协调与响应能力、确保第一时间开展灾后抢修复电工作，并做好抢险救援工作中的人员保障、物资保障、安全保障及外部协调工作。

⑤ 开展应急处置后评估，实现“PDCA”动态管理。制定《应急处置后评估工作规范》，规范评估方法，闭环管控应急处置工作，不断提升应急管理水平和处置能力。

模块二　突发事件应急救援

培训目标

1. 理解突发事件应急救援的任务、原则及其本质特征。

2. 熟悉我国应急科技及应急救援技术及其发展情况。

3. 熟悉应急救援体系及其构成，应急救援体系建设的相关法律要求。

4. 熟悉应急救援现场特点及现场安全管理的相关规定；熟悉危险源的定义及分类；熟知危险源辨识的定义及方法；了解应急救援中危险源辨识的重要意义，掌握电力企业危险源及高危重要电力用户的危险源；了解突发事件的安全施救与科学施救。

知识点

一、突发事件应急救援

（一）应急救援及其基本任务

1. 应急救援的概念

应急救援是指在突发事件应急响应过程中，为消除、减少事故危害，防止事故扩大或恶化，最大限度地降低事故造成的损失或危害而采取的救援措施或行动。狭义的“救援”仅限于事故发生后对生命的救助，是应急工作的重要组成部分，人们常把“应急”和“救援”结合在一起，体现了“生命至上”的应急工作理念。广义的应急救援，一般是指针对突发、具有破坏力的紧急事件采取预防、准备、响应和恢复的活动与计划，是各级应急救援运行管理机构针对突发事件的性质、特点和危害程度，立即组织有关部门，调动应急救援队伍和社会力量，依照有关法律、法规、规章规定采取的应急处置措施。

2. 应急救援的基本任务

加强应急救援工作，是维护国家安全、社会稳定和人民群众利益的重要保障，是履行政府社会管理和公共服务职能的重要内容。应急救援的核心目标是：高效处置事故，化险为夷，尽可能避免和减少人员的伤亡和经济损失。

应急救援的基本任务是：立即组织营救受害人员，组织撤离或者采取其他措施保护危险危害区域的其他人员；迅速控制事态发展，并对事故造成的危险、危害进行监测、检测，测定事故的危害区域、危害性质及危害程度；消除危害后果，做好现场恢复；查明事故原因，评估危害程度。

（二）应急救援的基本原则与流程

1. 应急救援的基本原则

应急救援是应急管理的重要环节，是应急管理的核心任务。突发事件的应急救援，是智慧与体力的考验，是勇气与危险的较量，是生存与死亡的抗争，以人为本，科学施救是应急救援的核心原则。应急救援的基本原则是：

（1）统一指挥，步调一致。无论应急救援涉及的单位行政级别高低、隶属关系是否相同，都必须按照预案的要求，在指挥部的统一指挥下协调行动，做到号令统一，步调一致。

（2）属地管理，分级响应。属地企业对事故信息了解最直接、最清楚，可以以最快速度到达现场进行救援，并就近灵活调动各种应急资源，因此，坚持属地管理的原则能最快速、最合理地进行初期救援。与此同时，无论企业还是地方政府都必须坚持分级响应的原则。分级响应，主要是合理提高应急指挥级别、扩大应急范围、增加应急力量。分级响应有利于节省应急资源，降低救援成本，弱化不良社会影响。

（3）分工负责，保证重点。要实现应急救援的高效性，需要应急救援体系中各部门分工合作、密切配合。对救援对象的选取应该遵循“先重后轻”的原则，首先救助重点对象，实现灾害、事故损失的最小化。

（4）快速反应，协同应对。突发事故往往意外性强、力度大、发展快、扩散效应明显，具有突发性、紧急性、高度不确定性、影响的社会性和广泛性等特点，因此，在事发初期，应急行动早一秒，就会多一分主动，这就要求反应快速。同时，应急救援涉及装备操作、消防灭火、医疗救治等各种操作，是一件涉及面广、专业性强的工作，必须依靠各种救援力量的密切配合，协同应对，救援行动才能有序、高效，如果单打独斗，不仅不利于应急救援的成功，而且可能造成事故的恶化和扩大。

（5）以人为本，减少危害。无论事故可能造成多大的财产损失，都必须把保障人民群众的健康和生命财产安全作为应急救援工作的出发点和首要任务，最大限度地减少突发事故、事件造成的人员伤亡和危害。

（6）预案科学，功能实用。应急救援体系，以能够实现及时、高效地开展应急救援为基本要求，根据应急救援工作的现实和发展的需要，建立高效的应急指挥系统，编制科学完整、简单实用、操作性强的应急预案，努力采用国内外的先进技术、先进装备，保证应急救援体系的先进性与实用性。

2. 应急救援的基本流程

当突发事件发生后，能否快速有效地控制和处理，尽快化解危机，把突发事件造成的损失控制在最小范围，确保社会秩序正常运行和社会稳定，关键取决于能否按照科学、高效的流程来对突发事件进行应急处置和救援。应急救援体系的应急处置与救援过程可分为接警与响应级别确定、应急启动、应急疏散、应急救援、应急控制、应急恢复和应急结束等几个过程。

（1）接警与响应级别确定。接到突发事件预警后，按照工作程序分析研判，初步确定应急响应级别。若突发事件不足以启动应急救援体系的最低响应级别，则响应关闭。

（2）应急启动。应急响应级别确定后，相应的应急组织机构按所确定的响应级别启动相应的应急应对系统，如通知应急中心有关人员到位、开通信息与通信网络、通知调配救援所需的应急资源（包括应急队伍和物资、装备等）、成立现场指挥部等。在突发事件超出自身

管辖权范围时，应迅速向上级机关报告。在突发事件处置过程中，应根据事件的发展情况及时调整应急响应级别。

（3）应急疏散。根据应急预案要求，制订不同突发事件的应急疏散方案，确定疏散路线、疏散方式、安置地点、后勤保障等，明确应急疏散的职责分工并经常组织疏散培训和演练。当发生突发事件时，应急管理人员应按照“先疏散，再抢险”的原则，按照疏散方案要求组织安全受到威胁的人员紧急疏散到安全区域，在确保公众安全的前提下，再开展相应的抢险与救援。

（4）应急救援。有关应急队伍进入突发事件现场后，迅速开展现场勘测、警戒、人员救助、工程抢险等应急救援工作，专家组为应急救援决策提供建议和技术支持。当事态超出响应级别，无法得到有效控制时，应向上级应急指挥机构请求实施更高级别的应急响应。

（5）应急控制。应急指挥人员或现场处置人员第一时间在突发事件现场采取一系列紧急措施，争取在最短的时间内，用最少的资源，花最小的代价，有效控制事态发展。

（6）应急恢复。救援行动结束后，进入临时应急恢复阶段。该阶段主要包括现场清理、人员清点和撤离、受灾区域的持续监测、警戒解除、善后处理和事故调查等。

（7）应急结束。当突发事件的威胁和危害得到控制或消除后，执行应急关闭程序，由应急救援指挥部门宣布应急救援结束。

（三）突发事件应急救援的本质

应急救援的对象是突发事件，了解应急救援的本质，必须先了解突发事件的本质特征。突发事件的发生常常引发公共安全问题，纵观突发事件发生、发展到造成灾害作用直至采取应急措施的全过程，可以发现突发事件及其应对过程中存在三条主线：第一是事件本身，称为突发事件；第二是突发事件作用的对象，称为承灾载体；第三是采取应对措施的过程，称为应急管理。突发事件、承灾载体、应急管理三者构成了一个三角形的闭环框架，我们称之为公共安全三角形理论模型，如图 1-2 所示。

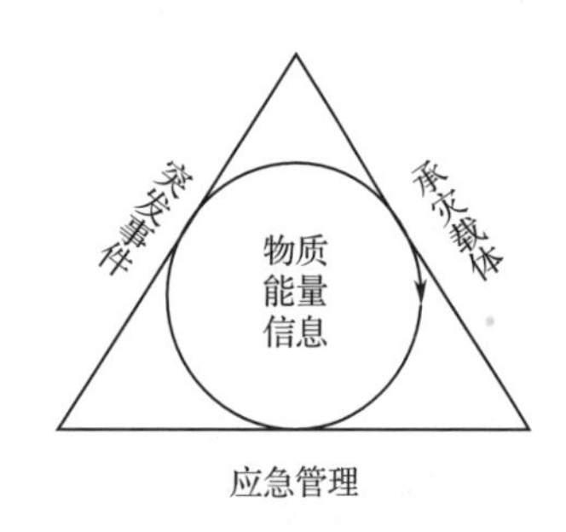

图 1-2　公共安全三角形

1. 突发事件的本质特征

在突发事件及其应对的三角形框架中，还存在三个关键要素，即物质、能量和信息，我们称之为灾害要素。灾害要素是可能导致突发事件发生的因素，具有物质、能量和信息的表现形式，是一种本质上的客观存在。突发事件本身虽然表现为自然灾害、事故灾难、公共卫生事件和社会安全事件等多种类型，但各种突发事件的作用，本质上都可以归结为物质、能量、信息的作用或其耦合作用；而承灾载体本质上也是由这三个要素组合而成的，在形式上表现为客观存在的丰富的客观世界。

突发事件一词，是在各类事件的应对过程中从实践中提炼形成的，但对其含义或概念一直还缺乏明确的界定。从上述三角形理论模型的阐述中，我们可以这样理解突发事件的本质特征：突发事件是指可能对人、物或社会系统带来灾害性破坏的事件，通常表现为“物质、能量及信息”三要素的灾害性作用。

（1）突发事件的必备特征。突发事件是因灾害要素超临界或被非常规触发并失控所导致的、具有较高强度破坏性的事件，那么灾害要素及破坏性就是其两个必备特征。

（2）突发。突发性只是灾害发生瞬间在时间上的直观感受，实际上灾害要素在到达临界值之前的量变累积过程可能是长期的、漫长的过程，只是爆发是在短时间内发生的。

（3）存在承灾载体。突发事件的破坏性已经或正在施加在承灾载体上，所以存在承灾载体就是突发事件的另一个必要条件。承灾载体是突发事件的作用对象，一般包括人、物、社会系统三个方面，是人类社会和谐发展的功能载体，是突发事件应急管理的保护对象。

（4）具有发展演化规律。突发事件的发展演变不是无法预测的，而是有一定发展规律的，只要施加合理的人工干预，就能够改变突发事件的演化进程。

（5）作用表现。突发事件的作用有四种表现形式：物质作用、能量作用、信息作用以及它们之间的耦合作用，同时具有类型、强度、时空等三个方面的特性，如地震灾害，表现为巨大的能量作用，而洪水、滑坡、泥石流等地质灾害则表现为物质和能量的双重作用，火灾则表现为既有高温、热量形式的能量作用，也同时存在着有毒烟气形式的物质作用，危险化学品事故主要的作用形式表现为物质作用，流行病的大规模暴发则表现为病毒、微生物等传染源物质的作用，谣言的传播引发社会舆论事件进而造成社会恐慌则表现为信息的作用。

（6）破坏形式。突发事件对承灾载体的破坏表现为本体破坏和功能破坏两种形式。承灾载体的破坏还有可能导致本身蕴含的灾害要素的激活或意外释放，从而导致次生或衍生灾害，形成突发事件的“事件链”。

2. 突发事件应急救援的本质

突发事件应急救援的本质，就是掌握对突发事件和承灾载体施加人为干预的适当方式、力度和时机，最大限度阻止或控制事件的发生、发展，减弱事件的作用以及减少对承灾载体的破坏。其最终目的，一是减少事件发生；二是降低事件作用的时空强度；三是增强承灾载体的抗御能力。应急救援成功的关键在于：准确获知重点目标、掌握科学方法和关键技术以及恰当的时机和力度。

（1）控制事态发展。基于对事件机理和演变规律的认识，采取恰当手段阻止或减弱突发事件的作用，阻断或减少事件的次生衍生。面向突发事件的应急救援的基本手段大致可分为进攻型救援、防御型救援、进攻－防御混合型救援三类。进攻型救援是指在掌握事件的发展变化规律、具备阻断灾害要素演化路径的技术和能力的情况下，及时采取适当方式，对灾害要素加以控制，从而达到阻止或减弱事件发展的目的；防御型救援是指对于我们还没有完全掌握其演化规律、灾害要素作用强烈的情况下，通过采取“避”的办法减少伤亡；进攻－防御混合型救援是介于两者之间的方法，是指对于我们了解其部分发展变化规律但不足够，或具有一定的技术能力但还不足以将其完全控制的灾害要素，需要结合主动和被动两种方式灵活处理，随机应变。

（2）挽救承灾载体。面向承灾载体的救援基于对承灾载体在突发事件作用下的破坏形式和规模的认识，采取恰当方法阻止或减弱承灾载体的破坏程度，阻断事件链。需要我们对承灾载体在突发事件作用下的响应特征和规律、破坏形式和规模有较深入掌握，以针对关键薄弱环节施加高强度救援措施；需要掌握承灾载体蕴含的灾害要素的类型、强度、可能的触发因素等，以采取恰当措施防止灾害要素释放，屏蔽或阻止触发因素发生，阻断事件链。

（四）突发事件应急救援技术及其发展

应急科技是推动我国应急管理事业专业化、规模化、标准化发展的动力，是应急管理体系创新的源泉。近年来，我国不断加大科研攻关投入力度，鼓励技术创新，引进、吸纳国外先进技术，推动科技成果转化落地，使科技成果呈现出多样化、实用性特征。当前，大数据分析、网络通信技术、地理信息系统、卫星和航拍技术、废墟生命搜救技术等已经成为中国应急管理发展的优势依托；同时，如井下无线宽带视频通信系统、多功能集成式救援装备车、多功能集成式充气发电照明车、潜水电泵整机核心技术等部分技术已经达到世界先进水平。当然，必须清醒地认识到，我国应急科技领域也存在着基础理论研究不够系统深入、硬件水平及投入差距较大、应急科技支撑体系相对落后、应急科研支撑平台不够完善、应急科技成果转化市场不够成熟等突出问题。

1. 风险评估与预防技术

（1）自然灾害风险评估与预防方面。整体水平与领先国家有一定差距。地震灾害风险识别与评估技术差距正在缩小；洪水灾害防控技术差距较大；旱灾风险评估刚刚起步；森林火险等级系统差距较大；地质灾害风险评估关键技术研究深度和精度存在一定差距。

（2）生产安全风险评估与预防方面。重大危险源区域定量风险评价与安全规划技术接近领先国家水平；煤矿水害防治、火灾防治、冲击地压及顶板灾害防治技术落后 5 ～ 10 年；作业场所尘毒危害防治技术落后近 20 年。

（3）社会安全领域。毒品遥感监测预测技术、毒品溯源及关联性判别技术、重点人员声纹数据库、证件防伪技术、探测安检技术发展较快，已取代进口；高层建筑、地下空间、长隧道防灭火理论与技术、交通安全预警防控技术填补多项国内空白；毒品检验鉴定技术、光谱成像技术、气体遥感监测技术、互联网数据分析技术、同位素成分分析技术发展较快；但在高分辨率成像技术、高分辨率分光技术、晶体光学材料技术、高精度机械加工技术、高速信息和图像理解分析技术仍受国外技术封锁；生物、信息、金融等领域核心技术差距较大。

（4）城市安全领域。地震、洪水、飓风灾害等多重风险评估软件美国领先；我国起步较晚，主要集中在单一灾种评估方面，实践不成熟；城市及重大基础设施主动减灾技术研究，我国紧跟国际领先水平。

（5）国家关键基础设施安全领域（特高压输电线路、高铁、交通枢纽、水库大坝、尾矿库、国家物资储备库、核电站、放射源、互联网信息、金融安全等）。我国已开展相关研究应用；洪水风险管理美欧日领先，我国相对落后。

（6）森林火险等级系统方面。我国目前没有先进林火管理技术，林火行为研究不够深入，可燃物调控落后 20 年。

（7）食品安全领域。在基于流行病学和病理学开展的传统食品风险评估技术领域正缩小与国际领先水平的差距，但在一些关键领域仍然存在不足，如食品安全产业链脆弱性技术等领域。

总之，我国风险评估研究工作起步较晚，与领先国家差距明显，特别是国家公共安全综合评估、城市综合风险评估技术等方面差距较大。

2. 监测预测预警技术

（1）自然灾害监测预测预警方面。某些技术达到国际领先，但总体还有一定差距。地震速报能力明显提高，但面向重大工程的地震预警、紧急处置的理论和方法研究需要加强；重大地质灾害高精度调查、探测与识别的空天地一体化技术差距较大，目前地质灾害监测预测预警仍然手段落后，精度不够；在台风、暴雨、强对流和雾霾监测预警方面有很大进展，台风路径预报水平有所提升，但台风强度以及台风诱发的雨量预报缺乏精度，与发达国家差距较大；水旱、山洪预警技术还相差较大；森林火灾的监测预测预警差距较大，地表火蔓延模拟预测技术差距较大，落后美、加约 20 年，林火探测技术相对落后，林火发现和火场信息探测技术落后美、加 10 年左右。

（2）预警信息发布方面。国内多手段一键发布技术在渠道数量和发布速度方面领先，在一点多线对一面发布模式方面还有差距。

（3）生产安全监测预警方面。一直紧跟国际先进水平，部分技术国际领先。在危险化学品监控、尾矿库监控预警技术、非煤矿井及灾害三维可视化仿真技术、非煤矿井安全管理信息系统集成技术、井下关键设备监控系统等领域开展了大量研究和示范应用，但这些技术、装备的实用性、可靠性和安全性与先进国家存在较大差距，总体研究水平落后 15 年。总之，我国生产安全监测预警技术总体上处于中试阶段，而领先国家已处于产业化阶段。

（4）社会安全监测预测预警方面。总体与国际水平接轨，很多技术处于模仿跟踪阶段。建立了物证溯源技术体系，建立了指纹、DNA 等数据库与网络虚拟空间身份认证应用系统等，初步构建社会安全监测预测预警体系，但还难以满足社会需要；发展较快的网络舆情分析方法、区域性群体突发事件心理学分析方法、多灾种综合及跨领域桥接预测预警技术尚处于中试阶段，部分处于实验室阶段。

（5）城镇监测预警方面。生命线监测、基础设施监测、人员监测、实时在线监测等，与领先国家差距较大，但正在缩小。

国际领先国家的监测预警技术处于产业化阶段，我国还主要停留在单一风险源监测研究方面，多灾种综合预测精度还不能满足发展需求，产业化水平还有较大差距。

3. 应急救援处置技术

（1）自然灾害应急处置与救援方面。关键技术和装备与国际水平还有较大差距。地震搜寻与救援装备的技术水平和性能仍十分有限，尚无类似满足地震特急期完整灾害损失评估系统，震害遥感评估技术无法满足应急指挥与决策需求；地质灾害防治与处置能力与先进国家有一定差距，灾前灾后应急措施仍显滞后，快速处置能力不足；森林火灾防治技术总体落后。

（2）重大灾情决策方面。仍需开展具备自主可控、弹性扩展、多架构兼容的应用平台架构技术研究，建设多主体协同会商平台，提高灾情决策的信息化水平；地震应急辅助决策技术与水平亟待提高，灾区信息获取效率远低于美国、日本等先进国家。

（3）森林火灾扑救技术方面。目前我国主要采用的关键技术有直接灭火、风力灭火、水灭火、人工降雨灭火、航空灭火、化学灭火、爆炸灭火等，配备特种车辆、灭火机具、个人防护装备等，与先进国家科学化、规范化、标准化有很大差距。

（4）生产安全领域的应急救援技术方面。我国处于跟踪国际先进水平。危化品事故救援的辅助决策技术、矿山事故救援技术等取得了一些实用技术和成果，但仍然整体落后 10 年左右，尤其缺乏完善的应急避险与救援体系。

（5）应急平台方面。我国的应急平台技术在突发事件预测预报方面已经具备较强实力，特别是单灾种尤其是山洪、泥石流、滑坡、矿井火灾、海洋灾害等自然灾害预测预警技术比

较成熟，处于产业化阶段，环境在线监测、矿山安全监测、天然气管网监测等主要应用的在线监测技术、远程监控监测技术、物联网安全监测技术具备行业特色，平台具备了数据传输与交换共享的手段，但大数据管理与分析、数据综合集成与分析研究与应用较少，总体来说，应急平台监测监控技术目前处于世界领先水平，但大数据综合集成分析尚处于中试阶段。

（6）紧急医学救援能力方面。起步较晚成长迅速，与发达国家水平差距较大。专业化紧急医学救援网络尚未形成，资源布局严重失衡，80% 的医疗资源集中在占人口 30% 的大中城市，2/3 又集中在大医院，基层救援能力匮乏，紧急医疗救援指挥协调机制有待完善，大灾时仅靠“120”不堪重负，救援人员救援知识与技能不足，装备保障与投送能力不足，自我保障能力不强，救援装备建设尤其是航空医疗救援和海上水上医疗救援仍在起步探索。

（7）应急通信保障领域。近几年，围绕临近空间飞艇、无人机、大型空中平台建设取得不少进展。中国的临近空间飞艇目前仍处于测试阶段，短时间难以达到商业飞行；中国的新一代高空长航行无人侦察机与美国 RQ-4“全球鹰”无人机定位基本相同;大型空中平台方面，已经取得一些关键成果和具备综合互联的技术准备。

（8）城镇应急处置与救援方面。与美国等先进国家存在较大差距，但近十几年以来在很多领域都形成了初具规模的应急响应与救援体系。

（9）应急资源需求与优化调度方面。针对不同突发事件，以及基础设施损毁修复需求、灾民安置与救治需求等，需快速分析所需救援物资、救援队伍、救援装备，研究应急资源需求分析技术及资源配置与优化调度技术。

应急处置与救援技术、装备正朝着高精尖方向、多技术集成、多功能设备及成套化装备发展，我国总体水平远未达到国际先进水平，但应急平台方面总体接近，部分技术处于国际领先水平。

4. 综合保障技术

（1）生产安全方向综合保障领域。部分紧跟国际先进技术研究，如煤矿深部开采安全保障技术，但总体差距较大。

（2）应急能力评估技术领域。目前虽建有评估指标体系与模型库，但指标过于粗放，体系不够完善，指导性不强；先进评估方法在应急能力评估中应用较少，与国外差距较大。

（3）安全数据支撑技术方面。紧跟国际先进水平。如大数据的获取与分析技术方面，已达领先水平，但基础信息共享机制尚不完善，信息获取难、更新难成为巨大障碍。

（4）灾害模拟仿真方面。与国际领先水平有一定差距，灾害模拟仿真缺少针对特别重大突发事件影响大、条件复杂、综合性强等特点的仿真模拟技术与建模方法，有较大差距。基于应急平台的应急演练与培训技术是未来方向。

（5）公共安全与应急科普。缺乏长效机制，远未进入产业化。

在公共安全数据库技术方面，我国紧跟国际领先水平；多灾种耦合的实验平台方面，差距较大，在公共安全标准化及认证技术方面，某些关键技术有话语权，但总体落后发达国家。

二、应急救援体系建设

应急救援响应主要程序如图 1-3 所示。为确保接警—应急启动—应急救援—应急控制—应急恢复—应急结束全过程应急活动安全、有序、高效开展，需要一系列完善的组织保障、机制保障、物资保障、信息保障、法律保障等共同构成的保障体系，即应急救援体系。应急救援体系是指为在风险事件发生的紧急状态下尽可能消除、减少或降低其（可能）带来的各种损失，针对人们的组织管理活动等所制定的一系列相互联系或相互作用的有机整体。通常应急救援体系由组织体制、运作机制、法律基础和保障系统构成，如图 1-4 所示。应急救援体系既是突发事件应急处理的基础，又是迅速控制突发事件的关键。它包括应急救援组织机构、应急救援队伍、应急保障、应急培训和演练、应急救援体系的运行制度等。

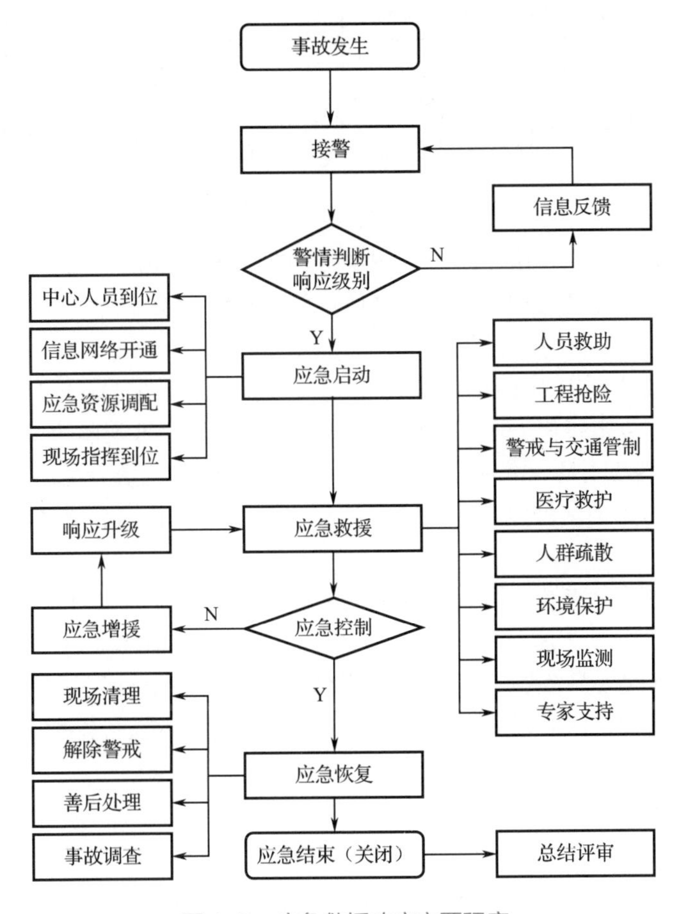

图 1-3　应急救援响应主要程序

（1）应急救援组织机构。应急救援组织机构包括应急救援决策指挥机构、应急救援运行管理机构和应急救援队伍。各机构和人员职责权限必须明确，有日常和事故两种状态。日常有应急救援常设组织机构，突发事件发生后则有应急救援临时机构。

① 应急救援指挥中心。负责协调事故应急救援期间各个机构的运作，统筹安排整个应急救援行动，为现场应急救援提供各种信息支持；必要时实施场外应急力量、救援装备、器材、物品等的调度和增援，保证行动快速又有序、有效地进行。

② 应急救援专家组。对潜在重大危险的评估、应急资源的配备、事态及发展趋势的预测、应急力量的重新调整和部署、个人防护、公众疏散、抢险、监测、清消、现场恢复等行动提出决策性的建议，起着重要的参谋作用。

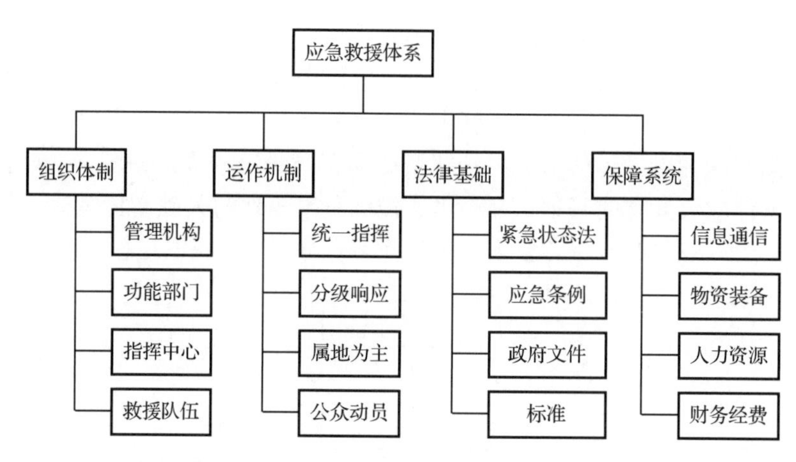

图 1-4　应急救援体系

③ 应急医疗机构。通常由医院、急救中心和军队医院组成，负责设立现场医疗急救站，对伤员进行现场分类和急救处理，并及时合理转送医院进行救治。对现场救援人员进行医学监护。

④ 消防与抢险。主要由国家综合性消防救援队伍、专业抢险队、有关工程建筑公司组织的工程抢险队、军队防化兵和工程兵等组成。职责是尽快控制并消除事故，营救受害人员。

⑤ 监测组织。主要由环保监测站、卫生防疫站、军队防化侦察分队、气象部门等组成，负责迅速测定事故的危害区域及危害性质，监测空气、水、食物、设备（施）的污染情况，以及气象监测等。

⑥ 公众疏散组织。主要由公安、民政部门和街道居民组织抽调力量组成，必要时可吸收工厂、学校中的骨干力量参加，或请求军队支援。根据现场指挥部发布的警报和防护措施，指导部分高层住宅居民实施隐蔽；引导必须撤离的居民有秩序地撤至安全区或安置区，组织好特殊人群的疏散安置工作；引导受污染的人员前往洗消去污点；维护安全区或安置区内的秩序和治安。

⑦ 警戒与治安组织。通常由国家综合性消防救援队伍、武警、军队、联防等组成。负责对危害区外围的交通路口实施定向、定时封锁，阻止事故危害区外的公众进入；指挥、调度撤出危害区的人员和使车辆顺利地通过通道，及时疏散交通阻塞；对重要目标实施保护，维护社会治安。

⑧ 洗消防疫组织。开设洗消站（点），对受污染的人员或设备、器材等进行消毒；组织地面洗消队实施地面消毒，开辟通道或对建筑物表面进行消毒，临时组成喷雾分队降低有毒有害物的空气浓度，减少扩散范围。

⑨ 后勤保障组织。主要涉及交通、电力、市政、民政部门及物资供应企业等，主要负责应急救援所需的各种设施、设备、物资及生活、医药等的后勤保障。

⑩ 信息发布组织。主要由宣传、新闻媒体、广播电视等部门组成，负责事故和救援信息的统一发布，以及及时准确地向公众发布有关保护措施的紧急公告等。

（2）应急救援队伍。目前，我国已经初步构建起以国家综合性消防救援队伍为主力、以专业救援队伍为协同、以军队（人民解放军、武警部队、公安民警和民兵预备役）应急力量为突击、以社会力量（企事业单位职工和农村、社区的民众以及志愿者）为辅助的中国特色应急救援力量体系。国家综合性消防救援队伍坚持应急救援主力军和国家队定位，对标“全灾种、大应急”任务需要，强化战斗力标准，加速转型升级，新组建水域、山岳、地震、空勤、抗洪、化工等专业队 3000 余支，救援能力明显增强、行动效率明显提高、救援效果明显提升。建设应急救援专业力量，建成地震、矿山、危化品、隧道施工、工程抢险、航空救援等国家级应急救援队伍近 100 支 2 万余人；地方政府建有专业力量约 3.4 万支 134 万人。

（3）应急保障。应急保障是应急救援体系运转的物质条件和手段，是应急救援工作赖以展开的资源基础，包括应急救援通信保障、应急救援物资保障、技术支持保障、应急后勤服务保障、人力资源保障、应急经费保障等。

（4）应急培训和演练。应急培训和演练可以提高人员安全意识、安全技能、应急素质，能够发现不足并不断完善应急救援预案，促进应急救援的高效运行。

（5）应急救援体系的运行制度。应急救援体系的运行制度是应急救援体系运行的规范要求，包括业务管理、信息管理、预案管理、队伍管理、应急响应机制等。应急救援体系要求应急救援工作必须遵照“统一指挥、分级响应、属地为主、公众动员”的原则开展。

以上 5 个方面必须有机结合，高效、流畅、动态地运转，才能形成行之有效的应急救援体系，才能在应急状态下迅速、有效地控制突发事件的发展，将损失降到最低。

三、应急救援现场安全管理

（一）应急救援现场的特点

（1）灾情初期现场混乱，管理无序。由于突发事件往往毫无征兆、事发突然，现场一般都很混乱，给应急救援和抢险救灾造成严重困难和不便。比如一些重大自然灾害事件，突然发生，猝不及防，加之公众缺乏应急自救与互救意识，预警、防范措施不得力，救援行动迟缓，往往造成现场人员惊慌失措、无序逃生，生态环境、公共设施毁坏严重，从而造成大量人员伤亡。另外，突发事件造成的建筑、桥梁倒塌，废墟、垃圾堆积，公共、生产设施损毁等使现场一片狼藉，混乱不堪。

（2）初期应急救援力量不足，风险隐患大。突发事件现场尤其是重大自然灾害事件现场往往信息不畅、交通阻塞、供电中断，公共设施无法运转，水和食物等生活物资紧缺。同时，现场还可能存在烟火、毒气、污水、余震、泥石流等危险因素，随时可能发生次生、衍生灾害。这些原因造成医疗救助和应急救援抢险人员、抢救药品、救灾物资等难以及时送达灾害现场，专业应急救援力量不足。

（3）救援现场复杂，救援难度大。突发事件发生后，往往造成大量伤病人员或受灾民众，这些人群可能会大批涌入非灾地区或附近的地区或医疗机构，给伤病救治带来严重困难和混乱。由于突发事件的类型不同，因此造成的人员伤害情况也不同。如地震、泥石流、建筑物坍塌造成的外伤多属多发伤；传染病、食物中毒则取决于易感人群的免疫水平或致毒物质的种类和剂量；化学品爆炸除对事件现场人员造成伤害外，也可能造成救援人员或附近区域人员中毒等。伤者或因救援不及时造成伤口感染，导致伤情变得更加复杂。突发事件往往造成通信设施破坏，道路、桥梁损毁，电力设施受损，基础设施严重破坏，自然环境严重恶化，使现场变得更加复杂和不可控。突发事件发生后，幸存者短时间内失去衣、食、住、行等基本的物质生活条件，水井、厨房、厕所及垃圾箱等生活卫生设施遭到严重破坏，极易发生传染病疫情。

（4）事态紧急，救援刻不容缓。突发事件现场瞬间可能造成或出现大量伤病人员，当出现大量危重伤病人员时，需要根据伤病情况，在现场进行急救，并对伤病人员紧急进行初步鉴别分类、分级救援、医疗运送，并迅速疏散撤离灾区，增大伤病人员的生存机会。对严重破坏的公共设施和生活生产设施，如道路、通信、电力、煤气、自来水等，必须在最短的时间内抢修恢复，以保障灾区人们的生活和后续救援工作的开展。

（二）应急救援现场安全监督管理

突发事件应急救援期间的现场安全监督管理是应急救援工作有序、有效进行的基础和重要保障。突发事件发生后，各应急救援单位的安全监督人员应及时赶赴现场，组织开展应急救援现场全过程安全监督工作，迅速建立现场安全监督网络，监督和通报现场安全情况，做好救援抢险安全教育宣传，协调救援现场的交通管理，认真分析辨识现场危险源，排查现场隐患，制止现场违章作业行为，把控应急救援关键环节和重点部位风险，防范抢修和应急处置过程中发生人身、设备、交通等安全事件，确保应急救援现场全员、全面、全方位、全过程安全及救援工作平稳、有序。同时，在应急救援过程中，注意引导舆论、控制事态，维护企业的品牌形象。

1. 应急救援现场安全监督工作的主要内容

（1）组建安全监督机构。组建现场安全监督组织机构，明确安全监督组成员、现场安全员及其联系方式。

（2）明确安全监督方案。要求安全监督人员与现场安全员保持信息畅通，每个应急救援作业点均设安全员进行安全监督，现场安全员与抢险救援作业人员必须同进同出。安全监督人员应重点巡查复杂和重要的作业面。

（3）明确现场应急救援安全要点及注意事项并及时发布。

（4）根据现场情况组织开展全员安全教育和培训，使所有现场应急处置和救援人员熟知现场应急救援安全要点及注意事项。

（5）根据突发事件的具体情况携带安全、防护、急救物品。现场安全员、安全监督人员按要求开展现场安全监督。

（6）落实安全监督方案，提出风险防控建议，消除隐患并制止违章。

（7）及时汇总反馈现场安全监督信息，做好安全信息的上报工作。

（8）通报应急救援现场发生的安全事故（事件）、违章信息，形成安全监督意见，提出整改措施并督促落实。

（9）监督整改措施在各相关救援施工作业面的落实情况。

2. 应急救援现场突发安全事故及违章事件的处置措施

（1）迅速确定事故（事件）发生的准确位置、可能波及的范围及危害程度，并设立危险警戒区域，禁止与应急处置无关的人员进入。

（2）现场负责人发现有人员受伤或施救困难时，及时拨打 120、110、119、122 等报警电话，详细说明事发地点、灾害程度、人员伤亡情况、联系电话，并派人到路口接应。

（3）现场安全员及时将事故（事件）信息上报应急指挥中心安全监督组负责人。汇报信息包括：事故（事件）发生时间、地点，事故（事件）发生简要经过、伤亡人数、直接经济损失的初步估计，设备损坏初步情况，事故（事件）发生原因的初步判断等。报告后，若事故（事件）出现新情况，应当及时补报。

（4）发现方案、措施不落实，安全履责不到位，作业工艺不规范，违章指挥、违章作业等，应立即指正，并监督落实整改。

（5）发现工作班组成员违章应及时向现场负责人汇报，发现现场负责人违章应及时向安全监督人员汇报。

（6）安全风险较大时，可根据风险的实际情况停止工作，采取紧急措施并要求人员暂时撤离；将重大风险情况及时上报救援现场总指挥，由其决定是否临时中断工作；经采取可靠措施后方可恢复救援工作。

（7）对违章且拒不改正的现场工作人员应立即终止其工作。

（三）应急救援中的危险源辨识

根据《职业健康安全管理体系　要求及使用指南》（GB/T 45001—2020），危险源是指可能导致死亡、伤害、职业病、财产损失、工作环境破坏或这些情况组合的根源或状态。

1. 危险源与事故

事故能量转移理论是美国的安全专家哈登（Haddon）于 1966 年提出的一种事故控制论。其理论的立论依据是对事故的本质定义，即哈登把事故的本质定义为：事故是能量的不正常转移。正常情况下能量和危险物质是在有效的屏蔽中做有序的流动，事故是由于能量和危险物质的无控制释放和转移造成了人员、设备和环境的破坏。因此，人类在利用能量的时候必须采取措施控制能量，使能量按照人们的意图产生、转换和做功。如果由于某种原因失去了对能量的控制，就会发生能量违背人的意愿的意外释放或逸出，使进行中的活动中止而发生事故。如果事故中意外释放的能量作用于人体，并且能量的作用超过人体的承受能力，则将造成人员伤害；如果意外释放的能量作用于设备、建筑物、物体等，并且能量的作用超过它们的抵抗能力，则将造成设备、建筑物、物体的损坏。生产、生活活动中经常遇到各种形式的能量，如机械能、热能、电能、化学能、电离及非电离辐射、声能、生物能等，它们的意外释放都可能造成伤害或损坏。

根据以上描述，可以得出：根源危险源（指能量或危险物质以及它们的载体）是事故发生的前提，而状态危险源（指人、物、环境、管理等方面的约束条件失控）则为事故发生提供了可能性，是事故发生的必要条件。图 1-5 形象地表达出危险源与事故的演变关系。

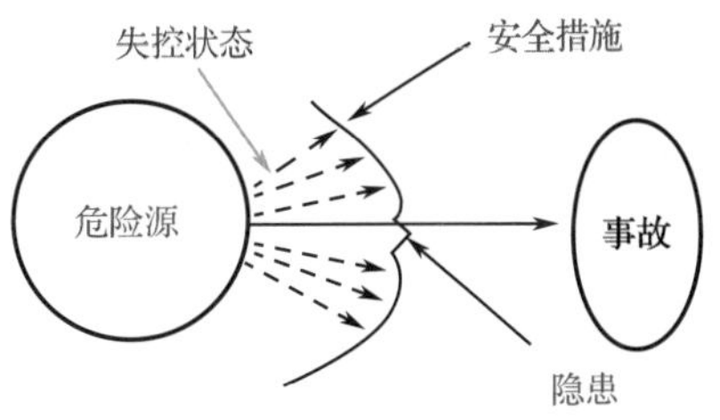

图 1-5　危险源与事故

2. 电力企业危险源辨识与主要安全控制措施

电力生产企业是电能等各种能量形式积聚的生产系统，也是各类危险源及重大危险源密集的生产系统。例如，发电企业的锅炉、压力容器、可燃气体、有毒危险品、变电站、高压母线室电气设备；供电企业的变电站、高压母线室电气设备、输电线路；电力建设与施工企业在组塔、架线、高坡施工、变电设备吊装、变电高空作业、洞挖及塌方、山体滑坡、高边坡落物、爆破及火工器材管理、施工区内运输、大件吊装、高空作业、交叉作业等，都是各种危险源集聚的场所或作业。

《国家电网有限公司突发事件总体应急预案》中这样描述危险源的情况：国家电网是世界上电压等级最高、规模最大、网架结构最为复杂的交直流互联电网，大电网运行机理复杂，设备安装、启动、调试、运行、维护任务十分繁重，外力破坏、盗窃盗割电力设施问题突出，导致大面积停电和设备损坏等突发事件的不确定因素长期存在。公司拥有为数众多的火力、水力发电厂，存在因内外部原因造成的大坝（灰坝）垮塌、水淹厂房等的危险。此外，公司所属单位还拥有煤矿和非煤矿山等高危企业。公司生产经营过程中，伴随有对危险品的使用和保存；各类公共卫生和社会安全突发事件的发生，也将对公司正常生产经营秩序构成较大影响。各种突发事件可能造成人身伤害，导致电力设施设备大范围损毁和大面积停电，使公司正常经营秩序和企业形象受到较大影响；电网供电中断可能对经济发展和社会稳定产生较大影响，甚至威胁国家安全。

危险源管理漏洞往往引发电力安全生产事故，威胁员工生命安全和身体健康，造成重大财产损失。因此，危险源管理是电力生产企业安全管理的重要环节和面临的重大课题。

电力安全管理中，常常根据危险源可能引发的事故类别和造成的职业伤害类别对危险源进行分类，常见的有物体打击；车辆伤害；机械伤害；起重伤害；触电；淹溺；灼烫；火灾；高处坠落；坍塌；爆炸；中毒和窒息；其他伤害如扭伤、跌伤、冻伤、野兽咬伤、钉子扎伤等类型。不同事故和伤害的原因如表 1-2 所示。

表 1-2　不同事故或伤害的原因

事故类型	能量源或危险物质的产生、储存	能量载体或危险物质
物体打击	产生物体落下、抛出、破裂、飞散的设备、场所、操作	落下、抛出、破裂、飞散的物体
车辆伤害	车辆，使车辆移动的牵引设备、坡道	运动的车辆
机械伤害	机械的驱动装置	机械的运动部分、人体
起重伤害	起重、提升机械	被吊起的重物
触电	电源装置	带电体、高跨步电压区域
灼烫	热源设备、加热设备、炉灶、发热体	高温物体、高温物质
火灾	可燃物	火焰、烟气
高处坠落	高度差大的场所，人员借以升降的设备、装置	人体
坍塌	土石方工程的边坡、料堆、料仓、建筑物、构筑物	边坡土（岩）体、物料、建筑物、构筑物、载荷
瓦斯爆炸	可燃性气体、可燃性粉尘	气体、粉尘
锅炉爆炸	锅炉	高温高压蒸汽
压力容器爆炸	压力容器	内部介质
淹溺	江、河、湖、海、池塘、洪水、储水容器	水
中毒和窒息	产生、储存、聚积有毒有害物质的装置、容器、场所	有毒有害物质

（1）从能量观点出发，现场保证安全的技术措施。

从能量观点出发，现场保证安全的技术措施如表 1-3 所示。

表 1-3 从能量观点出发，现场保证安全的技术措施

安全技术措施	内　　容
能源代替	电力替代、燃料替代、无危险试剂等
限制能量	降低转动速度、用低电压设备等
防止蓄积	控制可燃气体浓度、静电接地等
防止释放	如密封、绝缘、用安全带等
延缓释放	如安全阀、放空、爆破膜、减振等
人与能量间增加屏蔽	防火门、防爆墙、防护栏、警示标志、防护镜、耳罩等
能量上增加屏蔽	转动设备加装防护罩、安装消声器等

（2）从减少事故伤害出发，现场保证安全的措施。

从减少事故伤害出发，电力生产现场保证安全的主要措施如表 1-4 所示。

表 1-4 从减少事故伤害出发，电力生产现场保证安全的主要措施

电力企业主要事故或伤害类型	事故或伤害原因	安 全 措 施
物体打击 车辆伤害 机械伤害 起重伤害 触电 淹溺 灼烫 火灾 高处坠落 坍塌 爆炸 中毒和窒息 其他伤害	人的不安全行为	（1）加强安全培训，增强员工安全意识和责任意识； （2）加强业务培训，提高员工理论和技能水平； （3）严格遵守《电力安全工作规程》和安全规章制度，精心操作，防止误操作； （4）正确使用合格的劳动防护用品； （5）杜绝违章指挥和强令冒险作业； （6）杜绝习惯性违章行为
	机器设备因素	（1）优化工艺流程，提高标准化安全操作水平； （2）严格执行设备巡回检查和定期试验维护制度，确保设备状态良好； （3）严格执行设备缺陷管理制度，及时消除事故隐患； （4）设备防护、隔离、警戒等标识齐全完备，保险、信号装置无缺陷； （5）严格执行安全工器具管理制度，确保工具及附件无缺陷； （6）足量配备必要的防护用品、急救药品，确保状态完好； （7）作业场地无缺陷； （8）加强危险源管理和监控
	环境因素	（1）生产作业环境良好无隐患，照明充足，防护完善； （2）通风良好，设施完备； （3）消防、应急疏散通道畅通无阻塞； （4）温度、噪声、粉尘、震动、有毒有害气体浓度符合安全要求，检测报警装置齐全完好
	管理缺陷	（1）人员安排得当，分工明确，职责明晰； （2）建立健全规章制度，执行到位； （3）严格执行两票三制； （4）严格执行作业指导书； （5）完善突发事件应急预案

3. *高危电力用户的危险源辨识*

应急救援过程中，不但要对自身救援实施中的危险源加以辨识并采取科学有效的事故防

范措施，同时也要对施救对象存在的危险源加以辨识和防范。电力应急救援过程中，必须对高危和重要电力用户的危险源加以辨识和防范，尤其是发生大面积停电事件时，对这类用户的抢险救灾和电力支援中，必须制定科学精准的救援方案，确保整个救援过程的安全有序。安全是应急救援的前提，要做到抢险不冒险。

突然停电后，高危和重要电力用户的危险源如表 1-5 所示。

表 1-5　高危和重要电力用户的危险源

序号	用户名称	突然停电后的危险因素辨识	
1	煤矿	矿井排水系统	水位骤升，威胁重要设备和人员安全
		矿井提升系统	提升容器坠落，设备损坏报废，人员伤亡
		矿井采掘、通风系统	风机停运，有毒有害气体、粉尘浓度升高，造成瓦斯爆炸、人员伤亡甚至矿井报废
2	非煤矿山（金属、非金属矿山）	通风系统	通风机无法运转，停工停产；有毒有害气体（CO_2、NO_2、H_2S、SO_2、NH_3、H_2、CH_4 等）浓度超标，发生燃烧、爆炸、窒息，造成人员伤亡、设备损毁
		排水系统	水淹矿井，人员伤亡，财产损失
		提升系统	钢丝绳断裂，跑车，坠落，人员伤亡
		其他	冒顶塌方，照明中断，人员伤亡
3	氯碱企业	电解槽	氢气压力骤升，与氯气混合发生爆炸
		氯气泄漏	氯气泵或风机停运，氯气压力升高泄漏，造成中毒及环境污染事故
		聚合釜	冷却水中断，釜内反应暴聚，温度、压力骤升，造成燃烧和爆炸事故
4	合成氨、纯碱、尿素企业	控制系统失灵，运转设备停运，全系统停车	
		除盐水中断，锅炉干锅，爆管，设备损毁	
		气氨压力超标，液氨溢出，造成人身伤害和环境污染	
		消防水中断，消防系统瘫痪；氨储存罐超压	
		气体泄漏报警仪、监控设施、在线监测仪、环保设施失灵	
		照明、通信中断，指挥协调瘫痪，扩大事故	
		氯化铵结晶沉淀，环境污染	
		管道内熔融尿素结晶，堵塞工艺管道，恢复困难	
5	磷化工企业	黄磷尾气燃烧，产生大量 P_2O_5 气体，污染环境；黄磷聚集，发生爆炸；CO 和 P 蒸气泄漏，发生中毒、燃烧事故；循环水泵停运，污水污染；锅炉干锅爆炸；磷燃烧产生大量污染烟雾，导致中毒、失足坠落等伤亡事故	
6	焦化厂	消防报警系统	消防报警系统失灵，扩大事故；煤气泄漏，风机停运，无法冲扫，煤气得不到稀释，发生中毒和爆炸事故
		控制系统	焦炉引风机停运，系统压力失稳，可能造成煤气外泄而中毒；冷却水系统失效，造成冷炉或冻炉事故，损坏设备
		生产系统	除尘系统停运、冷却水、冷凝器失效，高温煤气无法冷却，造成泄漏中毒事故
7	硝酸企业	氨气混合器氨浓度升高至爆炸极限，发生爆炸事故	
		蒸气过热器及废热锅无法回收热量使温度降低，降低使用寿命	
		吸收塔板上冷却盘管、酸冷却器停运，引发安全事故	

续表

<table>
<tr><th>序号</th><th>用户名称</th><th colspan="2">突然停电后的危险因素辨识</th></tr>
<tr><td>8</td><td>硫酸企业</td><td colspan="2">全装置停产，可能引起二氧化硫、三氧化硫泄漏，引发中毒及环境污染事故</td></tr>
<tr><td>9</td><td>精细化工（含医药）</td><td colspan="2">反应釜中压力温度骤升，最终导致物料报废甚至发生爆炸</td></tr>
<tr><td>10</td><td>玻璃企业</td><td colspan="2">风机停运而天然气与空气浓度不匹配，缺氧熄火；天然气外泄容易引发中毒，或遇明火、高热、机械火花、静电火花、雷电等极易引起火灾、爆炸事故；玻璃窑炉炉缸中物料降温，发生冻结、结瘤事故</td></tr>
<tr><td>11</td><td>机械工业</td><td colspan="2">机械伤害、砸伤、坠落；产品报废；数据丢失，造成恢复困难和重大经济损失；天然气加热炉爆炸，发生灼伤、炸伤；环境污染、火灾</td></tr>
<tr><td>12</td><td>冶金</td><td colspan="2">煤气放散，造成大面积环境污染，发生中毒甚至死亡事故；设备损坏，机械伤害</td></tr>
<tr><td>13</td><td>机场</td><td colspan="2">指挥系统瘫痪，飞机迫降，甚至机毁人亡；引发秩序混乱，骚乱，人员失控，发生拥挤踩踏事件；紧急事故应急救援物资及人员无法输送，延误救援时机</td></tr>
<tr><td rowspan="3">14</td><td rowspan="3">铁路</td><td>运输信号系统</td><td>调度信号系统瘫痪，发生撞车、脱轨事故，甚至车毁人亡的惨剧</td></tr>
<tr><td>铁路管理系统</td><td>系统瘫痪，轨道无法切换，机头无法更换，铁路调度失控</td></tr>
<tr><td>铁路客运系统</td><td>引发人员恐慌、焦躁，给犯罪分子可乘之机，发生拥挤踩踏事故，造成恶劣社会影响</td></tr>
<tr><td rowspan="4">15</td><td rowspan="4">金融业</td><td>保安勤务系统</td><td>防盗报警系统失灵，门禁系统、电视监控系统失灵，被犯罪分子利用，另外造成人员疏散困难、取证困难等</td></tr>
<tr><td>消防报警及联动系统</td><td>报警系统及消防设施失灵，无法实施火灾报警和火灾扑救，扩大事故</td></tr>
<tr><td>押运监控及自助设备防范系统</td><td>系统失灵，突发情况处置困难，安全防范系统失效</td></tr>
<tr><td>数据传输与存储系统</td><td>业务数据及安全监控数据不能传输与存储，业务终止，造成大的经济损失</td></tr>
<tr><td>16</td><td>广播电视</td><td colspan="2">工艺电源中断，节目停止，影响用户收视；动力电源中断，影响设备运转，造成设备损坏，电梯停运，危及人身安全，影响火灾扑救</td></tr>
<tr><td>17</td><td>气象预报</td><td colspan="2">气象预报中断，导致重大社会影响，特殊情况下可能会产生重大灾难</td></tr>
<tr><td>18</td><td>电信服务</td><td colspan="2">保安系统、消防报警及联动系统失效，电信网、广播电视网和互联网信号中断</td></tr>
<tr><td>19</td><td>医院</td><td colspan="2">医疗救护设备、检测设备、试验项目、手术中断，给患者及家属带来重大损失，甚至影响医院声誉、造成社会影响</td></tr>
<tr><td>20</td><td>政府部门</td><td colspan="2">严重影响政府日常办公和相关政治活动的开展，造成严重社会影响和政治影响</td></tr>
<tr><td>21</td><td>大型运动赛事</td><td colspan="2">赛事停止，人员恐慌、起哄踩踏，场面失控，造成严重的社会影响甚至影响举办国的国家形象</td></tr>
</table>

（四）突发事件的安全施救与科学施救

1. 应急与安全相互融合

应急与安全是相互融合的，安全管理必须兼顾应急，应急管理必须考虑安全。应急是安全管理的重要内容，安全管理坚持关口前移、重心下移，需要考虑各种极端条件下的可能情况，必须做好应对最坏可能的种种准备，包括应急预案、应急机构、应急队伍及处置行为等，安全管理缺少了应急，是不完整和不严密的。安全是应急管理的核心和目标，应急管理的中心任务是如何最大限度确保安全，降低损失。应急管理全过程都必须体现“安全第一、预防为主”和“以人为本、依靠科学”的安全理念，应急管理缺少了安全，是盲目和危险的。

安全是应急的屏障，应急是安全的后盾。加强应急队伍安全建设，借鉴国内外应急救援队伍的先进理念和经验，强化抢险救灾人员安全管理和自身防范意识，以“抢险不冒险”思想为指导，规范、有序地开展应急抢险救援工作。健全应急管理体系，完善应急中心配套设施建设，完善应急抢修预案和现场处置方案，建立应急内、外部协调联动和资源共享机制，强化应急队伍建设、培训与演练，加强应急装备配置管理，提升应急突发事件响应速度和处置能力，提高应急质量。

2. 应急与科学密不可分

突发事件的科学施救，除了要求我们必须牢固树立“居安思危、预防为主”的基本原则，还必须建立健全与时俱进、科学完善的应急管理体系，坚决奉行“以人为本”的管理理念，切实提高应急处置能力。

（1）建立健全应急管理的制度和法律保障，形成统一指挥、快速反应、协同有序、运转高效的应急管理机制，使应对突发公共事件的工作规范化、制度化、法制化。

（2）树立现代应急管理科学理念。近几十年来的实践，世界各国逐渐形成了现代应急管理的基本理念，坚持“生命至上、专业处置、重心下移、关口前移”的科学理念，紧紧依靠广大群众，依靠科技、依法应对，成为科学处置突发事件、降低灾害损失和影响的必经途径。

（3）完善应急预案，建设规范、完备、高效的应急预案体系。通过专业化应急演练的方式检验各级各类预案的可操作性、可执行性；以各种专业化的应急演练为抓手，全面提高应急管理专业人员的专业素质和业务水平。

（4）依靠科技，加强公共安全科学研究和技术开发，加强突发事件特点及发展规律的研究，提高灾害情况下的信息汇集及研判能力，提高应对突发公共事件的科技水平和指挥能力，为提高应急救援的效率、成功率，降低救援成本奠定科学基础。

（5）加强培训，依靠群众，提高公众自救、互救和应对各类突发公共事件的综合素质。提高专业救援人员及普通员工及公众的安全防护意识、风险意识，加强灾害心理干预及训练，加强野外生存训练，提高灾害时心理及生理因素的调整能力，普及紧急救护知识，加强公众对常见自然灾害等突发事件的预防、自救互救及逃生能力训练，充分利用现有资源，最大限度地依靠人民群众，并把教育、培训、应急训练作为一项常态化工作认真开展，提高突发灾害的应对能力。

（6）加大投入，提高应急救援装备的研发、制造、配备、使用水平。专业搜救探测装备、救援装备、照明装备、应急电源、通信装备、医疗救护装备，以及特种车辆、后勤保障装备、个人防护用具等，都是提高救援成功率与效率的必备装备。提高装备科技水平，普及及提高操作技能，符合现代突发事件应急管理发展趋势，符合当今突发事件应急救援的要求，也是科学施救的重要方面。

模块三　应急现场危机公关与媒体应对

培训目标

1. 理解危机、危机公关等基本概念及内涵。
2. 熟知电网企业应急救援现场危机公关的处理程序及沟通策略。
3. 熟知电网企业在突发事件下的新闻风险及媒体应对原则。

知识点

一、基本概念

突发公共事件涉及社会各阶层利益，影响面广、社会关注度高，妥善处置和应对公共事件是应急能力建设的重要组成部分。而有效主导信息发布、有效影响和引导舆论是公共事件处置中不可或缺的环节，危机公关、媒体运用和舆论引导的效果直接影响公共事件处置的成败。科学运用公共传播手段，搭建连接组织和公众之间的桥梁，是维持良好公共关系的有效途径。

（一）危机

“危机”的概念包含“危险”和“机会”的双重含义，是既有危险又有机会的时刻。不同的学者从不同角度给出了不同的“危机”定义。几乎从所有定义中都可以看出，危机通常与突发性、高度不确定性、时间限制、负面效应、严重后果等特征联系在一起，因此，常常把危机理解为“危机事件”“突发事件”“突发公共事件”，在此，也将危机指为本书前述的突发事件。

（二）危机公关

危机公关即危机管理，是指应对危机的有关机制，具体指的是组织为避免或者减轻危机所带来的严重损害和威胁，采取各种可能或可行的方式和方法，预防、限制和消除危机及因危机产生的消极影响，从而使潜在的或现存的危机得以解决，使危机造成的损失最小化的过程。

危机公关的基本目标就是最大限度地降低危机造成的损失。从管理学的角度，危机公关有两种基本策略：①防守型策略，即采取措施保护遭到威胁的有形和无形资产；②进攻型策略，即通过积极的建设性的行动减少或避免资产损失，并在可能的情况下化危为机，甚至创造新的财富。无论采取何种策略，都要尽可能科学利用组织内、外部资源，包括人力资源和物质资源。在危机涉及组织以外的公共利益时，要充分发挥社会和政府资源的作用，如在人力资源方面，可以发挥社会普遍认可的专家和政府权威部门的专家的作用，保证决策的科学性和对外沟通的有效性。

危机爆发后，管理者要抓好两个工程：①“护身”工程，即全力保障利益相关者生命和财产，尽最大努力减少损害；②“暖心”工程，即采取各种措施，温暖人心，重建信任，修复被危机破坏了的价值契约。危机应对决策要考虑以上两个方面的要求，在“无形”和“有形”两个层面上做好部署。

二、电网企业应急救援现场危机公关的处理程序

危机应对是组织对于已经发生的突发事件，根据事先制订的应急预案，采取应急行动，控制或解决正在发生的突发事件，最大限度地减轻灾害损害。组织建立起完整的应急指挥系统，能够整合所有应急资源、制订正确应急策略、采取快速有效的措施，是应对危机的关键所在。

电网企业除建设、经营牢固的电网外，其服务时间之长、服务面之广，是一般企业不能比拟的。电网企业作为直接面对千千万万电力用户的电力企业，必然会受到社会各界的密切关注。人们对电能供应的质量要求越来越高，对电网企业的关注度也越来越高。再好的危机防范措施也难免会出现企业所不能预知和控制的突发事件，如各种原因造成的停电事故都会引起电力用户的埋怨或不满。一旦突发事件发生，电网企业应当采取有效的策略应对危机，才能将危机带来的损失减少到最小。

（一）迅速反应，隔离危机

危机一旦爆发，一定要沉着、冷静，不能慌乱。要迅速启动应急预案，采取紧急措施，控制危机蔓延，防止事态扩大。这一阶段，速度是关键。最初的24h对于企业来说非常重要，往往很多时候成败就在此一刻。

由于我们生活在24h新闻滚动播出的时代，信息不断更新，快速传播，电网企业必须对危机作出即刻的反应。一项由美国著名公关公司负责开展的调查显示，超过65%的美国公众听到“无可奉告”这句话时，会将这句话视为是默认有罪。

危机发生后，电网企业应该快速反应，争取在危机处理过程中的主动权。快速反应包括对危机事态的迅速反应和对利益相关者的迅速反应。对危机事态的迅速反应就是第一时间启动应急预案，要组织有关人员迅速到达危机现场，迅速了解危机状况，并根据现场情况进行应急处置。对利益相关者的迅速反应是指在危机爆发后通过官方渠道对利益相关者立即进行必要的告知和回应，主要内容包括：①承认危机的发生，树立坦诚、负责的组织形象；②警醒利益相关者做好危机防范，尽可能减少危机损害；③在可能的条件下，以事实为依据对危机诱因和真相作出必要的解释，以避免混乱、消除疑虑，赢得利益相关者的理解和支持。

在危机爆发时，迅速隔离危机，以免危机蔓延与扩大，为下一步调查、处理和解决危机奠定基础。

（二）全面调查，收集信息

应急指挥体系在作出快速反应、危机得到初步控制之后，应急指挥者应尽快到达危机现场，一边进行紧急处理，一边要组织专家对危机的范围、原因、后果等进行全面现场调查，掌握危机发生、发展的准确信息，以便对后续的资源调配和制订消灭危机的策略提供技术支

持。危机调查是采取适宜公关措施的基础，也是成功处理危机的关键。以电网企业为例，危机调查的主要内容包括以下几个方面：

（1）本次危机发生的时间、地点、原因。

（2）本次危机目前的现状、损失情况。

（3）本次危机可能的发展趋势。

（4）本次危机与电网企业的关系，电网企业应负的责任，是责任事故还是意外事件。

（5）本次危机要应对的公众。

（三）科学决策，调配资源

在对危机进行充分调查和分析的基础上，针对不同的危机类型、对象及危害程度，采取有针对性的危机处理方案，并组织调配人力、物力、财力，合理分工，明确责任，落实任务。

三、电网企业应急救援现场危机公关与品牌维护的措施

危机沟通是指以沟通为手段、以解决危机为目的所进行的与利益相关者之间的信息交流活动。有效的沟通交流可以降低危机对组织的冲击，并存在化危机为转机甚至商机的可能；沟通不畅或无效则可能使小危害变成大危机，对组织造成重大伤害，甚至危及组织生存。

危机沟通要坚持主动沟通、全部沟通、及时沟通的原则，与所有的利益相关者进行多方沟通。主要利益相关者包括内部公众、受害者、媒体、上级单位（主管部门）等。

（一）与组织内部公众的沟通

（1）在危机初期，及时向内部公众宣布应急指挥小组成立，表明企业对待危机的态度，并对内部公众提出应对此次危机的要求。

（2）在危机稳定期，及时向内部公众通报危机事件发生的时间、地点、伤亡情况，以及企业处理此次危机的基本原则和方针，将制订的危机处理方案通告给各部门和员工，要求全体员工统一思想、统一口径、统一行动。

（3）在危机处理期，及时向内部公众通报造成危机的原因，协调内部力量对危机进行处理。

（4）在危机处理后期，及时向内部公众通报危机处理结果，对危机进行及时评估，总结经验教训，处理危机事件的责任人，奖励处理危机事件的有功人员。

（二）与受害者的沟通

（1）如果危机造成内部或外部公众伤亡，一方面要立即组织抢救或进行善后处理，另一方面应立即通知家属前来进行善后处理。

（2）对家属及时进行心理抚慰。危机事件中的家属往往比较激动，甚至过激，此时，及时、有效的心理抚慰对危机处理很有必要。

（3）要积极倾听各方面公众的意见和建议，并合理赔偿经济损失。

（4）对家属提出的经济赔偿方面的要求，必要时要作出有分寸的让步，这样有利于防止事态的进一步扩大。

（5）与家属沟通的工作人员尽量保持相对稳定，避免无故换人，以免引起受害人家属的焦虑和不安。

（三）与媒体的沟通

信息社会，媒体在危机事件处理过程中扮演着特殊的重要角色，当其传播虚假信息或有

害信息时，会加速危机恶化、扩大危机范围、加重危机影响；相反，当其传播真实的有益信息时，可以减缓危机恶化、缩小危机范围、降低危机影响。因此，组织在危机管理过程中要时刻关注媒体的反应，加以正确影响和引导，使其发挥积极作用。

只要企业出现危机，媒体必然介入。对于媒体来说，他们想要的是新闻，好事情、坏事情都可以，而往往坏事情更加有新闻价值。媒体在企业和公众之间充当着桥梁的作用，没有媒体的存在，公众也就无法了解信息。企业如何应对媒体，对每个企业来说都是危机公关中非常重要的一部分。

危机传播由信息流、影响流和噪声流三部分构成，危机传播的一个突出特点是噪声泛滥。媒体管理要围绕把握危机信息流、引导危机影响流、消解危机噪声流这三条主线展开。做好议题管理、信息疏导、信息加工工作，在合适的时间、合适的地点，由合适的人发布合适的信息是媒体管理的根本途径。除官方媒体外，在信息时代，尤其要重视对网络媒体的关注和引导。

危机发生后，电网企业应对媒体的策略主要包括：

（1）快速作出反应，不要沉默不语。危机发生后，企业要在第一时间作出反应，以引导舆论走向，避免出现谣言满天飞。由于危机发生后，社会公众对危机情况一时不明，出现信息真空，这时谁先说话就会填补这一信息真空，给人以先入为主的第一印象。因此，当危机发生后，在媒体应对上，时间往往是争取胜利的决定性因素，时效是新闻发布的第一要素。

坦诚面对媒体和公众，尊重媒体和公众。媒体是舆论的传播者，要想影响受众，必先争取传播者的理解。真诚的姿态更容易使媒体感觉到尊重，沟通也会更加有效。危机的发生，常常源于媒体、受众对事实的误解和企业的不透明。

（2）不要试图去掩盖事实。企业无论犯错与否，都需要一个正确的心态，增加透明，向公众做坦诚的解释。人们会为“敢于认错，知错就改，勇于负责”叫好，却不能原谅不负责任的遮掩和逃避。在公共关系史上出现的美国强生公司面对泰诺胶囊的做法，以及2000年出现的中美史克公司面对“PPA事件”的做法，值得很多公司借鉴。

（3）不要站在媒体对立面。不管媒体所报道的东西是对是错，一定要争个我是你非未必是好的方式。企业要传达信息，内容应当以向公众传播信心为主，把企业同公众联系在一起，成为利益相关的共同体。只有这样，信息才会同公众产生共鸣而非为公众所排斥和抵制，信息的传播也才能够顺利进行。

有的时候即便媒体所报道的内容是错误的，也不能得理不饶人。企业需要的是向外界传递企业自身好的一面，而媒体需要的只是新闻。

（4）企业对外发布的信息必须一致。当危机发生时，企业就应当成立专门的危机管理小组，必须统一企业对外信息发布的渠道和内容，避免不同声音的出现，造成外界更大的猜疑和混乱。企业不要因为某一个局部的环境发生变化，而随意更改自己的声音。只有声音持续不断地统一宣传，才能产生足够的强度，才不会为噪声所干扰，并在保证信息传播过程中不失真。2003年11月的格力内讧事件，就是由于格力集团内部的各个子公司言论不一致，自己给自己制造事端。子公司谈论集团发展战略，中高层管理者随意接受采访，与公关部门不协商。要知道，对于外界来说，企业任何人员的发言都可能被媒体和公众视为是企业的发言。

（5）不要妄自推测。在真相未明之前，企业应更多从公众的角度考虑事情。公众只对涉及自身利益相关的事情感兴趣，企业需要同公众形成一种共识，并与之成为利益相关体。也就是说，企业要向公众传达“我要和你站在一起！”的信息，当公众感觉到企业是在为他们考虑时，他们就比较容易相信企业所说的话。如果企业日后查明真相，他们仍会相信企业。美国强生公司在泰诺胶囊出现问题时，就向消费者提出警告在未查明真相之前不要使用泰诺，此后查明是有人故意破坏，公众也恢复了对强生公司的信任，强生公司在半年之内就夺回了95% 的市场。在买方市场时代，企业是一个看似强大但却脆弱的组织，它面对着各种各样的可预见的和不可预见的危机。作为企业，永远都不要忘了自己的最终目的，要在市场上生存发展，就必须去忍受一些委屈，去承担一些没有强制规定的义务。努力去处理好与相关组织的关系，因为对任何一个组织的忽视都可能导致意想不到的灾难。

面对危机，企业只有临危不惧，勇敢面对，坦诚地与媒体和公众沟通，努力争取公众的信任，才能够顺利走出危机。

（四）与上级单位（主管部门）的沟通

（1）危机发生后，应及时、主动向上级单位（主管部门）进行实事求是的报告，不要文过饰非，更不要歪曲事实真相。

（2）在危机处理过程中，要定期向上级单位（主管部门）汇报处理进度，求得上级单位（主管部门）的指导和帮助。需要外部力量支援时，还需要上级单位（主管部门）的协调。

（3）危机处理结束后，要向上级单位（主管部门）详细汇报危机发生的原因、处理经过、解决办法，并提出今后的预防措施。

（五）与相关社区公众的沟通

（1）向相关社区公众道歉。发生危机后，因停电、抢修施工造成社区公众生活不便时，应与相关社区沟通协调，制作致歉公告等。

（2）若涉及经济补偿或赔偿，应委派专人代表企业与社区公众沟通协调。

四、突发事件下的舆论引导与媒体应对

（一）舆论引导

舆论引导是指通过对新闻信息予以选择、分析、判断等手段，影响新闻舆论的倾向、力度及构成，进而影响媒体舆论场、社会舆论场、群体舆论场，特别是人们的口头舆论场，从而实现引导人们认识和行为的目标。公共事件舆论引导是事件应对的重要环节，近些年来国内外应对公共事件的经验和教训证明，重大公共事件的应对必须将舆论引导纳入统筹考虑之中，舆论引导得当有助于应对工作顺利开展，反之则造成被动。

媒体是舆论引导的重要力量，通讯社、报刊社、电台电视台、互联网等媒体形成的舆论，往往会对社会舆论的形成、改变产生主导作用。负责事件处置的地方和部门是舆论引导不可或缺的组成部分，地方和部门及时权威的表态、恰当的处置方式是做好舆论引导的前提和基础。没有地方和部门的参与，媒体的舆论引导工作将成为无源之水、无本之木，不可能产生好的效果。各地各部门都应当主动站到舆论引导工作的前台，争取主动权，掌握话语权。

（二）正确进行舆论引导的主要做法

近年来，我国经济社会发生深刻变革，社会舆论环境也产生了重要变化：以数字化、网络化为代表的现代信息技术突飞猛进，带来了传播方式的巨大变革，影响和改变了社会舆论

的生成；受众的思想观念、信息接收方式也发生深刻变化，人民群众参与国家和社会公共事务的意愿日趋强烈，通过舆论表达利益诉求的意识增强；信息极大丰富，总量呈现爆炸式增长；社会更加民主开放，透明度不断增强；社会热点和敏感问题增多；国际舆论对中国的关注度不断提高。这些变化也促使三个舆论场，即口头舆论场、网络舆论场、媒体舆论场相互作用、相互影响，形成了现代舆论的许多新特点。

根据以上变化，按照“及时准确、公开透明、有序开放、有效管理、正确引导”的方针，切实提高公共事件舆论引导能力和水平，特别是在重大突发事件新闻报道和舆论引导中抢占先机，掌握话语权，赢得主动权。

（1）及时发布信息，赢得第一落点。公共事件发生后，人们最迫切的需求是了解事件真相和事态发展。在传播格局深刻变化、获取信息渠道日益多样的情况下，要有效影响社会舆论，就必须完善新闻发布制度，及时发布信息，赢得第一落点。

抢占第一落点，是近年来在实践中对舆论引导工作形成的规律性认识。简单地说，抢占第一落点就是第一时间发出报道，第一时间分析评论，在受众中形成第一概念，从而影响舆论的走势，掌握引导的主动权。心理学研究认为，人们接收信息具有“优先效应”，第一时间接收的信息决定人们的基本认识。在信息接收顺序中，初次接收的信息记忆深刻，比之后接收的信息在印象形成中有更大权重。同时，人们对信息的不断接收具有明显的选择性特点，更多地接收与自己观点相似的信息，下意识过滤掉与第一概念相反的信息。因此，公共事件发生后，必须第一时间发布信息，先入为主，先声夺人。突发事件的新闻发布要早讲事实、重讲态度、慎讲结论，查明多少、知道多少，就公布多少，并根据事态发展和处置情况滚动发布，满足社会公众了解事件进程信息的需求。

（2）主动设置议题，占据舆论空间。传播学中有“议题设置理论”，就是主动提供信息和观点吸引人们关注，形成议论的话题。做好公共事件舆论引导工作，就要注重发挥党委、政府掌握权威信息的优势，把党委、政府想说的与群众想知道的结合起来，主动阐明党委、政府的主张，形成政府议题，并力争实现“政府议题”与“公众议题”“媒体议题”的高度重合。根据舆论引导的需要主动设置议题，是占据舆论空间、主动引导舆论的有效方式。要善于通过新闻发布主动设置议题，营造良好的舆论氛围。北京奥运会期间，有关部门针对北京采取的交通限行、安全检查等措施及时发布信息，中央媒体有针对性地加大报道力度，赢得了群众的理解和支持。要善于通过组织采访主动设置议题。北京奥运会期间，媒体运行部门重点围绕“奥运筹备”和“中国特色”两大主题，先后组织境内外记者参观采访了奥运食品监测中心、环境监测中心、京津城际铁路、北京气象局以及前门大街、恭王府、什刹海、国家京剧院等地，取得了良好效果。

（3）密切关注舆情，有效引导舆论。准确掌握舆情、加强舆情研判是舆论引导的基础和前提。只有及时收集舆情、准确研判舆情，才能提高舆论引导的主动性、预见性和实效性。党委、政府各部门要加强信息沟通，整合信息资源，形成互联互通的舆情信息机制，及时发现苗头性倾向性问题。宣传部门要建立公共事件舆情信息快速收集研判机制，各相关单位要组建专门队伍负责公共事件舆情信息收集研判。要密切跟踪互联网舆情动态，及时反馈情况、评估影响、制定对策。要密切关注境外涉华舆情，及时收集境外媒体对我国公共事件和有关敏感问题的报道，为信息发布和舆论引导提供依据，增强舆论应对的针对性、前瞻性。北京残奥会期间，通过舆情监测了解到境外媒体在肯定我国残奥会筹办工作的同时，出现质疑我国残疾人事业发展状况的苗头，国内媒体及时围绕我国残疾人就业、社会保障、城市无障碍设施建设等多个专题开展报道，加大对北京市“快乐残奥”活动等的报道力度，增进了国际社会对我国残疾人事业的了解。

（4）加强媒体服务，寓管理于服务。做好媒体服务工作不仅是遵循国际惯例的需要，也是沟通媒体、引导舆论的重要途径。特别是在突发公共事件发生后，要及时设立媒体服务机构。视情况设立应急新闻中心，由宣传部门、外宣部门和相关部门组成，依照有关法律法规和开放与有序、服务与管理并重的原则，统筹做好境内外媒体服务工作。应急新闻中心负责组织相关部门举行新闻发布会、吹风会，为境内外记者办理采访证件、组织媒体采访活动、设计采访线路、联系采访对象；提供采访线索、背景资料、动态信息、安全提示，以及公共信号、传输渠道、发稿设备、上网设备等采访报道条件。

在服务媒体的同时，要按照调控总量、持证采访、提供便利、依法管理的要求，明确现场采访管理职责。根据事件处置和现场情况以及报道需要，可适度调控赴现场采访的记者数量。

（5）注重统筹协调，形成工作合力。公共事件新闻宣传和舆论引导是一项系统工程，往往涉及多个地方和部门，只有加强统筹协调，形成工作合力，才能为事件处置提供舆论支持，营造良好舆论氛围。做好新形势下公共事件的新闻报道和舆论引导工作，仅仅靠宣传部门、新闻媒体是远远不够的，必须调动各方面积极性，整合各种宣传资源，把内宣与外宣结合起来，把传统媒体与新兴媒体结合起来，把宣传部门与实际工作部门结合起来，把发挥自身作用与借助外力结合起来，打组合拳、总体战，形成强大合力和整体效应。

（三）电网企业的新闻风险与媒体应对

1. 电网企业面临的突发事件

电网企业经常面临各种突发事件，主要是指突然发生，造成或者可能造成严重影响供电企业生产秩序、生活秩序和企业形象，需要采取应急处置措施予以应对的事件。主要有以下几类：

（1）电网安全生产类。在生产管理中发生的，造成重大人员伤亡、重大设备损害、大面积停电等，产生较大社会影响的事件。

（2）营销服务类。在营销管理和优质服务过程发生的，造成用户投诉的“三指定”、供电质量差、一线人员服务等，给公司形象造成重大影响的事件。

（3）群体事件类。由于各种内外部原因引发的，由利益相关者参与的有组织、有目的的集体上访、聚众闹事等，对公司和社会造成较大影响的事件。

（4）负面舆情类。由于新闻媒体的不实或片面报道，使社会公众对公司产生不客观、不公正的评价，致使公司形象受损的事件。

（5）自然灾害类。受到不可抗力因素破坏，造成重大人员伤亡或财产损失等，使生产经营受到较大影响的事件。

2. 电网企业面临的新闻风险

与突发事件伴随而来的新闻风险及舆情危机，是电网企业必须正确面对并必须及时应对的课题。当前形势下存在的新闻风险主要有：

（1）由电网突发事件造成停电引发的负面舆情。

风险事件发生前，一是加强电网设备的安全管理，加强巡视，加大设备检修力度，制定突发事件应急预案，最大限度减少因突发事件引起的停电事件；二是加强与当地主要新闻媒体的沟通联络，努力维护企业良好形象。

风险事件发生中，当出现突发事件造成电网停电时，一是应尽快查找故障原因，恢复供电；二是积极主动，通过召开新闻发布会、通报会等形式公布具体情况，避免不实报道损害公司形象；三是主动邀请新闻媒体报道公司如何积极开展事故抢修，变“坏”事为“好”事，努力扭转不利局面。

风险事件发生后，及时总结经验，加强舆情监测，避免负面影响进一步扩大。

（2）由服务不到位而引起的负面舆情。

风险事件发生前，一是不断提高优质服务水平，健全各项优质服务体制，规范优质服务程序；二是重视基层干部职工的培训工作，尤其是从事服务工作的一线员工的培训；三是与媒体之间、与客户之间建立良好的沟通联络关系，及时有效化解矛盾。

风险事件发生中，当出现因服务工作不到位而产生的新闻舆情时，一是开展调查，查清原因，属于企业责任的，要按照规定严格处理；二是对于不属实的要主动做好用户的解释工作，要做到耐心、细致。

风险事件发生后，及时总结经验，加强舆情监测，避免类似事件的再次发生。

3. 突发事件的新闻应急处置措施

（1）事件预警期内，企业应急办公室协助有关部门开展突发事件信息披露和舆情引导工作。

（2）应急响应期间，企业专项处置领导小组办公室协助有关部门开展突发事件信息披露和舆情引导工作。

（3）披露信息主要包括突发事件的基本情况、采取的应急措施、取得的进展、存在的困难以及下一步工作打算等信息。

（4）信息披露和舆情引导工作要做到及时主动、正确引导、严格把关。

面对突发事件，电网企业新闻应急处置工作的一般程序包括：启动应急预案—开展舆情监测—形成背景资料—实施新闻发布—保持媒体沟通—评估处置结果。突发事件新闻处置需要把握以下重要环节：

（1）及时主动发布。积极主动开展新闻处置工作，在第一时间发布真实情况，争取话语主动权。不能心存侥幸或消极应对。

（2）慎发原因结论。发布信息时，须先表明态度，但应慎重发布突发事件的原因和结论，可采取滚动发布形式，不断补充最新情况，并及时更正错误信息。

（3）注重现场管理。做好现场记者接待工作，除涉及国家安全、商业秘密等特殊情况外，应允许记者进入现场采访，并根据现场情况，采取核发采访证件等方式适度调控。

（4）重视员工管理。重视员工的日常危机管理教育，加强新闻发布工作基本知识宣传，提高员工对新闻管理等规定的认知度。突发事件发生后，及时告知并引导员工遵守公司新闻管理和新闻发布的有关要求。

（5）应对不实报道。及时主动澄清事实，挤压负面信息传播空间，防止被反复炒作。主动开展舆情监测，收集不实报道传播情况，协调有关媒体予以更正。

（6）重塑公司形象。坚持以人为本和公共利益优先原则，把公司的态度和解决问题的措施告知公众，塑造负责任的公司形象，降低负面影响，并做好危机处置后的正面宣传工作。

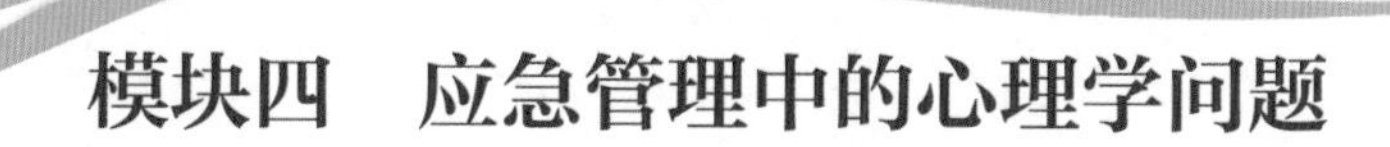

模块四　应急管理中的心理学问题

培训目标

1. 熟知危机中人员的心理状态和危机决策者的心理压力，了解危机决策者对心理压力的对策。

2. 掌握应急救援人员常见的心理问题、需具备的心理素质和应对心理压力的方法，熟悉对受害人进行心理救助的技巧。

知识点

突发事件不仅会造成人员伤亡、财产损失，对社会安全稳定造成冲击，也可能对受害人、家属、救援人员以及社会公众带来严重心理冲击。在我国，仅 2021 年，全国自然灾害共造成 1.07 亿人次受灾，直接经济损失 3340 亿元，因灾死亡失踪 867 人；全年共发生各类生产安全事故 3.46 万起，死亡 2.63 万人。两年多以来，突然发生的新冠肺炎疫情给人民群众生命安全和身体健康造成严重威胁，目前依然面临多点散发、局部暴发的严峻态势。所有这些灾难、重大社会事件、公共卫生事件均属于危机性事件，对公众的身体和心理健康造成严重影响，同时也给危机管理中的决策者带来巨大心理压力。

突发事件的形成、影响、扩散及其应对，涉及心理学的方方面面。充分掌握和利用心理学知识和启示，对突发事件的预防、控制和协调解决有很大帮助。

一、应激反应及其生理基础

所谓应激，是指机体对抗内外环境因素变化诱发的体内平衡不协调或内环境稳定受到威胁时的反应过程。机体的正常生理活动依赖于内环境的稳定或自稳态，动态变化中的各种内外环境因素可能破坏这种平衡状态，使机体处于“非稳态”。现有研究表明，体内多种调节因子相互作用的复杂系统，包括交感神经系统（SNS）、下丘脑－垂体－肾上腺皮质轴（HPA 轴）、免疫系统和神经递质系统等参与了非稳态的适应性调节过程，使得机体得到保护以避免损伤。但当非稳态负荷持续或者过度（非稳态反应延长和不恰当）时则引起不适应和机体健康损害。具体来说，在应激条件下，HPA 轴作为人体内最重要的神经内分泌应激反应系统，活动性增强。调节 HPA 轴活动的肾上腺皮质激素－皮质醇分泌增加，以平衡身体的应激反应。

短暂的应激会暂时性地影响皮质醇的代谢，使机体出现不适反应；长期的应激则会完全打乱皮质醇的代谢循环，使个体激素、内分泌失调，机体功能出现问题。而且 HPA 轴的反应较为特定地发生在危险情境中，对人际间压力源尤为敏感。SNS 作为应激主要激活的外周神经系统，在应激状态下，SNS 兴奋，并释放各类儿茶酚胺类神经递质，参与应激反应。儿茶酚胺类神经递质可通过作用于免疫细胞上的受体而影响免疫应答的各个环节。于是，应激条件下的个体免疫力会下降，易感染、生病，甚至罹患重大疾病。神经递质系统由于应激也会出现各类神经递质含量异常改变情况，这是众多心理疾病，如创伤后应激障碍（PTSD）发生发展的重要起源。

应激也可理解为“心理的巨大混乱”，人们在社会生活和个人生活中，由于工作、学习、人际关系等方面提出的要求或遇到的问题而感到紧张，面临的事件或承担的责任超出能力范围时的焦虑，以及机体对任何作用于其上并使之适应其要求而作出的非特异反应等，都属于应激状态的表现。突发事件发生时的惊讶、否认、恐惧、出现从众行为、逃避或退缩；事件中期，随着事态发展变化而表现的接受、狂喜、悲痛或发疯等巨大情感变化；以及后期情绪逐渐平缓，行为逐渐恢复原状，可随时出现痛苦的回忆、后怕心理，出现行为退缩等改变，都属于灾害应激反应的典型表现。

灾害应激反应会造成生理和心理的高度紧张，影响个体的认知能力和决策行为，对危机决策造成干扰，对灾害救援、善后恢复都造成巨大影响。了解灾害事件对人精神影响和人群心理的变化历程与特点，对受害人适时、科学施加心理干预，加强自我心理调适，使其尽快恢复正常心理水平，是突发事件应急救援及灾后恢复重建的重要课题，也是应急管理的重要组成部分。

二、灾害心理的临床症状

灾害发生后，应激反应会出现心跳加快、血压升高、胃部不适、恶心、腹泻、出汗或寒战、肌肉抽搐、肌肉酸痛、头痛、耳朵发闷“听觉丧失”、疲乏、月经周期紊乱、性欲改变、皮疹、过敏、烧灼感等主要生理病变。同时，会出现以下主要心理症状：

（1）感知觉障碍。常出现错觉和幻觉；对与地震、火灾或其他灾难相关的声音、图像、气味等过分敏感或警觉；或对痛觉刺激反应迟钝。

（2）情绪情感障碍。悲伤、失望、思念、失落，少数人则表现为否认、麻木、冷漠、无表情或表情倒错；内疚自责，愤怒、易激惹。

（3）行为障碍。以精神运动性障碍多见，激越叫喊、情感暴发、无目的的漫游，动作杂乱而无目的；或木僵、缄默少语、呆若木鸡，或长时间呆坐、卧床不起，行为退缩，不愿意参加、逃避与疏离社交活动，不敢出门、害怕见人；暴饮暴食、反复洗手、反复消毒等强迫行为；易激惹，责怪他人、不易信任他人等。

（4）思维障碍。不同程度的意识障碍，定向力障碍，思维迟钝、强迫性重复性回忆，即一直想着逝去的亲人，无法思考别的事情；灾难的画面在脑海中反复出现，一闭上眼就会浮现最恐惧最悲伤的情境画面，因此患者不敢闭上眼睛睡觉；常有自发性言语，思维无条理性，难与人沟通，甚至出现妄想；记忆力减退、遗忘、痛苦回忆。

（5）注意障碍。注意增强或不集中、注意涣散或注意力狭窄；不能把注意力和思想从心理事件上转移开来；缺乏自信、无法做决定，健忘、效能感降低。

（6）躯体化症状。易疲倦、肌肉紧张或头、颈、背肌疼痛；手脚发抖、多汗、心悸、感觉呼吸困难、喉咙及胸部感觉梗塞；头痛、疲乏、头昏眼花；月经失调、子宫痉挛、肠胃不适、腹泻、食欲下降；失眠、做噩梦、容易从噩梦中惊醒等。

三、灾害急性应激反应

急性应激反应即急性应激障碍（ASD），是指在遭受急剧、严重的精神创伤性事件（如重大自然灾害、战争、隔绝等）后数分钟或数小时内所产生的一过性精神障碍，一般在数天、一周或最长一月内缓解。临床上主要表现为具有强烈恐惧体验的精神运动性兴奋或精神运动性抑制甚至木僵，除了初始阶段的茫然状态，还可能有抑郁、焦虑、愤怒、绝望、活动过度、退缩等，症状往往历时短暂，预后良好。

ASD 的发生，实际上是灾害发生后几乎立即出现的心理反应，与个别人的生物学基础、心理承受能力以及创伤前所处的自然与社会环境有关。ASD 的预防主要在于平日里培养健康的心理、增强自我保护意识，从而提高应对应激事件的能力，同时在事件发生后由专业人员尽早给予危机干预十分必要，为其提供脱离创伤的环境、加强社会支持等方式均可有效避免。

四、创伤后应激障碍

灾难过后，亲历者都会经历一定的心理压力，可能会对情绪、行为、认知、身体等造成影响。研究表明，除了少数人出现急性应激反应，人群经历灾害后创伤后应激障碍（PTSD）、灾后抑郁障碍和其他焦虑障碍发病率与持续时间都会有不同程度的提高。在美国，“9 • 11”事件之后，大约五分之一的美国人感到比以往任何时候都更加严重的抑郁和焦虑，大约 800 万美国人报告自己因为“9•11”事件而感到抑郁或焦虑，8 个月后，纽约的很多学龄儿童做噩梦，4.7% 的美国人说他们曾因为“9 • 11”事件去找过精神卫生专业人员，同样多的人因为恐怖袭击而服用处方药物，这比袭击事件发生前要高得多。感到紧张、焦虑和苦恼是人们面对恐惧与无助时的正常反应。这是多数创伤体验的基本内容。通常，人们能够解决这些痛苦症状，仅有很小比例的人会发生 PTSD 等应激相关障碍。某些类型灾害之后，抑郁较 PTSD 更常见，而且 50%PTSD 病例同时存在抑郁。

PTSD 是创伤及应激相关障碍中临床症状严重、预后不良、可能存在脑损害的一类应激障碍，指个体在面临异常强烈的精神应激，如自然灾害、交通事故、亲人丧失等意外事故后出现的应激相关障碍。患者症状主要表现为创伤再体验、警觉性增高以及回避或麻木等。国际疾病分类 ICD-10 将 PTSD 定义为对异乎寻常的威胁性或灾难性应激事件或情境（短期或长期）的延迟和 / 或突出的反应，这类事件或情境几乎能使每个人产生弥漫的痛苦（如天灾人祸、战争、严重事故，目睹他人惨死、身受酷刑，成为恐怖活动、强奸或其他犯罪活动的受害者）。

在巨大的突发灾难面前，相关人员及家属出现悲伤、焦虑、失眠、情绪激动等状况是正常的心理应激反应。灾害救援中，在积极组织抢险救灾、人员搜救与医疗救护的同时，必须组织专家及时提供心理援助，做好心理辅导，以防止或减轻创伤后应激障碍的发生。早期的心理危机干预，能显著减少 PTSD 的发生率。

五、灾后心理危机干预

（一）心理危机干预及其作用

心理危机是指由于遭受严重灾难、重大生活事件或精神压力，致使当事人陷于痛苦、不安状态，常伴有绝望、麻木不仁、焦虑，以及自主神经症状和行为障碍。心理危机干预是指针对处于心理危机状态的个人及时给予适当的心理援助，使之尽快摆脱困难。

心理危机干预旨在阻止极端应激事件所至后果的恶化，通过即刻处理危机，使人们失衡的认知和情感反应趋于稳定。灾后积极的心理危机干预，可以预防、控制或缓解灾难的心理社会影响，促进灾后心理健康重建，维护社会稳定，保障公众心理健康。心理危机干预的最低治疗目标是在心理上帮助病人解决危机，使其功能水平至少恢复到危机前水平；最高目标是提高病人的心理平衡能力，使其高于危机前的平衡状态。

（二）灾后需要心理危机干预的人群

灾难的心理受灾人群大致可以分为五级，心理危机干预的对象也分五级人群，第一、二级为高危人群。干预重点应从第一级人群开始，逐步扩展，一般性宣传教育要覆盖到五级人群。

（1）第一级人群：灾难的直接幸存者、死难者家属、伤员。

（2）第二级人群：包括与第一级人群密切联系的个人和家属（可能有严重的悲哀和内疚反应，需要缓解继发的应激反应）；灾难现场的目击者（包括救援者），如目击灾难发生的灾民、现场指挥、救护人员（消防、武警官兵、医疗救护人员、其他救护人员）。

（3）第三级人群：从事救援或搜寻的非现场工作人员、后援人员、志愿者等。

（4）第四级人群：受灾地区以外的社区成员，向受灾者提供物资与援助，对灾难可能负有一定责任的组织等。

（5）第五级人群：临近灾难场景时心理失控的个体，易感性高，可能有心理病态的征象。

（三）灾后心理危机干预技术

灾后心理危机干预应与整体救援活动整合在一起进行，及时调整心理救援的重点，配合整个救灾工作的进行；要以社会稳定为前提工作，不给整体救援工作增加负担，减少次级伤害；应综合应用干预技术。危机干预时可根据病人的不同情况采取各种取向的心理治疗技术，包括支持性心理治疗、短程动力学治疗、认知治疗、行为治疗等方法。危机干预主要应用下述三大类技术：沟通和建立良好关系的技术、支持技术、干预技术。其中，干预技术可以让当事者学会对付困难和挫折的一般性方法，不但有助于渡过当前的危机，而且也有利于以后应对危机事件。

（四）注意事项

（1）心理危机干预是指针对处于心理危机状态的个人及时给予适当的心理援助。这不是一种程序化的心理治疗，而是一种心理服务。

（2）心理危机干预的最佳时间是遭遇创伤性事件后的 24 ～ 72h。24h 内一般不进行危机干预。若是 72h 后才进行危机干预，效果有所下降。若在 4 周后才进行危机干预，作用明显降低。

（3）心理危机干预的方法是最简易的心理治疗方法，如净化倾诉、危机处理（心理支持）、松弛训练、心理教育、严重事件集体减压等。

（4）心理危机干预必须和社会支持系统结合起来。尤其是在遭遇重大灾害的时候，心理危机干预和社会工作服务是紧密结合在一起的。

六、心理学与突发事件的决策应对

突发事件的决策和应对是对人类心理的一大考验。荷兰危机研究专家 Rosenthal 认为，突发事件是"对社会既定的基本价值和行为准则产生的严重威胁，并且须在短时间和信息不全面的状态下作出决策的事件"。从其对突发事件的定义中可见，突发事件决策应对的特点是时间短、信息不全面。

（一）人脑决策与突发事件应对的心理学问题

（1）突发事件通常要求决策者快速的反应，而人脑的精确计算需要大量的时间，在时间压力下会产生更多的决策偏差。

（2）突发事件应对时通常会缺失必要的信息，而人天生有一种对不确定或模糊情境下决策的厌恶，人对风险决策的偏好主观影响大。

（3）信息并非越多越好，社会情境的纷繁复杂也经常会导致信息过载，人脑加工信息的容量十分有限，信息过载将降低人脑的决策效率。

（4）突发事件的重大性、时间紧迫性、不确定性和信息庞杂往往会给人造成巨大的心理压力，使人陷入应激状态。人脑决策容易受身心状态的干扰，应激状态下人脑的决策模式将被固化。

（5）应急状态会引发恐惧、焦虑、畏难、规避等情绪反应，情绪会影响决策，使决策产生偏差。

（6）重大事件发生时往往需要团队的力量去应对，而群体决策会受到人与人之间的交流效率的限制。

（7）对社会伦理问题的顾虑也可能使决策者在面对问题时犹豫不决，降低决策效率，错过问题解决的最好时机。

总之，突发事件发生时，由于时间压力、信息缺失或过载、应激状态、情绪、团队意见冲突以及社会伦理等因素，会对危机决策者造成重大影响和心理压力。而管理者的决策将对突发事件的应对起到决定性作用，管理者若不能及时有效地处理突发事件产生的后果，将加剧恶性事态的蔓延，造成额外损失。

（二）危机管理中的压力管理

突发事件具有突发性、破坏性、不确定性和处置的紧迫性，作为决策者和管理者，在危机困境中如何管理情绪和控制心理压力是一门必修课。实践证明，当事者采用合理宣泄、转移注意力、幽默疗法、满罐疗法、心理暗示、坦然接受、升华、希望、自我安慰等都是行之有效的舒缓压力、尽快适应应急状况、摆脱应激状态的途径。

针对心理压力对危机决策的负面影响，可采用以下对策以缓解压力，降低决策偏差：

（1）平时经常锻炼。健康的身体才能迅速地自我调整，抵抗住一定的压力。

（2）合理休息，健康饮食。压力越大，越应该保持正常的作息和饮食，否则机体状况会更加恶化，影响决策行为。如果有必要，团队内应安排轮流值班。

（3）掌握疏解压力的途径。例如，来自家人、朋友及同事的支持，写字静心，散步舒心等。

（4）保持乐观，战略上藐视敌人，战术上重视敌人。相信自己或团队解决问题的能力，相信自己或团队的决策，轻松面对问题，认真解决问题，乐观接受事件的最终结果。

就决策者的决策行为而言，目前心理学上认为行之有效的方法是进行应激的预防和暴露训练。应激预防训练和应激暴露训练主要通过三方面来保证决策主体在应激环境下保持较为稳定的任务表现：

（1）提前熟悉应激环境，使决策主体对极端环境形成较为准确的预期。

（2）强化行为与认知的技巧，如通过训练适应高压环境下的多任务需求，练习多任务之间的时间分配和对重要任务的优先考虑。

（3）建立对自身能力和表现的自信。高压环境下对自身任务表现的自信程度能很好地预测决策者的任务表现，只有在高自信状态下，决策者才能更少地受到应激状态的干扰，从而更容易集中注意力以解决问题。

七、应急救援人员的自我心理调适

应急救援人员是指突发事件发生后赶赴现场的应急指挥人员、抢险人员、医护人员、后勤人员、志愿者等。处于抢险、救援状态下的应急人员心理特征是复杂的，在关注灾害受害者心理健康的同时，必须对应急人员的心理状况加以关注。一方面，应让应急人员深感从事的救援行动的社会价值与意义，这本身对心理健康具有积极意义；另一方面，应急人员会经历许多紧张、未知、紧迫、悲惨的情景，不可避免地会受到各种应急状况的刺激，导致心理失衡和压力增大。所以，应急人员学会应对压力、掌握自我心理调适的技巧方法至关重要。

（一）应急救援人员的心理品质要求

突发事件发生时，应急救援人员承担着事件研判、信息沟通、先期处置、组织营救、抢险救灾的重要使命，除要掌握必要的应急知识与救援技能外，应急救援人员还应具有沉着冷静、处变不惊的心理素质，有强烈的社会责任感，有较好的语言表达和沟通能力，以及灵活的反应能力。在面对困难和挫折时，要有“抗逆力”，使其快速适应挑战，迅速恢复积极乐观的心态；要有必胜的信念，要有对自己完成任务和救援工作并能克服困难的信心。

同时，应急救援人员同时也是普通人，面对复杂多变不可预知的应急情景，也会产生应激反应和心理障碍，因此能够进行自我心理健康判断和自我心理调适也是对应急救援人员的基本要求。

（二）应急救援人员自我心理调适的一般方法

应急救援人员要对自己进行心理调适，首先要保持思维冷静，要对自己当前心理状况有基本了解，并能对是否存在心理障碍进行初步分析判断，比如跟自己平时相比有何变化、智力及思维判断力是否下降、自我意识是否清楚、情绪是否稳定、能否与他人建立和谐的人际关系、能否适应当前的环境等。如果发现有异常，应判断其严重程度，并通过自我调整进行缓解，如果调整困难，必须请专业心理咨询师进行心理援助。通常，认知法和发泄法是应急救援人员在突发事件救援现场自我调适的有效方法。认知法就是不断提醒自己，我是应急救援员，我必须保持清醒头脑，及时向上级汇报有关情况；我是应急救援员，我必须履行职责，组织受灾群众自救互救；通过类似办法调整自己，鼓起勇气，积极工作，面对现实。发泄法就是感到郁闷和压抑的时候，多做深呼吸，平复和缓解压力，可以通过大声呐喊以发泄和缓解。

（三）应急救援人员的心理素质训练

（1）心理暗示和自信心训练。应急救援队伍承担着紧张而复杂的工作任务，经常承受着巨大的压力与超负荷的工作。因此，进行积极的心理暗示训练大有必要。在训练中，可以尝试大喊“我相信自己有能力！我相信自己能够克服重重困难！”这样的语句。这种良好的心理暗示对培养应急人员应付面临的各种困难大有裨益。并注重对每一名应急救援人员自信心的培训和锻炼，特别是在执行应急救援任务时，及时教育引导每一名成员一定要有必胜的信心，要坚信在各方面的协同配合下，一定可以战胜各类事故，一定可以把事故的损失降到最低。只有使每一名应急处置人员都具备足够的自信心，才能克服执行应急救援任务时的紧张和恐惧等不良心理，减少救援中的惊慌、混乱、失误等情况。

（2）认知训练。在战略上要坚信能战胜一切困难和事故，但战术上必须给予高度重视。企业可以经常组织应急救援人员深入研究各类事故的特点、危害性、危险性、处置措施、程序和方法等，并能做到针对不同事故，研究不同的战术对策。比如研究危险性大、处置难度高的事故，不但要研究难度系数、事故特点，还要研究采用什么方法、程序和措施进行处置，处置过程中事故的变化特点，有哪些危险性，如何预防各种危险性的发生以及发生后怎么办等。只有研究透了各种事故的特点、规律和处置方法等，做到知己知彼，才能保证勇敢和自信的科学性，才能从根本上保证取得救援战斗的胜利。否则就是盲目自信和勇敢，其结果要么侥幸取得应急救援战斗的胜利，要么以失败告终，甚至还可能造成更大的人员伤亡和损失。

（3）放松训练。放松训练是一种简单易行的缓解心理压力的方法。应急救援人员感到紧张不适时，可以找一个安静的环境，闭上眼睛，逐渐放松全身肌肉，平静缓慢地呼吸，排除各种杂念，保持“心如止水”的状态，体验全身心放松的感觉，默诵或读一个字或词，心境随和安详，静坐十几分钟后睁开眼睛，便会重新恢复旺盛的精力和体力。

（4）想象训练。想象训练可以从三个方面进行实践：①事前勾勒理想的实战表现。积极引导应急人员设想在各类事故中如何表现自己：指挥人员怎样下达科学合理的命令，操作人员如何进入事故现场，实现人与设备的最佳结合，获得圆满的处置结果。②调节心理压力。针对应急人员在执行应急救援任务时的紧张、恐惧心理，播放重大事故的影像资料，讲述最艰难的实战故事，在此基础上组织应急救援人员谈观感，从中找出令他们最紧张、压力最大的地方，号脉搏、测心跳，检验他们真实的紧张程度；并结合实战重复上述过程，直至习以为常，心理反应平和。③心理素质攀高目标。先划定时段，按时段确定攀高主题，从面不改色心不跳，到临战不惊从容面对，全面展现训练成果。在上述实践的基础上，引导应急救援人员学会辩证地看问题，学会正确认识自己。既看到应急救援过程中存在的不足，又看到团队所取得的成绩，认清自己的心理素质提高过程，有条不紊地提高应急救援行动质量。

（5）心理拓展训练。建立心理训练基地对救援人员开展综合性心理训练和心理危机干预，具有其他训练不可比拟的优势和作用。一个完备的心理教育训练基地应当具备心理行为拓展训练、心理咨询和测评、心理调节、心理宣泄等功能。室内建设有心理服务中心，拥有心理咨询室、心理测评室、心理宣泄室、心理调适室和温馨话吧等场所。拥有心理健康专业挂图、心理眩晕图、心理测评系统专业软件、心理宣泄设施、音乐播放以及计算机设备等。可对应急救援人员进行心理问题的测评以及心理危机的干预和疏导。掌握群体性和个案性的心理倾向问题，适时进行心理问题的调节和干预，并开通心理咨询专业热线，聘请心理专家承担救援人员的心理疏导工作。室外拥有心理行为训练组合型器材等，可进行攀岩、悬崖绝壁、翘板桥、断桥、空中单杠、梅花桥、天梯、丛林绳桥、相互依存、绳网轮胎荡桥、锁链桥、独木桥、信任背摔等项目的心理拓展训练。通过心理拓展训练能使参训人员释放压力，调节心理平衡，激发自身潜力，增强自信心，克服心理障碍，磨炼战胜困难的毅力。可锻炼救援人员勇往直前、战胜恐惧的意志品质，保持稳定的情绪、坚定的意志、乐观向上的精神状态和高昂的士气，提升救援人员的心理素质和团队精神，全面提高其适应各种复杂环境和条件的基本素质能力。

Chapter
2

第二章
应急自救急救

模块一　应急救护基本知识

培训目标

1. 熟悉院前急救、现场自救与急救、“第一目击者”的概念和内涵。
2. 熟知现场紧急救护的意义、特点和原则。
3. 熟悉“急救时间窗”“生命链”的概念及内涵

知识点

一、急救医疗服务体系与院前急救

1. 急救医疗服务体系

急救医疗服务体系（EMSS）是伴随着高科技而发展起来的急救医学模式，它将院前急救和院内救治有机、完美地结合，为急危重伤患者搭建了一条救治生命的绿色通道。院前急救、医院急救科抢救和重症监护病房（ICU）治疗这三个环节，既有分工又有密切联系，三位一体不可分割，如图 2-1 所示。

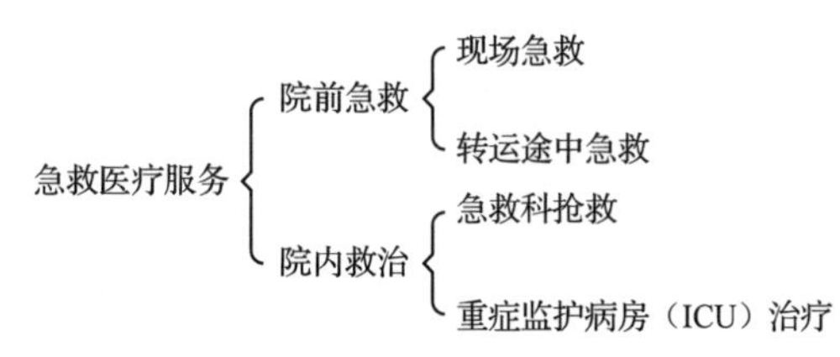

图 2-1　急救医疗服务体系

2. 院前急救

院前急救也称初步急救，是急救医疗服务体

系最前沿的部分，是指从“第一目击者”到达现场并采取一些必要措施开始直至救护车到达现场进行急救处置，然后将伤患者送达医院急诊室之间的这个阶段，是在院外对危重伤患者的急救。院前急救包括伤患者在发病或受伤后由现场医护人员或其他人员在现场进行的紧急抢救，医护人员到达现场后对急危重伤患者在现场紧急处理和抢救，以及在监护下运送至医院途中的医疗救治。院前急救的目的是挽救伤患者的生命，为医院救治赢得时间、创造条件、打好基础。

院前急救的内容包括“第一目击者”或救援者采取的一些必要的急救措施，如止血、包扎、固定等，使伤患者处于相对稳定的状态；拨打急救中心电话，呼叫救护车并守候在伤患者身边，等待救护车的到来；徒手进行人工呼吸和心肺按压；救护车到达后，急救人员采取专业措施来延缓伤患者的病情，延长伤患者的生命，使其在到达医院时具备更好的治疗条件。

救护车及救护人员的到达，标志着伤患者即已“入院”，可得到最迫切和有效的急救与护理。

二、“第一目击者”

“第一目击者”也称“第一发现者”“第一反应者”“第一救援者”，即在现场第一时间发现受伤、出血、骨折、烧伤、患急病，甚至呼吸、心搏骤停的人并立即采取行动的人。我们每一个人随时随地都有可能成为“第一目击者”，这个人不专指医生。“第一目击者”可以是事故现场的人、伤病人身边的人，也可能是路人或偶遇的人，但不是视而不见的旁观者，而是真正采取行动的人，可能是第一个打电话的人，也可能是第一个施救的人。目前，我国许多区域做不到救护车在 4 ～ 5min 内赶到伤患者身边，这时，“第一目击者”的作用就非常关键。如果经过训练的“第一目击者”在救护车赶到前，采用正确的急救措施，进行现场救治，可以为伤患者争取宝贵的抢救时间。

三、现场自救与急救

1. 基本概念

（1）现场自救。现场自救是指外援人员及力量没有到达前，在没有他人帮助扶持的情况下，受伤或受困或患病人员靠自己的力量脱离险境，避免或减轻伤害而采取的应急行动。自救是自己拯救自己、保护自己的方法。

（2）现场互救。现场互救是指在有效自救的前提下，在灾害或意外现场妥善地救护他人及伤病员的方法。互救是现场对他人的援助。

（3）现场急救。现场急救是指现场工作人员或“第一目击者”在未获得专业医疗救助前，为防止伤病情进一步恶化而对伤患者采取的一系列急救措施。

急救关乎生命、互救重于急救、自救才是根本。正确的逃生其实就是自救的一种好方法。

2. 现场急救的意义

（1）全球日益增多的天灾人祸急需医疗急救的前伸。随着科技的发展，人们的生活、活动空间越来越大，我们所乘坐的交通工具速度越来越快，加上我们生存的地球处于一个非常活跃的时期，使得我们在时间上和空间上时刻处在危险的包围之中。近年来，严重的生产安全事故、频发的恶性交通事故、严重的环境污染事件、突发的严重自然灾害等，都造成了大量的人员伤亡。这些意想不到的突发事件，措手不及的危重伤病都需要及时而有效的现场急救做保障。

（2）企业安全生产离不开现场急救。企业生产活动必须在安全生产的前提下完成，但安全生产事故仍时有发生，危害着现场工作人员的身体健康，甚至造成人身伤亡。如果我们具有现场急救的知识，具备现场急救的技能，当遇到重大突发事故，在生死攸关的关键时刻，就能帮助他人、挽救生命。因此，企业生产人员熟练掌握现场急救的知识和技能是企业安全生产的重要环节之一。

（3）现代医疗急救体系需要现场急救。如前所述，急救医疗服务体系中的院前急救是其中重要的环节。一般情况下，意外伤害事故和突发急危重伤病多发生在医院以外，由于专业医生一般不可能立即赶到突发现场，就需要得到及时的现场急救。这时，一方面，现场的“第一目击者”或患者本人应该尽快与医疗机构取得联系，让医务人员及时赶到现场对伤患者进行救治，并将其送达医院；另一方面，应立即对伤患者进行现场急救，达到保全生命、防止伤势或病情恶化、促进恢复的目的。

（4）时间就是生命。常温下，心搏骤停 4min 就会造成脑细胞的破坏，超过 4min 脑细胞损伤几乎是不可逆的，因而将心搏骤停后的 4min 作为心肺复苏的黄金时间，这个时间是不以人的意志为转移的，不会有所改变。而在黄金时间内，由“第一目击者”或医务人员在现场进行的应急救护可以最大限度地挽救伤者、病人的生命，甚至能达到 80% 左右的成功率。

3. 现场急救的特点

现场急救的特点可用“急、变、难、险”来概括。

“急”，其实质是指伤患者发病“急”，具有一定的突发性；对医疗需求“急”，表现为时间的紧迫性；医务人员抢救处置“急”，表现为救治的应急性。

“变”，指伤患者病情变化快及急症就医变数多。

“难”，一难是危重伤患者多种多样，伤病复杂；二难是现场伤患者多、病情急，急救人员少；三难是现场多发伤、复合伤多。

“险”，一险是伤患者因伤病情重而危险性大；二险是抢救工作风险大，社会责任重。

4. 现场急救的基本原则

（1）安全。安全是指施救前、施救中及施救后都要排除任何可能威胁到救援人员、伤患者的因素，包括环境的安全隐患，救人者与伤患者相互间传播疾病的隐患，施救方法不当对救援人员或伤患者造成的伤害等及其产生的法律上的纠纷，现场急救实施中救援设备的安全隐患等。救人时，施救者应该审时度势，既要保护好伤患者，又要保护好自己。事实上，往往只有保护好自己，才能更好地保护和救治伤患者。

（2）简单。简单就是便于学习和掌握。在现场急救过程中，把没有实际意义的环节省去，一方面能够节约时间，另一方面能够提高施救效率。

（3）快速。快速是确保施救效率的有效手段。在确保操作准确的前提下，尽量加快操作速度以达到提高施救效率的目的。

（4）准确。准确是指施救方法的准确及有效性。施救方法的准确是现场施救的重点要求。无效的施救等同于浪费时间、耽误伤患者的伤病情甚至伤及伤患者的生命。

四、“急救时间窗”

对急危重症病人和伤者，特别是触电、溺水、猝死、雷击、气道异物伤患者，抢救得越早，生还和康复的机会就越大，特别是对那些心搏呼吸骤停者，早期有效的心肺复苏和电击除颤，能最大限度地保护大脑功能，有利于整体康复。那么，究竟什么时间是“早”呢？

医学上将各种不同急危重伤情的最佳抢救时间采用形象、生动的“急救时间窗”概念来描述在一定时间内存在抢救成功可能性。

1.“黄金 4 分钟”

“黄金 4 分钟”是指呼吸、心搏停止后的 4min 内。“黄金 4 分钟”是针对呼吸、心搏停止患者现场急救的抢救时间窗。呼吸、心搏停止后 4min 内给予心肺复苏，可能有一半的人被救活。

2.“白金 10 分钟”

“白金 10 分钟”是指创伤后的 10min。“白金 10 分钟”是针对创伤患者现场急救的抢救时间窗。对创伤患者进行控制出血、解除窒息、保持呼吸道的通畅等措施，应该在伤后 10min 内完成。

3.“黄金 1 小时”

“黄金 1 小时”是指伤后 1h 以内的时间。“黄金 1 小时”是提高创伤患者生存率的最佳时间窗。在处理胸、腹、盆腔内脏损伤出血，严重的颅脑伤等危及生命的急症时，应在伤后 1h 内得到有效的手术治疗。

4.“黄金 72 小时”

“黄金 72 小时”是指地质灾害发生后的黄金救援期。在此时间段内，是提高灾民生存率的最佳时间窗。应分秒必争，在 72h 内开展有效的人员搜救，以挽救更多的生命。

五、“生命链”

“生命链”是针对现代社区、生活模式而提出的以现场“第一目击者”为开始，至专业急救人员到达进行抢救的一个系列过程而组成的“链条”。“生命链”普及、实施得越广泛，危急伤病员获救的成功率就越高。

“生命链”所描述的是发生心脏骤停时应该进行的理想的一系列救治措施。生命的抢救过程是由立即识别和启动、早期心肺复苏（CPR）、迅速除颤、有效的高级生命支持、综合的心脏骤停后治疗五个环节构成的。这五个环节，环环相连，缺一不可，形成一个延续生命的“生命链”，如图 2-2 所示。在“生命链”的五个环中，前三个环可由非医务专业人员完成，这更加突出了全民参与现场急救的可行性。

（a）立即识别和启动　（b）早期CPR　（c）迅速除颤　（d）有效的高级生命支持　（e）综合的心脏骤停后治疗

图 2-2 “生命链”图解

1. 第 1 环节——立即识别和启动

立即识别与启动即早期呼救或早期到达现场，包括对伤患者受伤或发病时最初的症状进行识别，鼓励伤患者自己意识到危急情况，呼叫当地救援系统，给救援医疗服务系统或社区医疗机构拨打电话。这样，急救系统获得呼救电话后能立即作出反应，派出急救力量迅速赶赴现场。在这个环节中，急救系统应该担负医学指导，即在专业急救人员尚未到达现场之前，告诉现场人员应该如何实施必要的救护措施，以便不失时机地对伤患者进行救护。

2. 第 2 环节——早期 CPR

早期 CPR 即早期进行心肺复苏，就是伤患者呼吸心搏骤停后立即进行心肺复苏。临床研究表明，“第一目击者”若具有心肺复苏的技能并能立即实施，对伤患者的生存起着重要作用，也是在专业急救人员到达现场进行心脏电击除颤、高级生命支持前，伤患者所能获得的最好的救护措施。

3. 第 3 环节——迅速除颤

迅速除颤即早期进行心脏电击除颤 / 复律，是最容易促进生存的环节。使用除颤器进行电击除颤是首选和效果最好的方法。

4. 第 4 环节——有效的高级生命支持

有效的高级生命支持即早期进行高级生命支持，就是救护车到达意外伤害现场，尽早让伤患者获得专业器械或药物的救治。在现场经过“第一目击者”的基础生命支持，专业救护人员赶到，越早实施高级生命支持，对伤患者的存活就越有利。

5. 第 5 环节——综合的心脏骤停后治疗

综合的心脏骤停后治疗是指把心脏骤停患者抢救回来之后的康复治疗，如低温治疗等，这是在医院内的专业措施。

模块二　心肺复苏

培训目标

1. 了解心肺复苏、除颤的概念及意义。

2. 熟练掌握徒手心肺复苏的基本操作要领和操作流程，能够熟练进行徒手心肺复苏。

3. 掌握自动除颤器的特点、使用方法和使用禁忌，能够正确使用自动除颤器进行除颤操作。

一、心肺复苏的概念及意义

（一）心肺复苏的概念

1. 心搏骤停

心搏骤停是指伤患者的心脏在出乎预料的情况下，突然停止搏动，在瞬间丧失了有效的泵血功能，从而引发一系列临床综合征。

心搏骤停发生后，由于血液循环的停止，全身各个脏器的血液供应在数十秒内完全中断，迅即使伤患者处于临床死亡阶段。如果在数分钟内得不到正确、有效的抢救，则病情将发展至不可逆转的生物学死亡，伤患者生还希望渺茫。

2. 心肺复苏

心肺复苏（CPR）是针对呼吸心跳停止的急危重症伤患者所采取的抢救关键措施，也就是先用人工的方法代替呼吸、循环系统的功能（采用人工呼吸代替自主呼吸，利用胸外按压形成暂时的人工循环），快速电击除颤转复心室颤动，再进一步采取措施，重新恢复自主呼吸与循环，从而保证中枢神经系统的代谢活动，维持正常生理功能。

心肺复苏特别适合各种意外伤害（如触电、溺水、中毒等）导致的呼吸、心搏骤停以及各种急病或各种疾病的突发导致的呼吸、心搏骤停的急救。

医学上将心肺复苏分为三期：一期是基础生命支持或初期复苏（BLS），包括徒手心肺复苏和除颤；二期是高级生命支持或后期复苏（ALS），包括高级气道建立和复苏药物；三期是延续生命支持或复苏后治疗（PLS），主要解决脑死亡问题。一期是非专业人员应该熟练掌握的，而后两期一般需由专业人员操作完成。

3. 初期心肺复苏

初期心肺复苏是所有急救技术中最基本的救命技术，它不需要高深的理论和复杂的仪器设备，也不需要复杂技艺，只要一双手，按照规范化要求去做，就可能使危重伤患者起死回生。初期心肺复苏又称基础生命支持，包括徒手心肺复苏和除颤。

（1）徒手心肺复苏。徒手心肺复苏包括生命体征的判断和及时呼救、胸外心脏按压、开放气道和人工呼吸。

（2）除颤。在医学上，除颤通常是指利用除颤器对心脏放电的方式终止心房颤动的操作，包括自动体外除颤器除颤和非自动体外除颤器除颤。前者非专业人员可以经短期培训后熟练掌握，后者则需要专业医务人员操作。

本书只介绍徒手心肺复苏和自动体外除颤器除颤。

（二）心肺复苏的意义

通常在常温情况下，人的心脏停止跳动后，3s 后病人就会因脑缺氧而感到头晕；10 ～ 20s 即发生昏厥、丧失意识；30 ～ 40s 会瞳孔散大；40s 左右会出现抽搐；60s 后呼吸停止、大小便失禁；4min 后脑细胞会发生不可逆转的损害，无法再生；10min 后，脑组织大部分死亡。如果在人的心脏停止跳动后 1min 内进行心肺复苏，存活率高于 90%；4min 内进行心肺复苏，存活率为 50%；4 ～ 6min 内开始进行心肺复苏，存活率为 10%；6min 后心肺复苏，存活率仅为 4%；而 10min 后开始心肺复苏，存活率微乎其微。因此，时间就是心搏骤停者的生命。

心搏骤停者大部分发生在医院外，而黄金抢救时间只有短短的 4min。按目前国内院前急救医疗的实际情况，即便是在大城市，救护车也很难在黄金时间的最后一刻到达。这就要求“第一目击者”具备简单、实用、有效的急救技术，尤其是心肺复苏术，才能在危重伤病发生时最大限度地保护生命、挽救生命。

因此心肺复苏是一项救命的技术，是一项行之有效的急救方法。

二、徒手心肺复苏的基本操作

（一）生命体征的判断和及时呼救

生命体征的判断和及时呼救即立即识别和启动急救反应系统，包括判断伤患者有无意识和及时呼救。

1. 判断伤患者有无意识

如发现有人跌倒，急救者在确认现场安全的情况下轻拍伤患者双肩，高声对其双耳呼喊：“喂！你怎么了？”或“你还好吗？”或直接呼喊其名字，看其有无反应。如果没有任何反应，说明其意识丧失。无反应时，立即用手指甲掐压人中穴、合谷穴约 5s，如图 2-3 所示。判断意识的时间应在 10s 以内完成。伤患者如出现眼球活动、四肢活动及疼痛感后，应立即停止掐压穴位。

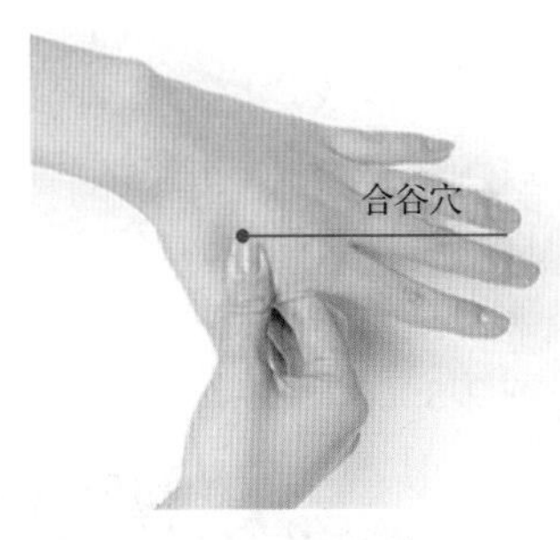

图 2-3　合谷穴

2. 及时呼救

一旦确定伤患者意识丧失，应立即向周围人员大声呼救：“来人啊！救命啊！”一边派人拨打 120 急救电话一边进行紧急施救，或边拨打电话边紧急施救。打呼救电话应说明出事的具体地点、出事原因、伤患者人数和伤情、施救者的真实姓名及联系方式等。

（二）胸外心脏按压

胸外心脏按压（也称体外心脏按压，简称胸外按压）是人工建立循环的方法之一。它是采用人工机械的强制作用，迫使心脏有节律地收缩，从而恢复心跳、恢复血液循环并逐步恢复正常心脏跳动的操作。

1. 按压体位

正确的抢救体位是仰卧位。将伤患者仰卧于平坦坚实的地方，头颈与躯干保持一条线，头部不能高于心脏的水平线，双上肢置于躯干两侧。当伤患者卧于软床上时，为防止心脏按压时所施压力被软床的弹性部分所抵消，应在伤患者背部垫一块硬板（如木板、塑料板等）。当伤患者是俯卧或侧卧时，应在呼救的同时，迅速跪在伤患者身体一侧，一手托住伤患者颈后部，另一手扶着伤患者一侧腋部（适用于颈椎损伤者）或髋部（适用于胸椎或腰椎损伤者），使伤患者头、颈、胸平稳地直线转至仰卧，四肢平放。伤患者处于仰卧位后，解开其上衣，暴露胸部（或仅留内衣）。

2. 按压位置及体表定位方法

（1）按压位置。正确的按压位置是保证胸外心脏按压实施效果的重要前提，也是防止胸肋骨骨折和各种按压并发症的基础。成人和儿童（1 ～ 14 岁）的按压位置为胸骨中下 1/3 处，如图 2-4 所示。婴儿（1 岁以下）按压位置为两乳头连线的中点略偏下一点。

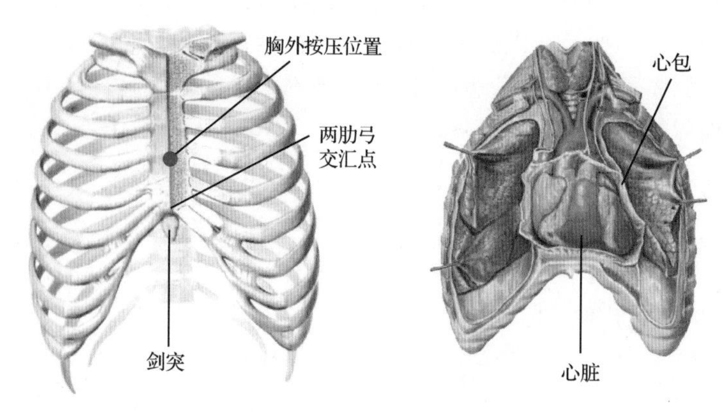

图 2-4　胸外心脏按压的体表部位与心脏解剖位置

（2）体表定位方法。施救者一只手无名指沿一侧肋骨最下缘，向中线滑动至两侧肋弓交汇点（胸骨下窝，俗称心口窝），无名指定位于下切际，如图 2-5（a）所示；食指与中指并拢、伸直，紧贴无名指上方（即两横指），食指上方的胸骨正中间部位即按压部位；另一只手掌根部拇指边缘紧贴第一只手的食指边沿并排平放于胸骨，使手掌根部横轴与胸骨长轴重合，如图 2-5（b）所示。

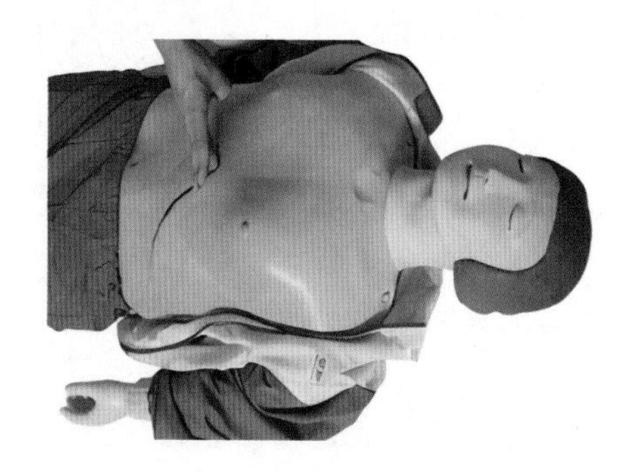

（a）右手动作

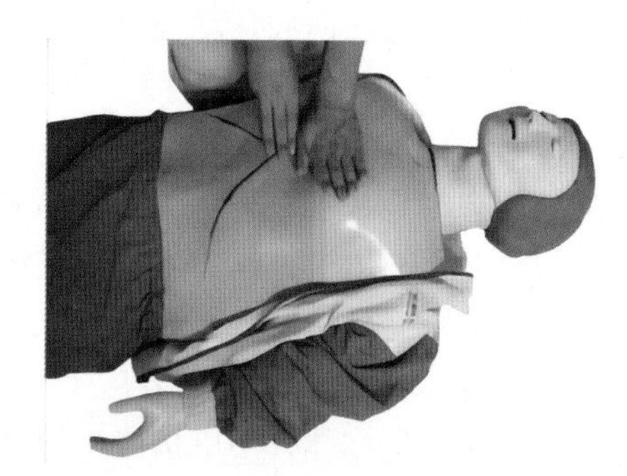

（b）左手动作

图 2-5　按压体表定位方法

成年男性两乳头连线中点（即胸骨部）即为按压位置。

3. 按压手法

（1）成人。定位之手从切迹移开，叠放在另一手的手背上，双手掌根重叠，十指相扣，紧贴胸壁的手手指伸直并向上翘起，掌根接触胸壁，如图 2-6 所示。

（2）儿童。1 ～ 14 岁儿童，根据体型选用单手或双手，双手按压手法同成人，单手按压手法如图 2-7 所示。

（3）婴儿。1 岁以下婴儿，单手操作用两个手指按压；双手操作用两个拇指按压并挤压胸廓。

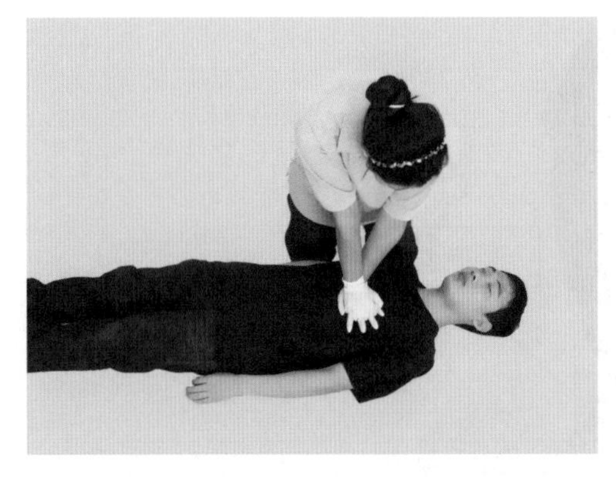

图 2-6　成人胸外心脏按压手法

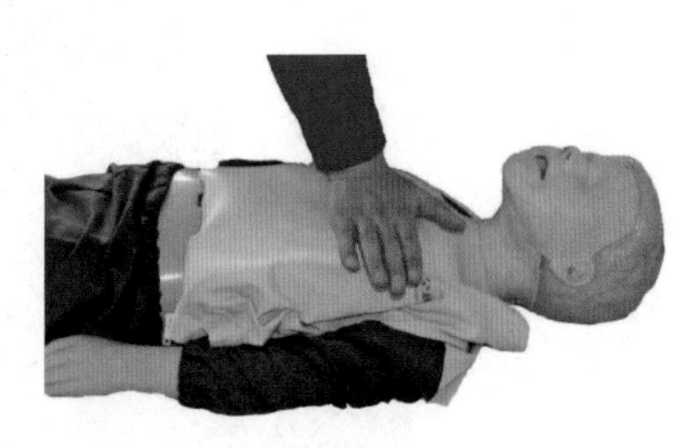

图 2-7　儿童单手胸外心脏按压手法

4. 按压姿势

根据现场具体情况，施救者站立或跪于伤患者一侧（一般在右侧）。施救者跪姿时，左膝跪在伤患者肩颈部，两腿自然分开，与肩同宽。施救者双臂伸直与地面垂直，利用上半身重量与腰背肌力量，以髋关节为支点将伤患者胸骨垂直向下用力按压。按压要平稳，有规律地进行，中间不能间断；下压与放松的时间应相等；在按压间隙，施救者双手应稍离开伤患者胸壁，以免妨碍伤患者胸壁回弹，如图 2-8 所示。

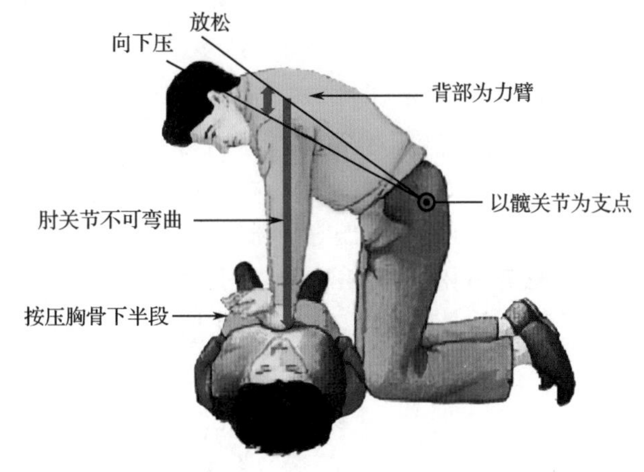

图 2-8　胸外心脏按压姿势

5. 按压要求

（1）按压的速率。成人、儿童、婴幼儿均为 100 ～ 120 次 /min，放松时间与按压时间相等。

（2）按压的深度。成人和青少年按压深度为 5 ～ 6cm；1 岁至青春期儿童按压深度约为 5cm；不足 1 岁婴幼儿（新生儿除外）按压深度约为 4cm。

（3）按压次数与人工呼吸次数的比例。成人及婴幼儿均为 30 ∶ 2。

（4）按压有效的标志。①能触摸到颈动脉搏动。②伤患者面部皮肤颜色由苍白或发绀变红。③散大的瞳孔缩小。

6. 按压常见错误

（1）按压位置不准确。按压位置过高会使按压失效，如图 2-9（a）所示；按压位置过低容易使剑突受压、折断而致肝脏破裂；向两侧按压容易造成肋骨或肋软骨骨折，导致气胸、血胸。

（2）按压手法不正确。按压时双手掌根未重叠放置、十指相扣，而是交叉或平行放置，这样容易造成按压放松时施救者的手离开伤患者的胸部，再次按压时形成冲击式按压，可能造成伤患者骨折，同时再次按压时按压部位容易移位，如图 2-9（b）所示；按压时，手指未翘起，压在胸壁上，同样容易引起骨折。

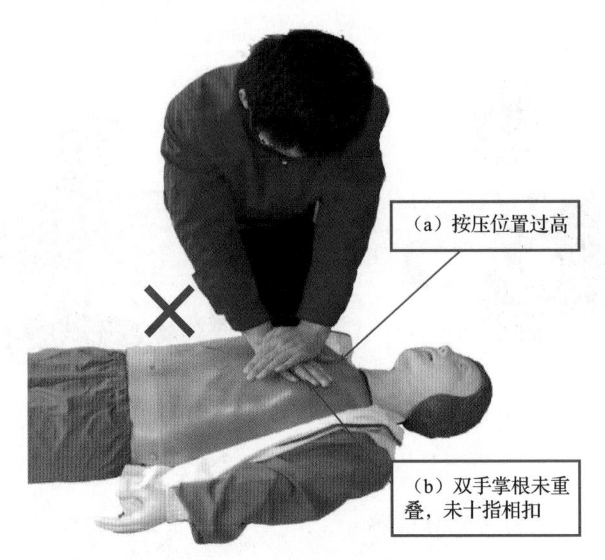

图 2-9　胸外按压常见错误（1）

（3）按压姿势不正确。按压用力方向不是垂直向下，致使一部分按压力量丢失，导致按压无效或肋骨骨折，特别是摇摆式按压，更容易出现严重并发症，且容易造成按压无效，如图 2-10（a）所示；按压时肘部弯曲，因而用力不够，导致按压深度不足；按压放松时，未能使胸部充分松弛，胸部仍承受压力使血液回到心脏受阻，如图 2-10（b）所示；按压放松时抬手离开胸骨定位点，造成下次按压部位错误。

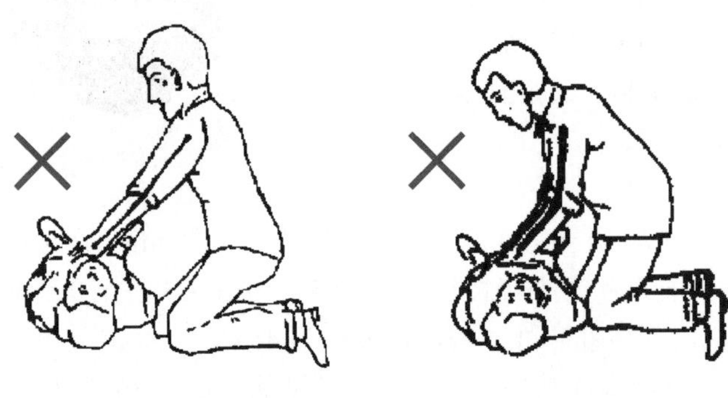

图 2-10　胸外按压常见错误（2）

（4）按压深度过深或过浅。按压过深易造成肋骨骨折，过浅则起不到按压效果。

（5）按压速度不由自主地加快或减慢，影响按压效果。

（三）开放气道

当伤患者在遭受意外伤害时，可能造成呼吸道完全或部分阻塞，造成窒息。如鼻咽腔和气管可能被大块食物、假牙、血块、泥土、呕吐物等异物堵塞，也可能被痰液堵塞，或昏迷后舌后坠堵塞。应根据现场实际情况，选择不同的方法进行通气，尽快恢复或保持呼吸道的畅通。

1. 清理呼吸道异物

清理呼吸道异物的方法主要有以下几种：

（1）手指清除法。先将伤患者的头转向施救者外侧，施救者食指中指并拢，从伤患者的上口角伸向后磨牙，在后磨牙的间隙伸到舌根部，沿舌的方向往外清理，使分泌物从下口角流出，如图 2-11 所示。操作时切记手指不要从正中间插入，以免将异物推向更深处。

（2）击背法。使伤者上半身前倾或半卧位，施救者一手支持其胸骨前，用另一手掌猛击其背部两肩胛骨之间，促使其咳嗽将上呼吸道的堵塞物咯出，如图 2-12 所示。

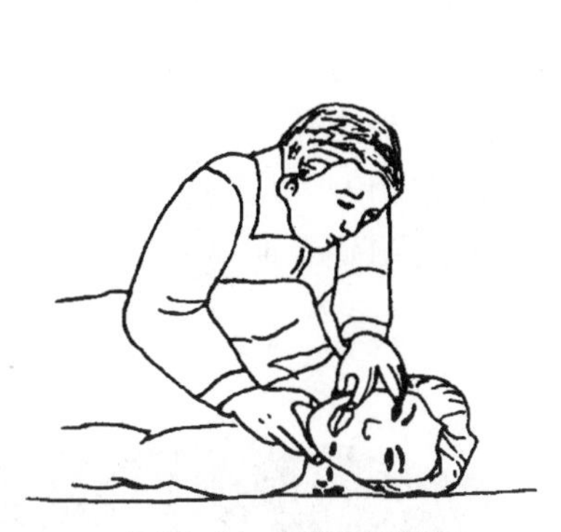

图 2-11　手指清除法

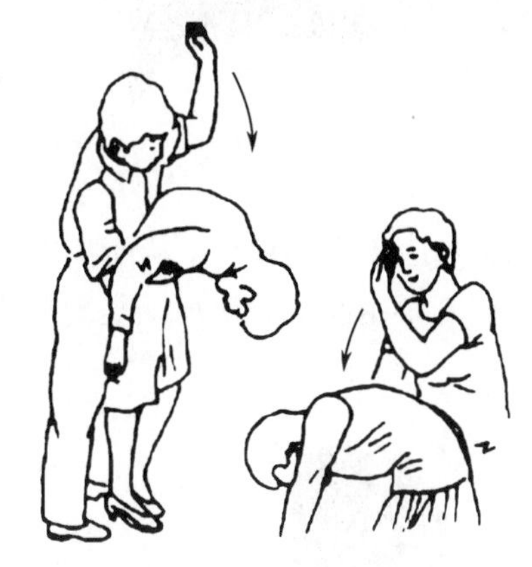

图 2-12　击背法

（3）腹部冲击法。腹部冲击法属于海式手法，是海姆立克急救法的简称，广泛用于异物堵塞呼吸道导致的呼吸停止。其原理是利用冲击伤者上腹部和膈肌下软组织产生的压力，压迫两肺部下方，使肺部残留的气体形成一股强大的气流，把堵塞在气管或咽喉的异物冲击出来。

2. 畅通气道

伤患者昏迷后舌根后坠，只有将舌根拉起后才能打开气道。畅通气道的方法主要有以下几种：

（1）仰头提颌法。施救者用左手小鱼际置于伤患者额部并下压，右手的食指与中指置于下颌骨近下颌或下颌角处，抬起下颌，使头后仰，舌根随之抬起，呼吸道即可畅通，如图 2-13 所示。成人头部后仰程度为 90°，儿童头部后仰程度为 60°，婴儿头部后仰程度为 30°。严禁用枕头等物垫在伤患者头下。手指不要压迫伤患者颈前部、颌下软组织，以防压迫气道，不要压迫伤患者的颈部。

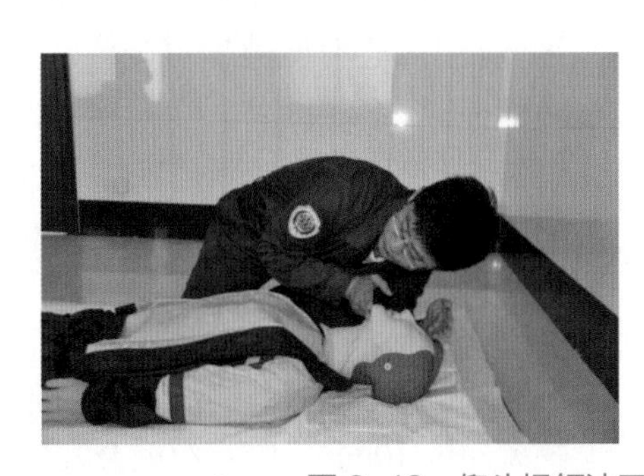

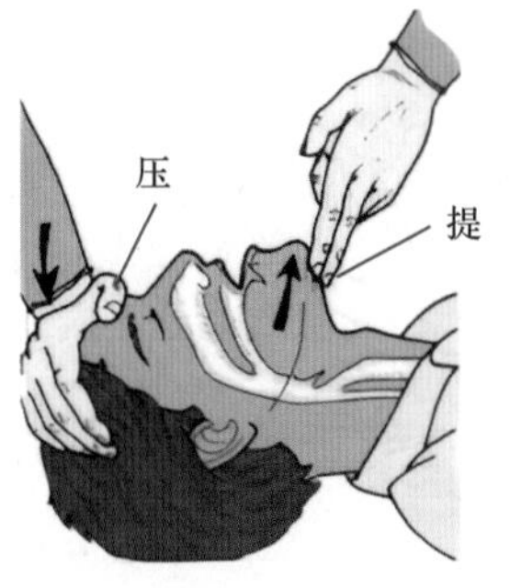

图 2-13　仰头提颌法开放气道

图 2-14　仰头托颌法开放气道

（2）仰头托颌法。施救者在伤患者头部，双手分别放在伤患者两下颌角处，向上托起下颌，使头后仰，两拇指放在嘴角两侧，向前推动下唇，让闭合的嘴打开，畅通气道，如图 2-14 所示。

（3）仰头抬颈法。施救者用左手小鱼际置于额部并下压，右手放在伤患者颈部下面，上抬颈部，使口角和耳垂的连线和地面垂直，畅通气道，如图 2-15 所示。

（4）垫肩法。施救者将枕头或同类物置于仰卧伤患者的双肩下，利用重力作用使伤患者头部自然后仰（头部与躯干的交角应小于 120°），从而拉直下附的舌咽部肌肉，使呼吸道通畅，如图 2-16 所示。但颈椎损伤患者禁用此法。垫肩法是现场心肺复苏中开放呼吸道最简单易学的一种手法，操作简便。

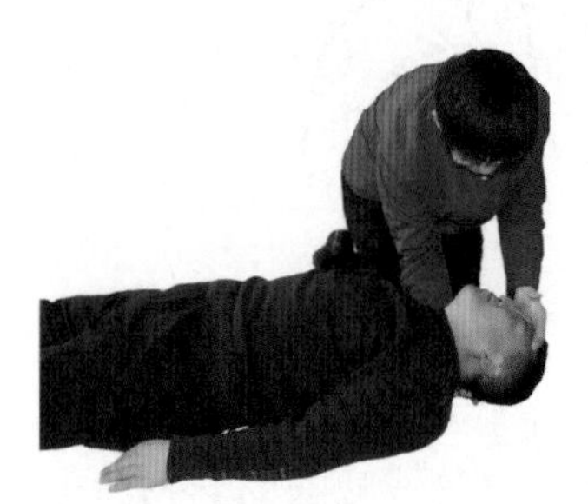
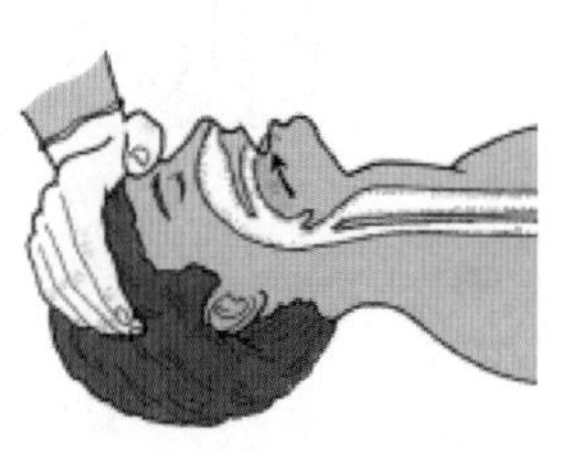

图 2-15　仰头抬颈法开放气道

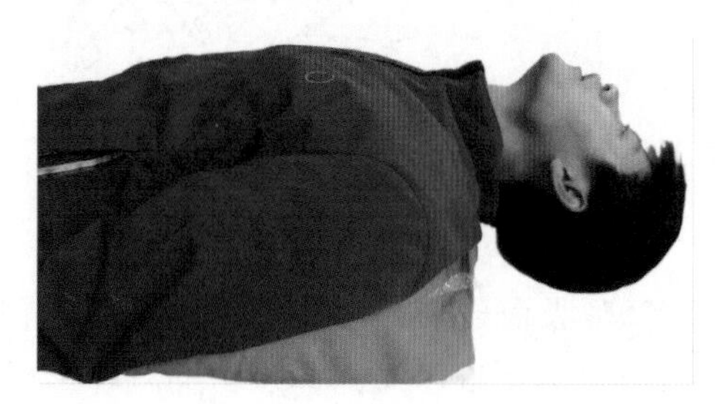

图 2-16　垫肩法开放气道

3. 判断呼吸与脉搏

（1）判断伤患者有无呼吸。在通畅呼吸道之后，由于气道通畅，可以明确判断呼吸是否存在。维持开放气道位置，用耳贴近伤患者口鼻，头部侧向伤患者胸部，用眼睛观察其胸有无起伏；用面部感觉伤患者呼吸道有无气体排出；或耳听呼吸道有无气流通过的声音。

（2）判断伤患者有无脉搏。在检查伤患者的意识、呼吸、气道之后，应对伤患者的脉搏进行检查，以判断伤患者的心脏跳动情况。具体方法是：一只手置于伤患者前额，使头部保持后仰，另一只手在靠近施救者一侧用食指及中指指尖先触及伤患者气管正中部位（男性可先触及喉结），然后向两侧滑移 2 ～ 3cm，在气管旁软组织处轻轻触摸颈动脉搏动，如图 2-17 所示。

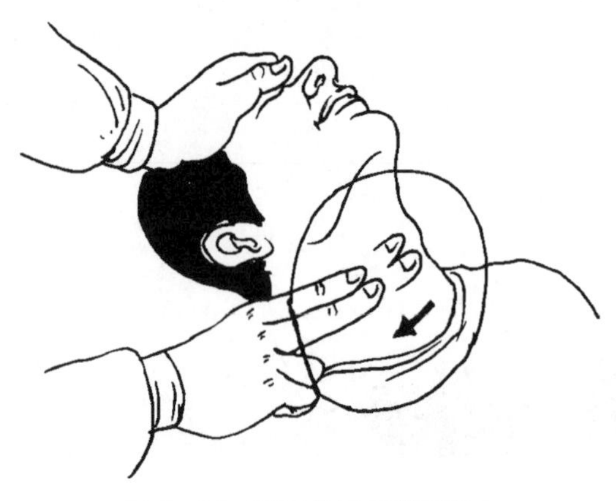

图 2-17　判断患者颈动脉搏动

（四）人工呼吸

呼吸是维持生命的重要功能。如果呼吸停止，人体内就会失去氧的供应，体内的二氧化碳也排不出去，很快就会导致死亡。人的大脑细胞对缺氧特别敏感，缺氧 4 ～ 6min 就会造成脑细胞损伤；缺氧超过 10min，脑组织就会发生不可逆的损伤。因此，呼吸停止后，应首先给伤患者吹两口气，以扩张肺组织，利于气体交换。正常人吸入的空气的含氧量为21%，二氧化碳为0.04%。肺吸收20%的氧气，其余80%的氧气按原路呼出，因此正常给伤患者吹气时，只要吹出的气量较多，则进入伤患者的氧气量可达16%，基本上是够用的。

1. 人工呼吸的方法

人工呼吸一般采用口对口和口对鼻呼吸法，即捏住伤患者的鼻子向伤患者的口腔内吹气或闭拢伤患者的口唇向伤患者的鼻孔内吹气。一般首选口对口人工呼吸，当无法做口对口人工呼吸时，就做口对鼻人工呼吸。

（1）口对口人工呼吸。口对口人工呼吸的步骤为：①头部后仰。如图2-18（a）所示，让伤患者头部尽量后仰、鼻孔朝天，以保持呼吸道畅通，避免舌下坠导致呼吸道梗阻。②捏鼻掰嘴。如图2-18（b）所示，施救者跪在伤患者头部的侧面，用放在前额上的手指捏紧其鼻孔，以防止气体从伤患者鼻孔逸出；另一只手的拇指和食指将其下颌拉向前下方，使嘴巴张开，准备接受吹气。③贴嘴吹气。如图2-18（c）所示，施救者深吸一口气屏住，用自己的嘴唇包裹伤患者的嘴，在不漏气的情况下，连续做两次大口吹气，每次吹气时间大于1s，同时观察伤患者胸部起伏情况，以胸部有明显起伏为宜。如无起伏，说明气未吹进。④放松换气。如图2-18（d）所示，吹完气后，施救者的口立即离开伤患者的口，头稍抬起，耳朵轻轻滑过鼻孔，捏鼻子的手立即放松，让伤患者自动呼气。观察伤患者胸部向下恢复时，则有气流从伤患者口腔排出。

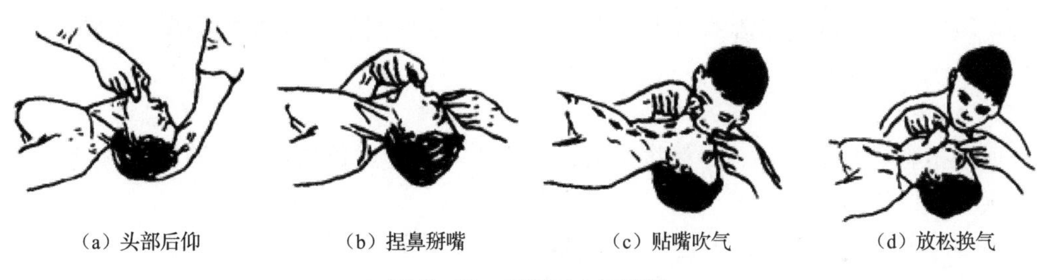

（a）头部后仰　（b）捏鼻掰嘴　（c）贴嘴吹气　（d）放松换气

图2-18　口对口人工呼吸

若只做人工呼吸，每隔5s吹一次气，依次不断，一直到呼吸恢复正常。每分钟大约吹12～16口气，最多不得超过16口气。

（2）口对鼻人工呼吸。当伤患者牙关紧闭不能张口，或者口腔严重外伤，以及各种原因造成难以达到施救者与伤患者的口唇密闭进行口对口吹气的情况时，用口对鼻人工呼吸的方式进行通气。其操作方法是：施救者一只手置于伤患者额上并稍微施压使其头部后仰，另一只手抬举伤患者的下颌，同时封闭伤患者的口唇，施救者深吸一口气将口唇包住伤患者的鼻子，用力并徐缓向其鼻腔吹气，吹气动作完成离开鼻腔，让其被动呼气。

2. 人工呼吸的注意事项

（1）呼吸停止或呼吸微弱时，要求迅速进行人工呼吸。即便是施救者没有把握确认伤患者的呼吸是否停止，也应该进行人工呼吸。

（2）各种类型的人工呼吸实际上均是经口或鼻人工向肺内吹气，这就要求每一次都能将气体吹入伤患者肺内，使肺充分膨胀。吹气时，施救者的口要完全包裹伤患者的口或鼻，以制造密闭的空间不漏气。但每次吹气量不要过大，约600mL，大于1200mL会因通气量过大导致急性胃扩张。儿童伤患者需视年龄不同而异，其吹气量为500mL左右，以胸廓能上抬时为宜。

（3）因婴幼儿韧带、肌肉松弛，故头不可过度后仰，以免气管受压，影响气道通畅。可用一手托颈，以保持气道平直。另外，婴幼儿口、鼻开口均较小，位置又很靠近，抢救时可用口包住婴幼儿口与鼻，进行口对口鼻吹气。

三、心肺复苏有效的指标、转移和终止

（一）心肺复苏有效的指标

在急救中判断心肺复苏是否有效，主要从以下五个方面综合考虑：

（1）瞳孔。心肺复苏有效时，可见伤患者瞳孔由大变小。如瞳孔由小变大、固定、角膜混浊，则说明心肺复苏无效。

（2）面色（口唇）。心肺复苏有效，可见伤患者面色由发绀转为红润。若变为灰白，则说明心肺复苏无效。

（3）颈动脉搏动。按压有效时，每一次按压可以摸到一次搏动。若停止按压，搏动亦消失，应继续进行心脏按压；若停止按压后，脉搏仍然跳动，则说明伤患者心跳已恢复。

（4）神志。心肺复苏有效，可见伤患者有眼球活动、睫毛反射与对光反射出现，甚至手脚开始抽动，肌张力增加。

（5）出现自主呼吸。伤患者自主呼吸出现，并不意味可以停止人工呼吸。如果自主呼吸微弱，则仍应坚持口对口呼吸。

（二）伤患者的转移

在现场抢救时，必须争分夺秒抢时间，切勿为了方便或让伤患者舒服随意移动伤患者，从而延误现场抢救的时间。

现场心肺复苏应坚持不断地进行，抢救者不应频繁更换，即使送往医院途中也应继续进行。鼻导管给氧绝不能代替心肺复苏术。如需将伤患者由现场移往室内，中断操作时间不得超过7s；通道狭窄、上下楼层、送上救护车等的操作中断不得超过30s。

（三）心肺复苏终止的条件

不论在什么情况下，终止心肺复苏，决定权在医生，或由医生组成的抢救组的首席医生。否则不得放弃抢救。现场施救人员停止心肺复苏的条件有以下4条：

（1）威胁人员安全的现场危险迫在眼前。

（2）伤患者呼吸和循环已有效恢复。

（3）由医师或其他人员接手并开始急救。

（4）医师已判断病人死亡。

四、除颤

（一）除颤的目的

如果心脏失去了跳动的节奏，血液泵出就不再正常，就是心律失常；如果这种心律失常得不到及时解决和纠正，心脏搏动就由最初的“骚乱”变为最后的“罢工”，即心脏骤停。

心脏骤停的标志是意识丧失、脉搏消失，摸不到脉搏也听不到心跳。心电图标志没有心电能引导出来，表示为一条直线。

在心脏停止跳动之前的一段时间里，病人往往表现为心脏室性心动过速和心室颤动。室性心动过速和心室颤动是两种在濒死前典型的心律失常，通常室性心动过速最终会变成心室颤动。室性心动过速时，心脏因为跳得太快而无法有效泵出足量血液；心室颤动时，心脏的电活动处于混乱的状态，不是心脏不跳而是跳动过快，心室无法有效泵出血液。当出现这两种心律失常时，心脏就会出现哆嗦、抖动，结果是步调不一致、方向不一致，内耗的结果是心脏虽有搏动但却无法有效地将血液送至全身。在医学上正确的处置方法是给予紧急电击矫正。在没有矫正的情形下，这两种心律失常会迅速因为血液供给中断而导致脑部损伤和死亡。

发生心源性猝死时最常见的原因是致命性的心率失常所致，而其中 80% 为心室颤动，若不能及时救治，伤患者在发病数分钟后就可能死亡。这个时候，就需要外部的一个高级电流把所有的颤动打趴下，然后心脏重新开始有规律的跳动，这就是心脏电除颤。而电除颤的过程，必须在发病 10min 内完成，电除颤越早，救活的可能性越大。

电除颤的时机是治疗心室颤动的关键，每延迟除颤时间 1min，生存率将下降 7% ～ 10%。在心脏骤停发生 1min 内进行除颤，伤患者存活率可达 90%，5min 后则下降到 50% 左右，7min 时约为 30%，9 ～ 11min 内约为 10%，而超过 12min 则只有 2% ～ 5%。根据美国心脏协会《心肺复苏与心血管急救指南》要求，发生心脏骤停 4min 之内应先使用自动除颤器进行除颤，如果超过 4min，则应先进行心肺复苏术，这样的抢救效果最好。

（二）自动除颤器除颤

1. 自动除颤器概述

自动除颤器（Automated External Defibrillator，AED）即自动体外心脏除颤器或自动体外电击器、自动电击器，俗称傻瓜电击器。它是一种便携式、易于操作、便于普及、稍加培训即可熟练使用、专为现场非急救人员设计的一种医疗设备。它的内部智能系统可以自动分析诊断特定的心律失常并通过给予心脏电击的方式（见图 2-19），使心脏节律恢复至正常跳动，从而达到挽救病人生命的目的。

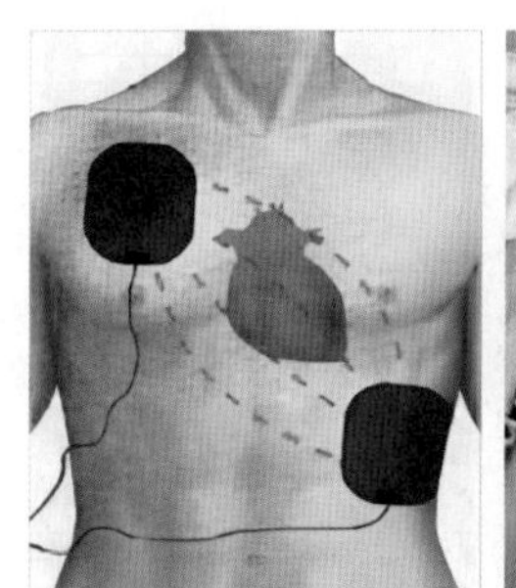
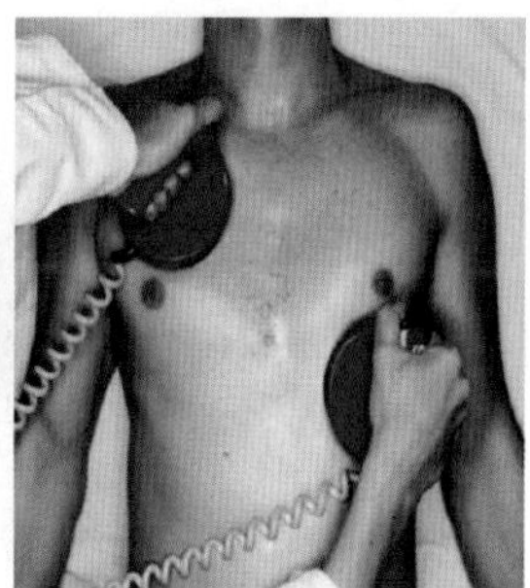

图 2-19　自动除颤器的作用原理

自动除颤器在急救中发挥着不可替代的作用，是不可或缺的急救设备。

2. 自动除颤器的配置特点

（1）能识别（且只能识别）特定的心电图形，因为它被设计成只对室性心动过速和心室颤动进行自动识别的机器，从而可放心地交给没有医学基础的大众使用。除了以上所提的两种情形，其他各式各样的心律不齐它都无法诊断，因而无法提供治疗。

（2）能以较小能量的电流双相除颤，从而使心脏受到的伤害最小。

（3）体积小巧，效果可靠，容易掌握操作方法，价格低廉。

（4）为了便于识别，自动除颤器多以鲜红、鲜绿和鲜黄色来标识，且多由坚固的外箱加以保护。自动除颤器设有警铃，但警铃只提醒工作人员机器被搬动，并没有联络紧急救护体

系的功能。

（5）典型的自动除颤器配置有脸罩，可使施救者隔着脸罩对伤患者进行人工呼吸而无传染病或卫生的疑虑，大多会配置有橡胶手套、用来剪开病患胸前衣物的剪刀、用来擦拭伤患者汗水的毛巾及刮除胸毛的剃刀。

3. 自动除颤器的使用方法

与医院中正规电击器不同的是，自动除颤器只需要短期的培训即可学会使用。机器本身会自动判读心电图然后决定是否需要电击。全自动的机型甚至只要求施救者按下电击钮。在大部分的场合，施救者如果误按了电击钮，机器并不会产生电击。自动除颤器的操作共分四个步骤：

（1）打开电源。按下电源开关或打开仪器的盖子，根据语音提示进行操作，如图 2-20（a）所示。

（2）贴电极片。在伤患者胸部适当的位置紧密地贴上电极片。一般情况下，右侧电击片贴在右胸部上方锁骨下面，胸骨右侧处；左侧电击片贴在左乳头外侧，电击片上缘要距离左腋窝下 7cm 左右，如图 2-20（b）所示。具体位置可以根据机壳上的图样和电极板上的图例说明。

（3）分析心律。将电极片插头插入主机插孔，按下“分析”键，机器开始自动分析心率并自动识别，如图 2-20（c）所示。在此过程中任何人不得接触伤患者，即使是轻微的触动都可能影响分析结果。5 ～ 15s 后，仪器分析完毕，通过语音或图形发出是否进行除颤的提示。

（4）电击除颤。当仪器发出除颤指令后，在确定无任何人接触伤患者的情况下，操作者按下“放电”或“电击”键进行除颤，如图 2-20（d）所示。

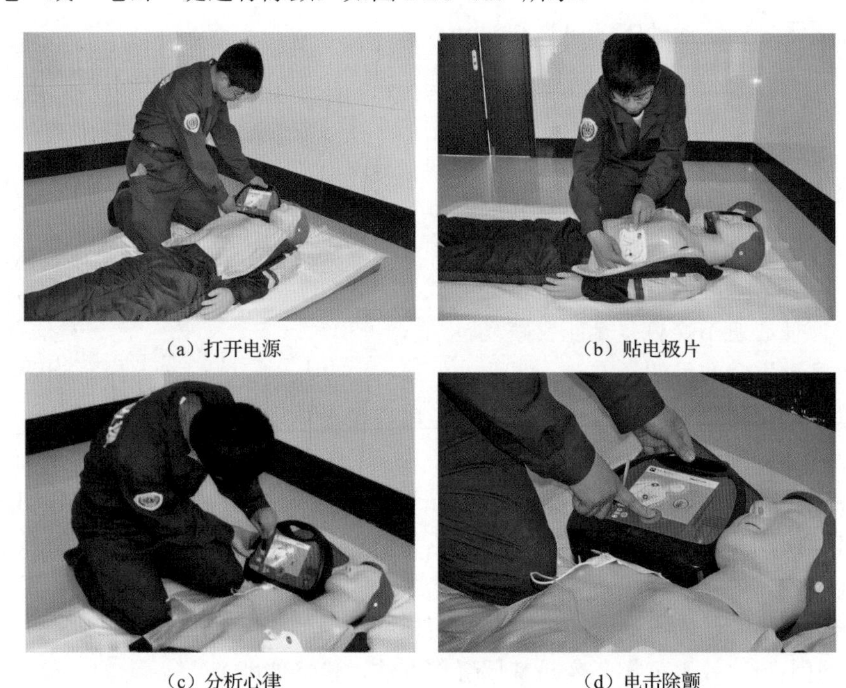

（a）打开电源　（b）贴电极片

（c）分析心律　（d）电击除颤

图 2-20　自动除颤器的操作步骤

一次除颤结束后，机器会再次分析心率，如未恢复有效心率，需进行 5 个周期 CPR，然后再次分析心率、除颤、CPR，反复进行直至专业急救人员到达。

4. 自动除颤器的使用禁忌

（1）普通的自动除颤器不能用于 8 岁以下儿童或体重小于 25kg 者。

（2）避免接触水源。若胸部潮湿，须先擦干净后再使用自动除颤器。

（3）若胸部有药物贴片或胸部内装有心律调节器或电击器，则自动除颤器的电极片须贴在远离上述器具至少 2.5cm 处。

（4）分析心律时，不可晃动伤患者。若在行驶的救护车上，自动除颤器无法分析心律，须先将救护车停稳后再使用。

能力项

项目一　单人徒手心肺复苏操作

1. 作业描述

本项目规定的作业任务是针对成人心搏骤停者，以模拟人为操作对象所进行的单人徒手心肺复苏作业，包括心肺复苏前的现场环境观察与判断、意识判断、胸外按压、开放气道、口对口吹气以及复苏后的判断和体位摆放等。

首先对现场环境进行观察与判断和对伤患者意识进行识别判断，在确定伤患者为心搏骤停之后，进行 5 个循环的 C-A-B 心肺复苏操作，之后再进行评估，在病人没有恢复意识之前，一直重复以上操作，每 5 个循环判断一次，直至救护车到达。

2. 危险点分析及预控措施

单人徒手心肺复苏作业过程中的危险点分析及预控措施如表 2-1 所示。

表 2-1　单人徒手心肺复苏作业过程中的危险点分析及预控措施

序　号	危　险　点	预控措施
1	触电	电源接线无破损，插排安放位置得当
		模拟人与监测系统连接良好
		于模拟人右侧操作，防止碰触左侧检测系统接头
2	交叉传染	一次性吹气面膜仅限个人使用
		面膜破损或污染应及时更换
		对模拟人口腔及进气管定期清理、消毒
		作业结束后尽快用消毒液洗手

项目二　自动除颤器使用

1. 作业描述

本项目规定的作业任务是针对成人心搏骤停者，以模拟人 / 假人为操作对象，利用自动除颤器（AED）进行的除颤作业。

在对心搏骤停者进行 5 个循环的 C-A-B 心肺复苏操作的同时，尽快准备除颤装置，一旦除颤器准备就绪，立即对病人进行体外电击除颤一次，除颤之后，重新对病人进行 5 个循环的 C-A-B 心肺复苏操作，之后再进行评估和除颤，在病人没有恢复意识之前，一直重复以上操作，每 5 个循环判断一次，直至救护车到达。

2. 危险点分析及预控措施

自动除颤器（AED）使用过程中的危险点分析及预控措施如表 2-2 所示。

表 2-2　自动除颤器（AED）使用过程中的危险点分析及预控措施

序　号	危　险　点	预 控 措 施
1	触电	电源接线无破损，插排安放位置得当
		于模拟人右侧操作，防止碰触左侧电源接头
2	交叉传染	对模拟人 / 假人胸部定期清理、消毒
		作业结束后尽快用消毒液洗手

模块三　创伤现场自救急救

培训目标

1. 理解创伤的概念及分类、了解创伤的局部表现和现场伤者的分级；熟知创伤现场急救的目的、基本原则和要求。

2. 熟知现场止血的概念及意义，熟练掌握现场止血的材料、方法及注意事项，能够熟练进行现场包扎止血、指压动脉止血和加压包扎止血。

3. 熟知现场包扎的概念及意义，熟练掌握现场包扎的材料、方法及注意事项，能够根据创伤的部位熟练进行现场绷带包扎、三角巾包扎，能够熟练制作大、小悬臂带。

4. 熟知现场固定的概念及意义，熟练掌握现场固定的材料、方法及注意事项，能够正确判断骨折并能根据骨折的部位进行现场固定。

5. 熟知伤者现场搬运的概念及意义，熟练掌握伤者现场搬运的方法及注意事项，能够根据伤者的伤情正确进行现场搬运。

知识点

一、创伤现场急救基本知识

（一）创伤的概念

创伤是指各种物理、化学和生物等致伤因素作用于机体，造成组织结构完整性损害或功能障碍。严重创伤可引起全身反应，局部表现有伤区疼痛、肿胀、压痛等；骨折脱位时有畸形及功能障碍。严重创伤还可能有致命的大出血、休克、窒息及意识障碍。

（二）创伤的分类

创伤可以根据致伤因素、受伤部位、伤后皮肤完整性与否、伤情轻重等进行分类。

1. 按致伤因素分类

创伤按致伤因素，可分为冷武（兵）器伤、火器伤、热烧伤、冷伤、冲击伤和化学伤等。冷武（兵）器伤是相对火器伤而言的，多指不用火药发射，以其利刃或锐利尖端而致伤。火器伤为各种枪弹、弹片、弹珠等投射物所致的损伤。热烧伤为因热力作用而引起的损伤。在平时，因火灾、接触炽热物体（如烙铁、开水等）也可发生热烧伤或烫伤。冷伤为因寒冷环境而造成的全身性或局部性损伤。冲击伤为在冲击波作用下人体所产生的损伤。冲击波超压常引起鼓膜破裂、肺出血、肺水肿和其他内脏出血，严重者可引起肺组织和小血管撕裂，导致空气入血，形成气栓，出现致死性后果。化学伤是因沾染或吸入危险化学品所致的创伤。如窒息性毒剂光气和双光气作用于呼吸道可引起中毒性肺水肿。

2. 按受伤部位分类

人体致伤部位的区分和划定，与正常的解剖部位相同。一般分为颅脑伤、颌面颈部伤、胸部伤、腹部伤、骨盆部（阴臀部）伤、脊柱脊髓伤、上肢伤和下肢伤。除上述按部位进行分类外，凡有两个或两个以上部位出现的损伤，而其中一处可危及生命者称为多发伤。

3. 按伤后皮肤完整性与否分类

按伤后皮肤完整性与否，可将创伤分为开放性创伤和闭合性创伤两类。

（1）开放性创伤。有皮肤破损的创伤称为开放性创伤，简称开放伤。常见的开放性创伤有擦伤、切伤和砍伤、撕裂伤、刺伤等。开放性创伤有穿入伤和穿透伤两种。穿入伤是指利器或投射物穿入人体表面后造成的损伤，可能仅限于皮下，也可能伤及内脏。穿透伤是指穿透体腔和伤及内脏的穿入伤。也就是说，凡穿透各种体腔（如脑膜腔、脊髓膜腔、胸膜腔等）造成内脏损伤者均称为穿透伤。

（2）闭合性创伤。皮肤完整无伤口的创伤称为闭合性创伤，简称闭合伤。常见的闭合性创伤有挫伤、挤压伤、扭伤、关节脱位、闭合性骨折、闭合性内脏伤等。

4. 按伤情轻重分类

创伤按伤情轻重分为轻伤、中等伤和重伤三类。轻伤是指不影响生命，一般无须住院治疗的伤情，如局部软组织伤、一般轻微的撕裂伤和扭伤等。中等伤是指伤情虽重但尚未危及生命的伤情，如软组织损伤、上下肢开放性骨折、肢体挤压伤、创伤性截肢及一般的腹腔器官伤等。中等伤者常丧失劳动能力及生活能力，需手术治疗，一般无生命危险。重伤是指危及生命或治愈后有严重残疾的伤情，如严重休克、内脏伤等。

（三）现场伤者的分级

经现场对伤者分检，可将伤者按受伤情况和治疗的优先顺序，分为轻伤、重伤、危重伤和死亡四级，分别以绿、黄、红、黑的伤病卡作出标志，置于伤者的左胸部或其他明显部位，便于医疗救护人员辨认并及时采取相应的急救措施，如图 2-21 所示。

（1）1 级优先处理。又称 A 级优先处理，为危重伤，用红色标签标识，如窒息、大出血、严重中毒、严重挤压伤、心室颤动等。1 级伤者需要立即进行现场心肺复苏和（或）手术，

治疗绝不能耽搁。可在送院前做维持生命的治疗，如插管、止血、静脉输液等。1 级伤者应优先送往附近医院抢救。

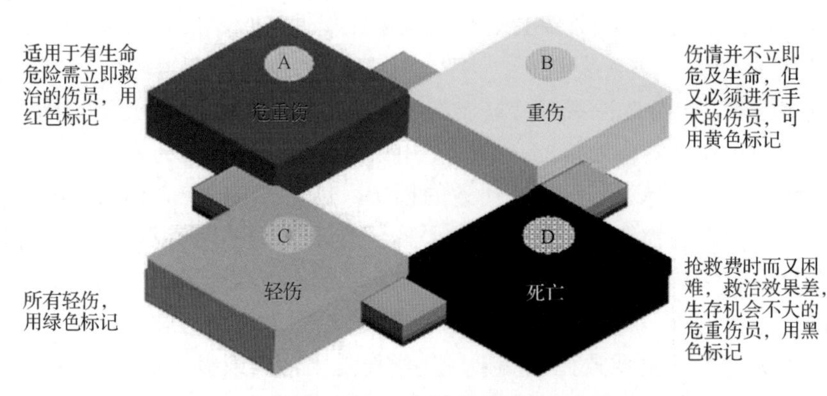

图 2-21　现场伤者分级

（2）2 级优先处理。又称 B 级优先处理，为重伤，用黄色标签标识，如单纯性骨折、软组织伤、非窒息性胸外伤等。2 级伤者损伤严重，但全身情况稳定，一般不危及生命，需要进行手术治疗。有中等量出血、较大骨折或烧伤的伤者，转送前应建立静脉通道，改善机体紊乱状况。

（3）3 级优先处理。又称 C 级优先处理，为轻伤，用绿色标签标识，如一般挫伤、擦伤等。3 级伤者受伤较轻，通常是局部的，没有呼吸困难或低血容量等全身紊乱情况，可自行行走，对症处理即可。转送和治疗可以耽搁 1.5 ～ 2h。

（4）4 级优先处理。又称 D 级优先处理，为死亡，用黑色标签标识。

（四）创伤现场急救的目的、原则和要求

创伤现场急救是急诊医学的重要组成部分，反映了现代医学进步和经济发展的必然需求。创伤现场急救技术包括通气、止血、包扎、固定、搬运等。

1. 创伤现场急救的目的

（1）抢救、延长生命。创伤伤者由于重要脏器损伤（心、脑、肺、肝、脾及颈部脊髓损伤）及大出血导致休克时，可出现呼吸、循环功能障碍。故在呼吸、循环骤停时，现场急救要立即实施徒手心肺复苏，以维持生命，为专业医护人员或医院进一步治疗赢得时间。

（2）减少出血，防止休克。血液是生命的源泉，有效止血是现场急救的基本任务。严重创伤或大血管损伤时出血量大，现场急救要迅速用一切可能的方法止血。

（3）保护伤口。保护伤口能预防和减少伤口污染，减少出血，保护深部组织免受进一步损伤。因此，开放性损伤的伤口要妥善包扎。

（4）固定骨折。骨折固定能减少骨折端对神经、血管等组织的损伤，同时能缓解疼痛。颈椎骨折如予妥善固定，能防止搬运过程中脊髓的损伤。因此，现场急救要用最简便有效的方法对骨折部位进行固定。

（5）防止并发症及伤势恶化。现场必要的通气、止血、包扎、固定处理，能够最大限度地防止伤者发生并发症，避免伤者伤势进一步恶化，减轻伤者痛苦。

（6）快速转运。现场经必要的通气、止血、包扎、固定处理后，要用最短的时间将伤者安全地转运到就近医院。

2. 创伤现场急救的基本原则

（1）先救命，后治伤。对大出血、呼吸异常、脉搏细弱或心跳停止、神志不清的伤者，应立即采取急救措施，挽救生命。伤口处理一般应先止血，后包扎，再固定，并尽快妥善地转送医院。遇到大出血又有创口者，首先立即止血再消毒创口进行包扎；遇到大出血又伴有骨折者，应先立即止血再进行骨折固定；遇有心跳呼吸骤停又有骨折者，应首先用口对口呼吸和胸外按压等技术使心肺脑复苏，直到心跳呼吸恢复后，再进行骨折固定。

（2）先重伤，后轻伤。在严重的事故灾害中，可能出现大量伤者，一般按照伤者的伤情轻重展开急救。要优先抢救危重者，后抢救较轻的伤者。

（3）先抢后救，抢中有救。在可能再次发生事故或引发其他事故的现场，如失火可能引起爆炸的现场、造成建筑物坍塌随时可能再次坍塌的现场、大地震后随时可能有余震发生的现场等，应先抢后救，抢中有救，以免发生二次伤害、爆炸或有害气体中毒等，确保救护者与伤者的安全。现场急救过程中，医护人员以救为主，其他人员以抢为主。施救者应各负其责，相互配合，以免延误抢救时机。

（4）先抢救再转送，先分类再转送。为避免耽误抢救时机，致使不应死亡者丧失生命，现场所有的伤者需经过急救处理后，方可转送至医院。不管伤轻还是伤重，甚至对大出血、严重撕裂伤、内脏损伤、颅脑损伤伤者，如果未经检伤和任何医疗急救处置就急送医院，后果十分严重。因此，必须先进行伤情分类，把伤者集中到标志相同的救护区，以便分别救治、转送。

（5）急救与呼救并重。当意外伤害发生时，在进行现场急救的同时，应尽快拨打 120、110 电话呼叫急救车，或拨打当地担负急救任务的医疗部门电话。在遇到成批伤者，又有多人在现场的情况下，应分工负责，急救和呼救同时进行。

（6）就地取材。意外伤害现场一般没有现成的急救器材。为了提高急救效率，要就地取材进行急救。比如，可用领带、衣服、毛巾和布条等代替止血带和绑扎带；用木棍、树枝和杂志等来代替固定夹板；用椅子、木板和桌子等代替担架。

3. 创伤现场急救的要求

时间就是生命！创伤现场急救的要求就是“快”，即快抢、快救、快送。

（1）快抢。快抢就是将伤者从倒塌的建筑物、交通事故的汽车底下或敌人的炮火中抢救出来，脱离受伤现场，防止再次受伤。

（2）快救。快救就是迅速抢救生命，如解除窒息、紧急止住外出血、包扎伤口、临时伤肢固定、防止开放伤的污染等。

（3）快送。快送就是迅速将伤者根据伤情送往附近医院或创伤救治中心。

二、创伤的现场止血技术

出血是创伤的突出表现，如擦伤、撞伤、挫伤、锐器割伤等都可能导致出血。现场及时有效的止血是减缓出血、挽救生命、减少伤亡、为伤者赢得进一步治疗时间的重要技术。

（一）失血的表现

血液是维持生命的重要物质，失血量是影响伤者健康和生命的主要因素。如果失血量较少，不超过总血量的 10% 时，可以通过身体的自我调节，很快恢复正常。如果失血量超过总血量的 20%（约 800mL）时，会出现头晕、脉搏增快、血压下降、出冷汗、肤色苍白、少尿等症状。当失血量超过 40%（约 1600mL）时，可能出现昏迷、意识丧失，甚至威胁生命安全。

（二）出血类型

1. 根据出血部位不同分类

根据出血部位不同，出血分为皮下出血、内出血和外出血三种。皮下出血多见于因跌伤、撞伤、挤伤、挫伤，造成皮下软组织内出血，形成血肿、瘀斑。内出血是深部组织和内脏损伤，如肝、脾、肾等，血液由破损的血管流入组织脏器和器官，形成脏器血肿或积血。外出血是血管受到外力作用后血管破裂，血液由破裂的血管流向体表。

2. 根据血管破裂的类型分

根据血管破裂的类型不同，出血分为动脉出血、静脉出血和毛细血管出血三种。动脉出血时血液呈鲜红色，呈喷射状，短时间内可造成大量出血，危及生命。静脉出血时血液色暗，呈涌泉状，缓慢向外流出，危险性较动脉出血小。毛细血管出血时血液由鲜红变为暗红，呈水珠状渗出，速度慢，量少，常能自行凝固，危险性小。

（三）止血材料

1. 医用止血材料

常用的医用止血材料主要有无菌纱布、敷料、橡胶止血带、绷带、创可贴、三角巾等。

2. 就地取材止血材料

就地取材止血材料有衣服、毛巾、手帕、领带、宽布条等。但要注意，电线、鞋带、皮带、绳子、铁丝等太细且没有弹性的材料不能用来止血，以免造成皮肤甚至表浅组织损伤。

（四）止血方法

现场急救止血的方法主要有包扎止血法、加压包扎止血法、指压动脉止血法、填塞止血法、加垫屈肢止血法和止血带止血法等。

1. 包扎止血法

包扎止血法适用于表浅伤口出血或小血管和毛细血管出血。现场可用创可贴止血，也可将足够厚度的敷料、纱布覆盖在伤口上，覆盖面积要超过伤口周边至少 3cm，还可选用头巾、手帕、清洁的布料、衣物等包扎止血。

2. 加压包扎止血法

加压包扎止血法适用于全身各部位的小动脉、静脉、毛细血管出血。用敷料或清洁的毛巾、绷带、三角巾等覆盖伤口，加压包扎达到止血的目的。加压包扎止血法分为直接加压法和间接加压法两种。

直接加压法是通过直接压迫出血部位而止血的。直接加压法止血的操作要点是：伤者坐位或卧位，抬高患肢（骨折除外）；检查伤口无异物，用敷料覆盖伤口，覆料要超过伤口周边至少 3cm，如果敷料已被血液浸湿，再加上一块敷料；用手加压压迫，然后用绷带或三角巾包扎，最后检查包扎后的血液循环情况。

若伤者伤口有异物（如扎入体内的剪刀、刀子、钢筋、竹木片、玻璃片等），采用间接加压法止血，即先保留异物并在伤口边缘固定异物，然后在伤口周围覆盖敷料，再用绷带或三角巾加压包扎。

3. 指压动脉止血法

指压动脉止血法就是用手指压住出血的血管上端（近心端），以压闭血管，阻断血流，从而达到止血目的。此法简单、快速，适用于头部、颈部、四肢部位的应急止血，但压迫时间不宜过长。采用此法，施救者需熟悉各部位血管出血的压迫点。人体不同部位出血的止血按压位置和按压方法如下：

（1）面部出血。用拇指压迫下颌角与咬肌前沿交界处凹陷的面动脉可用于面部止血，如图 2-22 所示。面部的大出血需压住双侧才能止血。

（2）头部出血。用拇指在耳前对着下颌关节上方（耳屏前上方 1.5cm 的凹陷处）的颞浅动脉用力压住，可用于额部、头顶部止血，如图 2-23 所示。在颈根部同侧气管外侧，摸到跳动的血管（颈总动脉），用大拇指放在跳动处向后、向内压下，可用于头面部大出血止血，如图 2-24 所示。注意不要同时压迫两侧颈总动脉，以免造成脑部缺血缺氧。

（3）臂部出血，腋窝、肩部及上肢出血。在锁骨中点上方凹处向下向后摸到跳动的锁骨下的动脉，用大拇指压住，可用于腋窝、肩部及上前臂止血。指压位于上臂内侧中部的肱二头肌内侧沟处的肱动脉能止住前臂出血，如图 2-25 所示。

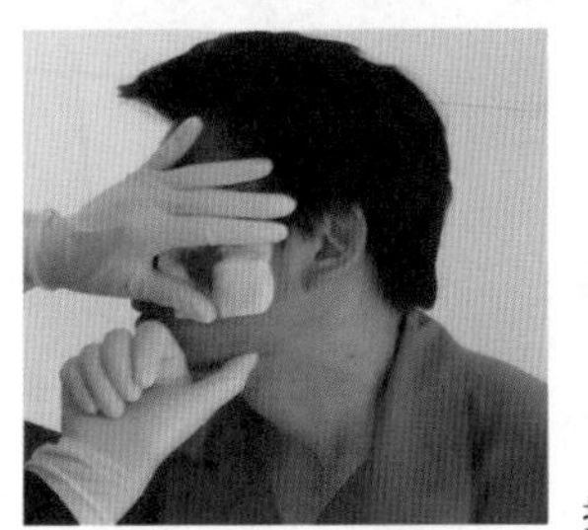

图 2-22 面部压迫止血

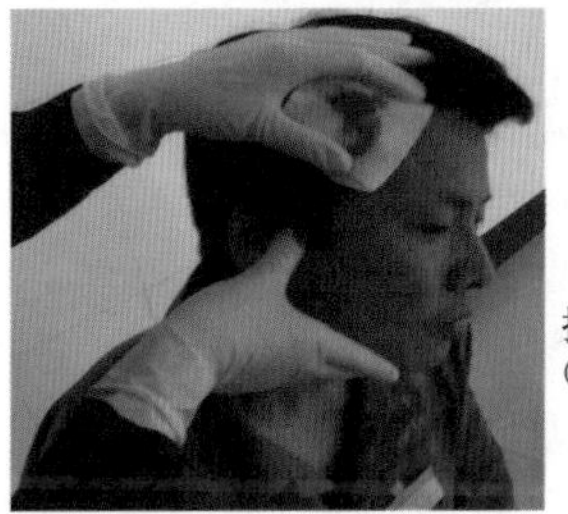

图 2-23 额部、头部压迫止血

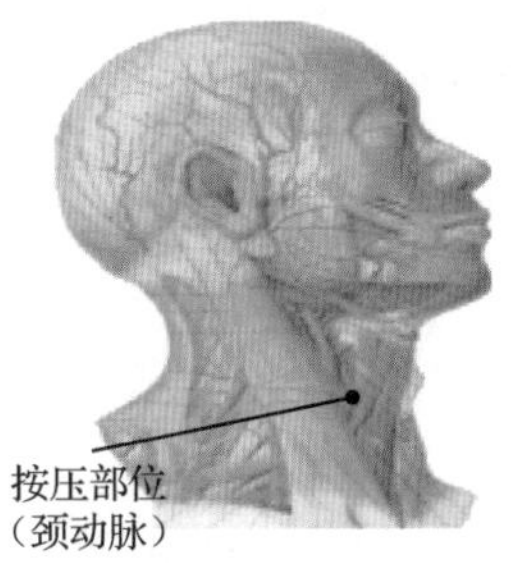

图 2-24 颈部压迫止血

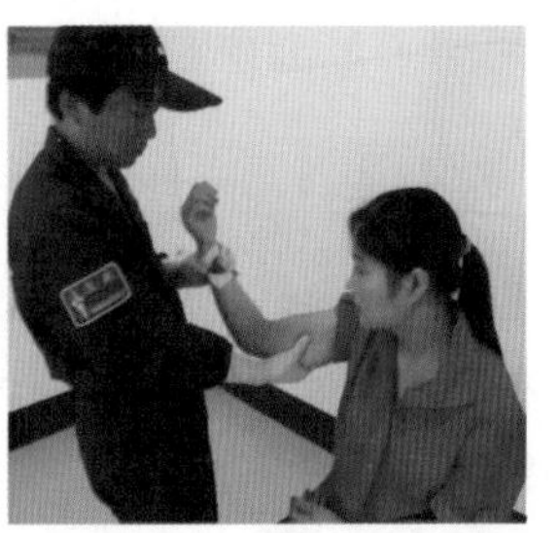

图 2-25 前臂压迫止血

（4）鼻子出血。指压鼻翼用于鼻子止血。按压时，头微前倾，手指压迫出血一侧鼻翼 10 ～ 15min。如超过 30min 仍未止血，需送医院检查治疗。

（5）手部出血。一手压在腕关节内侧（通常摸脉搏处）的桡动脉，另一手压在腕关节外侧的尺动脉，可用于手掌手背止血，如图 2-26 所示。用拇指和中指分别压住出血手指两侧的指动脉，可用于手指止血，如图 2-27 所示。把出血的手指屈入掌内，形成紧握拳头式也可以止血。

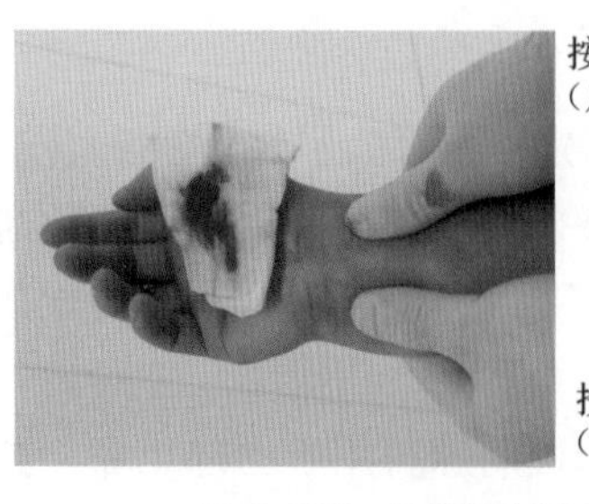

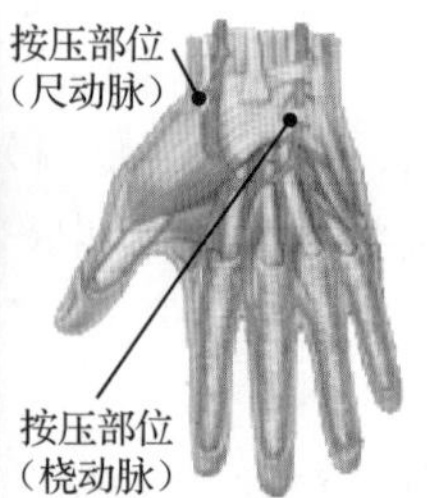

图 2-26　手掌手背压迫止血

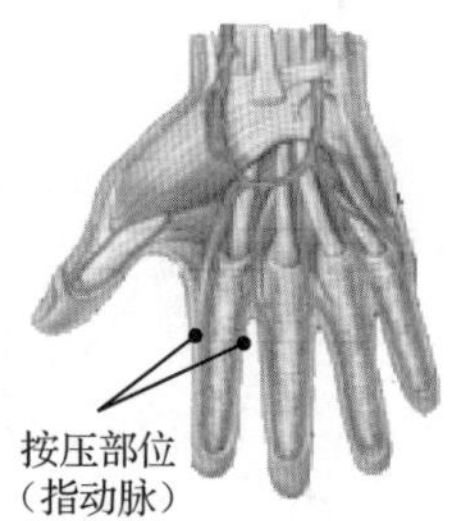

图 2-27　手指压迫止血

（6）腿部出血。稍屈大腿使肌肉松弛，用大拇指向后压住腹股沟韧带中点偏内侧的下方跳动的股动脉或用手掌垂直压于其上部，可用于大腿及下肢止血，如图 2-28 所示。用大拇指用力压迫位于腘窝中部跳动的腘动脉，可用于小腿及以下部位止血，如图 2-29 所示。

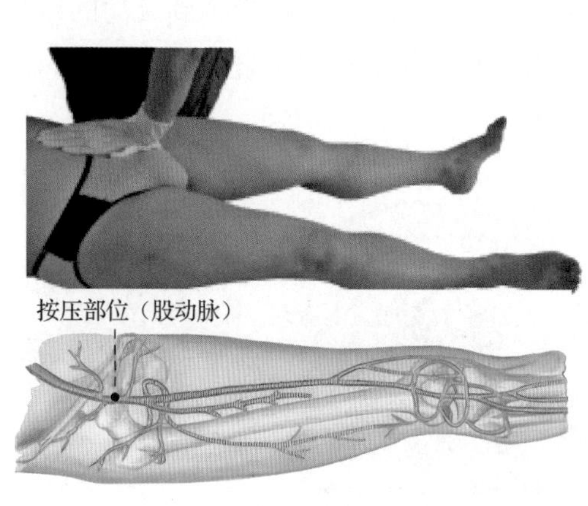

图 2-28　大腿压迫止血

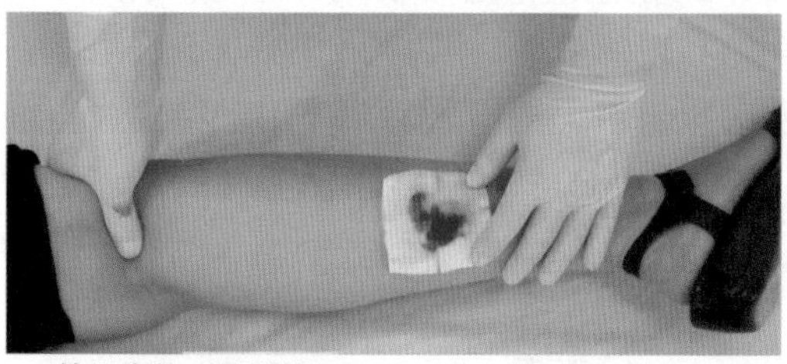

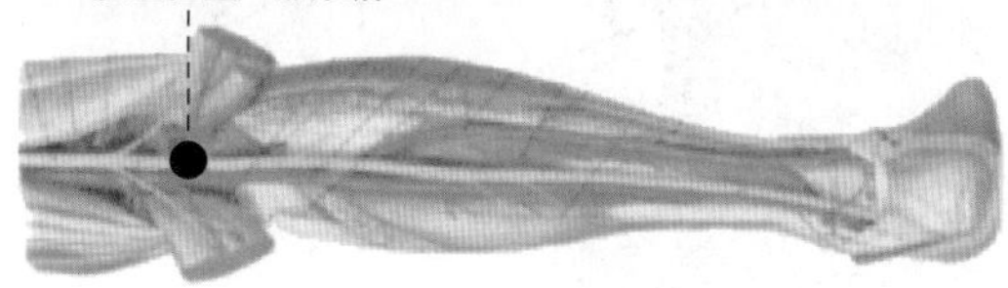

图 2-29　小腿压迫止血

（7）足部出血。用两手拇指分别压迫位于足背皮肤横纹中点的足背动脉和位于内踝与跟腱之间的胫后动脉，可用于足部止血，如图 2-30 所示。

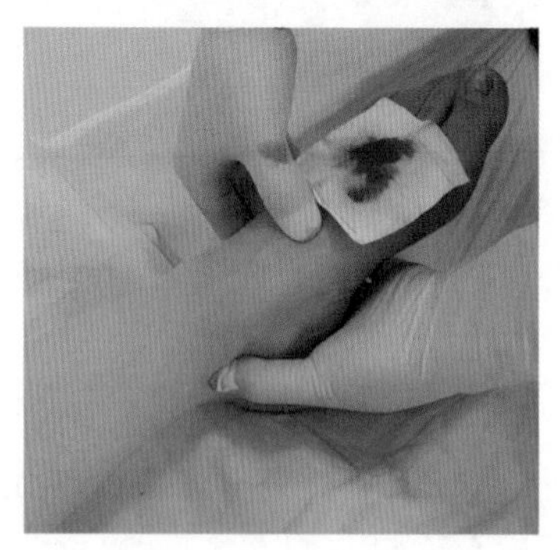

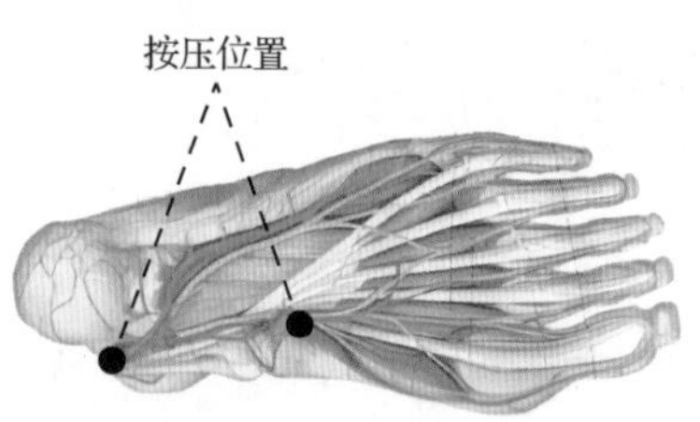

图 2-30　足部压迫止血

4. 填塞止血法

填塞止血法用于四肢较大较深的伤口或穿通伤，且出血多、组织损伤严重时。用消毒的急救包、棉垫或消毒纱布，填塞在创口内，再用纱布、绷带、三角巾或四头带做适当包扎，如图 2-31 所示。松紧度以能达到止血目的为宜。填塞物不宜全部置于伤口内，最好留一小部分在伤口外，以方便取出。

5. 加垫屈肢止血法

加垫屈肢止血法用于外伤较大的上肢或小腿出血。屈曲的肢体应无骨折、关节损伤。加垫屈肢止血法就是在肢体关节弯曲处加垫子（如一卷纱布、一卷毛巾等），如放在肘窝、腘窝处，然后用绷带或三角巾把肢体弯曲起来，使用环形或“8”字形包扎，如图 2-32 所示。使用此法时要注意肢体远端的血液循环情况，每隔 40 ～ 50min 缓慢松开 3 ～ 5min。此法对伤者痛苦较大，不宜首选。

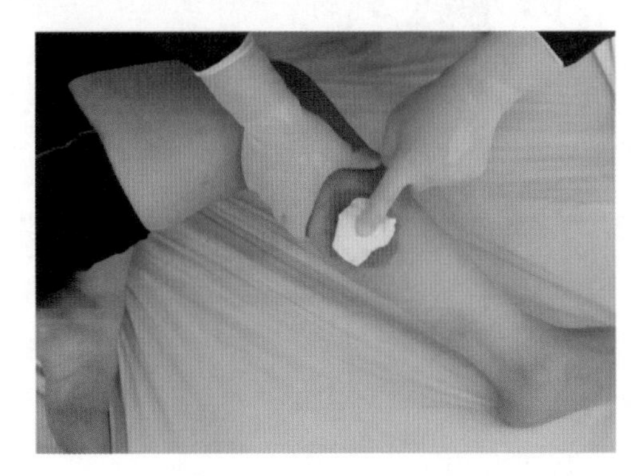

图 2-31　填塞止血法

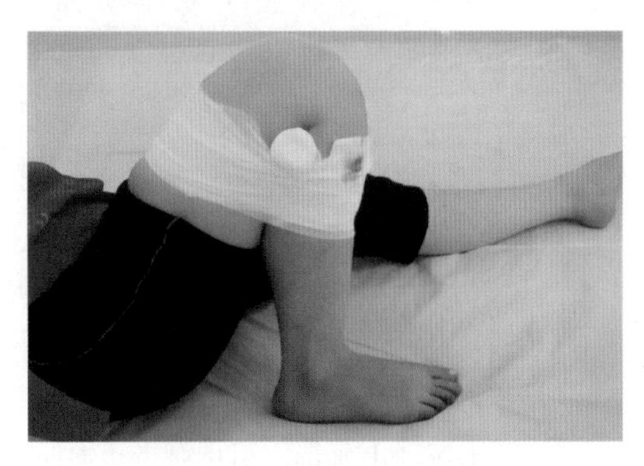

图 2-32　加垫屈肢止血法

6. 止血带止血法

止血带止血法主要用于其他方法不能控制的大血管损伤出血。止血带止血法能有效地控制四肢出血，但损伤较大，应用不当可致肢体坏死，故应谨慎使用。止血带有橡皮止血带（橡皮条和橡皮带）、气囊止血带和布制止血带等，其操作方法各有不同。

（1）橡皮止血带止血。先在上止血带的部位垫上 1 ～ 2 层纱布，左手在橡皮带一端约 10cm 处由拇指、食指和中指紧握，使手背向靠在扎止血带的部位，右手持带的中段拉紧，绕伤肢一圈后，把带塞入左手的食指与中指之间，左手的食指与中指紧夹止血带向下拉出一段，使之成为一个活结，外观呈 A 字形。

（2）气囊止血带止血。常用血压计袖带。操作方法比较简单，只要把袖带绕在扎止血带的部位，然后打气至伤口停止出血（上肢止血时，一般压力表指示 300mmHg）为止。为防止止血带松脱，上止血带后再缠绕绷带加强。

（3）布制止血带止血。将三角巾折成带状或将其他布料折叠成三四指宽的布条，在伤肢的正确部位垫好衬垫，布条两端从上向下拉紧绕伤肢一圈，在伤肢下方交叉后提起 [见图 2-33（a）]，在伤肢的上方打个蝴蝶结，结的下面留出二三指的空隙，取一根绞棒穿在蝴蝶下面的空隙内 [见图 2-33（b）]，提起绞棒按顺时针方向拧紧 [见图 2-33（c）]，将绞棒一端插入蝴蝶结环内，最后拉紧活结并与另一头打结固定 [见图 2-33（d）]。

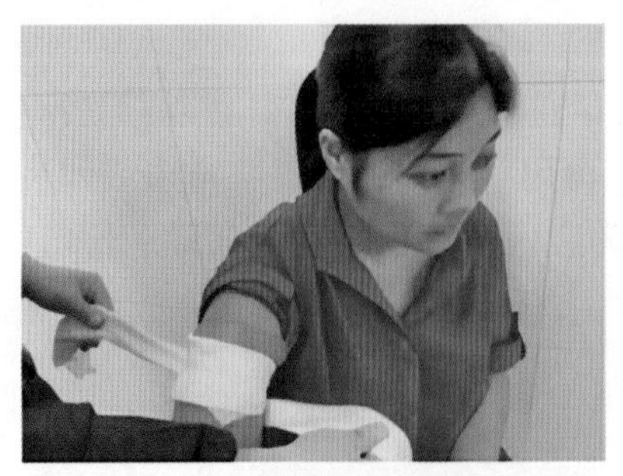
（a）布条绕伤肢一圈

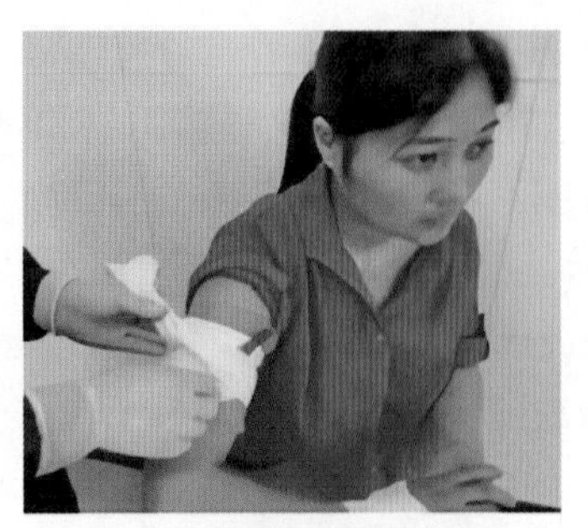
（b）打蝴蝶结并插入绞棒

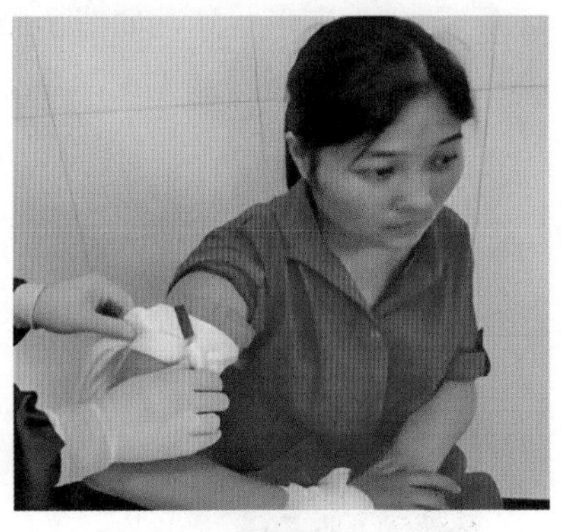
（c）绞紧绞棒

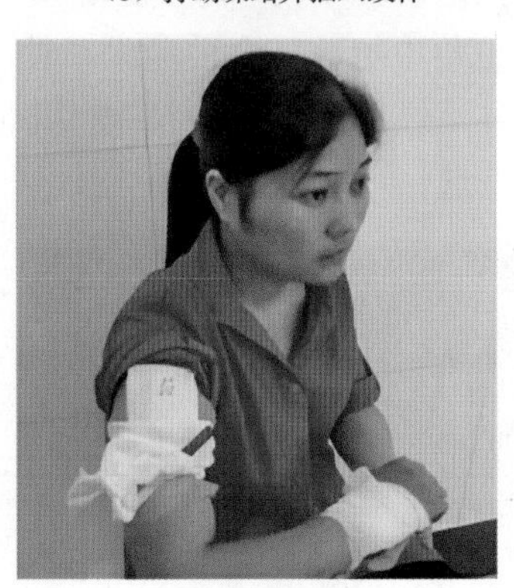
（d）固定绞棒

图 2-33 布制止血带止血

不管采用哪种止血带，用止血带止血时都应注意以下几点：

（1）上止血带时应标记时间，因为上肢耐受缺血的时间是 1h，下肢耐受缺血的时间是 1.5h。扎止血带时间越短越好，一般不超过 1h，如必须延长，则应每隔 40 ～ 50min 放松 3 ～ 5min，在放松止血带期间需用指压法临时止血。在松止血带时，应缓慢松开，并观察是否还有出血，切忌突然完全松开止血带。

（2）上止血带的部位，上肢在上臂上 1/3 处，下肢在大腿中上段。

（3）缚扎止血带松紧度要适宜，以出血停止、远端摸不到动脉搏动为准。过松达不到止血目的，且会增加出血量；过紧易造成肢体肿胀和坏死。

（4）止血带只是一种应急的措施，而不是最终的目的，因此上了止血带应尽快到医院急诊科处理。

（5）铁丝、绳索、鞋带、电线等无弹性且很细的物品不能用作止血带。

三、创伤的现场包扎技术

（一）现场包扎目的

现场包扎是开放性创伤处理中较简单但行之有效的保护措施。及时正确的创面包扎可以达到保护伤口、减少感染、压迫止血、减轻疼痛，以及固定敷料和夹板等目的，有利于转运和进一步治疗。

（二）现场包扎材料

常用的包扎材料有创可贴、绷带、三角巾、胶带、尼龙网套、简易材料。创可贴、绷带、三角巾前面已做介绍。胶带用于固定绷带、敷料等，具有多种宽度，呈卷状。尼龙网套可用于头部及肢体包扎，具有良好的弹性，使用方便。简易材料包括现场能够找到的毛巾、头巾、衣物、窗帘、领带等，可用于应急包扎材料。

（三）现场包扎动作要点及注意事项

1. 现场包扎动作要点

现场包扎的动作要点是“快、准、轻、牢”。“快”就是包扎动作要迅速敏捷。“准”就是包扎部位要准确、严密，不遗漏伤口。“轻”就是包扎动作要轻柔，不要碰触伤口，以免增加伤者的疼痛和出血。“牢”就是包扎要牢靠，过松易造成敷料脱落，过紧会妨碍血液流通和压迫神经。

2. 现场包扎注意事项

（1）包扎时尽可能戴上医用手套。如必须用裸露的手进行伤口处理，在处理前，应用肥皂等清洗双手。

（2）包扎前脱去或剪开伤者衣服，以便暴露伤口，检查伤情。

（3）包扎前在伤口加盖敷料，封闭伤口，防止污染。除热烧伤、化学烧伤外，一般伤口不要用水冲洗。

（4）不要对嵌有异物或骨折断端外露的伤口直接进行包扎，也不要将伤口异物拔出。

（5）不要在伤口上涂抹任何消毒剂或药物。

（6）不管用哪种包扎方法，包扎时松紧要适度。若手、足的甲床发紫，绷带缠绕肢体远心端皮肤发紫，有麻木感或感觉消失，严重者手指、足趾不能活动时，说明绷带包扎过紧，应立即松开绷带，重新缠绕。无手指、足趾末端损伤者，包扎时要暴露肢体末端，以便观察末梢血液循环情况。

（四）现场包扎方法

1. 尼龙网套、创可贴包扎

（1）尼龙网套包扎。先用敷料覆盖伤口并固定，再将尼龙网套套在敷料上。尼龙网套在现场急救时可有效帮助止血、保护伤口。

（2）创可贴包扎。创可贴具有止血、消炎、止疼、保护伤口等作用，使用方便，效果佳，可根据伤口大小选择不同规格的创可贴。

2. 绷带包扎

绷带包扎法有环形包扎法、回返包扎法、“8”字形包扎法、螺旋包扎法和螺旋反折包扎法。

（1）环形包扎法。环形包扎法是绷带包扎中最基础、最常用的方法，适用于肢体粗细均匀处伤口的包扎或一般小伤口清洁后的包扎。操作方法：用左手将绷带固定在敷料上，右手持绷带卷环绕肢体进行包扎，如图 2-34（a）所示。将绷带打开，一端稍做斜状环绕第一圈，将第一圈斜出一角压入环形圈内，环绕第二圈并压住斜角；加压绕肢体环形缠绕 4 ～ 5 圈，每圈盖住前一圈，绷带缠绕范围要超出敷料边缘，如图 2-34（b）所示。最后用胶布将绷带粘贴固定，如图 2-34（c）所示；或将绷带尾端从中央纵向剪成两个布条，两布条先打一结，再缠绕肢体一圈，打结固定。

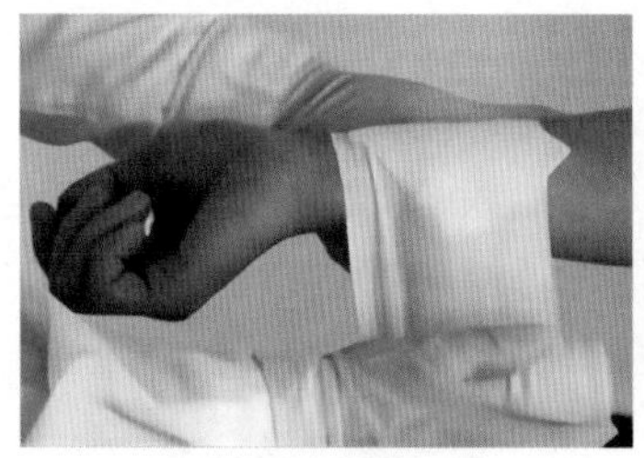
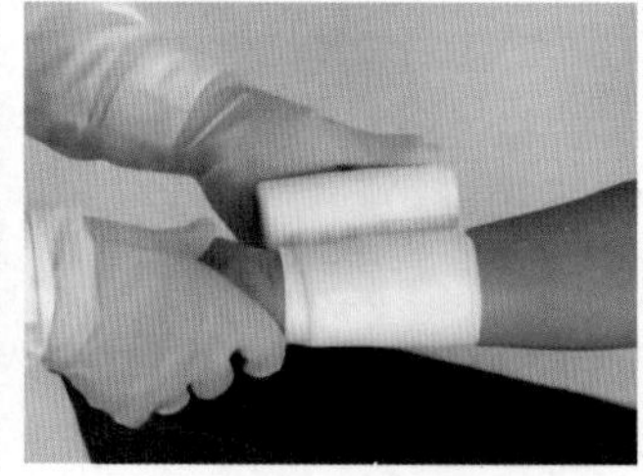
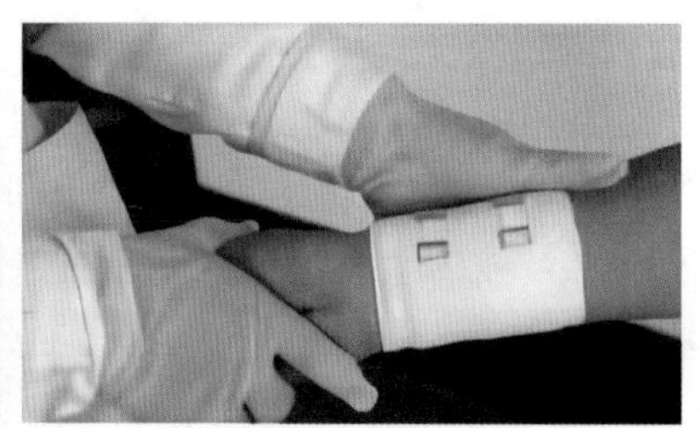

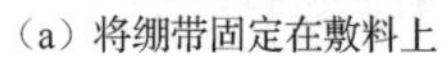
（a）将绷带固定在敷料上　　（b）加压绕肢体环形缠绕4～5圈　　（c）用胶布粘贴固定

图 2-34　环形包扎法

（2）回返包扎法。回返包扎法用于头部、肢体末端或断肢残端部位的包扎。头部回返包扎的具体操作方法：首先环形固定两圈，固定时前方齐眉，后方达枕骨下方，如图 2-35（a）所示；然后左手持绷带一端于头后中部，右手持绷带卷从头后方向前绕到前额，固定前额处绷带向后返折，如图 2-35（b）所示；反复呈放射性返折，每圈覆盖上一圈 1/3 ～ 1/2，直至将敷料完全覆盖，如图 2-35（c）所示；最后环形缠绕两圈，将返折绷带固定，如图 2-35（d）所示。

（a）环形固定两圈　　（b）从头后绕到前额，固定前额处绷带向后返折　　（c）反复放射性返折　　（d）环形缠绕两圈

图 2-35　回返式包扎法

（3）“8”字形包扎法。“8”字形包扎法多用于手掌、踝部和其他关节处伤口包扎。图 2-36（a）为脚踝“8”字形包扎，图 2-36（b）为手腕“8”字形包扎。“8”字形包扎时最好选用弹力绷带。“8”字形包扎法的具体操作方法：先环形缠绕两圈（包扎手脚时从腕部开始），然后经手（或脚）和腕“8”字形缠绕（包扎关节时绕关节上下“8”字形缠绕），最后绷带尾端在腕部固定。

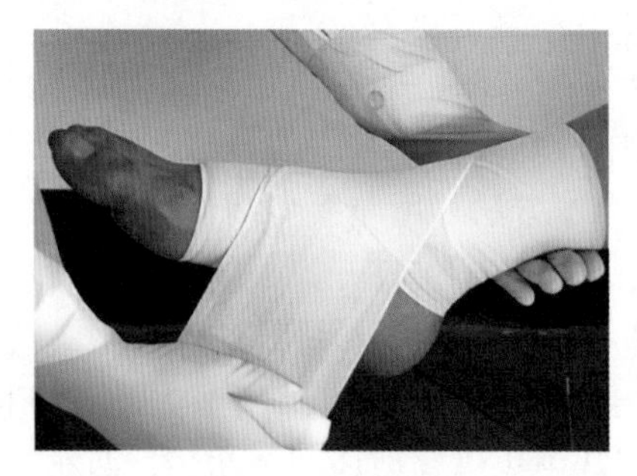
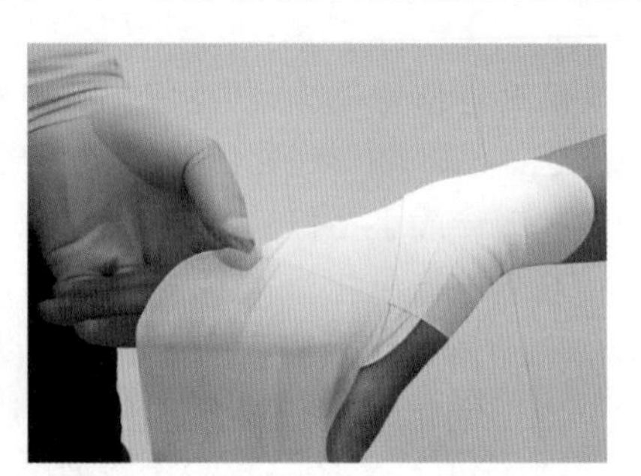

（a）脚踝“8”字形包扎　　（b）手腕“8”字形包扎

图 2-36　“8”字形包扎法

（4）螺旋包扎法。螺旋包扎法适用于肢体粗细基本相同和躯干部位的包扎，如图 2-37 所示。操作方法：先环形缠绕两圈并进行固定，从第三圈开始，环绕时压住前一圈的 1/2 或 1/3，完全覆盖伤口及敷料后，用胶布将绷带尾粘贴固定或打结。

（5）螺旋反折包扎法。螺旋反折包扎法用于肢体上下粗细不等部位的包扎，如小腿、前臂等，如图 2-38 所示。操作方法：用环形包扎法固定伤肢始端后做螺旋包扎；螺旋至肢体较粗或较细的部位时，每绕一圈在同一部位把绷带反折一次，盖住前一圈的 1/2 或 1/3，反折时，以左手拇指按住绷带上面的正中处，右手将绷带向下反折，向后绕并拉紧；由远而近缠绕，直至完全覆盖伤口及敷料，再打结固定。注意反折处不要在伤口上。

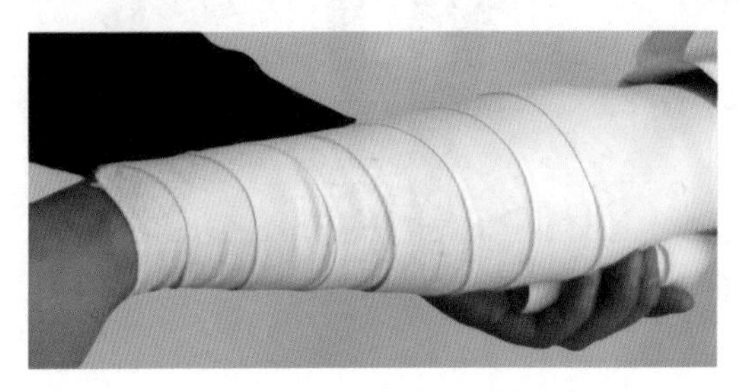
图 2-37　螺旋包扎法

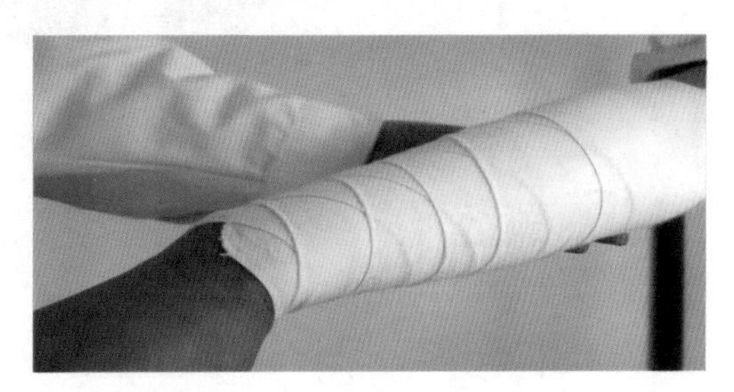
图 2-38　螺旋反折包扎法

3. 三角巾包扎

三角巾包扎法操作简便，材料简单，适用于身体各个部位的包扎。

（1）头部包扎。三角巾头部包扎采用头顶帽式包扎法。操作方法：将三角巾的底边叠成约两横指宽，边缘置于伤者前额齐眉处，顶角向后；三角巾的两底角经两耳上方拉向头后部交叉并压住顶角，再绕回前额齐眉打结；将顶角拉紧，折叠后掖入头后部交叉处。

（2）肩部包扎。肩部包扎分单肩包扎和双肩包扎。

① 单肩包扎。操作方法：将三角巾折成夹角约为 90° 的燕尾形，大片在后压住小片，放于肩上；燕尾夹角对准伤侧颈部，燕尾底边两角包绕上臂上部并打结；拉紧两燕尾角，分别经胸、背部至对侧腋前或腋后线处打结。

② 双肩包扎。操作方法：将三角巾折成夹角约为 100° 的燕尾形，披在双肩上，燕尾夹角对准颈后正中部；燕尾角过肩，由前向后包肩于腋前或腋后，与燕尾底边打结。

（3）胸（背）部包扎。背部包扎方法与胸部相同，只是把燕尾巾调到背部即可。操作方法：将三角巾折成夹角约为 100° 的燕尾形，置于胸前，夹角对准胸骨上凹处；两燕尾角过肩于背后，将燕尾顶角系带围胸与底边在背后打结；将一燕尾角系带拉紧绕横带后上提，再与另一燕尾角打结。

（4）腹部包扎。腹部包扎分腹部正面包扎和侧腹部包扎。

① 腹部正面包扎。操作方法：三角巾底边向上，顶角向下横放在腹部；两底角围绕到腰部后面打结；顶角系带由两腿间拉向后面与两底角连接处打结固定。

② 侧腹部包扎。操作方法：将三角巾折成夹角约为 60° 的燕尾形，燕尾朝下，大片置于侧腹部，压住后面小片，其余操作方法与单侧臀部包扎相同。

（5）单侧臀部包扎。操作方法：将三角巾折成夹角约为 60° 的燕尾形，燕尾朝下，对准外侧裤线；伤侧臀部的后大片压住前面的小片；顶角与底边中央分别过腹腰部到对侧打结；

两底角包绕伤侧大腿根部打结。

（6）手（足）包扎。手和足的包扎操作方法相同，现以手部包扎为例进行说明：将三角巾展开，手指尖指向三角巾的顶角，手掌平放在三角巾的中央，如图2-39（a）所示；指缝间插入敷料，将三角巾顶角折回，盖于手背，再沿手两侧折回，如图2-39（b）所示；三角巾两底角分别围绕到手背交叉，再在腕部围绕一圈后在手背打结，如图2-39（c）所示。

（a）伤手平放于三角巾中央

（b）三角巾顶角折回，盖于手背

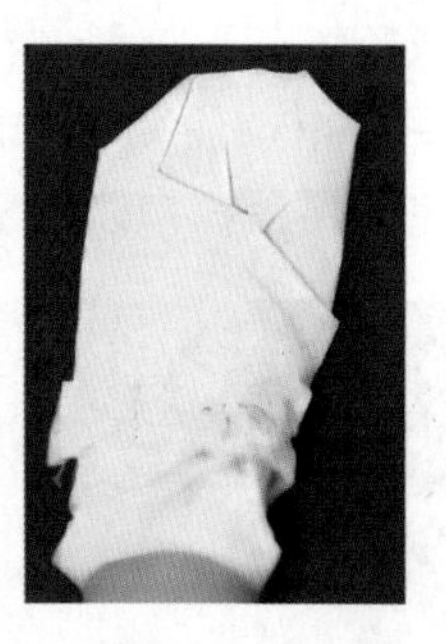
（c）腕部绕一圈后打结

图2-39　手部包扎

（7）膝部（肘部）带式包扎。操作方法：将三角巾折叠成适当宽度的带状，将中段斜放于伤部，两端向后缠绕，返回时分别压于中段上下两边；包绕肢体一周打结。

（8）眼部包扎。眼部包扎分单眼包扎和双眼包扎。

① 单眼包扎。操作方法：将三角巾折叠成四指宽的带状，斜置于眼部；从伤侧耳上绕至枕部，在耳下反折，如图2-40（a）所示;经过健侧耳上拉至前额与另一端交叉反折绕头一周，于健侧耳上端打结固定，如图2-40（b）所示。

② 双眼包扎。操作方法：将三角巾折叠成四指宽的带状，中央置于后颈部，两底角分别经耳下拉向眼部，在鼻梁处左右交叉抱紧两眼，如图2-41（a）所示；呈“8”字形经两耳上方在枕部交叉后打结固定，如图2-41（b）所示。

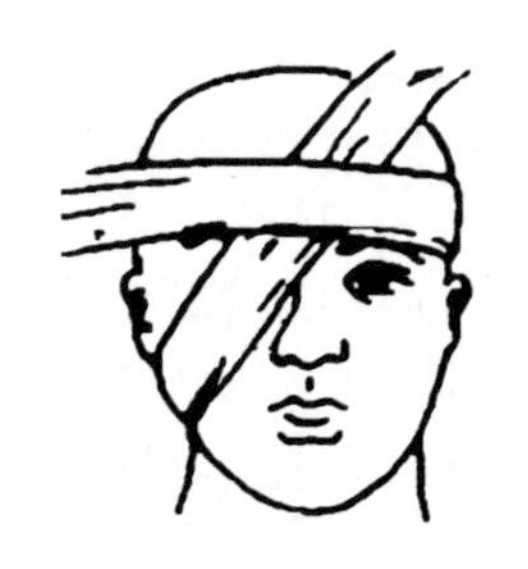
（a）三角巾斜置于眼部后反折

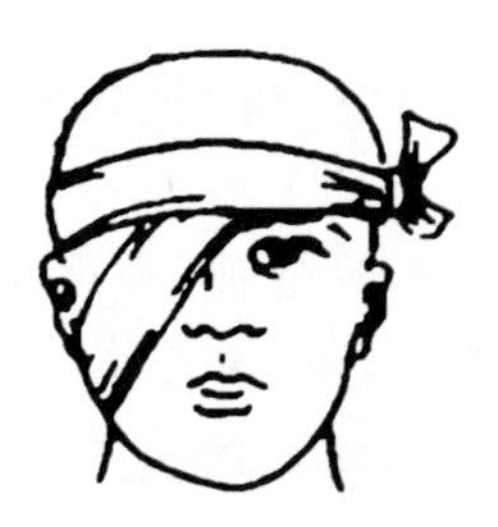
（b）绕头后打结固定

图2-40　单眼包扎

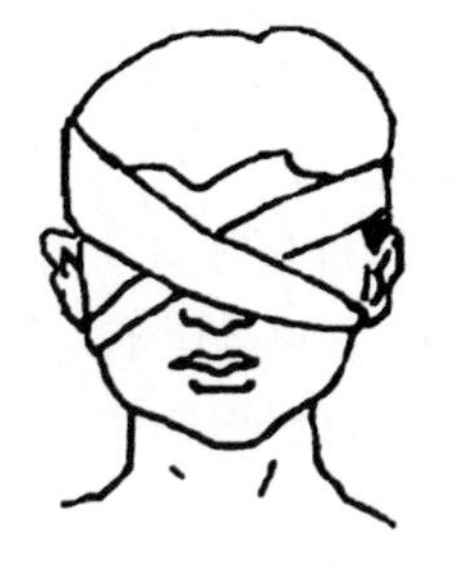
（a）三角巾交叉抱紧双眼

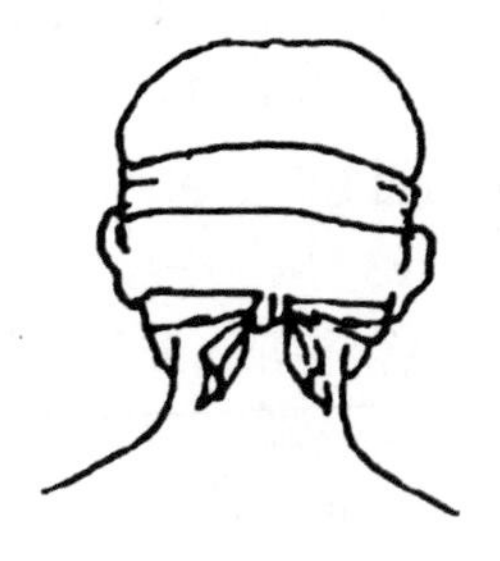
（b）“8”字形交叉后打结固定

图2-41　双眼包扎

（9）悬臂带。

① 大悬臂带。用于前臂、肘关节的损伤，如图2-42（a）所示。操作方法：三角巾顶角对着伤肢肘关节，一底角置于健侧胸部过肩于背后；伤臂屈肘（功能位）放于三角巾中部；另一底角包绕伤臂反折至伤侧肩部；两底角在颈侧方打结，顶角向肘前反折，用别针固定；

将前臂悬吊于胸前。

② 小悬臂带。用于锁骨、肱骨骨折及上臂、肩关节损伤，如图 2-42（b）所示。操作方法：将三角巾折叠成适当宽带；中央放在前臂的下 1/3 处，一底角放于健侧肩上，另一底角放于伤侧肩上并绕颈与健侧底角在颈侧方打结；将前臂悬吊于胸前。

（a）大悬臂带

（b）小悬臂带

图 2-42 悬臂带

四、骨折的现场固定技术

骨折现场固定是创伤现场急救的一项基本任务。正确良好的固定能迅速减轻伤者疼痛，减少出血，防止损伤脊髓、血管、神经和内脏等重要组织，也是伤者搬运的基础，有利于转运后的进一步治疗。

（一）骨折现场固定的目的

（1）减少骨折端的活动，减轻患者疼痛。

（2）避免骨折端在搬运过程中对周围组织、血管、神经进一步造成损伤。

（3）减少出血和肿胀。

（4）防止闭合性骨折转化为开放性骨折。

（5）便于搬运、转送。

（二）骨折现场固定的材料

骨折固定的材料有颈托（见图 2-43）、脊柱板和头部固定器（见图 2-44）、夹板（见图 2-45）、绷带等。不同的骨折部位，使用不同的固定材料。如颈椎骨折用颈托固定、脊柱骨折用脊柱板固定、四肢骨折用夹板固定等。现场可就地取材制作固定材料，如用报纸、毛巾、衣物等卷成卷，从颈后向前围于颈部，制成颈套；用杂志、硬纸板、木板、床板、树枝等做成临时夹板。

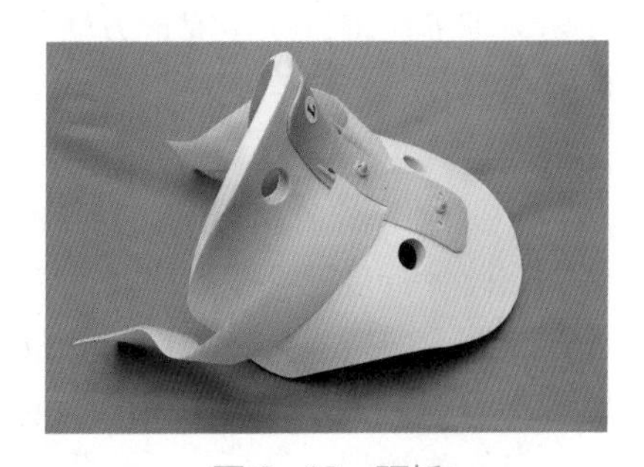

图 2-43 颈托

图 2-44 脊柱板和头部固定器

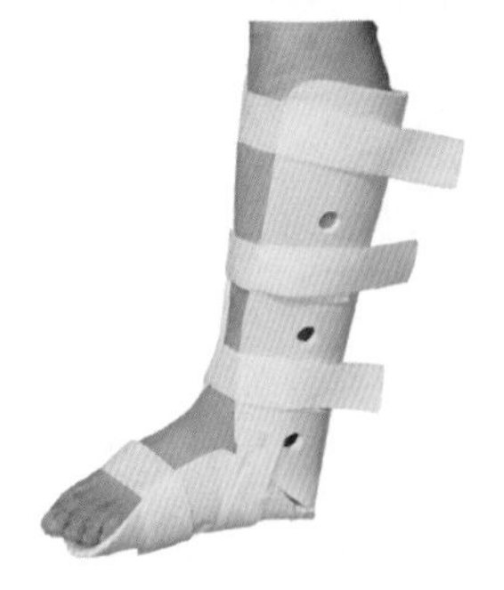

图 2-45 夹板

（三）骨折现场固定的一般要求

（1）检查意识、呼吸、脉搏及处理严重出血。

（2）开放性骨折先要处理伤口、止血、包扎后，再固定。

（3）凡疑有骨折者，均应按骨折固定。闭合性骨折者，急救时不必脱去伤肢的衣裤和鞋袜，以免过多地搬动伤肢，增加痛苦。若伤肢肿胀严重，可用剪刀将伤肢衣袖或裤脚剪开，以减轻压迫。

（4）发现骨折，先用手握住折骨两端，轻巧地顺着骨头牵拉，避免断端互相交叉，然后上夹板。骨折有明显畸形，并有穿破软组织或损伤附近重要血管、神经的危险时，可适当牵引伤肢，使之变直后再行固定。骨断端暴露在外时，不要拉动，不要将其送回伤口内，不要涂抹药物。

（5）夹板的长短、宽窄应根据骨折部位的需要来决定。夹板的长度要超过骨折处上下相邻的两个关节。木棍、竹枝、枪杆等代用品在使用时要包上棉花、布块等，以免夹伤皮肤。

（6）四肢骨折时，先固定骨折的上端，再固定下端，绷带不要系在骨折处。

（7）夹板与皮肤、关节、骨突出部位之间要加衬垫，固定时操作要轻。

（8）固定时要暴露肢体末端，以便观察血液循环。固定后要检查末梢循环，若出现苍白、发凉、青紫、麻木等现象，说明固定太紧，应重新固定。

（四）各类骨折的现场固定

1. 锁骨骨折的现场固定

锁骨骨折常见于车祸或摔伤。锁骨骨折主要表现为锁骨变形、疼痛、肿胀，肩部活动时疼痛加重。伤者本能地将头偏向伤侧肩膀。锁骨骨折时应尽量减少对骨折部位的刺激，以免损伤锁骨下血管。现场固定方法：伤者坐位，双肩向后中线靠拢，安放锁骨带固定。如果现场没有锁骨带，可用三角巾屈肘位悬吊上肢即可，如无三角巾可用围巾代替，或用自己衣襟反折固定。

2. 上肢骨折的现场固定

上肢骨折可因直接或间接暴力所致，常发生于重物撞击、挤压、打击和扑倒。

上肢或前臂骨折均可用木夹板固定，固定前有创口者须预先妥善包扎。夹板长度要超越断骨的两端关节，垫衬垫后用绷带或布带固定夹板与伤肢，并用三角巾或布带悬吊。

（1）肱骨骨干骨折。肱骨骨干骨折主要表现为上臂肿胀、瘀血、疼痛，活动时出现畸形，上肢活动受限制。现场固定方法：

① 夹板固定。上臂放衬垫，然后放后侧夹板、前侧夹板，放内、外侧夹板，最后用四条绷带或 2 ～ 3 条三角巾固定。由于桡神经紧贴肱骨干，固定时骨折部位要加厚垫保护以防止桡神经损伤。同时肘部要弯曲，悬吊上肢。现场没有夹板时，可用木板代替。

② 纸板固定。现场如果没有木板或夹板，可用纸板、杂志、书本等代替。将纸板或杂志的上边剪成弧形，将弧形的边放于肩部包住上臂。用纸板固定，可起到暂时固定作用，固定后同样屈肘位悬吊前臂。

③ 躯干固定。现场无夹板或其他可利用物时，则用三角巾折叠成宽带或用宽带通过上臂骨折上、下端，绕过胸廓在对侧打结固定，同样屈肘位悬吊前臂。

（2）肱骨髁上骨折。肱骨髁上骨折后局部肿胀、畸形、肘关节半屈位。肱骨髁上骨折位置低，接近肘关节，局部有肱动脉、尺神经以及正中神经，容易损伤。现场固定方法：肱骨髁上骨折现场不宜用夹板固定，直接用三角巾或围巾等固定于躯干。

（3）前臂骨折。前臂骨折分桡骨骨折、尺骨骨折和桡尺骨双骨折。活动时有假关节运动，显现畸形。现场固定方法：用小夹板或用上下两块木板固定，肘部弯曲 90° 悬吊在胸前。现场也可用书本垫在前臂下方直接吊起前臂。

3. 下肢骨折的现场固定

下肢骨折常见于车祸、高空坠落及重物砸伤，常伴有大出血、休克。

（1）股骨干骨折。股骨干粗大，只有巨大暴力如车祸等才能导致股骨干骨折。股骨干骨折后大腿肿胀、疼痛、变形或缩短。现场固定方法：

① 木板固定。在受伤处和膝关节、踝关节骨突出部位放上棉垫保护，空隙的部位用柔软物品填充；如果有条件，可用一块长木板从伤侧腋窝下到脚后跟，一块短木板从大腿根内侧到脚后跟，同时将另一条腿与伤肢并拢；用宽带固定（现场可用三角巾、腰带、布带等制作），先固定骨折断面的上下两端，再从上往下固定腋下、腰部、髋部、小腿及踝部，如图 2-46 所示。

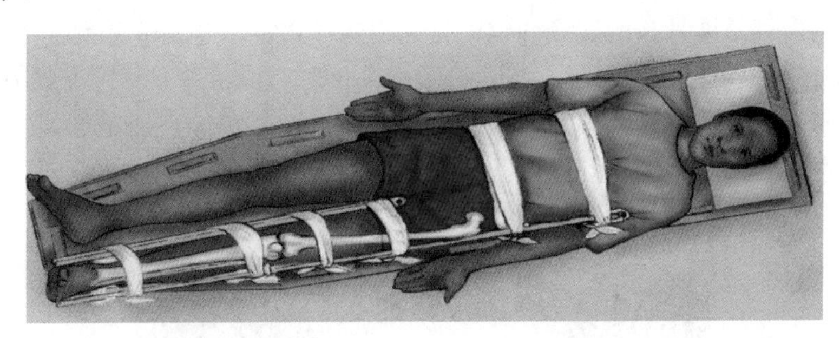

图 2-46　股骨干骨折木板固定

② 宽带固定。轻轻抬起伤肢与健肢并拢，如图 2-47（a）所示；放好宽带，双下肢间加厚垫，如图 2-47（b）所示；自上而下打结固定，如图 2-47（c）所示；双踝关节“8”字形固定，如图 2-47（d）所示。

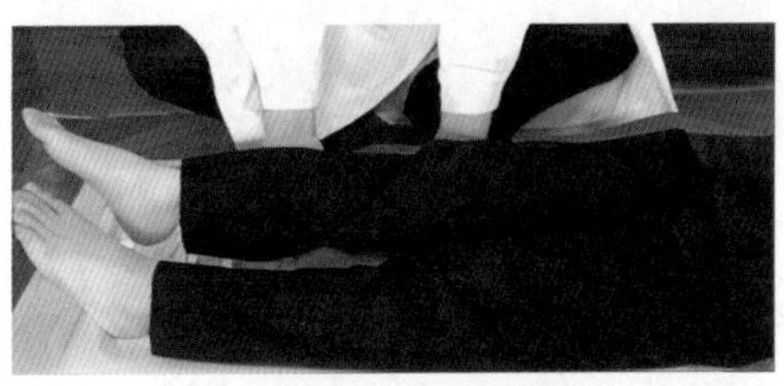

（a）抬起伤肢与健肢并拢

（b）放置宽带

（c）打结固定

（d）双踝关节“8”字形固定

图 2-47　股骨干骨折宽带固定

（2）小腿骨折。小腿骨折处肿胀、变形、疼痛，骨折端刺破皮肤，出血。其现场固定方法是用夹板固定。固定时，先在骨折部位加厚垫保护，再用 5 块小夹板，分别放在小腿的前外侧、前内侧、内侧、外侧、后侧（如果只有两块木板，则分别放在伤腿的内侧和外侧，如只有一块木板，就放在伤腿外侧或两腿之间）；放好夹板后，用绷带或三角巾分别固定骨折上下端、膝上部、膝下部及踝部。如果现场没有夹板，可将两条腿固定在一起。方法同股骨干骨折固定。

（3）膝盖骨折。膝盖骨折常见于重力摔倒、膝盖触地。现场处理时应先在膝盖下方加软垫支撑，使膝盖微微弯曲，处于舒适体位，然后用毛巾等较柔软的物品包裹整个膝盖，用绷带进行“8”字形法固定，以减轻肿胀。

4. 脊柱骨折的现场固定

脊柱骨折常见于高处坠落跌伤，交通意外撞伤，地震、坍塌的砸伤。脊柱的骨折可发生在颈椎和胸腰椎，骨折部位移位可压迫脊髓造成瘫痪。

（1）颈椎骨折。颈椎骨折时，脊柱疼痛，头晕，无力。严重者出现高位截瘫、大小便失禁，甚至窒息死亡。颈椎骨折的现场固定，首先用颈托进行固定：分开颈托的两片，把前后两部分固定于颈部，如图 2-48 所示。伤者位于平卧位时，施救者双膝跪在伤者的头顶上方，双手牵引其头部处于中轴位后，再上颈托；伤者处于前倾坐位时，一名施救者位于伤者侧面，双前臂夹紧伤者的前胸后背，固定其颈部，另一名施救者位于伤者背后，用双手牵引伤者头部，确保恢复颈椎中轴位后，再上颈托。

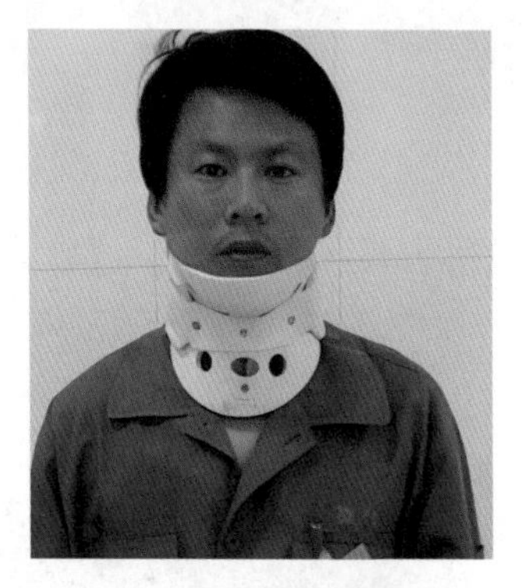
（a）颈托固定正面图

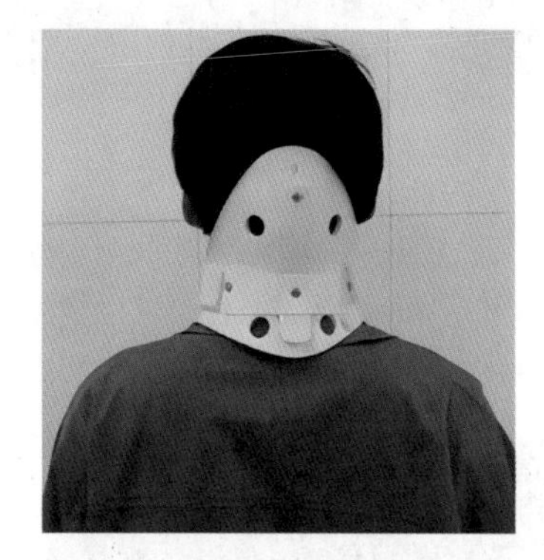
（b）颈托固定背面图

图 2-48　颈托固定

若现场没有颈托，可取长宽与伤者身高、肩宽相仿的木板，将伤者轻轻平移、平卧在木板上，颈后枕部垫以软垫，头的两旁放置软垫并将头部用绷带（或布带）固定在木板上，双手用绷带（或布带）固定放于胸前，双肩、骨盆、双下肢及足部用绷带（或布带）固定在木板上。

（2）胸腰椎骨折。胸腰椎骨折时，腰背疼痛，伴有双下肢感觉麻痹，运动障碍。胸腰椎骨折与颈椎骨折木板固定的方法相同，但不用颈托。注意伤者要平卧在木板上，禁止伤者站立或坐位，不宜用高枕，要在腰部垫以软垫，使伤者感到舒适，没有压迫感，平整地搬运。

五、创伤的现场搬运技术

规范、正确的搬运技术是保证伤者在现场经过初步的紧急处理后安全转运送院的关键。

（一）搬运护送的目的

（1）使伤者脱离危险区，实施现场救护。

（2）尽快使伤者获得专业医疗。

（3）防止损伤加重。

（4）最大限度地挽救生命，减轻伤残。

（二）搬运体位

1. 仰卧位

对所有重伤者，均可以采用这种体位。它可以避免颈部及脊椎的过度弯曲，从而防止椎体错位的发生；对腹壁缺损的开放伤的伤者，当伤者喊叫屏气时，肠管会脱出，让伤者采取仰卧屈曲下肢体位，可防止腹腔脏器脱出。

2. 侧卧位

在排除颈部损伤后，对有意识障碍的伤者，可采用侧卧位，以防止伤者在呕吐时，食物吸入气管。伤者侧卧时，可在其颈部垫一枕头。

3. 半卧位

对于仅有胸部损伤的伤者，常因疼痛、血气胸而致严重呼吸困难，宜采用半卧位，以利于伤者呼吸。但胸椎、腰椎损伤及休克时，不可以采用这种体位。

4. 俯卧位

对胸壁广泛损伤、出现反常呼吸而严重缺氧的伤者，可以采用俯卧位，以压迫、限制反常呼吸。

5. 坐位

坐位适用于胸腔积液、心衰、呼吸困难伤者。

（三）搬运方法

1. 徒手搬运

徒手搬运是指在搬运伤者过程中凭人力和技巧，不使用任何器具的一种搬运方法。该方法常适用于狭窄的阁楼和通道等担架或其他简易搬运工具无法通过的地方。此法虽实用，但对搬运者来说比较劳累，而且有时容易给伤者带来不利影响。徒手搬运的方法有扶行法、背驮法、抱持法、双人搭椅法和双人拉车法。

（1）扶行法。由一位或两位搬运者托住伤者的腋下，也可由伤者一手搭在搬运者的肩上，搬运者用一手拉住，另一手扶伤者的腰部，然后和伤者一起缓慢移步，如图 2-49 所示。

扶行法适用于病情较轻、能够站立行走的伤者。

（2）背驮法。搬运者先蹲下，然后将伤者上肢拉到自己胸前，使伤者前胸紧贴自己后背，再用双手托住伤者的大腿中部，使其大腿向前弯曲，搬运者站立后上身略向前倾斜行走，如图 2-50 所示。

背驮法适用于一般伤者的搬运。呼吸困难的伤者（如患有心脏病、哮喘、急性呼吸窘迫综合征等）和胸部创伤者不宜用此法。

（3）抱持法。搬运者一手抱住伤者的后背上部，另一手从伤者膝盖下将伤者抱起，伤者双手或单手搭在搬运者肩上，如图 2-51 所示。

图 2-49　扶行法

图 2-50　背驮法

图 2-51　抱持法

抱持法适用于不能行走且体重较轻的伤者。

（4）双人搭椅法。两个搬运者站立于伤者的两侧，然后两人弯腰，搬运者右手紧握自己的左手手腕，左手紧握另一搬运者的右手手腕，形成口字形，如图 2-52（a）、（b）所示；或者搬运者各用一手伸入伤者大腿下方相互交叉紧握，另一手彼此交替支持伤者背部。这两种不同的握手方法，都因类似于椅状而得名。此法要点是两人的手必须握紧，移动脚步必须协调一致，且伤者的双臂必须搭在两个搬运者的肩上。

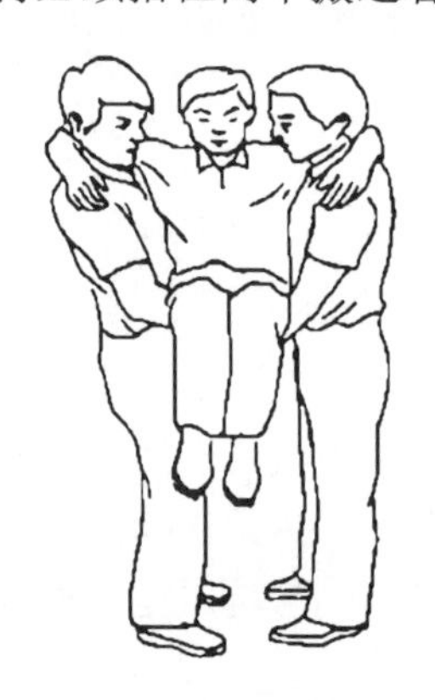

（a）伤者双臂搭在搬运者肩上

（b）双手口字握法

图 2-52　双人搭椅法

图 2-53　双人拉车法

（5）双人拉车法。一个搬运者站在伤者的头侧，两手从伤者腋下抬起，将其头部抱在自己胸前，另一搬运者面向前蹲在伤者两腿中间，同时抬起伤者的两腿，如图 2-53 所示。两人步调一致慢慢将伤者抬离。

2. 器械搬运

器械搬运是指用担架（包括软担架、移动床、轮式担架等）或者因陋就简利用床单、被褥、竹木椅等作为搬运器械（工具）的一种搬运方法。

（1）担架搬运。担架是一种最基本的伤者搬运工具，能将伤者快速转运到救治场所。担架种类繁多、名称各异，按其结构、功能、材料特征可分为简易担架、通用担架、特种用途担架、智能担架等。本书只介绍简易担架和通用担架。

① 简易担架。简易担架是在缺少担架或担架不足的情况下，就地取材临时制作的担架，一般采用两根结实的长杆配合毛毯、衣物等结实的织物制成临时担架，用以应付紧急情况下的伤者转运，图 2-54（a）为用椅子做成的坐式担架；图 2-54（b）为木板做成的担架；图 2-54（c）为床单做成的担架；图 2-54（d）为上衣做成的担架；图 2-54（e）为床单做成的肩抬担架。

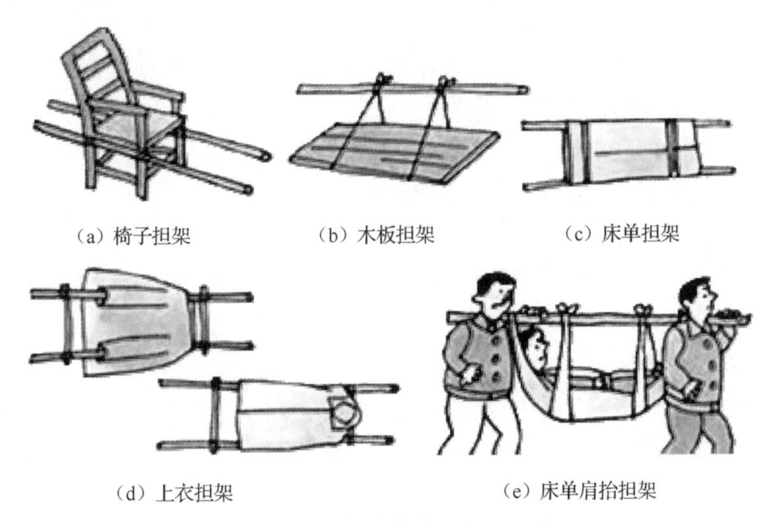

（a）椅子担架　（b）木板担架　（c）床单担架

（d）上衣担架　（e）床单肩抬担架

图 2-54　各种简易担架示意图

② 通用担架。通用担架采用统一制式规格，由担架杆、担架面、担架支脚、横支撑以及有关附件组成，能够在不同伤者间互换使用。担架杆采用铝合金材料，担架面采用聚乙烯涂层，重量较轻，容易洗涤，外形包括直杆式、两折式和四折式。直杆式担架适用于大型救护所及医院；两折式担架适用于阵地抢救；四折担架适用于特种部队。通用担架与不同运输工具结合，作为伤者运送载体，能适应不同伤者搬运或长途运输后送需求。图 2-55 为铲式担架。

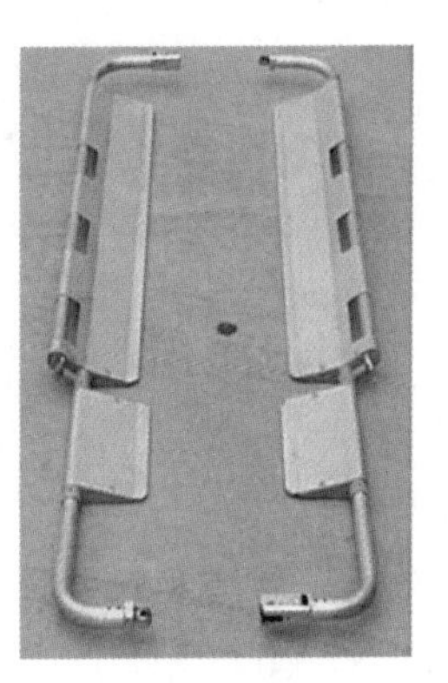

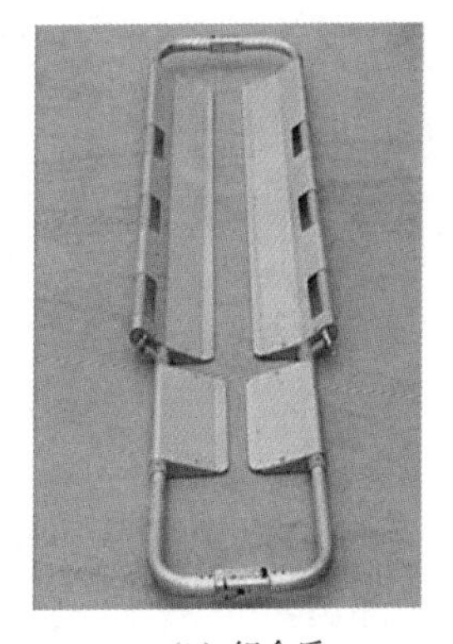

（a）组合前　（b）组合后

图 2-55　铲式担架

担架搬运时要注意对不同伤情的伤者采取不同的体位搬运并扣好担架的安全带，以防伤者翻落（或跌落）。上下楼梯时应尽量保持水平状态，必须倾斜时应保持头高位。担架上车后应当固定，伤者应保持头朝前脚向后的体位。

（2）床单、被褥搬运。床单、被褥搬运是遇有狭窄楼梯道路、担架或其他搬运工具难以搬运、徒手搬运会因天气寒冷使伤者受凉的情况下所采用的一种搬运方法，其方法为：取一条牢固的被单（被褥、毛毯也可以），把一半平铺在床上，将伤者轻轻地搬到被单上，然后把另一半盖在伤者身上，露出头部（俗称半垫半盖），搬运者面对面抓紧被单两角，保持伤者脚前头后（上楼时相反）的体位缓慢移动。这种搬运方式会使伤者肢体弯曲，故胸部创伤、四肢骨折、脊柱损伤以及呼吸困难等伤者不能用。

（3）椅子搬运。楼梯比较窄和陡直时，可以用坚固的竹木椅子搬运。搬运时，伤者取坐位，并用宽带将其固定在椅背上，两位施救者一人抓住椅背，另一人抓握椅脚，搬运时向椅背方向倾斜 45°，缓慢地移动脚步。一般来说，失去知觉的患者不宜用此法。

（四）搬运注意事项

1. 搬运的一般注意事项

（1）搬运伤者之前先要检查伤者的生命体征和受伤部位，重点检查伤者的头部、脊柱、胸部有无外伤，特别是颈椎是否受到损伤。

（2）在人员、担架等未准备妥当时，切忌搬运。搬运体重过大和神志不清的伤者时，要考虑全面。防止搬运途中发生坠落、摔伤等意外。

（3）先止血、包扎、固定后再搬运。

（4）搬运过程中，要时刻注意伤情的变化。重点观察呼吸、神志等。注意伤者保暖，但不要将伤者头面部包盖太严，以免影响呼吸。一旦在途中发生紧急情况，如面色苍白、呼吸停止、血压脉搏减弱、抽搐时，应暂停搬运，立即就地进行急救处理。

（5）在特殊的现场，应按特殊的方法进行搬运。火灾现场，在浓烟中搬运伤者，应弯腰或匍匐前进；在有毒气泄漏的现场，搬运者应先用湿毛巾掩住口鼻或使用防毒面具，以免被毒气熏倒。

2. 危重伤者搬运的注意事项

（1）脊柱、脊髓损伤者的搬运。脊柱、脊髓损伤或疑似脊柱、脊髓损伤的伤者，在确定性诊断治疗前，均按脊柱损伤原则处理。脊柱、脊髓损伤的搬运采用四人搬运法。其方法是：一人在伤者的头部，双手掌抱于头部两侧纵向牵引颈部，有条件时戴上颈托；另外三人在伤者的同一侧（一般为右侧），分别在伤者的肩背部、腰臀部、膝踝部，双手平伸到伤者的对侧，如图 2-56（a）所示；四人单膝跪地，同时用力，保持脊柱为中立位，平稳地将伤者抬起，放在脊柱板或木板上，如图 2-56（b）所示。

（2）骨盆骨折者的搬运。骨盆骨折者的搬运采用三人搬运法，其方法是：先固定伤者的骨盆；三名施救者位于伤者的同一侧，一人位于伤者的胸部，一人位于腿部，一人在中间专门保护骨盆，如图 2-57（a）所示；双手平伸，单膝跪地，三人同时用力，抬起伤者放于硬板担架或木板上，如图 2-57（b）所示。

（3）颅脑损伤者的搬运。颅脑损伤者搬运时应使伤者采取半仰卧位或侧卧位，以保持呼吸道通畅；脑组织暴露者，应保护好其脑组织，并用衣物、枕头等物将伤者头部垫好，以减轻震动。同时要注意，颅脑损伤者常合并颈椎损伤。

（4）胸部伤者的搬运。胸部受伤者常伴有开放性血气胸，需先进行包扎。搬运已封闭的气胸伤者时，以座椅式搬运为宜，伤者取坐位或半卧位。有条件时最好使用坐式担架、折叠椅或能调整至靠背状的担架。

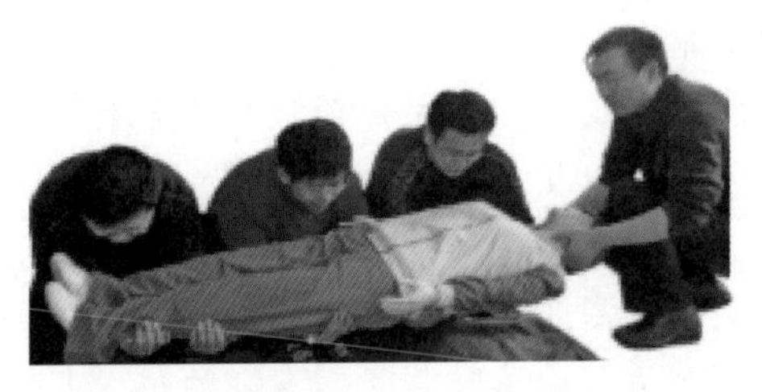
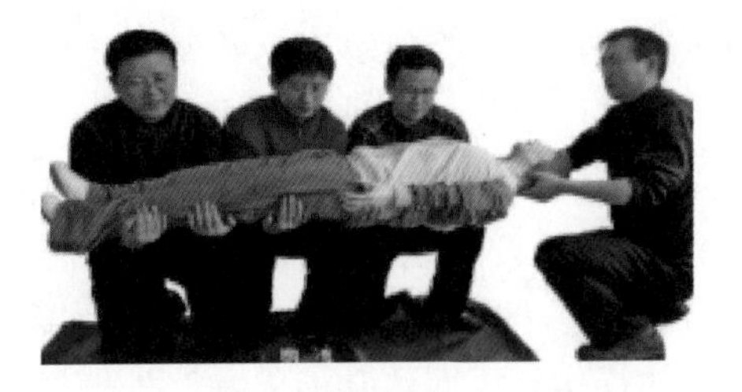

（a）三人在同一侧，一人在头部　　（b）四人同时用力平稳抬起

图 2-56　四人搬运法

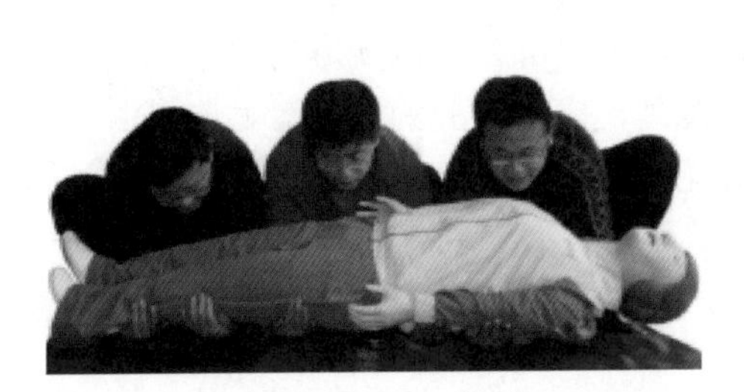
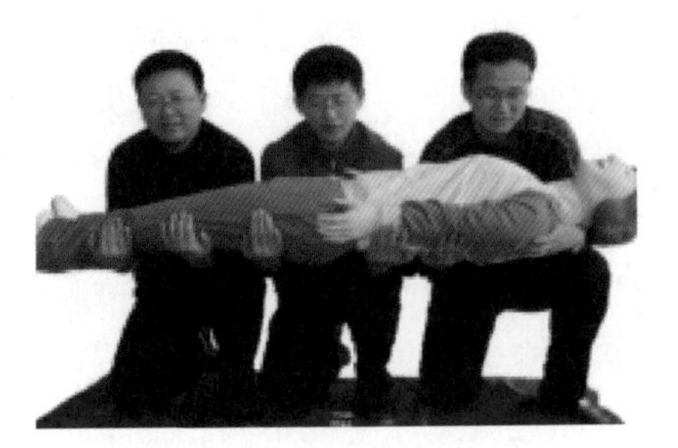

（a）施救者分别位于胸部、腿部、骨盆位置　　（b）三人同时用力抬起伤者

图 2-57　三人搬运法

（5）腹部伤者的搬运。腹部伤者取仰卧位，用担架或木板搬运。搬运时下肢屈曲，以防止腹腔脏器受压而脱出。脱出的腹腔脏器要包扎好，但不要回纳。

（6）休克伤者的搬运。休克伤者取平卧位，不用枕头，或取脚高头低位，搬运时用普通担架即可。

（7）呼吸困难伤者的搬运。呼吸困难伤者搬运取坐位，不能背驮，使呼吸更通畅。用软担架（床单、被褥）搬运时注意不能使伤者躯干屈曲。如有条件，最好用折叠担架（或椅子）搬运。

（8）昏迷伤者的搬运。昏迷伤者搬运采用平卧位并使头转向一侧或采用侧卧位，以便呕吐物或痰液污物顺着流出来，不致吸入。搬运时用普通担架或活动床。

六、特殊创伤的现场急救处理

（一）腹部创伤内脏脱出时的现场急救处理

腹部创伤在平时以交通事故及工矿机械意外损伤所致的腹部闭合伤为主。单纯腹壁损伤常有局部疼痛和皮下淤血；腹腔内实质脏器破裂主要为内出血、休克和疼痛。腹部创伤的现场急救处理方法和要求如下：

（1）当发现腹部有伤口时，应立即给予包扎。

（2）对有内脏脱出者不可随意回纳入腹腔，以免污染腹腔。对脱出的内脏，先用急救包或大块敷料遮盖，然后用消毒碗盖住脱出的内脏并包扎。脱出的内脏如有破裂，可在破口处用钳子夹住，将钳子一并包扎在敷料内。

（3）转送时体位应是平卧，膝与髋关节处于半屈曲状，以减少腹肌紧张所致的痛苦；转运途中应给予输液、吸氧等治疗并严密观察生命体征的变化。

（4）注意不要除去有黏性的异物，不要拔出刺入腹腔的尖锐异物；不能给予口服药、止痛药、兴奋药；不能进食、喝水，以防有胃肠穿孔者加重污染。

（二）关节脱位的现场急救处理

关节脱位时，构成关节的上下两个骨端失去了正常的位置，关节发生移位，并造成关节辅助结构的损伤破坏而致功能失常。外伤性脱位多见于肩、髋、肘、下颌关节。不同关节脱位的现场急救方法和要求略有不同。

1. 肩关节脱位

肩关节脱位患者感觉肩关节疼痛剧烈，不能自如活动，头部倾斜；或检查时发现患者肩部肿胀，肱骨头从喙突下脱出，肩部失去原来的圆浑轮廓，而出现方肩畸形，患者如用另一只手去触摸，会发现肩髃处有明显的空虚感。此外，患者患肢的肘部紧贴胸壁时，手掌不能搭到对侧肩部，或手掌搭到对侧肩部时，肘部无法贴近胸部。其现场急救处理方法是使脱出的关节复位并进行固定。如单纯肩关节脱位，只要将患肢呈 90°，用三角巾悬吊于胸前，一般 3 周即可痊愈。如果患者关节囊破损明显，或肩周肌肉被撕裂，则应将患肢手掌搭在对侧肩部，肘部贴近胸壁，用绷带固定在胸壁上。

2. 肘关节脱位

在各类关节脱位中，肘关节脱位最为多见。伤者表现为肘关节肿胀、疼痛、畸形明显，前臂缩短，肘关节周径增粗，肘前方可摸到肱骨远端，肘后可触到尺骨鹰嘴，肘关节弹性固定于半伸位；肘部变粗，上肢变短，鹰嘴后突显著；肘后三角失去正常的关系；后脱位时，可合并正中神经或尺神经损伤。其现场急救处理方法是：肘关节脱位时，如果无救助者，伤者本人根据肘关节的伤情判断是否关节脱位，不要强行将处于半伸位的伤肢拉直，以免引起更大的损伤。可用健侧手臂解开衣扣，将衣襟从下向上兜住伤肢前臂，系在领口上，使伤肢肘关节呈半屈曲位固定在前胸部，再前往医院接受治疗。如果有人救助，若施救者对骨骼不十分熟悉，不能判断关节脱位是否合并骨折时，不要轻易实施肘关节脱位法来复位，以防损伤血管和神经，可用三角巾将伤者的伤肢呈半屈曲位悬吊固定在前胸部，送往医院即可。

3. 髋关节脱位

髋关节由股骨头和髋臼构成，髋臼深而大，能容纳股骨头大半部分，周围有坚强的韧带及肌肉保护，结构稳固。髋关节脱位多为直接暴力所致，常见为后脱位。髋关节脱位表现为髋部疼痛、关节功能障碍明显，肿胀不明显；患侧下肢呈屈曲、内收、内旋和缩短畸形；臀部可触及脱出的股骨头，大粗隆上移；部分伤者可合并坐骨神经损伤。髋关节脱位一般不宜在现场复位，应尽快转运至医院治疗。

（三）肢体离断伤的现场处理

1. 肢体离断的种类

（1）切割性离断。切割性离断是由锐器造成的，如切纸机、铣床、剪刀车、铡刀、利刃、玻璃和某些冲床等，创面较整齐。对于多刃性损伤，如飞轮、电锯、风扇、钢索、收割机等所造成的严重切割伤，截断面附近组织损伤较严重。

（2）碾轧性离断。碾轧性离断是由车轮或机器齿轮等钝器碾压所致。碾轧后仍有一圈辗伤的皮肤连接被轧断的肢体，表面看来似乎仍相连，实际上皮肤已被严重挤压，而且被压得很薄，失去活力，应视为完全性肢体离断。

（3）挤压性离断。挤压性离断是由笨重的机器、石块、铁板或由搅拌机及重物挤压所致。离断平面不规则，组织损伤严重，常有大量异物挤入断面与组织间隙中，不易去净。

（4）撕裂性离断。撕裂性离断是肢体被连续急速转动的机器皮带、滚筒（如车床、脱粒机等）或电机转轴卷断而引起的。

（5）爆炸性高温离断。爆炸性高温离断是由于肢体被炸成若干碎块，肢体残缺不齐，或因高热而使蛋白质凝固。

2. 肢体离断的程度

（1）完全性离断。离断肢体的远侧部分完全离体，无任何组织相连。

（2）大部离断。肢体局部组织绝大部分已离断，并有骨折或脱位残留有活力的相连软组织少于该断面软组织总量的 1/4，主要血管断裂或栓塞，肢体的远侧无血液循环或严重缺血。

3. 断肢保存的意义

断肢正确保存的最大意义是为断肢再植打下一个好的基础。肢体意外离断损伤，早期处理得当，可以最大限度地保留功能；处理不当，可导致伤口感染、组织坏死、疤痕形成、关节僵硬、血运不良等，并且增加了后期治疗的困难，最后导致肢体功能的部分或大部分丧失。

4. 断肢的现场处理

（1）处理断肢。若离体断肢仍在机器中，应立即停止机器转动，设法折开机器或将机器倒转，取出离体断肢。如有大的骨块脱出，应同时包好，与伤者一同送医院，不能丢弃。伤者断肢残端用清洁敷料加压包扎，以防大出血。断肢残端如有活动性出血，应首先止血。一般说完全离断的血管回缩后可自行闭塞，采用加压包扎、夹板固定就能止血。对搏动性活跃出血用止血钳止血时，不可钳夹组织过多，以免造成止血困难。对于不能控制大出血而必须用止血带者，可考虑用止血带止血，但要标明上止血带时间，并每隔 40 ～ 50min 放松 1 次，放松时应用手指压住近侧的动脉主干，以减少出血。

（2）保存离体断肢。离体的断肢在常温下可存活 6h 左右，在低温下则可保存更长时间。所以一旦发生肢体离断损伤，应迅速将离体断肢用无菌或清洁的敷料包扎好，放入塑料袋内。冬天可直接转送医院，夏天可将塑料袋放入加盖的容器内，外围加冰块保存；若有条件，采用干燥低温保存。保存时要注意：防止任何液体渗入离断肢体的创面；不可高温保存离断的肢体；不要让断肢与冰块直接接触，以防冻伤；不要用任何液体浸泡断肢，更不允许放入酒精和消毒液中，否则组织细胞将发生严重破坏，失去再植条件。

（3）迅速安全地转运。伤者在转送途中，骨折断端的尖角，因重力的牵拉、运输工具的震动、肢体的扭转，均有可能加重损伤重要的血管或神经。因此，在转运前，应就地取材，利用现有的木板、竹条等，将伤肢作适当固定，以防在转运中发生新的损伤，也可减轻伤者的痛苦。在伤者发生严重休克时，应首先及时处理休克，以防止转运途中发生生命危险。

（4）防止伤口的污染。应用清洁的（最好是消毒过的）纱布或干净的布类，将伤口尽早包扎起来，以达到伤口隔离、减少污染的目的。但不要将伤口置于不清洁的水（包括河沟水）中去洗刷，以免污染伤口和增加伤者痛苦。除非断肢污染严重，一般不需冲洗，以防加重感染。

（四）皮肤损伤的现场急救处理

1. 切割伤的现场急救处理

遇到锐器切割伤时，先用清洁布或手帕等压迫伤口止血，压迫片刻后若出血停止，应使伤口合拢恢复原样，估计伤口的深度以及有无内脏损伤。若出血不止，伤口裂开并能见深部组织就必须到医院治疗。

手指是最常见的切割伤部位，如伤口有油污等，可先用清洁的水或肥皂洗净，然后用过氧化氢等消毒剂仔细清洗和消毒，盖上消毒的敷料纱布再用绷带包扎止血。手包扎时应将手指尖外露，以便随时观察末梢血运，皮肤色泽。

2. 刺伤的现场急救处理

刺伤一般污染轻，如果未伤及重要血管与内脏，一般治愈较快。但刺伤内脏可引起体腔内大量出血、穿孔，刺入心脏可立即致死。

刺伤的特点是伤口小而深，可直达深部体腔而只有很小的皮肤损伤。常见刺伤的现场处理方法如下：

（1）锐器刺入体内。利器、金属片、钢筋等刺入体内，绝对不可盲目拔出。盲目拔出可致一部分刺入物断在体内或增加出血或使内脏伤加重，应使伤者静卧，用卷起的毛巾在伤口周围垫好并固定，马上送医院。

（2）脚踏朝天钉。脚踏朝天钉扎伤在工地和田间劳动中时有发生。铁钉扎伤虽然伤口很小，但可能很深，加之铁钉很脏，细菌可能被带入组织内。由于伤口小，部位深，引流不畅，很容易发生感染。如果是化脓性细菌感染，就会引起蜂窝组织炎或者深部脓肿；如果是破伤风杆菌感染，严重时有生命危险。所以铁钉扎伤后，要及时进行处理。其处理方法是：马上拔出铁钉，并用两只手用力挤压伤口处，把污血尽可能挤干净，让细菌随着污血排出；用碘酒、酒精彻底消毒伤口周围的皮肤；如果伤口比较大，伤口内可用过氧化氢或灭菌生理盐水冲洗干净；包扎伤口后，去医院注射破伤风抗毒素免疫血清。

3. 挫伤的现场急救处理

当钝器作用于体表的面积较大但其力的强度又不足以造成皮肤的破裂，而又能使其下的皮下组织、肌肉和小血管甚至内脏损伤时造成挫伤，其表现为伤部肿胀、疼痛和皮下淤血，严重者可发生肌纤维撕裂、深部血肿和内脏器官破裂。

挫伤后，如果皮肤完整，无破损，可浸泡在冷水中或用冷毛巾做冷敷，有条件也可将冰块敲碎，装在一个布套中，做局部冷敷。冷敷的目的是使毛细血管收缩，减轻局部充血、组织肿胀及皮下瘀血，有止血作用；可抑制组织细胞的活动，提高局部组织的接触痛阈，降低神经末梢的敏感性，有止痛作用；还可降低细菌和组织的活动能力，具有消炎、制止炎症扩散的作用。但在冷敷时要注意经常观察局部皮肤有无变色、感觉麻木、发紫等，如果有这些现象，则应立即取走冰袋，以防冻伤。

挫伤急性期（一般在 24 ～ 48h）过后，可改用热水袋热敷。热水袋的温度一般是 60 ～ 70℃，小儿和老年人温度要低些，一般以 48 ～ 50℃为宜。装水入袋至 1/3 ～ 1/2 处，驱尽袋内空气，拧紧塞子，装入套中。热敷的目的是使局部小血管扩张，增加血液循环，减轻深部组织充血，起到止痛作用，可增强组织的新陈代谢和血液中白细胞的吞噬功能，促进炎症的吸收，还可使肌肉及肌肉腱松弛，从而协助关节活动。热敷时，也须注意观察皮肤的情况，以防烫伤。经过以上方法处理，再配合涂抹一些红花油、酒精等活血化瘀药物，一般 2 ～ 3 天后，挫伤的疼痛、肿胀会减轻或消失。

4. 扭伤的现场急救处理

扭伤是外力作用于关节处使其发生过度扭转而引起的关节囊、韧带、肌腱损伤，严重者甚至断裂，出现皮肤青紫、疼痛、肿胀和关节活动功能障碍。伤后最有效的治疗方法是冷敷，可减轻内出血和组织肿胀，减轻疼痛。如表面有伤口，消毒后，用无菌敷料盖上伤口，敷料上放一层塑料薄膜，再冷敷。扭伤后尽量将受伤的肢体抬至高于心脏，这样有利于消肿；如果是下肢受伤，2 ～ 3 天内少下地行走；如果是上肢关节损伤，要用悬臂吊带悬吊 2 ～ 3 天。扭伤 24h 后可进行热敷。必须注意：扭伤后不要用手揉搓；24h 内不要用热敷。

（五）伤口异物的现场急救处理

1. 伤口表浅异物

伤口表浅异物可以去除，然后按脚踏朝天钉扎伤的现场处理方法进行处理。

2. 伤口深部异物

如异物为尖刀、钢筋、木棍、尖石块等，并且扎入伤口深部，不要将刺入体内的异物轻易拔出，防止异物损伤到周围的大血管、神经及重要组织器官。不拔出异物还能起到暂时堵塞止血作用，一旦拔出，可能会导致大出血而死亡。这时应维持异物原位不动，待转入医院后处理。但入院前应按下述方法进行包扎：敷料上剪洞，套过异物，置于伤口上，然后用敷料卷圈放在异物两侧，将异物固定后，再用绷带或者三角巾包扎。

（六）压埋伤的现场急救处理

在工作面挖掘过程中，常常因发生塌方而造成压埋伤。压埋伤伤势一般较重，头颅、胸腹、脊椎、四肢均可伤及，可造成颅内、内脏破裂大出血或四肢骨折乃至脊椎骨折后瘫痪，甚至发生窒息急性死亡。有许多人表面并未见伤损或出血，但很快昏迷或死亡。其原因多为内脏破裂所致内出血或头部压震后颅内出血。也有因伤后肌肉释放出一些有毒化学物质，当压力松开后，这些物质迅速扩散到身体其他部位，导致急性肾功能衰竭和严重休克而死。所以，凡被压埋患者，一旦被救出后，虽看似“轻”伤，也要当重伤救治，万万不可麻痹大意。发生压埋意外时，应按以下方法进行现场急救处理：

（1）当伤者完全被矸石掩压，施救者应先确定伤者的被埋位置，不要盲目乱挖，以免耽误时间。挖找时忌用铁器等硬物猛挖、锤击，只能将土、石轻轻扒开。

（2）挖找时应尽快使伤者的头部显露。伤者露出头部后，应迅速将其口、鼻处泥尘除净，以保证其呼吸通畅。

（3）当伤者部分身体露出后，切不可生拉硬拽，而应将伤者周围的矸石或重物清除，使伤者彻底外露，再逐步将其移出，否则被压埋者易致骨折或造成下身截瘫，或造成新的撕裂伤。

（4）伤者救出后，为防止伤者发生并发症，应尽快清洗伤者的眼、鼻、口、耳及身上的灰尘、污物。如伤者呼吸、心跳已停止，应立即进行人工呼吸及心脏按压，直至伤者恢复呼吸与心跳或医生确认死亡为止。

（5）伤者被扒出后要迅速检查伤者有无脊椎骨折（是否下身瘫痪）、能否说话、有无伤口、是否流血等。如有脊椎骨折，应立即放平其身体，切勿急骤搬动，并设法用布类、衣物等将夹板、木棍、枪支或卷席包裹后，置于伤者身体两侧，稍加固定后，迅速送医院救治。如发现伤者的伤口大量流血，应将伤口止血、包扎固定好后，再送医院救治。

（6）如果四肢受压，肢体有肿胀时，切忌用热敷，可采用冷毛巾、冰块外包手巾放在肿胀处，有止痛、消肿、止血的作用。同时，不论上、下肢都要将伤肢置于高的位置。

（七）悬吊创伤的现场急救处理

悬吊创伤即悬吊综合征，又称悬挂创伤，是人体悬吊在垂直位置，不能动弹，安全带使腿部肌肉受到制约，血液循环受限，不能有效回流至心脏，脑部或其他重要器官因缺氧而造成的损伤。悬吊创伤比其他任何外伤都危险。

发生垂直悬吊时，即使未受其他伤，悬吊者一般在 5 ～ 20min 内就可感觉眩晕，在 5 ～ 30min 内就可能失去意识，因此发生悬吊时，必须尽快营救，才能把悬吊创伤的危险性降到最小。

如果悬吊者在 10min 内脱困，困于腿部的血液可能已经出现问题，如果放任其快速回流至脑部，有可能造成伤者死亡，这就是“返流综合征”。为防止发生“返流综合征”，悬吊者被解救后，从蹲下姿势到坐下姿势，再到平躺姿势，整个过程要保持在 30 ～ 40min。禁止任何人将伤者放置在手推车或病床上；搬运时伤者应保持坐姿。

能力项

项目一　指压动脉止血

1. 作业描述

本项目规定的作业任务是针对多处外伤出血者，两人相互配合，互为操作对象（或以创伤急救模拟人为操作对象）所进行的指压动脉止血作业。

伤者面部、头顶部、头面部、上肢、前臂手掌手背、手指、下肢、小腿、足部等多处出血，先检查伤口，迅速、准确地查找出血位置后，准确查找压迫点并用指压动脉法进行止血。

2. 危险点分析及预控措施

指压动脉止血作业过程中的危险点分析及预控措施如表 2-3 所示。

表 2-3　指压动脉止血作业过程中的危险点分析及预控措施

序　号	危 险 点	预控措施
1	交叉传染	对模拟人定期进行清理、消毒
		作业结束后尽快用消毒液洗手

项目二　小腿出血加压包扎

1. 作业描述

本项目规定的作业任务是针对小腿出血伴有伤口异物者，两人相互配合，互为操作对象（或以创伤急救模拟人为操作对象）所进行的加压包扎作业。

在对伤者进行全面检查，确认出血位置并确认伤口有异物后，先保留并固定异物，再用绷带螺旋反折包扎法进行加压包扎。

2. 危险点分析及预控措施

小腿出血加压包扎作业过程中的危险点分析及预控措施如表 2-4 所示。

表 2-4 小腿出血加压包扎作业过程中的危险点分析及预控措施

序号	危险点	预控措施
1	交叉传染	对模拟人定期进行清理、消毒
		作业结束后尽快用消毒液洗手

项目三 肘窝加垫屈肢止血包扎

1. 作业描述

本项目规定的作业任务是针对肘窝外伤出血较多者，两人相互配合，互为操作对象（或以创伤急救模拟人为操作对象）所进行的加垫屈肢止血包扎作业。

在对伤者进行全面检查，确认出血位置并确认伤口无异物后，在肘窝处加垫子，然后用绷带环形包扎法进行包扎。

2. 危险点分析及预控措施

肘窝加垫屈肢止血包扎作业过程中的危险点分析及预控措施如表 2-5 所示。

表 2-5 肘窝加垫屈肢止血包扎作业过程中的危险点分析及预控措施

序号	危险点	预控措施
1	交叉传染	对模拟人定期进行清理、消毒
		作业结束后尽快用消毒液洗手
2	血液循环不良	调整止血带松紧度
		必要时松开止血带一段时间
		注意检查肢体末端的血液循环情况

项目四 上前臂简易止血带止血

1. 作业描述

本项目规定的作业任务是针对上前臂大出血者，两人相互配合，互为操作对象，利用三角巾和小木棍制作简易止血带进行止血作业。

在对伤者进行全面检查，确认出血位置并确认伤口无异物后，先用三角巾制作一条布制止血带，在上止血带部位垫好衬垫，然后进行止血带止血。

2. 危险点分析及预控措施

上前臂简易止血带止血作业过程中的危险点分析及预控措施如表 2-6 所示。

表 2-6　上前臂简易止血带止血作业过程中的危险点分析及预控措施

序　号	危　险　点	预 控 措 施
1	交叉传染	三角巾、布条使用后进行消毒处理
		作业结束后尽快用消毒液洗手
2	血液循环不良	调整止血带松紧度
		必要时松开止血带一段时间
		注意检查肢体末端的血液循环情况

项目五　头部伤口三角巾帽式包扎

1. 作业描述

本项目规定的作业任务是针对头顶部创伤者，两人相互配合，互为操作对象所进行的头部伤口三角巾帽式包扎作业。

在对伤者进行全面检查，确认受伤位置并确认伤口无异物后，用三角巾进行帽式包扎。

2. 危险点分析及预控措施

头顶部伤口三角巾帽式包扎作业过程中的危险点分析及预控措施如表 2-7 所示。

表 2-7　头顶部伤口三角巾帽式包扎作业过程中的危险点分析及预控措施

序　号	危　险　点	预 控 措 施
1	交叉传染	三角巾、布条使用后进行消毒处理
		作业结束后尽快用消毒液洗手

项目六　前臂骨折固定

1. 作业描述

本项目规定的作业任务是针对前臂骨折伤者，两人相互配合，互为操作对象所进行的前臂骨折固定作业。

在对伤者进行全面检查，确认骨折位置为前臂后，先用夹板进行骨折固定，再制作大悬臂带将骨折的前臂悬吊于胸前。

2. 危险点分析及预控措施

前臂骨折固定作业过程中的危险点分析及预控措施如表 2-8 所示。

表 2-8　前臂骨折固定作业过程中的危险点分析及预控措施

序　号	危　险　点	预 控 措 施
1	交叉传染	夹板、三角巾、棉垫、布条等材料使用后进行消毒处理
		作业结束后尽快用消毒液洗手

项目七　小腿骨折固定

1. 作业描述

本项目规定的作业任务是针对小腿骨折伤者，两人相互配合，互为操作对象所进行的小腿骨折夹板固定作业。

在对伤者进行全面检查，确认骨折位置为小腿后，用夹板进行骨折固定（其中，足根部用“8”字形绷带固定）。

2. 危险点分析及预控措施

小腿骨折固定作业过程中的危险点分析及预控措施如表 2-9 所示。

表 2-9　小腿骨折固定作业过程中的危险点分析及预控措施

序　号	危　险　点	预 控 措 施
1	交叉传染	夹板、三角巾、棉垫、布条等材料使用后进行消毒处理
		作业结束后尽快用消毒液洗手

项目八　颈椎骨折木板固定

1. 作业描述

本项目规定的作业任务是针对颈椎骨折伤者，两人相互配合，互为操作对象（或以创伤急救模拟人为操作对象）所进行的颈椎骨折木板固定作业。

在对伤者进行全面检查，确认骨折位置为颈椎后，在现场没有颈托的情况下，就地取材，用木板进行颈椎骨折固定。

2. 危险点分析及预控措施

颈椎骨折木板固定作业过程中的危险点分析及预控措施如表 2-10 所示。

表 2-10　颈椎骨折木板固定作业过程中的危险点分析及预控措施

序　号	危　险　点	预 控 措 施
1	交叉传染	木板、绷带、棉垫 / 软布等材料使用后进行消毒处理
		作业结束后尽快用消毒液洗手

项目九　脊柱损伤者固定搬运

1. 作业描述

本项目规定的作业任务是针对脊柱损伤者，五人相互配合，以模拟人为操作对象所进行的脊柱损伤者固定搬运作业。

在对伤者进行全面检查，确认伤者为脊柱损伤并怀疑颈椎损伤后，对伤者先用颈托固定，再用四人搬运法（搬运时，四人搬运，一人指挥）搬运至担架，担架固定后再用担架搬运。

2. 危险点分析及预控措施

脊柱损伤者固定搬运作业过程中的危险点分析及预控措施如表 2-11 所示。

表 2-11 脊柱损伤者固定搬运作业过程中的危险点分析及预控措施

序　号	危　险　点	预控措施
1	交叉传染	担架、颈托、模拟人等装备使用后进行消毒处理
		作业结束后尽快用消毒液洗手
2	伤者跌落	四人搬运时，统一指挥，动作协调一致
		担架搬运时注意检查担架安全带是否扣好

模块四　触电现场自救急救

培训目标

1. 熟知电流对人体的伤害形式，熟悉电流对人体伤害的程度及影响因素。

2. 理解触电的基本概念，熟知触电原因和触电方式。

3. 熟知触电现场急救的原则、触电者的临床表现，熟练掌握触电现场自救与急救的方法和注意事项，能够根据现场触电者的实际情况采取合理的急救措施并实施现场急救处理。

4. 熟知电“假死”的概念，掌握电“假死”症状的判断和处理方法并能正确判断、处理电“假死”。

知识点

一般来说，电流对人体的伤害主要有电击和电伤两种。在触电伤害中，由于具体触电情况不同，有时主要是电击对人体的伤害，有时也可能是电击、电伤同时发生，而后者在高压触电中最为常见。电击是触电伤害中最为严重的一种，绝大多数触电死亡事故都是电击造成的。

一、触电的方式

触电是指当人体直接或间接接触到带电体，电流通过人体感受到疼痛或受到伤害甚至死亡的意外事故。电流通过人体后，能使肌肉收缩产生运动，造成机械性损伤，电流产生的热效应和化学效应可引起一系列急骤的病理变化，使肌体遭受严重的损害，特别是电流流经心脏，对心脏的损害极为严重。

虽然触电的方式很多，触电的分类方法也很多，但归纳起来有以下三类。

1. 人体与带电体的直接接触触电

人体与带电体的直接接触触电是指电气设备在完全正常的运行条件下，人体的任何部位触及运行中的带电导体所造成的触电。直接接触触电的危险性最高，是触电形式中后果最严重的一种。人体与带电体的直接接触触电可分为单相触电和两相触电。

（1）单相触电。当人体直接碰触带电设备其中的一相时，电流通过人体流入大地，这种触电现象称为单相触电，如图2-58所示。单相触电是一种较常见的触电形式。对于高压带电体，人体虽未直接接触，但由于超过了安全距离，高电压对人体放电，造成单相接地而引起的触电，也属于单相触电。单相触电时，人体承受的电压为相电压。低压电网通常采用变压器低压侧中性点直接接地和中性点不直接接地（通过保护间隙接地）的接线方式。中性点直接接地的单相触电比中性点不直接接地的单相触电的危险性大。

（2）两相触电。人体同时接触带电设备或线路中的两相导体，或在高压系统中，人体同时接近不同相的两相带电导体，而发生电弧放电，电流从一相导体通过人体流入另一相导体，构成一个闭合电路，这种触电方式称为两相触电。图2-59所示为低压两相触电。发生两相触电时，无论电网的中性点是否接地，人体对地是否绝缘，人体都会触电。作用于人体上的电压等于线电压，在数值上是相电压的$\sqrt{3}$倍，而且电流全部通过人体，因此这种触电是最危险的。两相触电比单相触电更容易导致死亡，但人体同时直接接触两根带电体的概率很小，所以两相触电事故比单相触电事故少得多。

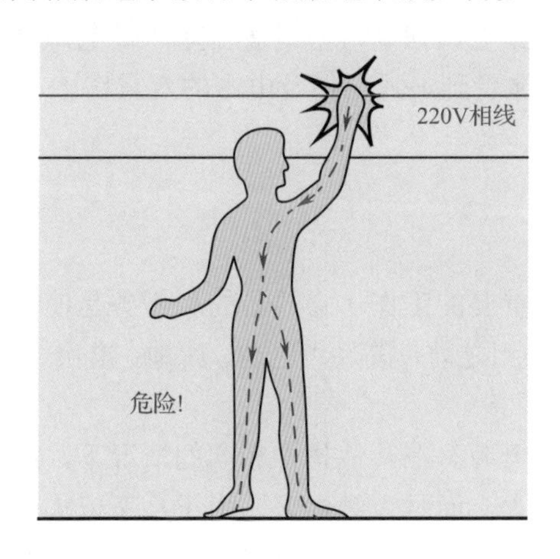

图2-58 单相触电

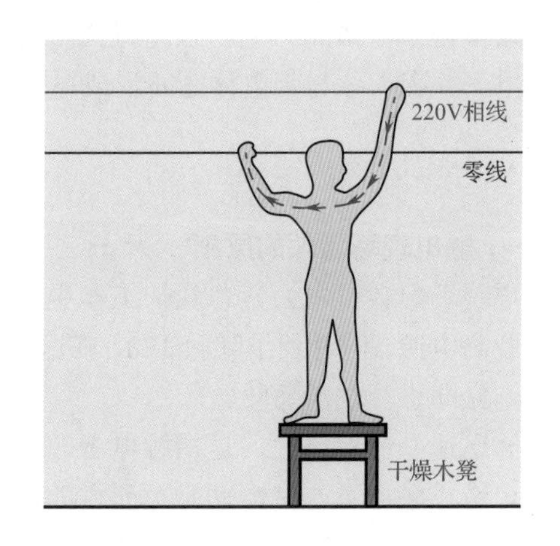

图2-59 低压两相触电

2. 人体与带电体的间接接触触电

人体与带电体的间接接触触电是指电气设备绝缘损坏发生接地故障，设备金属外壳及接地点周围出现对地电压所造成的触电。间接接触触电主要包括跨步电压触电和接触电压触电。

（1）跨步电压触电。当电气设备发生接地故障，接地电流通过接地体向大地流散，就会在以接地点为中心的周围形成环形的电场，接地点的电位最高，离中心越远，电位越低。当人的两脚跨在不同的环上时，两脚间的电位会有一个电位差，电流就会顺着这个电位差流动，导致有电流从身体通过，人两脚之间的电位差，就是跨步电压。由跨步电压引起的人体触电，称为跨步电压触电，如图2-60所示。跨步电压的大小受接地电流大小、鞋和地

图 2-60　跨步电压触电

面特征、两脚之间的跨距、两脚的方位以及离接地点的远近等因素的影响。可能发生跨步电压触电的部位主要有带电导体特别是高压导体故障接地处、接地装置流过故障电流时、正常时有较大工作电流流过的接地装置附近时、防雷装置接受雷击时。

（2）接触电压触电。接触电压是指人站在发生接地故障的电气设备旁边，触及漏电设备的外壳时，其手脚之间所承受的电压。由接触电压引起的触电事故称为接触电压触电。在发电厂和变电站中，电气设备的外壳和机座都是接地的。正常情况下，这些设备的外壳和机座都不带电。但当设备发生绝缘击穿或接地部分破坏，设备和大地之间产生对地电压时，人体若接触这些设备，其手脚之间便会承受接触电压而触电。接触电压的大小随人体站立点的位置而异。人体距离接地体越远，接触电压越大，当人体站立点在接地体附近与设备外壳接触时，接触电压接近于零。

3. 人体与带电体的距离小于安全距离的触电

当人体与带电体的空气间隙小于一定距离时，虽然人体没有直接接触带电体，但是也有可能发生触电事故。这是因为空气间隙的绝缘强度是有限的，当人体距离带电体的距离足够小时，人体与带电体间的电场强度将大于空气的击穿电场强度，空气被击穿，带电体对人体产生放电，并在人体与带电体之间形成电弧，使人体受到电弧灼伤及电击的双重伤害。

二、触电的现场急救

（一）触电现场急救的原则

触电现场急救是电力紧急救护工作中一项非常重要的工作，它的目的和任务是使触电伤者迅速脱离电源，同时及早呼救 120，在医务人员未到之前，按照“迅速、就地、准确、坚持”的原则，立即进行现场急救。

（1）迅速。所谓迅速，是指触电者应迅速脱离电源。在其他条件相同的情况下，触电时间越长，造成触电者心室颤动乃至死亡的可能性越大。而且人触电后，由于痉挛或失去知觉等原因，会紧握带电体而不能自主摆脱电源。因此，若发现有人触电，应采取一切可行的措施，迅速使其脱离电源，这是营救触电者的一个重要因素。触电者脱离电源后应立即检查触电者的伤情，并及时拨打 120 急救电话。施救者必须保持清醒的头脑，安全、准确、争分夺秒地使触电者脱离电源，同时也要注意保护自身的安全。

（2）就地。所谓就地，是指将触电者脱离电源后，在现场没有其他危险时，就地进行抢救。千万不要试图送往供电部门、医院抢救，以免耽误最佳的宝贵抢救时间。

（3）准确。所谓准确，是指对触电者的生命体征判断准确，施救方法准确到位、动作规范。

（4）坚持。触电者死亡一般先后出现心跳、呼吸停止，瞳孔放大，尸斑，尸僵和血管硬化等 5 个特征，如果 5 个特征中有一个尚未出现，都应把触电者当作是“假死”，还应继续坚持抢救，直到专业医务人员到达并接手后。

（二）触电现场自救

如果发生触电，附近又无人救援时，需要触电者镇定地进行自救。因为在触电后的最初几秒钟内，处于轻度触电状态，人的意识并未丧失，理智有序的判断和处置是成功解脱的关键。触电后并不像通常想象的那样会把人吸住，只是因为交流电可引起肌肉持续的痉挛，所以手部触电后就会出现一把抓住电线，甚至越抓越紧的现象。此时，触电者可用另一只空出的手迅速抓住电线的绝缘处，将电线从手中拉出解脱触电状态。

如果触电时电气设备是固定在墙上的，则可用脚猛力蹬墙，同时身体向后倒，借助身体的重量和外力摆脱电源。

（三）脱离电源

脱离电源就是要把触电者接触的那一部分带电设备的所有断路器（开关）、隔离开关（刀闸）或其他断路设备断开；或设法将触电者与带电设备脱离开。使触电者脱离电源的方法一般有两种：一是立即断开触电者所触及的导体或设备的电源；二是设法使触电者脱离带电部位。

1. 脱离低压电气设备电源

低压触电事故可采用下列方法使触电者脱离电源。

（1）如果触电地点附近有电源开关或电源插座，可立即拉开开关或拔掉插头，断开电源，如图 2-61 所示。但应注意开关只是控制一根线，有可能因安装问题只能切断零线而没有真正断开电源。

（2）如果触电地点附近没有电源开关或电源插座（头），可用有绝缘柄的电工钳或有干燥木柄的斧头切断电源线，断开电源，如图 2-62 所示；或用木板等绝缘物插入触电者身下，以使其脱离电源。

图 2-61　拉开开关或拔掉插头

图 2-62　切断电源线

（3）当电线搭落在触电者身上或压在身下时，可用干燥的衣服、手套、绳索、木板、木棍等绝缘物作为工具，拉开触电者或挑开电线，使触电者脱离电源，如图 2-63 所示。

（4）如果触电者的衣服是干燥的，又没有紧缠在身上，可以用一只手抓住他的衣服，拉离电源。但因触电者的身体是带电的，其鞋的绝缘也可能遭到破坏，施救者不得接触触电者的皮肤，也不能抓他的鞋。

（5）若触电发生在低压带电的架空线路上或配电台架、进户线上，对可立即切断电源的

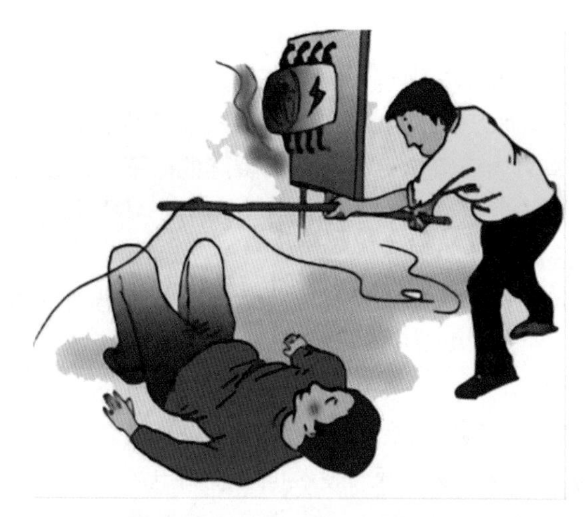
图 2-63　用干燥的木棍挑开电线

则应迅速断开电源，施救者迅速登杆或登至可靠的地方，并做好自身防触电、防坠落安全措施，用带有绝缘胶柄的钢丝钳、绝缘物体或干燥不导电物体等工具将触电者脱离电源。

（6）如果触电者躺在地上，可用木板等绝缘物体插入触电者的身下，以隔断电流。

2. 脱离高压电气设备电源

如果触电者触及高压电源，因高压电源电压高，一般绝缘物对施救者不能保证安全，而且往往电源的高压开关距离较远，不易切断电源，这时应采取以下措施。

（1）立即通知有关部门或单位停电。

（2）在高压带电设备上触电时，施救者应戴上绝缘手套，穿好绝缘靴，使用相应电压等级的绝缘工具，按顺序拉开电源开关或熔断器。

（3）在架空线路上触电又不能迅速联系有关部门停电时，可用抛挂接地线（裸金属线）的方法，使线路短路，迫使保护装置动作，断开电源。在抛掷金属线之前，应先将金属线的一端固定可靠接地，然后另一端系上重物抛掷。切记此时抛掷的一端不可触及触电者和其他人，并注意防止电弧伤人或断线危及人员安全，同时，应做好防止触电者发生高空坠落的措施。另外，抛掷者抛出金属线后，要迅速离开接地的金属线 8m 以外或双腿并拢站立，防止跨步电压伤人。此方法在万不得已的情况下才能使用，否则可能造成施救者触电。

（四）触电者脱离电源后的现场对症处理

将触电者安全脱离电源后，应迅速将脱离电源的触电者移至通风、凉爽处，使触电者仰面躺在木板或地板上，并解开妨碍触电者呼吸的紧身衣服（松开领口、领带、上衣、裤带、围巾等）。同时，根据本章模块二所介绍的方法对触电者的意识、呼吸、心跳和瞳孔进行判断，并设法联系医疗急救中心的医生到现场接替救治。在医生到来之前，应针对触电者不同的情况，迅速实施以下急救措施。

1. 触电者神志清醒

如果触电者触电时间短、触电电压低，所受的伤害不太严重，神志尚清醒，只是心悸、头晕、出冷汗、恶心、呕吐、四肢发麻、全身乏力，甚至一度昏迷，但未失去知觉，要搀扶触电者到通风暖和的处所静卧休息 1 ～ 2h，并有人陪伴且严密观察生命体征的变化。天凉时还要注意保暖。

2. 触电者失去知觉，呼吸和心跳尚正常

如果触电者已失去知觉，但呼吸和心跳尚正常，则应使其舒适地平卧在木板上，解开衣服和腰带并迅速大声呼叫，拍打其肩部，无反应时，立即用手指掐压人中穴、合谷穴约 5s，以唤醒其意识。保持空气流通和安静，冬天注意保暖，随时观察呼吸情况和测试脉搏。

3. 触电者神志不清，有心跳、无呼吸

触电者神志不清，判定无意识，有心跳，但呼吸停止或极微弱时，应立即用仰头抬颌法，使气道开放，并进行口对口人工呼吸。此时切忌对触电者施行胸外按压操作。

4. 触电者神志丧失，有微弱呼吸、无心跳

触电者神志丧失，判定无意识，心跳停止，但有极微弱的呼吸时，应立即在现场进行徒手心肺复苏抢救。不能认为尚有微弱呼吸，只需做胸外按压，因为这种微弱呼吸已起不到人体需要的氧交换作用，如不及时进行人工呼吸，则会发生死亡。

5. 触电者呼吸、心搏均停止

对触电后呼吸、心搏均停止者，则应立即在现场进行徒手心肺复苏抢救，不得延误或中断。触电者往往处于电“假死”状态，因此要认真鉴别，在医生未到来之前不可轻易放弃抢救。

6. 触电者呼吸、心搏均停止，并伴有其他外伤

触电者呼吸、心搏均停止，并伴有其他外伤时，应先迅速进行徒手心肺复苏抢救，然后处理外伤。如果触电者的皮肤严重灼伤，则应立即设法将其衣服和鞋袜小心地脱下，再将伤口包扎好。如有严重灼伤，包扎前，既不得将灼伤的水疱刺破，也不得随意擦去粘在伤口上的烧焦衣服的碎片。急救时不得接触触电者的灼伤部位，不得在灼伤部位涂抹药膏或用不干净的敷料包敷。如果触电者的衣服被电弧光引燃，则应迅速扑灭其身上的火。

7. 触电者在杆塔上或高处

发现杆塔上或高处有人触电，要争取时间及早在杆塔上或高处开始抢救。触电者脱离电源后，应迅速将触电者扶卧在救护人的安全带上（或在适当地方躺平），然后根据触电者的意识、呼吸及脉搏按上述 1 ～ 5 种情况采取不同的措施急救。若触电者呼吸已停止，开放气道后立即进行空中口对口人工呼吸，吹气 2 次，再测试颈动脉，如有搏动，则每 5s 继续吹气 1 次；若颈动脉无搏动，可用空心拳头叩击心前区 2 次，促使心脏复跳。若需将触电者送至地面抢救，应再口对口（鼻）吹气 4 次，然后立即设法将伤者下放至地面，并继续进行抢救。

将触电者由杆上营救到地面的方法有单人营救法和双人营救法两种。

（1）单人营救法。首先在杆上安装绳索，将绳子的一端固定在杆上，固定时绳子要绕 2 ～ 3 圈。绳子的另一端绕过触电者的腋下，绑的方法是先用柔软的物品垫在触电者的腋下，然后用绳子环绕一圈，打 3 个靠结，绳头塞进触电者腋旁的圈内，并压紧，如图 2-64 所示。绳子的长度应为杆高的 1.2 ～ 1.5 倍。最后将触电者的脚扣和安全带松开，再解开固定在电杆上的绳子，缓缓将触电者放下，如图 2-65 所示。

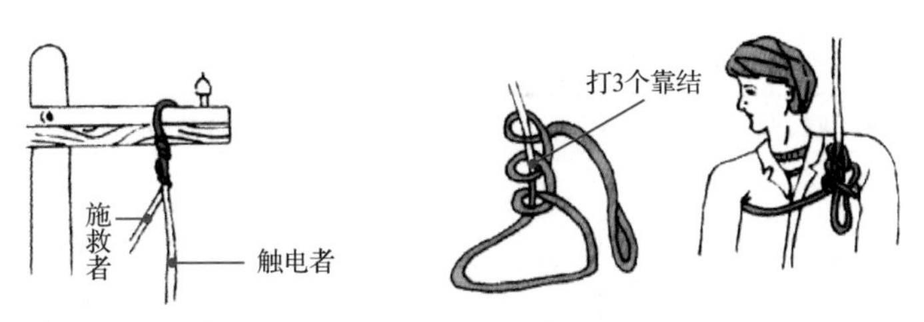

图 2-64　杆上营救绳索绑扎方法

（2）双人营救法。如图 2-66 所示，双人营救法基本与单人营救方法相同，只是绳子的另一端由杆下人员握住缓缓下放，此时绳子要长一些，应为杆高的 2.2 ～ 2.5 倍，营救人员

要协调一致，防止杆上人员突然松手，杆下人员没有防备而发生意外。

图 2-65　单人营救法

图 2-66　双人营救法

能力项

项目一　低压电源触电急救

1. 作业描述

本项目规定的作业任务是针对低压电源触电者，以模拟人为操作对象所进行的现场急救作业。

在模拟有人触电的场景下，首先用干燥的木棍挑开搭在触电者（模拟人）身上的裸露导线，帮助触电者脱离电源，并确认现场环境安全，将触电者转移至安全位置（地垫上）后，迅速判断伤者意识，呼叫救援，判断伤者呼吸、心跳情况，对症施救。

2. 危险点分析及预控措施

低压电源触电急救作业过程中的危险点分析及预控措施如表 2-12 所示。

表 2-12　低压电源触电急救作业过程中的危险点分析及预控措施

序　号	危 险 点	预 控 措 施
1	触电	电源接线无破损，插排安放位置得当
		模拟人与监测系统连接良好
		于模拟人右侧操作，防止碰触左侧检测系统接头
		破损电线 / 电气设备设置为虚拟带电
2	交叉感染	模拟人使用后进行消毒处理
		作业结束后尽快用消毒液洗手

项目二　低压电源杆上触电急救

1. 作业描述

本项目规定的作业任务是针对杆上低压电源触电者，以模拟人为操作对象所进行的现场急救作业。

在模拟有人在 0.4kV 配电线路水泥杆上低压触电的场景下，首先帮助触电者脱离电源，并在杆上实施初步抢救，然后将伤者单人下放至地面，再根据伤者情况在地面进行施救。

2. 危险点分析及预控措施

低压电源杆上触电急救作业过程中的危险点分析及预控措施如表 2-13 所示。

表 2-13　低压电源杆上触电急救作业过程中的危险点分析及预控措施

序　号	危 险 点	预 控 措 施
1	触电	作业前检查线路的电源是否断开，并悬挂“禁止合闸，有人工作”的标示牌
		线路的电源开关断开后进行验电并挂接接地线
		破损电线 / 低压配电线路设置为虚拟带电
2	高空跌落	登杆前有专人检查登杆施救者的安全带是否穿戴正确、安全可靠
		登杆用的铁鞋必须经检验合格并在登杆前进行全面检查
		安全带必须高挂低用，登杆过程中，任何时候都不能失去安全带的保护

模块五　常见意外伤害的自救急救

培训目标

1. 熟练掌握烧伤的现场自救和急救处理方法并能正确进行自救和急救。
2. 熟练掌握溺水的现场自救和急救处理方法并能正确进行自救和急救。
3. 熟练掌握中暑的现场自救和急救处理方法并能正确进行自救和急救。
4. 熟练掌握冻伤的现场自救和急救处理方法并能正确进行自救和急救。

知识点

一、烧伤

（一）烧伤的概念

烧伤主要指由热力、化学物质、电能、放射线等引起的皮肤、黏膜，甚至深度组织的损害。

按致伤原因分为热烧伤、化学烧伤、低温烧伤等。其中，热烧伤较为多见，约占各种烧伤的85% ～ 90%。

习惯上，将火焰直接接触人体造成的损伤称为烧伤；由高温液体、气体和固体（如热水、热气、热液、热金属等）直接接触人体造成的损伤称为烫伤。二者合称为热烧伤。长时间接触略高于体温的致伤因素造成的损伤称为低温烧伤。

由化学物质引起的灼伤被统称为化学烧伤。其烧伤的程度取决于化学物质的种类、浓度和作用及持续的时间。腐蚀性化学品是形成化学烧伤的重要原因之一。腐蚀性化学品包括酸性腐蚀品（如硫酸、盐酸、硝酸等）、碱性腐蚀品（如氢氧化钠、氢氧化钾、氨水、石灰水等）和其他不显酸碱性的腐蚀品。

（二）热烧伤的现场急救

热烧伤现场采取的应急处理措施是否及时有效，对减轻损伤程度，减轻伤者痛苦，减少伤后并发症和降低病死率等都有十分重要的意义。烧伤面积越大，深度越深，则治疗越困难，愈后越差。热烧伤现场急救的主要措施如下。

1. 脱离致伤源

热烧伤现场急救的首要措施是“灭火”，即迅速去除致伤源，使伤者尽快脱离现场。身上着火时，要尽快脱去着火的衣服，特别是化纤衣服，以免继续燃烧使创面扩大加深；要迅速卧倒，在地上慢慢滚动，压灭火焰;用身边不易燃的材料，如雨衣（非塑料或油布）、大衣、毯子、棉被等，迅速覆盖着火处，使之与空气隔绝；若附近有水池或河沟，要迅速滚入，不要怕水不干净而不敢滚入；衣服着火时不得站立或奔跑呼叫，以免风助火势，使火更旺；已灭火而未脱去的燃烧的衣服，特别是棉衣或毛衣，务必仔细检查是否仍有余烬，以免再次燃烧，使烧伤加深加重。

2. 冷水浸泡

热烧伤后尽快给予冷水冲洗或浸泡，立即有止痛效果，并可以减小烧伤创面的深度。因此，如有条件，热烧伤灭火后的现场急救中宜尽早进行冷水浸泡。方法为将烧伤创面在自来水龙头下淋洗或浸入冷水中，水温为15℃以下，以伤者能耐受为准。也可采用冷水浸湿的毛巾、纱布等敷于创面。冷水浸泡的时间无明确限制，一般需要0.5 ～ 1h，直到创面不再感到剧痛为止。冷水浸泡一般适用于中小面积烧伤，特别是四肢的烧伤。大面积烧伤时，由于冷水浸浴面积范围较大，患者多不能耐受，尤其是寒冷季节，需注意患者保暖和防冻。

3. 现场处理合并伤

无论何种原因的热烧伤均有可能发生合并其他外伤，如严重车祸、爆炸事故等在烧伤同时可能合并有骨折、脑外伤、气胸或腹部脏器损伤等。这些均应进行准确的伤情判断，并按创伤急救原则迅速给予必要的急救处理。

4. 保护创面

伤者脱离现场后，应注意对烧伤创面的保护，防止再次污染。可用就近可得的清洁衣服、被单、床单覆盖创面并予以保暖；现场若有冷敷凝胶，可均匀地涂在创面上，能够达到快速冷却创面、保护创面湿润、防止伤口干裂的效果，冷却效果可持续8h；对Ⅱ度烧伤的水疱和浮动的水疱表皮最好不要处理；创面尽量不要涂布任何外用药物，尤其是油性的或带有颜色的药物（如汞溴红、甲紫等），以免影响转送到医院后治疗中对烧伤创面深度的判断和清创；

创面不得涂汞擦溴红，因可经创面吸收而导致汞中毒。

5. 现场镇静止痛

热烧伤后伤者都有不同程度的疼痛和烦躁，可给予镇静止痛药物。一般轻度烧伤口服止痛片。大面积热烧伤者由于伤后渗出、组织水肿，肌注药物吸收较差，多采用药物稀释后静脉注入或滴入，药物多选用哌替啶或与异丙嗪合用。

注意：热烧伤早期不适当的处理，往往会因伤口感染、创面加深而对后期的愈合造成不利影响，切忌不要用高度白酒、草木灰涂擦创面，也不要用甲紫、汞溴红类及自己配置的药作为外用药，更不要用不洁或带色的衣物、被单包盖创面。

（三）化学烧伤的现场急救

1. 化学烧伤的特点

（1）危险化学品烧伤常伴随危险化学品的全身中毒。各种化学品在体内的吸收、储存、排泄的方式不一样，但大多数经肝解毒，由肾排出，因此一般会造成肝、肾损伤。

（2）吸入具有挥发性的化学物质可导致呼吸道烧伤，或合并呼吸系统并发症，产生肺水肿、支气管肺炎等，最终影响肺内的气体交换。

（3）个别危险化学品烧伤不能以创面大小判断伤者严重程度。有时烧伤创面虽小，但中毒症状较重，甚至造成伤者死亡，如黄磷烧伤。

（4）危险化学品烧伤常伴有眼睛烧伤。

（5）危险化学品烧伤主要通过氧化、还原、脱水、腐蚀、溶脂、凝固或液化蛋白等作用致伤，损伤的程度多与危险化学品的种类、毒性、浓度、剂量和接触时间有关。与热烧伤不同之处是体表上化学致伤物质的损害作用要持续到被清除或被组织完全中和和耗尽方能停止，因此其创面愈合的时间较热烧伤要长得多。

2. 化学烧伤的现场处理方法

化学烧伤与热烧伤不同，开始时往往不痛，但感觉痛时组织已被烧伤。所以，当人体组织触及化学品时，不管是否被灼伤，均应迅速采取急救措施。

（1）立即脱离危害源。应立即脱离危害源，就近迅速清除伤者患处的残余化学物质。

（2）迅速脱去被化学物质浸渍的衣服。脱衣动作既要迅速、敏捷，又要小心、谨慎。套式衣裙宜向下脱，而不应向上脱，以免被化学物质浸污而烧伤面部，伤及眼部。

（3）用清水冲淋。化学烧伤的严重程度除与化学物质的性质和浓度有关外，多与接触时间有关。因此无论被何种化学物质烧伤，均应立即用大量清水冲淋至少 20min 以上，以冲淡和清除残留的化学物质。

3. 不同化学品烧伤的现场急救措施

（1）酸烧伤。皮肤接触强酸时，首先用大量清水反复冲洗伤处 20min 以上，冲洗越早、越彻底越好。石炭酸的脱水作用不如强酸强，但可被吸收进入血液循环而损害肾脏，且石炭酸不易溶解于水，清水冲洗后应用 70% 酒精清洗。氢氟酸的穿透性很强，能溶解脂质，继续向周围和深处侵入，扩大与加深的损害作用明显，清水冲洗后应用 5% ～ 10% 葡萄糖酸钙加入 1% 普鲁卡因沿创周浸润注射，使残存的氢氟酸化合成氟化钙，可停止其继续对组织的扩散与侵入。口服强酸时，尽快服用牛奶、酸奶或豆浆，保护胃黏膜，防止胃穿孔。事故现场吸入高浓度强酸蒸气者，应尽快脱离现场，解开紧身的衣领、裤带，保持呼吸道畅通。

（2）碱烧伤。皮肤接触强碱时，首先脱去浸有碱液的衣物，然后立即用大量流动的清水持续冲洗20～30min，再用3%硼酸液或2%的脂酸液湿敷。冲洗前，不能直接使用弱酸中和剂，以免中和反应产生热量，使灼伤加重。碱烧伤中的生石灰和电石的烧伤必须在清水冲洗前，先去除伤处的颗粒或粉末，以免水冲后产生热量而对组织造成损伤。口服强碱时，尽快服用弱酸中和剂，如食醋、橙汁等。继之服用生鸡蛋清加水、牛奶，以保护消化道黏膜。禁止洗胃、催吐，以免食道与胃破裂或穿孔。

（3）磷烧伤。磷极易燃烧。急救时应立即扑灭火焰，脱去污染的衣服后用大量流动水冲洗创面，并将伤处浸入水中，洗掉磷颗粒，同时使残留的磷与空气隔绝，阻断燃烧过程；冲洗后用1%硫酸铜涂布创面（必须严格控制硫酸铜的浓度不超过1%，如浓度过高可能造成铜中毒），使残留磷生成黑色的无毒性的二磷化三铜，再用水冲去；最后再用3%过氧化氢或5%小苏打水冲洗，使磷渣再氧化成无毒的磷酐，便于识别和移除。如现场一时缺水，可用多层湿布包扎创面，以使磷与空气隔绝，防止继续燃烧。忌用油质敷料包扎创面，因磷易溶于油脂，增加磷的溶解与吸收，更易促进磷的吸收导致全身中毒。

（4）甲醛烧伤。甲醛触及皮肤时，先用清水冲洗，再用酒精擦洗，然后涂以甘油。

二、溺水

溺水，又称淹溺，是人淹没于水中，呼吸道被水、污泥、杂草等堵塞，发生换气障碍，或喉头、气管发生反射性痉挛引起的窒息。溺水者往往神志不清、呼吸停止、心跳微弱或已停止跳动、四肢冰凉、胃部胀满、周身发绀，若不及时抢救处理常会危及生命。

（一）溺水者的现场自救

当突然遭遇洪水袭击而落水，暂时无舟、艇等救生器材，或因流速较大，舟、艇无法进入等情况时，必须采取自我保护和脱困措施。

1. 利用漂浮物求生

如救生圈、救生袋、救生枕、木板、木块等漂浮物，利用其在水中的漂浮来求生。

2. 徒手漂浮求生

溺水后应立即采取仰泳姿势，头部向后仰，口向上方，口鼻露出水面，呼气宜浅，吸气宜深。也可以深吸一口气后闭嘴闭气，利用本身的浮力在水中漂浮自救。

3. 肌肉痉挛自救

肌肉痉挛也称肌肉抽筋，是指人在水中活动时，由于肌肉组织受到强烈刺激，进而血管收缩而造成局部血液循环不良，从而导致肌肉发生剧烈收缩的现象。

发生肌肉痉挛常见的部位是手指、手掌、脚趾、小腿、大腿和腹部等。无论肌肉痉挛发生在什么部位，都要平心静气，及时采取拉长肌肉的办法，进行解救。当手指肌肉痉挛时，先将手握拳，然后用力张开，伸直，反复做几次。当手掌肌肉痉挛时，用双手合掌向左右按压，反复做几次。当大腿前面肌肉痉挛时，先吸一口气，仰浮水面，使抽筋的腿屈曲，然后用双手抱住小腿用力使其贴在大腿上，同时加以震颤动作，可使其恢复；或用同一侧手抓住痉挛腿的脚，尽量使其向后伸直，反复几次后即可缓解。当大腿后面肌肉痉挛时，先用同一侧手按住膝盖，然后用另一只手抓住脚趾，尽量往上抬起，或双手抱住大腿使髋关节做局部的弯曲动作。当小腿前面肌肉痉挛时，先用一只手抓住脚趾尽量往下压，借以对抗小腿前面肌肉的强直收缩。当小腿后面肌肉和脚趾痉挛时，可先吸一口气，仰浮在水面上，一手按住膝盖，另外一只手抓住脚底（或脚趾）做勾脚动作，并用力向身体方向拉，反复做几次以后，放松片刻。当腹部肌肉痉挛时，可在水面先挺住一会，然后用双手做顺时针按摩，反复做几次。

4. 在激浪中自救游回岸边

溺水后，可借助波浪的冲力，尽量浮在浪头上，乘势前冲。也可利用水中的浪头，采用“身体冲浪技术”，浪头一到，马上挺直身体，抬起头，下巴向前，双臂向前平伸或向后平放，身体保持冲浪板状，以增加前进的速度。

（二）溺水施救

1. 溺水情况判断

溺水情况判断是溺水救援成功与否的关键，是施救者确定采用哪一种救生技术进行施救的前提。

首先判断溺水者有无意识。当水中发现溺水者时，应首先判断溺水者有无意识，采取看、听的方法，如溺水者在水中挣扎并发出求救的喊声，则溺水者尚有意识。溺水者在水中不能自主地支配肢体动作，并且缓慢下沉或已沉入水底，则溺水者已丧失了意识。通过观察询问进一步判断溺水者是否受伤。

溺水情况判断后，施救者应迅速根据溺水者所处水域、地点、危险点等情况，因地、因人而异，采取不同的施救方法进行施救。溺水的施救方法有岸上施救、水中徒手施救、用冲锋舟施救和用索具施救等。

2. 岸上施救

岸上施救就是施救者在岸边利用水域现场的救生器材（如救生圈、竹竿、绳子等），对较清醒的溺水者进行施救的一种技术。

（1）救生圈施救。救生圈是户外或游泳池常用的救生工具。救生圈一般抛掷距离为施救者与溺水者之间 5～8m 的扇面范围。救生圈可系绳子或不系绳子。在不系绳子抛掷救生圈时，应目测与溺水者的距离。手抛时应注意风向、风速及救生圈的轻重。系绳子抛掷救生圈的技术要求与不系绳子抛掷救生圈相同，但抛掷前要事先整理好绳子，手抛时一手一定要握紧或用脚踩住绳子的另一端。当溺水者抓住救生圈后，将其拖至岸边救起，如图 2-67 所示。

（a）抛掷救生圈

（b）将溺水者拖至岸边

图 2-67 救生圈施救

（2）救生竿施救。救生竿是常用的间接救生器材之一。救生竿一般为长 3～4m 的竹竿，用周长约 90cm 的橡皮圈固定在竹竿的一端。当发现溺水者在救生竿施救范围内时，可将救生竿固定橡皮圈的一端由下而上递给溺水者，若救生竿前端没有橡皮圈，可用救生竿轻轻点击溺水者的肩部，待其抓住竿子后，将其拖到岸边。向溺水者伸竿时，切忌戳伤溺水者，不能敲击溺水者的头部，不要伤害溺水者的喉、咽、气管及其他器官等，如图 2-68 所示。

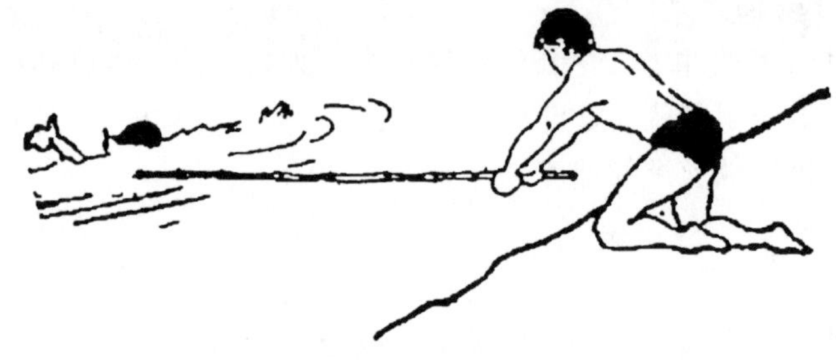

图 2-68　救生竿施救

（3）救生球施救。救生球为充气的标准篮球，装在网子里，系在主绳上。主绳长 15 ～ 20m、直径 6mm，由大麻、尼龙或有浮力的类似材质编织而成。在投抛救生球前，要先整理好绳子，投抛时两脚前后开立，一手抓住绳子未系救生球的一端或用脚踩住，眼睛看准溺水者位置，另一手抓系结处，利用手臂、腿部及腰腹的力量将球抛出，如图 2-69 所示。

（4）其他救生器材施救。当发生溺水情况而施救者一时手边没有救生圈等救生器材时，可利用毛巾、救生衣、泡沫塑料板、木板、长棍、绳子、球等物品进行施救。如图 2-70 所示为用木棍施救。

图 2-69　救生球施救

图 2-70　用木棍施救

3. 水中徒手施救

水中徒手施救就是施救者在没有或无法利用救生器材解救溺水者，或溺水者已处于昏迷状态无法使用救生器材时，施救者通过涉水、游泳等方式靠近并解救溺水者。

（1）浅水区徒手施救。在浅水区（1.5m 及以下），一般采用直接涉水的方法，将被救者背至就近的安全点。若流速较大而影响涉水，其他人员可手挽手在上游一侧搭成人墙，以减缓水流，使救援者安全救人；若被救者是老人或小孩，且人数较多时，可采用接力的形式将被救者送往安全地。

（2）深水区徒手施救。在深水区（1.5m 以上），通常采用游泳的方式将被救者携带至安全地点。施救时，首先要选好安全点和携带路线，其次是救援者必须穿上救生衣，三是救援时一般以一人一次救一人为宜。深水区游泳施救技术比较复杂，对施救者本人来说也具有一定的危险性。施救者在水中要尽可能地利用救生器材，以保证自身安全。

4. 用冲锋舟、橡皮艇施救

冲锋舟、橡皮艇是一种高效实用、机动灵活、搬运方便的水上施救工具。用冲锋舟对落水人员进行救援时，要选好航线，准确靠拢落水者，直接将落水者救起。如果舟与落水者相隔一定的距离，应先向其投救生圈，再将钩篙的一端送往落水者或将救生绳投向落水者，将其拉至舟边后救起。用冲锋舟对被洪水围困在楼房、树木、电杆、高地等被困点人员进行救援时，由于水流较急，冲锋舟难以接近，必须采取正确的操舟接近方法，安全靠近被困点。

5. 用索具施救

在水流湍急、冲锋舟难以接近的被困点，可采用索具施救。对于流速大、水不太深的地段，可在安全地点与被困点之间架上绳索，供施救者和被救者沿绳索前进，防止人员被洪水冲走，起保险作用。绳索高度不要离水面太高，两端必须固定牢固。对于距离不大、水深且流速大的地段，可将钢索固定在安全点与被困点之间，把舟的一端固定在钢索的滑轮上，操纵钢索，即可使舟在两点之间来回运动。

（三）溺水者上岸后的急救处理

溺水后存活与否的关键是溺水时间的长短、水温的高低、溺水者年龄的大小、心肺复苏的及时有效等。冬季溺水，低温可降低组织氧耗，延长了溺水者可能生存时间，因此即使溺水长达 1h，也应积极抢救。

（1）溺水者的救治贵在一个“早”字。将溺水者救上岸，首先要迅速检查溺水者是否有呼吸和心跳，对仍有呼吸和心跳的溺水者，应立即清除其口、鼻腔内的水、泥及污物，用纱布（手帕）裹着手指将溺水者舌头拉出口外，解开衣扣、领口，以保持呼吸道通畅，然后抱起溺水者双腿将其腹部放在急救者的肩上，快步奔跑，一方面可使肺内积水排出，另一方面也有协助呼吸的作用；或者急救者取半跪位，将溺水者的腹部放在急救者腿上，使其头部下垂，并用手平压腹部进行倒水，时间为 1 ～ 2min，如图 2-71 所示。注意，千万不要因控水时间过长，延误了抢救的时机。

图 2-71　倒水处理

（2）湿衣服吸收体温，妨碍胸部扩张，使人工呼吸无效。抢救时，应脱去湿衣服，盖上毛毯等保温。

（3）将溺水者头后仰，抬高下颌，使气道开放，保持呼吸道通畅。呼吸停止者应立即进行口对口人工呼吸；心跳停止者应先进行胸外按压，直到心跳恢复为止。

（4）经现场初步抢救，若溺水者呼吸和心跳已经逐渐恢复正常，可让其服下热茶水或其他汤汁后静卧，并用干毛巾擦拭全身，自四肢躯干向心脏方向摩擦，以促进血液循环。仍未脱离危险的溺水者，应尽快送往医院。在转运途中心肺复苏绝对不能中断。

（5）当溺水者在水中脊柱受伤时，施救者应对受伤者先固定后再搬运。如果受伤处感到痛楚、颈部或背部红肿或淤青、脊柱变形或歪曲，则可能是脊柱受伤。如果受伤处以下的肢体出现软弱无力或瘫痪、肢体麻木、部分甚至完全失去感觉、呼吸困难、休克甚至昏迷等情况，则可能伴随脊柱和脊髓受伤，此时，切不可使用肩背运送。

三、中暑

中暑是在高温和热辐射的长时间作用下，导致肢体体温调节失衡，水分、电解质代谢紊乱及神经系统功能损害，出现以体温极高、脉搏迅速、皮肤干热、肌肉松软、虚脱及昏迷为特征的一种病症。体虚、有慢性疾病、耐热性差者尤易中暑。

（一）中暑的种类

根据轻重程度，可将中暑分为先兆中暑、轻症中暑和重症中暑三种类型。

（1）先兆中暑。中暑者在高温作业场所工作较长时间，出现头昏、头痛、口渴、多汗、全身乏力、心悸、注意力不集中、动作不协调等症状。如能及时脱离高温环境，注意休息，一般在短时间内即可恢复。

（2）轻症中暑。中暑的先兆表现症状加重，出现面色潮红、大量出汗、脉搏细速等现象，体温升至38℃以上。

（3）重症中暑。重症中暑按严重程度依次分为热痉挛、热衰竭和热射病。

（二）中暑的现场急救处理

（1）挪移。将患者挪至通风、阴凉的地方，平躺并松解束缚患者呼吸及活动的衣服。如衣服被汗水浸透，则应及时更换衣服。

（2）降温。可采用头部敷冷毛巾降温，或用50%酒精、白酒、冰水擦浴颈部、头部、腋窝、大腿根部甚至全身，也可用电风扇吹风加速散热，有条件的可用降温毯给予降温，但注意不要降温太快。

（3）补水。患者有意识时，可给一些清凉饮料、淡盐水或小苏打水。但千万不要急于一次性补充大量水分，一般每半小时补充150～300mL即可。

（4）促醒。患者失去知觉时，可指掐人中、合谷等穴，促其苏醒；若呼吸、心跳停止，应立即实施心肺复苏。

（5）转送。重症中暑患者必须立即送医院诊治。转送时，应用担架，不可让患者步行，运送途中应坚持降温，以保护大脑和心肺等重要脏器。

四、冻伤

皮肤接触到非常寒冷潮湿的空气或物品而引起的人体局部或全部血管痉挛、淤血、肿胀，称冻伤。当人体长时间处于低温和潮湿环境时，就会使体表的血管发生痉挛，血液流量因此减少，造成组织缺血缺氧，细胞受到损伤，局部产生淤血、肿胀，形成冻伤。冻伤的损伤程度与寒冷的强度、风速、湿度、受冻时间以及身体状态有直接关系。冻伤严重的可能起水疱，甚至溃烂。

（一）冻伤的种类

一般按冻伤的程度将冻伤分为以下四种。

（1）一度冻伤。一度冻伤即常见的冻疮，是长期暴露于湿或干的寒冷环境中出现的皮肤病态表现。冻疮一般发生在脸、手、脚、耳朵以及其他一些长期暴露而又无防寒保护的部位。冻伤发生于严寒季节，一般在气温5℃以下和潮湿的环境中发生，至春季气候转暖后便可自愈，但入冬后又易再发。冻疮表现为局部皮肤从苍白转为斑块状的蓝紫色，以后红肿、发痒、灼痛和感觉异常。症状一般在数日后消失，愈后除有表皮脱落外，不会留下瘢痕。

（2）二度冻伤。二度冻伤伤及真皮浅层，表现为局部皮肤红肿、发痒、灼痛，早期会有水疱出现。深部可出现水肿、剧痛，皮肤反应迟钝。

（3）三度冻伤。三度冻伤伤及皮肤全层，表现为皮肤由白色逐渐变为蓝色，再变为黑色，感觉消失，冻伤周围的组织可出现水肿和水疱，并有较剧烈的疼痛。伤后不易愈合，除会留下瘢痕外，可有长期感觉过敏或疼痛。

（4）四度冻伤。四度冻伤伤及皮肤、皮下组织、肌肉甚至骨头，可出现坏死。表现为冻伤部位的感觉和运动功能完全消失，呈暗灰色，健康组织与冻伤组织的交界处可出现水肿和水疱。愈合后可有瘢痕形成。

（二）冻伤的现场急救处理

（1）一度冻伤后，可按摩受冻部位，以促进血液循环，也可用艾蒿、茄秆煮水熏洗、浸泡，再在伤部涂抹冻伤膏即可。糜烂处可涂抹抗菌类和可的松类软膏。

（2）二度及以上冻伤，应迅速脱离寒冷环境，尽快复温。把患部浸泡在 38 ～ 42℃的温水中 30min，浸泡期间要不断加水，以保持水温。待患部颜色转红再离开温水，停止浸泡。如果仅是手冻伤，可把手放在自己的腋下或腹股沟等地方升温。禁止把患部直接泡入过热水中、用雪揉搓患部、用冷水浸泡、猛力捶打患部或用火烤患部，这样会使冻伤加重。

（3）二度以上冻伤，复温后擦干皮肤，用敷料或干布包裹患部并注意保暖，然后送医院治疗。皮肤较大面积冻伤或坏死时，需注射破伤风抗毒素或类毒素。二度冻伤的水疱可在消毒后刺破，使脓水流出后再将患部包裹起来。三、四度冻伤的水疱不要弄破，待其自然消退。

项目一　碱烧伤的现场急救处理

1. 作业描述

本项目规定的作业任务是针对石灰石碱烧伤者，两人互为操作对象所进行的现场急救作业。

在模拟有人左手和左前臂石灰石烧伤的场景下，首先帮助烧伤者去除致伤源，尽快脱去被石灰液浸透的衣服并清理皮肤上沾染的石灰石颗粒，迅速判断其烧伤面积，将其转移至水龙头处对左手和左前臂冲淋 20min 后，用 0.5% ～ 5% 的醋酸中和湿敷创面，再用水冲洗 5min，将烧伤处盖上无菌纱布，再用清洁的衣物覆盖创面，然后安全、及时转运至医院。

2. 危险点分析及预控措施

碱烧伤的现场急救处理作业过程中的危险点分析及预控措施如表 2-14 所示。

表 2-14　碱烧伤的现场急救处理作业过程中的危险点分析及预控措施

序　　号	危　险　点	预 控 措 施
1	冻伤	严格控制自来水冲淋时间
		冲淋结束后，及时用清洁的衣物覆盖创面
2	交叉感染	处理过程中产生的废弃物应放在指定位置并及时清理
		作业结束后尽快用消毒液洗手

项目二　溺水岸上施救及其现场急救处理

1. 作业描述

本项目规定的作业任务是针对溺水者，两人互为操作对象所进行的现场急救作业。

在模拟有人溺水的场景下，首先用抛掷救生圈的方法将溺水者施救上岸，再进行肩背运送，然后进行现场紧急处理，最后安全、及时转运至医院。

2. 危险点分析及预控措施

溺水岸上施救及其现场急救处理作业过程中的危险点分析及预控措施如表 2-15 所示。

表 2-15　溺水岸上施救及其现场急救处理作业过程中的危险点分析及预控措施

序　　号	危　险　点	预 控 措 施
1	溺水	模拟溺水者要求游泳技术高，水性好
		模拟溺水者穿救生衣下水
		培训现场配备一名持证救生员
2	滑倒	肩背运送时选择体力好的学员
		培训教室内避免存在水渍

项目三　局部冻伤的现场急救处理

本项目规定的作业任务是针对局部冻伤者，两人互为操作对象所进行的现场急救作业。在模拟有人左手局部冻伤的场景下，首先迅速脱离寒冷的环境，判断冻伤的程度，尽快进行复温，再进行包扎处理，然后及时转运至医院治疗。

项目四　重症中暑的现场急救处理

本项目规定的作业任务是针对重症中暑者，两人互为操作对象所进行的现场急救作业。在模拟有人重症中暑的场景下，首先迅速脱离高温的环境，判断中暑的程度，尽快进行降温、补水，再进行促醒和急救处理，然后及时转运至医院治疗。

Chapter 3

第三章 灾害现场应急避险与生存

模块一　灾害现场应急避险与逃生

1. 熟悉地震、火灾、台风、泥石流等灾害的应急避险方法，能在地震、火灾、台风、泥石流等灾害发生时，正确进行避险、自救和互救。

2. 熟悉危化品事故现场的应急避险、自救和互救流程。

一、地震现场避险

1. 公共场所避险

（1）听从现场工作人员的指挥，就近在牢固物处蹲伏，待地震平息后，有秩序地撤离。

（2）不要慌乱，不要拥向出口，要避免拥挤，避开人流，避免被挤到墙壁附近或栅栏处。

（3）在影剧院、体育馆、商场等人员密集场所，要沉着冷静，特别是当场内断电时，不要乱喊乱叫，更不得乱挤乱拥，应选择结实的座椅、柜台、商品（如低矮家具等）或柱子边，以及内墙角等处就地蹲下，用手或其他东西护头。

（4）在影剧院、体育馆、商场等人员密集场所，要注意避开玻璃门窗、玻璃厨房或柜台，避开高大不稳或摆放易碎品的货架，避开广告牌、吊灯等悬挂物。

2. 室内避险

（1）选择承重墙角地带，迅速蹲下，并注意保护头部。

（2）尽量躲进小开间，如厨房、厕所、储物室、坚固的家具等相对安全地带。

（3）注意避开吊灯、电扇等悬挂物，躲避不结实的家具等。

（4）不要跳楼，不要站在窗边及靠阳台墙边，不要到阳台上去。

（5）不要去乘坐电梯逃生。

3. 室外避险

（1）就地选择开阔地或应急避难场所避震，蹲下或趴下，以免摔倒；不要盲目跟随人流奔跑，尽量避开人多的地方；不要随便返回室内。

（2）避开高大建筑物，如楼房，特别要避开有玻璃幕墙的建筑，避开过街桥、立交桥、高烟囱、水塔等。

（3）避开危险物，如变压器、电杆、路灯、广告牌、吊车等。

（4）避开其他危险场所，如狭窄的街道、危旧房屋、危墙、女儿墙、高门脸、雨篷下，砖瓦木料等物的堆放处；避开公路、铁路。

4. 在学校避震

（1）正在上课时，要在教师的指挥下迅速抱头、闭眼，躲在各自的课桌下或者课桌旁边。

（2）在操场或室外时，可原地不动蹲下，双手保护头部，注意避开高大建筑物或危险物。

（3）逃离时不要拥挤，不要跳窗、跳楼和在楼梯间停留。

5. 行驶的电车、汽车内避险

（1）要抓牢扶手，低头，以免摔倒或碰伤。

（2）要降低重心，躲在座位附近，以防发生意外事故。

（3）要等车停稳、地震过去后再下车并远离车辆。

（4）司机要关好车窗，不锁车门，车钥匙应留在车上，并和同车人一起行动。

6. 被埋人员自救

（1）如果被埋在废墟里，则要尽量保持冷静，设法自救。无法自救脱险时，要保存体力，尽力寻找水和食物，创造生存条件，耐心等待救援人员。

（2）被埋后要设法移动身边可动之物，扩大空间，进行加固，以防余震。

（3）被埋后不要用明火，以防止易燃气泄漏爆炸。

（4）要捂住口鼻，以防止附近有毒气泄漏。

（5）要找机会呼救，等待救援。

二、火灾（爆炸）现场避险

（1）要用湿毛巾掩住口鼻呼吸。

（2）不要留恋财物，尽快逃出火场。

（3）不要进电梯。

（4）烟雾弥漫时，要尽量采用低姿势逃生，以免吸入浓烟或有毒气体。

（5）如果身上着火，应该就地打滚扑压身上的火苗。如果近旁有水源，可用水浇或者跳入水中。

（6）楼梯被烟火封堵时，不要盲目跳楼，要充分利用室内外的设施自救。

（7）逃生路线被火封锁，没有其他逃生条件时，应立即退回室内，关上门窗，用湿毛巾、床单、衣服等物品将门缝塞住，防止有毒烟气进入。等待救援时应选择靠近马路的有窗户的房间或者离安全出口、疏散通道较近的房间；利用各种方法通知外边的人，如打电话或者用鲜艳的物品发出求救信号，可以扔出枕头、坐垫等物，或向户外挥动毛巾、敲击暖气管道、用手电筒光柱等呼救。

（8）在公共场所，如商场、舞厅、影剧院等遇到火灾，应立即把衣服、毛巾等打湿捂住口鼻，听从指挥，压低身体，向最近的安全门（安全通道）方向有秩序地撤离。只有有秩序才能有效避免拥挤踩踏事故发生。

三、台风现场避险

（1）台风伤害的预防重点时间是台风登陆前 1 ～ 6h，尤其是登陆前 3 ～ 4h 时，而不是登陆时。因此一切准备工作要在台风登陆前 12h 完成，台风登陆前 1 ～ 6h 应避免外出，尽量留在屋内。不在屋内的人群发生伤害的危险是留在屋内人群的 4 倍。

（2）台风来临时，千万不要在河、湖、海的路堤或桥上行走，不要在强风影响区域开车、骑车。

（3）如果在路上看到有电线被风吹断、掉在地上，千万别用手触摸，也不能靠近。

（4）山体滑坡等灾害易发地区和已发生高强度大暴雨地区，要提高警惕，及时撤离。

（5）如发现危房、积水，应及时联系相关部门。有险情时，服从有关部门指挥，安全转移。

（6）如遇雷雨大风，应及时将正在工作的家用电器关闭，并拔出插头;如果不慎家中进水，应立即切断电源。

（7）驾驶汽车时要把汽车停靠在安全地方，迅速下车，依靠建筑物躲避台风，千万不要有在汽车内躲避台风的侥幸心理，台风来时，汽车里并不安全，不足以抗衡台风。

（8）请有车的朋友不要把车停在地下车库或者地势低洼的地方，尽量往高处停。停车处要注意高空落物，广告牌旁、树木旁也是危险区域。

（9）行车的时候，要注意积水深度，如果在积水处熄火，请不要点火。另外，请注意井盖！

（10）不要在危旧住房、厂房、工棚、临时建筑、在建工程、市政公用设施（如路灯等）、吊机、施工电梯、脚手架、电杆、树木、广告牌、铁塔等地方躲风避雨，防止这些东西在强风下倒塌，砸下伤人。

四、泥石流（山体滑坡）现场避险

（1）泥石流（山体滑坡）发生时，应设法从房屋里跑出来，到开阔地带，尽可能防止被埋压。

（2）泥石流（山体滑坡）发生时，要马上与泥石流（山体滑坡）成垂直方向向两边的山坡上面爬，爬得越高越好，跑得越快越好，绝对不能往泥石流（山体滑坡）的下游走。

（3）发现已有泥石流（山体滑坡）形成，应及时通知大家转移。

（4）在逃离过程中，应照顾好老弱病残者。

五、危化品事故现场避险

（1）发现可疑的危险化学品或遇化学品运输车发生事故时应立即报警。

（2）发生危险化学品事故时，不要在现场逗留、围观，应沿上风或侧上风路线迅速撤离。

（3）发生毒气或有害气体泄漏事故时，应立即用手帕、衣物等物品捂住口鼻。如有水最好把衣物浸湿后，捂住口鼻。

（4）撤离危险地后，要及时脱去被污染的衣服，用流动无污染的水冲洗身体。

（5）受到危险化学品伤害时，应立即到医院救治，中毒人员等待救援时应保持平静，避免剧烈运动。

（6）污染区内及周边的食品和水源不可随便动用，经环保和食品管理部门监测无害后方可食用。

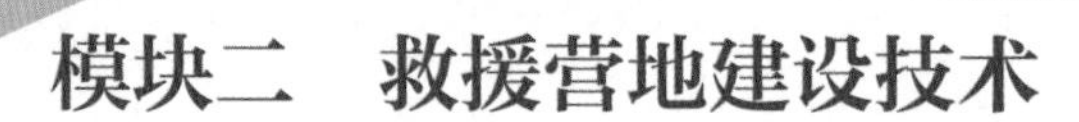

模块二　救援营地建设技术

培训目标

熟知救援营地选址的原则和注意事项，能熟练进行救援营地的功能规划、设计与建设。

知识点

应急救援营地建设和野外宿营是应急救援专业人员必备的技能之一。由于输变电设备往往距离城市或居住地较远，很多输电线路通道及架设点在偏远位置，在进行输电线路或电力设备抢修、需要的时间周期较长或灾后需要临时安置的情况下，灾害现场需要较长时间的救援、出现大量住宅被毁而需要安置灾民时，就需要进行救援指挥部或营地的建设工作。被困灾害现场短时间不能脱困时、被困野外等待救援时、野外长距离徒步需要调整休息时，就需要野外宿营。救援指挥部或营地的选择及建设关系到所有救援人员或被困人员、伤病员的生活休息和医疗救援等问题，是应急救援工作中必须十分重视的问题之一。

一、救援营地的选择

救援指挥部或营地的选择一般应注意近水、背风、远崖、近村、背阴和防雷。

1. 近水

救援、生活、休息离不开水源，这是选择救援指挥部或营地的第一要素。因此，在选择救援指挥部或营地时应选择靠近溪流、湖潭、河边，以便取水。但不能将救援指挥部或营地扎在河滩上，其原因有两点：一是有些河流上游建有水力发电站，在蓄水期间河滩宽、水流小，一旦放水将涨满河滩;二是有些溪流，平时很小，一旦暴雨，也有可能发大水或山洪暴发，一定要注意防范，尤其在雨季及山洪多发地区。

2. 背风

在野外建设救援指挥部或营地，必须考虑背风问题，尤其是在一些山谷、河滩上，应选择一处背风处，还应注意帐篷门的朝向不能迎风。当然，背风同时也是出于考虑用火的安全与方便。

3. 远崖

建设救援指挥部或营地时不能扎在悬崖下面，一旦山上刮风就有可能将石头等物刮下，造成人身伤亡事故。

4. 近村

救援指挥部或营地靠近村庄可便于向村民求救，尤其在没有柴火、蔬菜、粮食等情况时就尤为重要。近村的同时也是近路，即接近道路，方便救援队伍或被救援人员的行动和转移。

5. 背阴

如果需要建设一个临时安置两天以上的救援指挥部或营地，在天气较好情况下应选择背阴地，如大树下及山的北面，保障帐篷里温度可控。

6. 防雷

在雨季或多雷电地区进行救援或安置时，救援指挥部或营地不能建设在高地上、高树下或比较孤立的平地上，否则易招雷击。

二、救援营地的建设

救援指挥部或营地地址选择好后就需要进行建设，主要有以下步骤。

1. 平整场地

将已经选择好的建设区域打扫干净，清除石块等杂物并进行平整。当坡度不大于 10° 时可考虑作为救援指挥部或营地建设地点。

2. 场地分区

一个齐备的救援指挥部或营地应建设有帐篷宿营区、用火区、就餐区、活动区、用水区（盥洗）、卫生区等区域。各区域在选择时一般应从以下几方面考虑：

（1）首先落实确定宿营区。

（2）用火区应在下风处并距离帐篷区 10 ～ 15m，以防火星烧破帐篷。

（3）就餐区应靠近用火区，以便烧饭做菜就餐。

（4）活动区应在就餐区下风处，以防活动的灰尘污染餐具等，距离帐篷区应在 15 ～ 20m，以减少对同伴的影响。

（5）卫生区应在宿营区下风处，与就餐区、活动区保持一定距离。

（6）用水区应在溪流及河流的上下两段，上段为食用饮水区，下段为生活用水区。

3. 建设帐篷宿营区

救灾专用 $36m^2$ 单帐篷为长方形双坡面直墙建筑样式。两端山墙各开一个门，门上有一个三角形窗户，两侧墙各开三个窗户，两侧墙支起可成遮阳篷，整体帐篷通过拉绳拉起，用三角桩加固，其样式、结构及主要尺寸如图 3-1 所示。

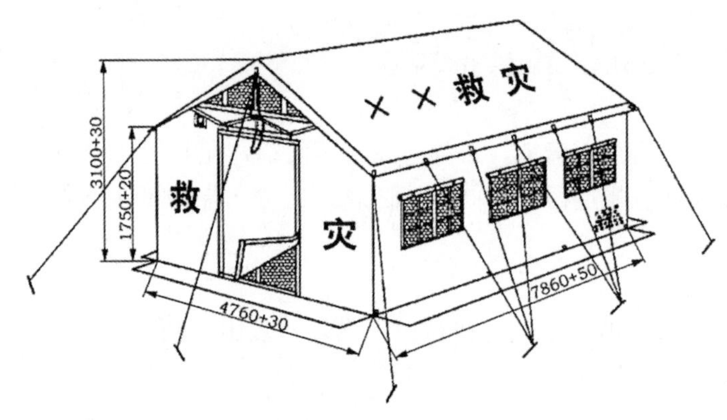

图 3-1　救灾帐篷

宿营区如由数顶帐篷组成，在布置帐篷时应注意：

（1）所有帐篷应是一个朝向，即帐篷门都向一个方向开、并排布置。

（2）帐篷间应保持不少于 1m 的间距。

（3）必要时应设警戒线（沟），在山野露宿时，有可能会遇到威胁性的动物攻击，可在帐篷区外用石灰、焦油等刺激性物质围帐篷区画圈，这样可防止蛇虫等爬行动物的侵入，或者用电子报警系统等。

4. 建设用火就餐区

就餐同用火一般建设在一起或相近的地方，这个区域应与帐篷区有一定距离，以防火星烧着帐篷。同时要注意以下几点：

（1）烧饭的地方最好有土坎、石坎，以便挖灶建灶，柴火应当堆放在区外或上风处。

（2）就餐区应有空地，餐桌、餐椅等可用专用救灾装备或大块平石，也可用各自的睡垫或气枕代替，至少应用雨衣或塑料布。

（3）无论是用汽灯还是其他方式照明，都要将灯具吊在树上、放在石台上或做一个灯架将其吊装起来，以照射较大的范围。

5. 建设取水用水区

用水、取水一般都在水源处，盥洗用水与食用水应分开。同时要注意以下几点：

（1）若是流水，食用水应在上游处，盥洗生活用水应在下游处。

（2）若是湖水，也同样需要分开，两种用水处应间隔 10m 以上，以确保用水卫生。

（3）取水需要经过的河滩、乱石、灌木等区域，应当在白天清理好，便于夜晚取水。

6. 建设卫生区

卫生区即救援人员或伤病员们解决个人卫生问题的地方。若只住宿一晚，可不必专门挖建茅坑，可指定位置，救援结束后掩埋。若人员数量较多或住宿天数在两天以上，则应挖建茅坑或建设临时厕所。若茅坑或厕所建在树木较密之处，可不用布置围帘。茅坑或临时厕所不应建在行人经常通过的地方。

7. 建设活动区

活动区可设在就餐区，就餐完毕后打扫即可。若需要场地较大，则可单独划出一块空地，只要场地平整即可；若不需要剧烈活动，则只进行一般性的场地清理即可，确保不发生意外。

8. 关注野外气象

（1）防雨。防雨是救援或宿营时需要考虑的重要问题，如判断当晚有下雨的可能，应当对营地及帐篷进行必要的防雨处理，需要挖掘泄洪沟，加固帐篷并增强防雨性能，如可在帐篷外加盖防雨塑料布、雨衣等，将各种救援器具、物品放置在帐篷中等。防雨工作应在营地建设前开展，及时观察天气变化情况，并积累相关经验。

（2）防风。风向对营地建设较为重要，关系到帐篷门、炉灶口开向及营地各区域的整体布置。在大湖泊边扎营，其风向是早晚相反变化，白天地面温度上升快，风向陆地刮；夜晚地面温度下降快，风向湖区刮，故应将帐篷门背风开，炉灶口向风开。在炎热干燥的山区同样有相似情况，白天由于山谷气温上升慢于山坡，呈上升气流，即谷地向上刮风，而夜晚则呈下降气流，风向谷地刮，故在山谷中扎营时应当事前考虑这种情况。

Chapter 4

第四章 绳索技术

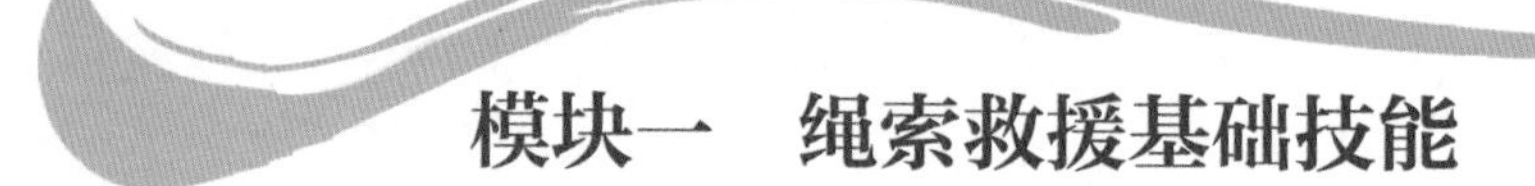

模块一　绳索救援基础技能

培训目标

1. 了解绳索的分类、功能、整理、保养等基础技能。
2. 熟悉绳索作业过程中各种绳结的特点和应用。

知识点

绳索技术是以绳索为核心，通过与安全带、滑轮、主锁等各种辅助器材进行组合，在开展事故救援、高空作业、安全保护、空间限定、工程施工及抢修作业等过程中承担连接、绑扎、牵引、限位等功能。

绳索是绳索技术作业的核心，一切与绳索有关的作业，都是紧紧围绕绳索进行的。绳索由绳皮和内芯组成，大多数的重量和冲坠都由绳子的内芯来承担（其承重能力占90%），耐磨性主要靠绳皮来保证。绳皮的细毛可以在多次磨损中保护内芯的纤维。

绳索各部位的名称为主绳、绳头、绳耳、绳环、绳眼。

一、绳索分类

绳索根据用途可分为动力绳、静力绳、辅绳。

1. 动力绳

动力绳具有较高的延展性，在作业现场，可以为作业者提供动态保护，绳子在受力后靠自身的延展减少对攀登者的冲击。一般动力绳颜色较鲜艳，多以彩色为主，手感较柔软，弹性较大。动力绳分为单绳、半绳和对绳三种。

（1）单绳

单绳是使用最广泛的一种动力绳索，直径通常为 9.4 ～ 11mm，重量为 60 ～ 80g/m，通常在绳头标识上标注①符号。在实际运用中，通常单根绳索独立使用，具有操作简便、寿命长等特点。

（2）半绳

半绳直径通常为 8.1 ～ 9.4mm，大多数半绳重量为 47 ～ 54g/m，通常在绳头标识上标注½符号。半绳由两股绳索组成，通常用于登山、攀登作业保护。在保护点不牢固，或者发生石块坠落等情况时，半绳对保护点产生的冲击力比对绳或单绳小，可以更好地保护作业人员。半绳使用时要将两根绳索同时扣入第一个保护点，之后两根绳索要分别扣入不同保护点，以减少绳子的摩擦。半绳使用时一般使用两种不同颜色的绳子来区分。

（3）对绳

对绳就是将两根细绳合二为一使用，直径通常为 7.4 ～ 8mm，重量为 37 ～ 43g/m，通常在绳头标识上标注ꝏ符号。使用对绳时需选用相同材质、品牌、型号和批次的绳索。对绳严禁单根使用，不能将两根半绳或单绳放在一起当作对绳使用。单根半绳能够承受冲坠保护，对绳则不能。

2. 静力绳

静力绳的延展性和弹性比较小，稳定性较好，多用在下降、拖拉或提升等环境。静力绳能长时间承载作业人员的体重与装备，沿绳上升、下降、移动并发挥防坠落保护作用。

3. 辅绳

辅绳则是辅助攀登用的绳子，多用来制作保护站、抓结、备份保护点等，直径多为 5 ～ 8mm。一般辅绳颜色也比较鲜艳，多以彩色为主，手感柔软。

二、绳索功能

（一）应急救援功能

在建筑物坍塌、山地、火灾、洪水、水面及水下、狭小空间（机井）、高空、高角度（屋顶）、医疗救援（伤员固定、转运）等环境下开展救援。

（二）应急抢修功能

在电力作业中，绳索的用途主要包括杆上作业用于传递材料、工具，牵引电线、电杆、树障，物资吊装、绑扎及搬运、现场固定、个人防护等。绳索功能示意图如图 4-1 所示。

图 4-1　绳索功能示意图

三、绳索整理

绳索整理是绳索技术作业的准备工作环节，包括绳索收卷和绳索打开。绳索整理通常以一种固定的方式进行，有条件的可用绳包整理和携带。绳索整理方法包括蝶式收绳法和 T 字形理绳法。

（一）蝶式收绳法

（1）一手握绳，一手捋绳，长度大约一臂展长。

（2）将绳交于另一只手抓握并形成若干绳圈。绳圈之间无交叉。

（3）快要收完时，要留有一定绳长用于捆扎收紧，位置位于绳圈 1/3 处。

（4）用余绳在绳圈上反复缠绕数圈，将绳索捆扎紧。

（5）绳头从捆扎绳中穿出并拉紧，完成绳索整理。

（二）T 字形理绳法

T 字形理绳法是建立在蝶式收绳法基础上的绳索整理方法。

（1）握住绳圈中部折点后解开绳索，双手水平将绳平展。

（2）将绳放于面前并找出一端绳头置于自己可控范围之内。

（3）从待整理绳中，由里向外快速将绳捋清，整理成 T 字形。

（4）直至捋到另一绳头时整理结束。

（三）绳包整理法

使用绳包有利于绳索的携带、快速展开和抛投。绳包是最佳的绳索整理工具，能很好地保护绳子免受化学物质或脏物的侵害，避免在阳光下长时间暴晒。

（1）将准备装包的绳索在距离绳尾 1 ～ 2m 处打防脱结。

（2）将打防脱结的一端作为内绳端，并系在包内侧束带上。

（3）双手或双人配合将绳索塞入包内。

（4）将外绳端系在包外侧带并把包束紧，使用时打开外绳端抽拉绳索。

四、绳索保养

1. 使用前检查

（1）救生绳必须通过 UIAA 或 CE 认证。

（2）使用前要检查绳索是否有以下破损情况，确认绳索完好无损。

① 绳子表皮轻度起毛时，不用担心它的安全性，但表皮破损应报废处理；

② 沙石、玻璃片或木屑等物渗透插入绳索组织；

③ 受腐蚀性液体侵蚀；

④ 纤维硬化、磨损、炭化或烙焦；

⑤ 有颜色绳索因受力而致损伤时，会在绳皮上出现颜色模糊。

（3）使用中不踩踏绳索，不接触锐利物品，不接触高温、酸碱化学品。

（4）救生绳不能转借他人使用，不能用于拖车、吊重等。

（5）不购买使用二手绳索。

（6）发现绳皮破损、鼓包、严重起毛等现象时，绳索闲置超过 5 年，应报废。

（7）绳子使用完后应检查盘好，存放于阴凉干燥处。

2. 存放注意事项

（1）绳索无论新旧，都应保存在阴凉、空气流通及不受日光直射之处。用过的绳索未完全阴干前，切勿放入库室或绳包内存放。

（2）绳索应存放在干燥及通风的地方，并放在绳钩或架上。存放在有机器、工具的库室时，要和燃料、工具及电池等隔离，也不可和生锈的铁质材料接触，防止铁锈损害绳索的纤维。

（3）绳索的使用时限没有固定的标准，通常与使用环境、条件及使用频率有关，根据使用者的实际情况而定，发生冲坠后的绳索需立即更换。

3. 强度测试

绳索原则上每季度进行一次强度测试，在绳索训练和救援作业前、作业结束后都应进行强度检查和测试。具体做法是将绳索固定在物体上，6 名队员手握绳索间隔 1.5m，依次施加拉力，最后一名队员维持 20s 后，再反向施加拉力。测试结束后，在绳索或存放包装上标注检查日期和结果。

五、绳结

绳结是在绳索作业过程中，为满足各种作业技术要求和安全保障而在绳索上打的各种结扣。

1. 单 8 字结

单结是最简单的绳结，也是所有绳结的基本结，起到防止滑动的作用。单 8 字结的作用包括防止绳子滑动、当拖曳时起防滑作用、绳索尾部打结起提醒作用等。缺点是打结过紧或遇水后很难解开，如图 4-2 所示。

2. 双 8 字结

双 8 字结的目的是为了做个固定的绳圈。通过主锁和其他的固体进行连接，具备耐力强、牢固等优点，在安全方面非常值得信赖。

缺点是不能直接打在固定物体上，双 8 字结的绳圈很难调整，而且当负荷过重时，绳结会被拉得很紧，或绳索沾到水时，绳结不易解开。8 字结也可以作为绳索末端防脱结使用。双 8 字结如图 4-3 所示。

图 4-2　单 8 字结

图 4-3　双 8 字结

3. 双套结

双套结广泛地应用在将绳索绑系在物体上。双套结不但简单而且实用，也有人把它称为香结、卷结，尤其在绳索两端使力均等时，双套结可以发挥很大的效果。如果绳索只有一端用力，双套结可能乱掉或松开，这时需要在双套结完成后再打一个半扣结，效果一样不打折扣。此外，如果打成双套滑结，解开时就可以毫不费力。双套结如图 4-4 所示。

4. 平结

平结用于同一条绳的两端绑在一起或连接同样粗细、同样材质的绳索，但不适用在较粗、表面光滑的绳索上。当两根绳子的材质和粗细不同时，使用平结容易滑落，在受力较大时又会造成两绳的夹挤，很难解开。平结缠绕方法一旦发生错误，结果可能会变成个不完全的活结，用力一拉绳结就会散开。绳结如果拉得太紧，就不太容易解开；不过如果双手握住绳头，朝两边用力一拉，就可轻松解开。平结如图 4-5 所示。

图 4-4　双套结

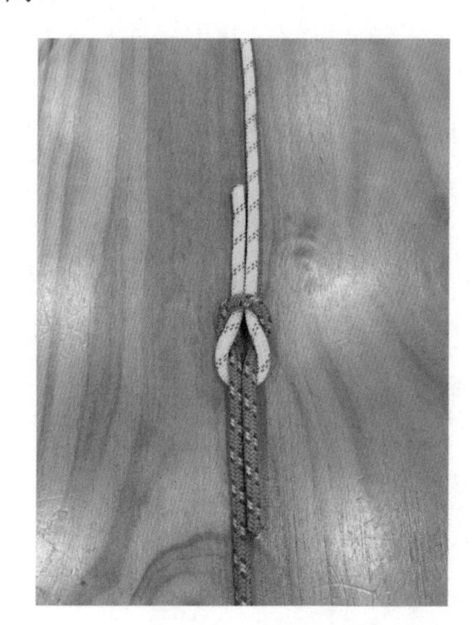

图 4-5　平结

5. 蝴蝶结

蝴蝶结又称电工结、工程结，可三向受力。主要用途有：在登山中连接中间的攀登者；高空作业人员可用其做成脚踏环；如出现绳子破损，可用于把破损部位隔离开。蝴蝶结如图 4-6 所示。

6. 布林结

布林结又叫称人结，被称为绳结之王，对于处理突发事件的应急队员，它是必备的结绳法。可用于绑导线上杆等，或者在绳结的末端需要结成一个圆圈时使用。布林结构造简单，安全性高。布林结如图 4-7 所示。

图 4-6　蝴蝶结

图 4-7　布林结

7. 接绳结

接绳结是一种用于连接两条粗细及材质不同的绳索的结。它的特点是打法简单，结实可靠，而且十分容易拆解，常用于连接船缆等。

8. 法式抓结

法式抓结的用途很广，例如紧急情况下的下降。这种抓结的重要特点是在承重时可以解开，这是其他抓结所不具备的。

9. 双套腰结

常用于在绳索中间部位制作绳圈或救出伤病员的场所。主要用于进入口、竖井等狭小的竖坑内的救出，或者作为队员进入时的安全绳使用。

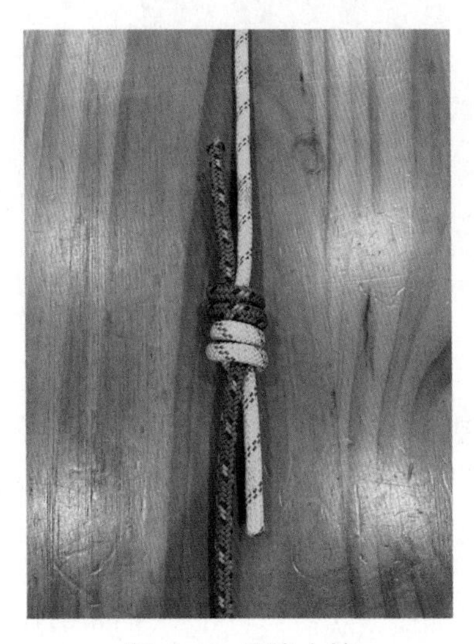

图 4-8　双渔人结

10. 双渔人结

可连接两条直径不同的绳子。在两条绳子上各自打一个单结，然后用力拉紧即可。双渔人结虽然看似简单，但强度很高。双渔人结如图 4-8 所示。

11. 救援绳结

救援绳结是综合应用各种基本绳结，进行作业人员的自身保护和对受困者的救助。根据不同的作业环境和功能需求分为以下几种结绳方法。

（1）卷结身体结索

用于作业人员在狭小空间或管道内实施作业时，在作业人员的脚部制作卷结，并连接保护绳对其进行保护，在遇到危险时能迅速撤出。

（2）双套腰结身体结索

在双套腰结的基础上，在胸部位置制作绳圈固定，保持受困者垂直状态吊升时的绳结运用。通常用于狭窄竖井垂直升降作业。

（3）三套腰结身体结索

在没有安全吊带或三角救援带的情况下，利用绳索制作三套腰结，缚着受困者两腿和胸部，确保受困者身体始终保持蜷曲状态垂直升降救出时使用的绳结运用。

（4）盘绕腰结身体结索

用于没有安全带的紧急情况下，利用绳索制作盘绕腰结，临时替代安全带，起到保护作用。通常用于沿绳横渡和攀爬保护。

（5）座席悬垂身体结索

用于没有全身安全带的紧急情况下，利用绳索制作座席悬垂结，临时替代安全带，起到保护作用。通常用于沿绳下降或井下救助作业。

12. 背扣

背扣需要绕 3 圈以上，用于调整水泥杆、捆绑树木等，能够越扎越紧，如图 4-9 所示。

13. 倒背扣

倒背扣用于拖拉工具和起固定作用等，如图 4-10 所示。

图 4–9 背扣

图 4–10 倒背扣

14. 抬杆结

抬杆结由前后两个背扣组成，可以将棍子、木杆等穿入绳结上，方便抬起无任何手柄的重物，如图 4-11 所示。

图 4–11 抬杆结

15. 钩头结

钩头结用于吊车起吊物件等，如图 4-12 所示。

16. 组合结

组合结如图 4-13 所示。

图 4–12 钩头结

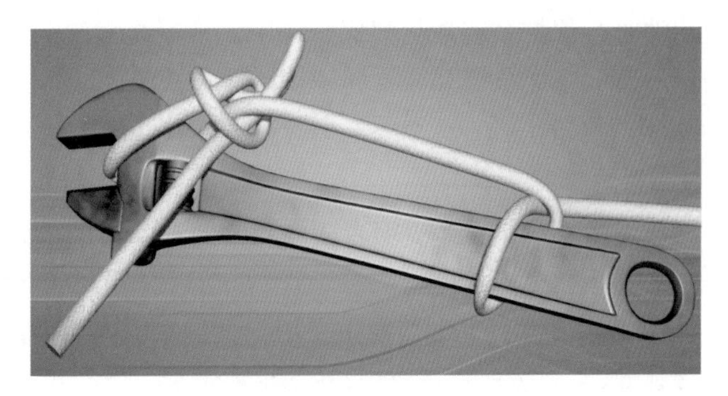

图 4–13 组合结

模块二　绳索系统及其搭建

1. 了解绳索系统的主绳系统和保护系统的不同功能。
2. 熟知横渡绳索系统的两种不同作业方式。

一、绳索系统

绳索系统包括主绳系统和保护系统，主绳系统和保护系统是相对独立的绳索系统，均由绳索和相关辅助装备构成，按照不同的组合方式，承担承载和保护作用。

绳索系统通常由绳索、分力板、主锁、势能吸收包、下降器、扁带（环）、止坠器、滑轮等组成，不同组合运用发挥不同的功能和作用。

1. 主绳系统

指利用锚点扁带（环）、分力板、下降器、滑轮、绳索和主锁等装备，按照一定的规则组合，形成的攀升、下降、下放、吊升、拉升、横渡、斜下等形式承载系统，是绳索系统的主要承载部分，通常包括简单主绳系统、下放主绳系统、拉升主绳系统、水平主绳系统、斜下主绳系统等。

2. 保护系统

保护系统是主绳系统的辅助和备用系统，主要由保护绳索、止坠器、势能吸收包、主锁、扁带（环）等组成。通常情况下，保护系统处于不受力状态，不作为承载系统。只有在主绳系统崩溃时，保护系统才起到保护作用，承担绳索的全部载荷，同时起到防坠落和冲坠缓冲作用。所有的主绳系统都需要同步设置保护系统。

二、横渡绳索系统

横渡绳索系统架设是受困者横向救助的基本技术，分为T形和V形两种作业方式。

1. T形系统

如图4-14所示，T形作业主要用于大量受困人员横向快速疏散和净空距离不大的峡谷垂直救援作业。

图 4-14　T 形横渡绳索系统示意图

（1）T 形系统制作

系统制作前要选择和确定控制端（通常绳桥收紧端作为控制端），根据实地环境和距离情况准备绳索。T 形系统牵引绳长必须为绳桥距离的 2 倍，提拉释放绳长为（横渡距离 + 提拉释放高度 ×2），所有绳长在确定距离的基础上应留有 3 ～ 5m 的余量。

选择细绳作为引绳，利用抛投技术将引绳抛至对岸，对岸辅助作业人员利用引绳将绳桥、牵引绳、提拉释放绳拉至对岸，并在对岸设置锚点和保护站系统。安装牢固后，作业人员将绳桥安装在下降器上，利用提拉系统将横渡绳收紧，并在绳索末端打防脱结。接着在绳桥上安装滑轮，滑轮下方连接中号分力板，将牵引绳用蝴蝶结连接在分力板两端（两个蝴蝶结之间的绳长必须大于分力板的长度），提拉释放绳通过滑轮连接分力板，将下降作业人员的绳索连接到分力板上。

（2）T 形系统人员输送

- 将作业人员挂接在绳桥上（连接在分力板上设置的工作绳和保护绳上）；
- 通过控制牵引绳将作业人员沿横渡绳移动到指定作业点的上方；
- 作业人员下降至作业点；
- 对受困者实施救助，并挂至提拉滑轮上，作业人员进行提拉操作，将受困者提拉至绳桥，并锁定保护；
- 两端协同操作牵引绳将救援人员和被救者拉至岸边。

若只需往一个方向进行横向疏散，不需要在中间点下降时，则不需要设置提拉绳系统，直接操作牵引绳进行往复式横渡移动。

2. V 形系统

如图 4-15 所示，V 形作业主要用于净空距离较大的峡谷、河流等环境下的救援作业。

图 4-15　V 形横渡绳索系统示意图

（1）V 形系统制作

方法一：作业时将 T 形系统绳桥松弛操作，

并配合两端牵拉绳桥即为V形横渡。

方法二：选择细绳作为引绳，利用抛投技术将引绳抛至对岸，对岸辅助作业人员利用引绳将工作绳、保护绳拉至对岸，并在对岸设置锚点和保护站系统。两端的锚点和保护站系统都要用下降器来设置。

（2）V形系统人员输送

将救援人员或受困者挂接在横渡绳上（连接在蝴蝶结位置）；操作两端的牵引绳实现横向移动。

模块三　个人绳索技术

培训目标

掌握个人绳索救援技术，包括上升技术、下降技术、上升转下降技术、下降转上升技术、上升状态转移、下降状态转移、下降状态过中途固定点、上升状态过中途固定点等。

知识点

绳索救援是利用绳索将伤者或被困者从危险位置转移到相对安全位置的行动，绳索救援技术具有轻便、快捷、高效、安全等特点。完成绳索救援需要有完善的风险评估、安全合理的救援方案和备用救援方案以及过硬的高角度绳索通用技术。绳索是对自身进行保护和对幸存者实施救助的一种便携器材，它具有器材简便、实用性强、便于携带等特点，在救援领域得到了广泛应用。绳索的基本用途包括连接、绑扎、牵引、限位等。

一、上升技术

上升是绳索技术中难度较大的技术，一般应用于探洞作业，没有工作平台可进行的拉升作业，或电动升降器和拉升系统出现故障时的拉升作业。上升技术一般作为自救的必备技术。

1. 装备器材

上升的装备包括手式上升器、胸式上升器、脚踏环、脚式上升器、势能吸收包、主锁、扁带（环）等，可根据不同需求进行装配，包括手脚配合上升、胸手配合上升、手胸脚配合上升等。

2. 操作要领

（1）穿戴个人防护装备，携带所需装备器材。

（2）整理绳索，分清工作绳和保护绳，通常左为保护绳，右为工作绳。

（3）将止坠器安装在保护绳上尽量往上推，并进行功能测试。

（4）将胸式上升器安装在工作绳上，将绳索往下拉，尽量提升胸式上升器位置，缓慢坐下使胸式上升器承载人体重量。

（5）将手式上升器安装在工作绳上，脚踏环连接好手式上升器。

（6）将脚放进踏绳内，腿部发力依绳站立，然后手臂做引体上升动作，沿绳向上推高手式上升器。

（7）按照以上动作反复进行，直至达到上升高度。

3. 注意事项

（1）保持手式上升器、胸式上升器及发力脚在一条直线，另一条腿微微抬起来保持身体平衡，身体上半身不能往后仰。

（2）站立的同时，胸式上升器会自然沿绳向上移动，要注意观察胸式上升器状态，防止卡绳或脱落。

（3）上升时应及时调整止坠器高度，任何情况下止坠器都必须位于肩部以上位置。

（4）胸式上升器在上升初期通常会出现走绳不畅，甚至不走绳的情况，可以通过下放辅助人员拉紧工作绳进行调整。

二、下降技术

下降技术是指作业人员利用装备下降操作的技术，常用于高空、井下等风险较大的绳索作业。

1. 装备器材

包括 8 字环下降器、ID 下降器、排式下降器、STOP 下降器、主锁、止坠器、势能吸收包等。

2. 动作要领

（1）穿戴个人防护装备，携带所需装备器材。

（2）整理绳索，分清工作绳和保护绳，通常左为保护绳，右为工作绳。

（3）将止坠器安装在保护绳上尽量往上推，连接好势能吸收包，并进行功能测试。

（4）右手为控制手，握住工作绳并位于右侧腰际。

（5）左手为操作手，当控制手就位后，操作下降器缓慢匀速下降。

（6）下降时，视线应从右肩向下观察，双脚抬高保持与身体略成直角状态，落地时双脚自然弯曲下垂接触地面。

3. 注意事项

（1）下降速度不应过快，防止摩擦生热损坏装备和绳索。

（2）在空中悬停时必须锁上下降器，且将止坠器推到高于肩的位置。

（3）作业中应当尽量将手臂处于止坠器和势能吸收包的下方。

（4）尽量使用 ID 等具有防慌乱功能的下降器下降，非特殊情况下，通常不建议使用 8 字环下降。

（5）受力下降器必须挂于腹部受力环处，保护系统必须挂于背部和胸部受力环处，严禁与下降器受力系统挂在一起。

三、上升转下降技术

1. 动作要领

（1）起始状态为上升状态，胸式上升器承重。

（2）止坠器向上推。

（3）确保手式上升器与胸式上升器的距离为10cm。

（4）将下降器安装到胸式上升器下方10cm处的工作绳上，连接腹环，并锁闭。

（5）将止坠器调整至与肩平齐。

（6）作业人员站立，使胸式上升器不再承重，在手部升降器的受力保护下迅速拆除胸式上升器。

（7）收紧下降器尾端绳子，使下降器竖直并缓慢坐下。

（8）下降器完全承重，拆除手式上升器，转换完毕。

2. 注意事项

（1）注意下降器安装的方向，下降器锁门的方向必须向内并向下。

（2）拆除胸式上升器之前必须安装好下降器，并连接腹环。

（3）拆除胸式上升器动作要小心，避免损坏绳皮。

四、下降转上升技术

1. 动作要领

（1）起始状态为下降状态，下降器承重，且处于锁闭状态。

（2）止坠器向上推。

（3）将手式上升器安装到下降器上方30cm处的工作绳上。

（4）打开胸式上升器。

（5）站立，迅速将胸式上升器安装到手式上升器与下降器之间的工作绳上。

（6）缓慢坐下让胸式上升器承重。

（7）再次将止坠器上推至高于肩的位置。

（8）检查上升器状态，确保安全后拆除下降器。

2. 注意事项

（1）及时调整止坠器高度，始终确保止坠器位于肩以上的位置。

（2）在胸式上升器安装好并锁闭之前，不得拆除下降器。

（3）转换过程中，绝对不允许解除保护绳系统。

五、上升状态转移

1. 动作要领

（1）先转换成下降状态（预备状态）。

（2）止坠器上推。

（3）整理绳索将两组绳索分别置于身体两侧。

（4）将第二个止坠器安装在第二组绳索的保护绳上并推高。

（5）将胸式上升器安装到第二组的工作绳上，下拉第二组工作绳使胸式上升器缓慢承重。
（6）操作下降器从第一组绳索缓慢下降，使重量转移到第二组绳索上。
（7）第一组绳索不再承重时，拆掉下降器和止坠器。
（8）在第二组绳索上继续上升作业。

2. 注意事项

（1）注意两绳夹角不应大于 90°。
（2）全程要使两个止坠器位于相对较高的位置，且应当及时调节高度。
（3）在绳索转移过程中两组绳索之间产生角度时，必须至少保持四个点与绳索连接。

六、下降状态转移

1. 动作要领

（1）锁定下降器。
（2）整理绳索，将两组绳索分别置于身体两侧。
（3）将止坠器向上推。
（4）将第二个止坠器安装在第二组绳索的保护绳上并推高。
（5）将胸式上升器安装到第二组的工作绳上，下拉第二组工作绳使胸式上升器缓慢承重。
（6）操作下降器从第一组绳索缓慢下降，使重量自然转移到第二组绳索上。
（7）当第一组绳索不再承重时，拆掉下降器和止坠器。
（8）如转换后需继续下降，进行上下转移后继续下降。

2. 注意事项

（1）注意两绳夹角不应大于 90°。
（2）全程要使两个止坠器位于相对较高的位置，且应当及时调节高度。
（3）在绳索转移过程中两组绳索之间产生角度时，必须至少保持四个点与绳索连接。

七、下降状态过中途固定点

1. 动作要领

（1）下降至微低于中途固定点的高度。
（2）锁定下降器，将止坠器向上推。
（3）将胸式上升器与第二个止坠器分别安装在固定点下方的工作绳与保护绳上。
（4）拉紧胸式上升器下方的绳索，使胸式上升器受力。
（5）释放下降器，使胸式上升器完全受力并与中途固定点垂直。
（6）做上升转下降，继续下降。

2. 注意事项

（1）操作过程中注意及时调整止坠器的高度。
（2）操作过程中必须严格按照程序执行，不得随意改变程序。

八、上升状态过中途固定点

1. 动作要领

（1）上升至接近固定点时停止，但切勿让手式上升器过分接近绳结。

（2）转换成下降状态，微距上升少许，锁定下降器。

（3）止坠器向上推。

（4）将胸式上升器与第二个止坠器分别安装在固定点下方工作绳与保护绳上。

（5）拉紧胸式上升器下方绳索，使胸式上升器受力。

（6）释放下降器，使胸式上升器完全受力并与锚点垂直。

（7）解除下降器。

（8）继续上升。

2. 注意事项

（1）操作过程中注意及时调整止坠器的高度。

（2）操作过程中必须严格按照程序执行，不得随意改变程序。

第二部分

电力应急救援综合技术

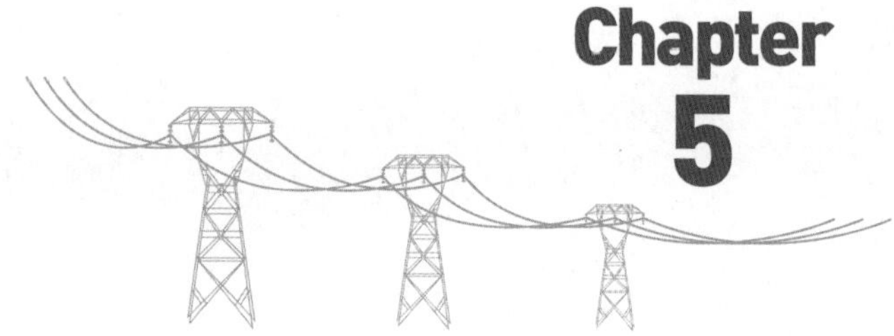

Chapter 5

第五章 电力应急勘灾技术

模块一　应急勘灾方法

培训目标

1. 了解人工勘察常用的装备，掌握人工勘察的方法。
2. 了解无人机勘察的方法。
3. 了解卫星勘察的方法。

知识点

一、人工勘察

图 5-1　望远镜

1. 望远镜勘察

望远镜是一种利用透镜或反射镜以及其他光学器件观测遥远物体的光学仪器，如图 5-1 所示。其利用通过透镜的光线折射或光线被凹镜反射使之进入小孔并会聚成像，再经过一个放大目镜而被看到，又称“千里镜”。

双筒望远镜的使用示意图如图 5-2 所示。

双筒望远镜的使用方法：

① 目距调整：首先将望远镜左右目镜的正负屈光度刻度调整至 0 刻度。用双手分别握持望远镜的左右镜身，搜寻远处目标同时拉展或按压左右镜身，使望远镜的目距与人眼的瞳距相同时（人眼看到的全视场为圆形），停止调整。

（a）

（b）

图 5-2　双筒望远镜的使用示意图

② 物像调整：首先搜索目标，锁定目标后，转动左目镜视度手轮，使望远镜左支系统目标像和分划图像完全清晰后，再转动右目镜视度手轮，使右支系统目标像完全清晰，便完成对所观察目标的调整。因为望远镜光路设计具有动态自动聚焦功能，因此当望远镜清晰度调整好之后，再次观察距离不同的目标时不需重新调焦。

③ 测方向角：方向角是指被测两目标（或一目标在水平方向的两端）对望远镜在水平面上的夹角。

④ 测高低角：任意两目标（或一目标的两端）对望远镜在垂直面上的夹角，称为高低夹角。

2. 测距仪勘察

测距仪是一种测量长度或者距离的工具，同时可以和测角设备或模块结合测量角度、面积等参数，如图 5-3 所示。测距仪的形式很多，通常是一个长形圆筒，由物镜、目镜、显示装置（可内置）、电池等部分组成。

图 5-3　测距仪

激光测距仪的测距精度主要取决于目标物体的反射程度，一般交通标示牌效果较好。因为目标的颜色、表面处理程度、大小、形状都将会直接影响物体的反射率，从而影响测距的距离。它具有简洁、轻巧的设计，被广泛用于灾害现场勘察测绘、工业巡查、电力部门测量等。

激光测距仪也可以发射多次激光脉冲，通过多普勒效应来确定物体是在远离还是在接近光源，如图 5-4 所示。常见的测距仪从量程上可以分为短程、中程和高程测距仪；从测距仪采用的调制对象上可以分为光电测距仪和声波测距仪。

3. 红外热成像勘察

红外热成像技术是一种被动式、非接触式的检测与识别技术，可利用目标和背景或目标各部分之间的温度差或辐射差异形成的红外辐射特征图像来发现和识别目标。其两大基础功能是测温与夜视，如图 5-5 所示。

测温，即能实现非接触式远距离测温和故障检测，优势是简单直观、安全精准、高效省时和全天候工作。夜视，即在完全无光的情况下可轻松探测和识别目标，优势是全天候工作、无惧恶劣天气、作用距离远和超强隐秘性。

图 5-4　激光测距仪

图 5-5　红外热成像示意图

红外热成像仪最早应用于军事领域，后被广泛应用于电力巡检、电气设备维护、工业自动化等。

电力设备的故障多种多样，但大多数都伴有发热的现象，从红外诊断的角度看，通常分为外部故障和内部故障。众所周知，电力系统运行中，载流导体会因为电流效应产生电阻损耗，而在电能输送的整个回路上存在数量繁多的连接件、接头或触头。在理想情况下，输电回路中的各种连接件、接头或触头接触电阻均低于相连导体部分的电阻，连接部位的损耗发热不会高于相邻载流导体的发热，一旦某些连接件、接头或触头因连接不良，造成接触电阻增大，就会有更多的电阻损耗和更高的温升，从而造成局部过热。此类情况通常属于外部故障。

外部故障的特点是局部温升高，易用红外热成像仪发现，如不能及时处理，情况恶化快，易形成事故，造成损失。外部故障占故障比例较大。

内部故障的特点是故障比例小，温升小，危害大，对红外检测设备要求高。

在电力行业，很早就将热像仪运用于设备的安全检修上，通过对电气设备和线路的热缺陷进行探测，如变压器、套管、断路器、刀闸、互感器、电力电容器、避雷器、电力电缆、母线、导线、组合电器、绝缘子串、低压电器以及具有电流、电压致热效应或其他致热效应的设备的二次回路等，对于及时发现、处理、预防重大事故的发生可以起到非常关键而有效的作用。所谓电气设备热缺陷，通常是指通过一定手段检测得到，由于其内在或外在原因所造成的发热现象。

当前，应用红外热成像技术开展电力设备故障诊断工作较为普遍，如图 5-6 所示。

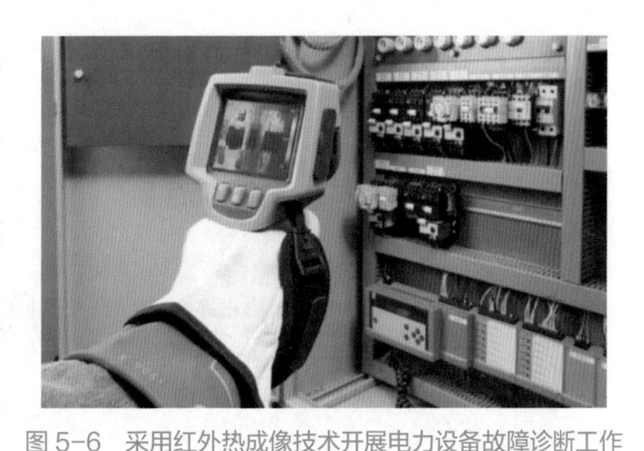

图 5-6 采用红外热成像技术开展电力设备故障诊断工作

采用红外热成像技术可开展以下电力设备故障诊断工作：

（1）高压电气设备运行状态检测与内、外中心故障诊断。

（2）各类导电接头、线夹、接线桩头氧化腐蚀以及连接不良缺陷。

（3）各类高压开关内中心触头接触不良缺陷。

（4）隔离刀闸刀口与触片以及转动帽与球头结合不良缺陷。

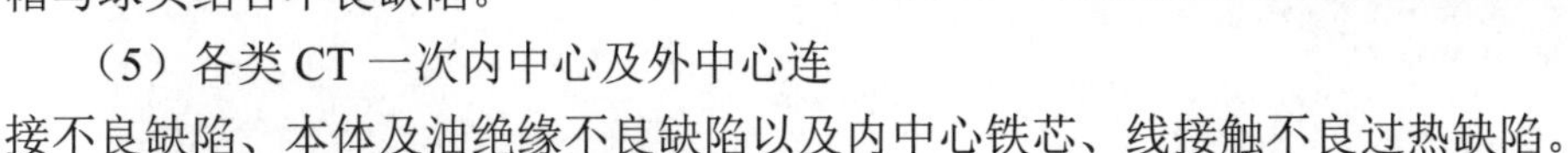

（5）各类 CT 一次内中心及外中心连接不良缺陷、本体及油绝缘不良缺陷以及内中心铁芯、线接触不良过热缺陷。

（6）各类 PT 绝缘不良缺陷、缺油以及内中心铁芯、线圈过热缺陷。

（7）各类电容器过热、耦合电容器油绝缘不良和缺油（低油位）缺陷。

（8）各类避雷器内中心受潮缺陷、内中心元件老化或非线性特性异变缺陷。

（9）各类绝缘瓷瓶表面污秽缺陷、零值绝缘子检测、劣化瓷瓶检测。

（10）发电机运行状态检测、电刷与集电环接触状态检测、内中心过热检测。

（11）电力变压器箱体过热，涡流过热，高、低压套管上下两端连接不良以及充油套管缺油（低油位）缺陷。

（12）各类电动机轴瓦接触不良以及本体内、外中心过热。

在红外热成像预测维护领域，采用红外热成像仪对所有电气设备、配电系统，包括高压接触器、熔断器盘、主电源断路器盘、接触器以及所有的配电线、电动机、变压器等，进行红外热成像检查，以保证所有运行的电气设备不存在潜伏性的热隐患，有效防止火灾、停机等事故发生，如图 5-7 所示。下面是使用红外热成像产品进行检查的部分设施：

（1）各种电气装置：可以发现接头松动或接触不良、不平衡负荷、过载、过热等隐患。其影响为产生电弧、短路、烧毁、起火。

（2）变压器：可以发现的隐患有接头松动、套管过热、接触不良（抽头变换器）、过载、三相负载不平衡、冷却管堵塞不畅等。其影响为产生电弧、短路、烧毁、起火。

（3）电动机、发电机：可以发现的隐患是轴承温度过高，不平衡负载，绕组短路或开路，电刷、滑环和集流环发热，过载过热，冷却管路堵塞等。其影响为有问题的轴承可以引起铁芯或绕组线圈的损坏；有毛病的电刷可能损坏滑环和集流环，进而损坏绕组线圈，还可能引起驱动目标的损坏。

（4）红外热成像仪可帮助在灾害现场的救援人员在充满烟雾的环境中快速定位被困人员，而且可以快速区分燃烧区域和未燃区域，从而进行救援。

（5）大型电机绕组局部发生短路，用其他方法很难快速找到位置，但是利用短路会发热的特点，使用红外热成像技术就可以快速找到短路部位。

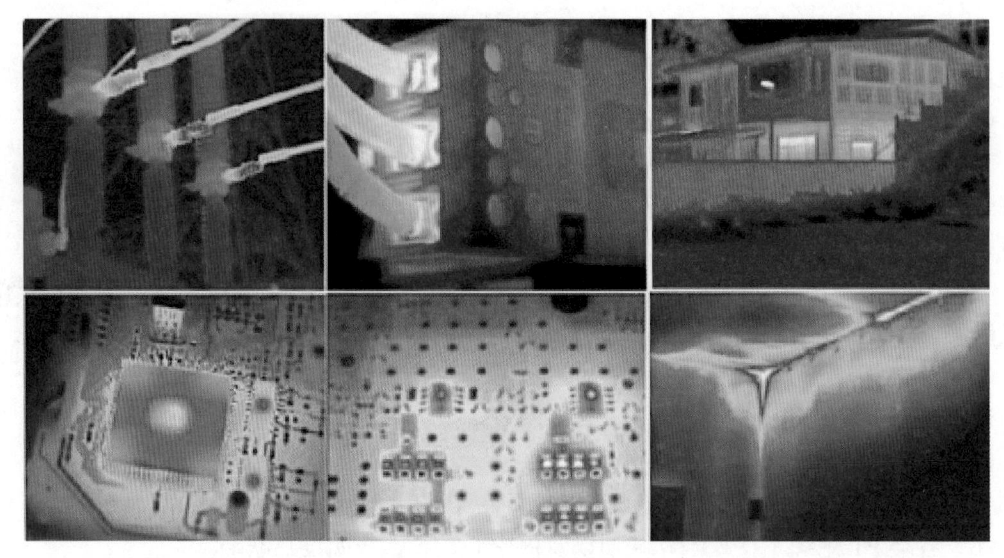

图 5-7　红外热成像检查

二、无人机勘察

近年来，无人机已经在各种行业情境下投入实际使用，能够有效在灾害发生时快速确认损害的整体情况以及进行信息收集，如图 5-8 所示。

（a）

（b）

图 5-8　无人机应用示意图

我国国土面积大，地震、台风、水灾、火灾等自然灾害多发，可借助无人机，并使用热成像仪、探照云台、测绘相机等任务载荷快速展开救援。无人机在灾害的调查与救援应对中扮演着越来越重要的角色。同时，无人机设备受到环境的影响比较轻，不会产生视觉障碍，在易燃、高爆、有毒气体、核污染等事故现场勘测过程中，具有明显的安全性优势，可以广泛应用于电力应急领域。

我国每年规划改造数千千米输电线路，需要进行详细的信息收集和测绘。使用无人机测绘系统不仅可以高效获取数据，还可以优化输电线路路径，减少环境对信息采集和勘测的多方面影响，可以为未来整体智能电网建设提供基础数据。

（1）工程架线

最原始的工程架线方法是人工铺设牵引绳，不仅施工效率低，而且难以完成施工中遇到的特殊地形穿越。动力伞是目前常用的铺设牵引绳的施工方法，但需要驾驶员控制，导致施工风险大，飞行稳定性差。利用多旋翼无人机架线，能轻松飞越树木、湖泊等复杂地形，准确将引导绳降落到地面，顺利完成穿越任务，在降低劳动强度和难度的同时，保证了施工中的人身安全，如图 5-9 所示。

（2）智能线路检测

无人机具有很强的机动性、悬停稳定性和灵活性，不受地形影响，非常适合输电线路架空设备的巡检，如绝缘子、接地线等；同时，可以方便地抓取图像和视频，帮助技术人员了解设备的具体情况，使维修计划更加方便合理。无人机巡检可以大大提高输电维护检修效率，使很多任务在充满电的环境下快速完成，作业半径可达 100km 以上，不受地形干扰，是一种安全、快捷、高效、有发展前途的巡检方式，如图 5-10 所示。

图 5-9　工程架线

图 5-10　智能线路检测

（3）高山路线铁塔的检查

按照传统的巡检方式，由于铁塔建在高山上，悬崖陡峭，道路艰难，完成巡检至少需要三四个小时。使用无人机后，可以在山脚下对山上的铁塔进行全面检查，只需要 20min 左右，大大提高了效率，节省了人力物力，提高了操作人员的安全系数。

三、卫星勘察

人造地球卫星是指环绕地球飞行并在空间轨道运行一圈以上的无人航天器，简称人造卫星。人造卫星是发射数量最多、用途最广、发展最快的航天器，主要用于科学探测和研究、天气预报、土地资源调查、土地利用、区域规划、通信、跟踪、导航等领域。

电力是直接关系国计民生的重要基础行业，电力通信网承载着电网调度自动化、市场化运营、信息化管理等多种重要业务，对电网发展有着重要作用。随着地球环境变化和电网规模扩大，遇到突发情况，如地震、冰冻、洪涝等重大自然灾害时，电力设施、通信网络往往遭受到严重破坏甚至毁坏，致使电力生产瘫痪。这时需要建立一种应急通信平台，实时传递现场信息，为后方指挥调度提供安全、可靠、准确的通信保障，从而快速恢复电力生产业务，保证生活、生产用电。卫星通信对外部环境依赖性小，具有覆盖面积广、通信距离远、部署机动灵活、不易受地质灾害影响等特点，特别适合应急、救援通信，成为电力系统应急保障的首要选择。

卫星通信是以人造地球卫星为中继站，使地球上各个通信站之间实现通信，可实现点对点、点对多点（星状网）、多点对多点（网状网）通信。针对应急事件的突发性、影响程度不确定性等情况，卫星通信由于自身特点，作为应急保障使用在消除通信孤岛方面有着重要的作用。

北斗卫星导航系统能够提供高精度、高可靠性的定位、导航和授时服务，具有导航和通信相结合的服务特色。通过十几年的发展，这一系统在测绘、电网、交通运输、电信、水利、森林防火、减灾救灾和国家安全等诸多领域得到应用，产生了显著的社会效益和经济效益，特别是在四川汶川、青海玉树抗震救灾中发挥了非常重要的作用。

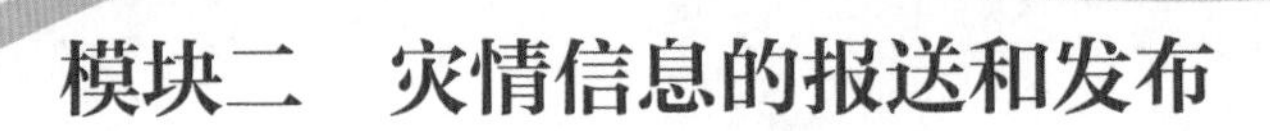

模块二　灾情信息的报送和发布

培训目标

掌握灾情信息的报送方法和发布要领。

知识点

一、灾情信息的报送方法

（一）报送要求

灾害事件发生后，事发单位应及时向上一级单位行政值班机构和专业部门报告，情况紧急时可越级上报。根据突发事件影响程度，依据相关要求报告当地政府有关部门。信息报告时限执行政府主管部门及电力系统的相关规定。

应急办根据要求做好统一对外信息报送工作，各专业部门负责对外报送信息的审核工作，确保数据源唯一，数据准确、及时，审核后由相关部门履行审批手续，由应急办报送。

（二）报送方式

灾害事件信息报告包括即时报告、后续报告，报告方式有电子邮件、传真、电话、短信等（短信方式需收到对方回复确认）。

灾害事发单位、应急救援单位和各相关单位均应明确专人负责应急处置现场的信息报告工作。必要时，各单位可直接与现场信息报告人员联系，随时掌握现场情况。

（三）报送内容

灾害总体形势，事发单位电网设施设备受损、人员伤亡、次生灾害、对电网和用户的影响、事件发展趋势、已采取的应急响应措施、抢修恢复情况及下一步安排等。从报送渠道和范围上具体分为内部报告和对外报告。

1. 内部报告

（1）预警阶段，事件属地单位向应急办报告本单位预警发布和预警结束情况，以及事件可能发生的时间、地点、性质、影响范围、趋势预测和已采取的措施及效果等信息。

（2）发生灾害事件后，事发单位即时报告的内容包括时间、地点、基本情况、影响范围等概要信息。

（3）响应阶段，事发单位向应急办报告本单位启动、调整和终止事件应急响应情况，以及事件发生的时间、地点、性质、影响范围、严重程度，政府、媒体、网络舆论反应，已采取的措施及效果和事件相关报表，应急队伍、应急物资、应急装备需求等信息。

2. 对外报告

（1）信息初报的内容包括事件发生的时间、地点、基本经过、影响范围等概要信息。

（2）信息续报的内容包括事件发生的时间、地点、基本经过、影响范围、已造成后果、初步原因和性质、事件发展趋势和采取的措施以及信息报告人员的联系方式等。

灾害事件预警（响应）行动日报模板

案例

关于国网南充供电公司营山县发生暴雨（灾害）的报告（速报）

国网四川省电力公司：

根据营山县气象台暴雨红色预警，2021年8月8日00时00分00秒，在营山县老林镇、悦中乡、明德乡发生暴雨天气（灾害），截至2021年8月8日13时30分00秒，导致11条10kV线路停运，共421个台区，停电用户30 789户，其中主动避险停电8条10kV线路，303个台区，停电用户21 652户。故障跳闸3条10kV线路，118个台区，停电用户9137户。

国网营山县供电公司已于8月8日13时30分启动三级防汛应急响应。派出抢修人员（含待命）270余人次、抢修车辆24辆。根据国网营山县供电公司请求，国网南充供电公司已支援发电机15台。其中，8kW发电机5台，10kW发电机10台。

无人员伤亡。

信息报送联系电话：0817-2274699

南充供电公司

2021年8月8日

二、灾害信息社会发布

（1）信息发布内容须经本单位领导小组授权，并向上级单位宣传部门报备，由本单位宣传部门统一发布。

（2）接到灾害事件信息后，若有信息发布必要，宣传部门应在 30 分钟内通过本单位官方微博、微信等方式完成首次信息发布。

（3）视事态进展情况，每隔 2 小时开展后续信息发布工作，直至应急响应结束。

（4）定期或在关键节点，在政府相关部门的统一组织下，全面介绍停电情况、采取的措施、取得的成效、存在的困难以及预计恢复供电时间等，争取公众理解和社会资源的支持。

（5）组织媒体现场采访，保持正面传播态势。

模块三　应急信息传输

培训目标

了解并掌握移动手机传输、公网网络传输、卫星传输、北斗传输和短波传输等应急信息传输方式。

知识点

现代意义的应急信息传输，一般是指在出现自然或人为突发性紧急情况时，同时包括重要节假日、重要会议等信息传输需求骤增时，综合利用各种通信资源，保障救援、紧急救助和必要通信所需的通信手段和方法，是一种具有暂时性的、为应对自然或人为紧急情况而提供的特殊通信机制。

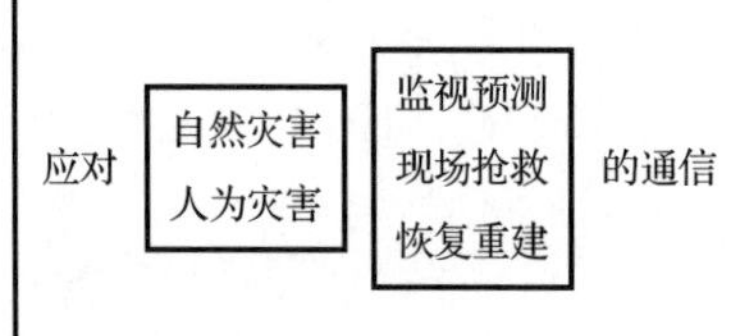

图 5-11　应急通信功能结构图

从应急概念因素分析来看，显然应急传输不是一种通信方式，而是一组支持不同应急需求的具有不同属性的通信方式。图 5-11 为应急通信功能结构图。由图可知，应急通信根据使用要求不同可分为 6×2×3=36 种应急通信系统，如支持国家重大突发事件监视和预测的通信系统、支持地方发现和处理突发事件的通信系统、支持灾区最高指挥员实施现场指挥的通信系统、支持现场抢救的通信系统、现场电视转播系统、灾区现场应急通信技术支持系统、灾区群众自救和呼救应急通信、灾区群众对外通信等。

一、移动手机传输

随着 IP 应用的逐渐普及，以宽带无线网络技术为基础的应急通信设备被部署到了各个救援单位。目前，主要用于现场 IP 访问的 WLAN 和自我组织、自我管理、自我修复、灵活的障碍迂回通信功能、环境适应性的网状系统与 4G 移动通信等技术相结合，构成包含多跳无线链路的无线网状网络，提供紧急现场 IP 网络和语音服务，或近距离接入点和远距离接入点。图 5-12 为移动传输示意图。

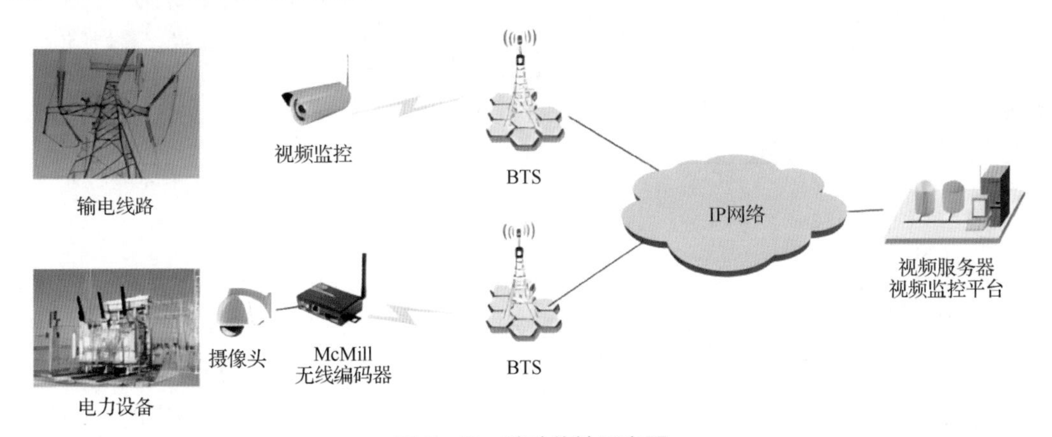

图 5-12　移动传输示意图

二、公网网络传输

公网是包括应急指挥在内的所有现场人员最容易使用和熟悉的通信方式，如果道路条件允许，则使用目前应急通信保障组配备的带有卫星传输通道的移动 4G/5G 基站车，可以解决应急现场一定范围内的大众移动通信需求，对不同等级的用户实行现场优先差异访问。

三、卫星传输

卫星传输是指利用人造地球卫星作为中继站转发或反射无线电信号，在两个或多个无线电通信站（包括地面站、机载站、车载站、船载站和各式手持移动终端等）之间进行信息传输的通信手段，如图 5-13 所示。卫星通信具有覆盖面广、容量巨大、通信不受地理环境和气候条件的限制且信道稳定、通信质量好等特点。卫星通信的用户终端逐渐小型化，可以提供语言、图像、文字、数据等多媒体通信。在平时的工作中，卫星通信和有线通信、公网通信相比，无论是带宽还是性价比都处于劣势，但当发生地震、洪水、台风、海啸等重特大灾难时，地面通信系统易遭受破坏而无法使用，而卫星通信由于和当地接入网没有任何关联，可直接和异地的地面站通信，是应急通信和灾害备份通信的最适用手段。

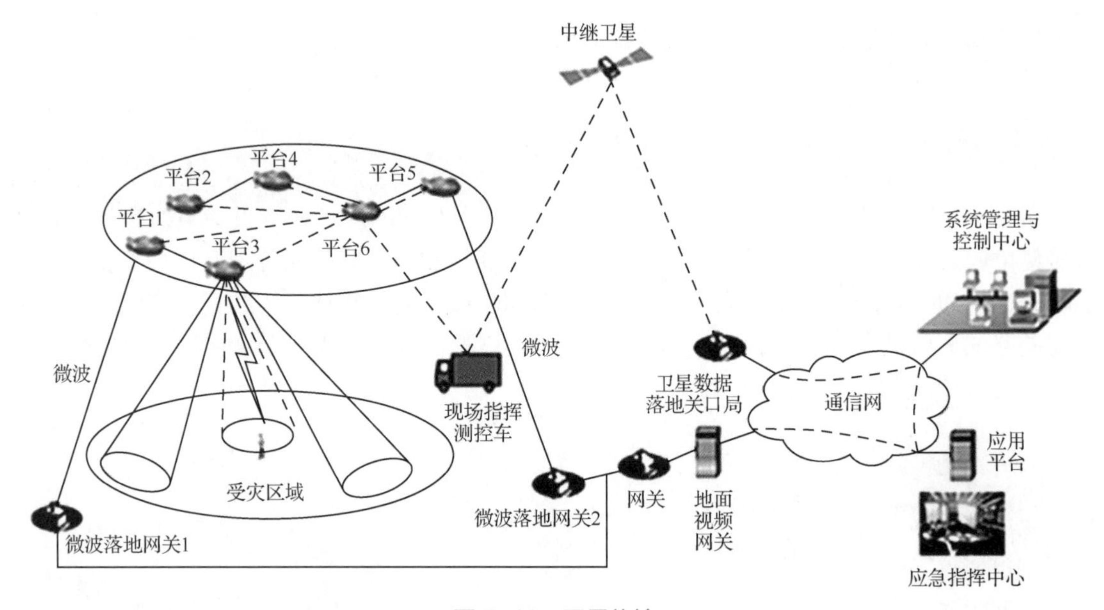

图 5-13　卫星传输

四、北斗传输

北斗卫星导航系统（简称北斗系统）是中国着眼于国家安全和经济社会发展需要，自主建设、独立运行的卫星导航系统，是为全球用户提供全天候、全天时、高精度的定位、导航和授时服务的国家重要空间基础设施，如图 5-14 所示。北斗系统特有的短报文与位置报告功能能够实现灾害预警速报、救灾指挥调度和快速应急通信，可以极大地提高应急救援反应速度和决策能力。

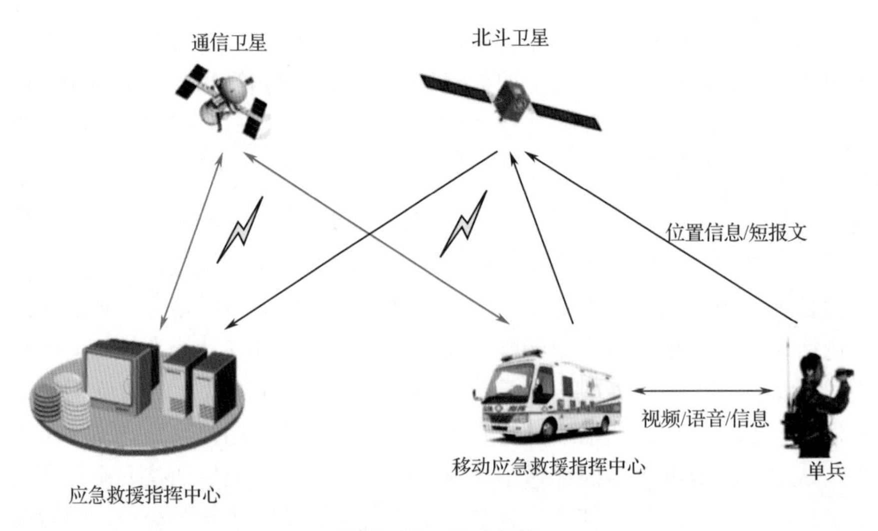

图 5-14　北斗传输

随着北斗系统建设和服务能力的发展，相关产品已广泛应用于交通运输、海洋渔业、水文监测、气象预报、测绘地理信息、森林防火、通信时统、电力调度、救灾减灾、应急搜救等领域，逐步渗透到人类社会生产和人们生活的方方面面，为全球经济和社会发展注入新的活力。

北斗系统具有以下勘灾功能：

● 水文监测方面，成功应用于多山地域水文测报信息的实时传输，提高灾情预报的准确性，为制定防洪抗旱调度方案提供重要支持。

● 气象测报方面，研制一系列气象测报型北斗终端设备，形成系统应用解决方案，提高了国内高空气象探空系统的观测精度、自动化水平和应急观测能力。

● 通信系统方面，突破光纤拉远等关键技术，研制出一体化卫星授时系统，开展北斗双向授时应用。

● 电力调度方面，开展基于北斗的电力时间同步应用，为在电力事故分析、电力预警系统、保护系统等高精度时间应用创造了条件。

● 救灾减灾方面，基于北斗系统的导航、定位、短报文通信功能，提供实时救灾指挥调度、应急通信、灾情信息快速上报与共享等服务，显著提高了灾害应急救援的快速反应能力和决策能力。

五、短波传输

短波传输是指以波长为 10 ～ 100m、频率为 3 ～ 30MHz 的电磁波进行的无线通信，基本传播途径有天波和地波两种。短波通信是唯一不受网络枢纽和有源中继制约的远程通信手段。短波通信与其他通信手段相比，安装方便，没有地域的限制，使用费用低，但通信效果不如其他通信方式（如卫星、微波、光纤）好。

1. 超短波传输

利用波长为 1 ～ 10m、频率为 30 ～ 300 MHz 的电磁波进行无线通信叫作超短波通信，也称米波通信。超短波通信的频带宽度是短波通信的 10 倍，受天气影响小，天线不但结构简单，尺寸还小，采用调频的方式实现调制，传输同样的信号发出的噪声要小得多，所以现在也是应急通信车的常用通信手段。

应急通信车主要是经由中继站和终端站两者共同构成的超短波通信系统。发射机、接收机、天线和载波终端机都包含在终端站里，中继站则涵盖了两个方向的发射机、接收机及相关配套天线。

2. 短波传输

利用波长为 10 ～ 100m、频率为 3 ～ 30 MHz 的电磁波进行无线通信叫作短波通信。由于其频率比较高，在有些场合下又称为高频通信。其技术比较成熟，而且信号传播距离远，超视距通信无须转发器，设备体积小且成本较低，在应急通信车上常被用到。

短波电台的应用解决了在电话网瘫痪情况下的长距离通信问题，是应急通信的最佳保障，应用领域广泛。

短波通信主要靠电离层将发射电波反射到接收设备完成信号的传递，其通信系统主要由发信天线、收信天线、发信机、收信机及一些终端设备组成。在卫星通信、光纤通信诞生之初，短波通信因为受天气的影响较大且会发出噪声，曾一度遭到抛弃，现在随着相关配套技术的提升，短波通信已成为应急通信车的主流通信手段之一。图 5-15 为短波传输示意图。

图 5-15　短波传输示意图

Chapter 6

第六章 电力应急后勤保障技术

模块一　电力应急后勤保障

培训目标

1. 了解电力应急后勤保障的概念和基本要求。
2. 了解电力应急后勤保障的特点和难点。
3. 了解电力应急后勤保障的实施内容。

知识点

一、后勤的基本内涵

后勤是后方勤务的简称。它源于军队，是一个军事概念和军事术语，现通指后方对前方的一切供应工作，也指机关、团体中的行政事务性工作。电网企业后勤是指运用一定的理论、方法和手段，调配资源，通过计划、组织、协调开展相关业务，为组织运营提供保障服务的过程，具有社会性、经济性、先行性、政策性、专业性、服务性等性质。后勤工作重在资源管理和服务管理，其内涵是指围绕企业发展目标，通过集成和优化配置后勤系统人、财、物等内外部资源，组织实施小型基建及非生产性设备技改和大修、非生产性房地的资产管理、物业服务、车辆服务、员工生产生活服务等业务活动，高品质服务员工生产生活，保障电网核心业务正常运营，满足平时常规和应急伴随保障需求，有力支撑企业发展战略。

二、后勤应急保障的定义

电网企业后勤应急保障包括为应急行动而提供的后勤伴随保障服务和后勤专业突发事件应急处置两个部分。一方面，在防范、应对突发事件及处理相关善后事宜时，在应急各阶段应采取正确有效快速的后勤保障措施，为应急工作正常有序开展提供必要的后勤保障和服务。另一方面，当后勤管理与服务保障范围内发生突发事件时，后勤管理部门必须采取相应措施，执行相关预案，实施应急行动，使后勤专业范围内包括预防及应急准备、监测与预警、应急保障实施、恢复与重建等一系列手段得到落实，突发事件得到有力、有序、有效的处置。

三、后勤应急保障的基本要求

电网企业后勤应急保障实施过程中，应根据国家应急方面法律法规、企业规章制度和应急预案，满足以下基本要求：

（1）以人为本。始终把保障生命财产安全作为首要任务，加强突发事件后勤应急体系建设，为参与应急抢险、救援工作的各类工作人员提供完善的后勤保障支撑。

（2）协调分级。按照电网企业突发事件应急处置的各项要求，在统一领导下，协调联动、分类管理、分级负责、属地为主、安全有效地开展后勤应急保障工作。

（3）突出重点。采取必要手段保证应急抢修、救援人员基本生活条件，突出保证从事主要网架、高危用户、重要用户恢复供电工作人员的后勤保障。

（4）资源整合。充分发挥集团化优势，加强与相关方沟通协作，建立健全“上下联动、区域协作、协同响应、快捷高效”运行机制，整合内外部后勤应急保障资源，协同开展突发事件后勤应急保障工作。

（5）提高素质。持续加强突发事件后勤应急保障宣传、培训和演练，针对本地域多发的突发事件，开展后勤应急保障工作的培训和应急演练，提升自救、互救和应对突发事件的后勤保障能力。

（6）流程优化。强化后勤保障装备、设施、器具配置，不断提升保障效率，确保各保障专业协同作战、充分融合，形成合力。

四、后勤应急保障的特点和难点

（一）后勤应急保障的特点

后勤应急保障是在突发事件处置情况下提供的后勤保障，与日常后勤保障相比有较大的不同，具有时效性、多样性、复杂性、艰巨性等特点。

（二）后勤应急保障的难点

（1）物资筹措难度大。在后勤应急保障任务执行过程中，受经济、地域、气候等因素影响，部分后勤应急物资无法提前储存、长期储备，突发事件应急行动发生时，临时就地筹措难度大，现场交通物流及环境状况多变，也给后勤应急保障带来许多困难。

（2）应急保障任务侧重面对各种特殊环境的多方位应急，后勤应急保障任务纷繁复杂，现场多变的状态可能使应急预案、现场处置方案无法全面实施，服务保障人员可因地制宜采取切实可行的措施，确保后勤保障不间断。

（3）社会依托性强。应急抢修、救援现场单位多、人员多、装备多、处置时间长，车辆维修、医疗急救、餐饮、住宿等可依托当地政府、社会力量，协同配合，形成合力。

五、后勤应急保障的主要目标及实施

（一）后勤应急保障的主要目标

后勤应急保障应以“保障零差错、服务零距离、工作零投诉”为目标，为应急场所、应急人员提供及时、优质、可靠的后勤服务保障。

（二）后勤应急保障的实施

按照《中华人民共和国突发事件应对法》和电网企业应急工作管理的相关规章制度，结合后勤应急保障实际情况，可以把后勤应急保障的实现流程归纳为以下几项内容。

1. 保障准备

后勤应急保障预防与准备阶段包括人员准备、培训演练、信息收集等主要工作。

（1）人员准备

后勤应急保障人员应涵盖物资、餐饮、住宿、医疗、交通、物业等专业，应以属地单位后勤人员为主，由具有工作经验的后勤保障专业人员组成。后勤应急保障人员应具备所需专业资质能力，有关岗位人员需持证上岗。分区域、网格化大面积作业时，宜在后勤应急保障人员分布密集区域设立后勤保障驻点机构，配备驻点负责人及对各专业后勤管理人员实施统筹。

（2）培训演练

后勤应急保障人员应定期接受应急培训和应急演练，内容包括：后勤应急保障预案和现场处置方案；针对特定突发事件的避险和逃生，如地震避险逃生、台风避险逃生、火灾避险逃生、交通事故避险等；医疗急救与卫生防疫，如触电、溺水、中暑、冻伤急救及消毒杀菌等；突发公共卫生事件处置，如食物中毒、传染源隔离等；野外生存专业知识与技能，如定向行军、营地搭建、饮食补给等；应急装备的操作使用与维护保养，如特种车辆驾驶和保养等。

此外，还应加强与社会应急培训机构的交流合作，适时开展后勤应急保障能力培训，在培训和演练结束后进行评估和分析。

（3）信息收集

突发事件发生后，应首先收集突发事件的类型和级别、发生地、抢险救灾人员数量、应急处置现场地形条件、天气情况、属地后勤物资储备情况等与后勤保障高度相关的要素信息，具体包括物资保障信息、餐饮保障信息、住宿保障信息、医疗保障信息、交通保障信息、物业保障信息等。

2. 保障内容

（1）物资保障

根据预警信息和实际应急需求量，采用实物采购、协议（合同）采购、应急采购等方式。后勤应急保障物资实时开展实物储备、协议储备、动态周转方式储备，并分类存放、专人看管，属地单位后勤应急保障物资不足时，协调其他储备点（库）后勤应急保障物资。根据突发事件种类和应急抢险人员数量，及时筹措、配送物资，随后勤应急保障工作同步开展。

（2）餐饮保障

餐饮保障可采取食堂就餐、就近配送、餐饮企业就餐、自行携带等方式。

根据不同餐饮方式配置相应的设备设施。按照预估最多参加应急处置人员数量，确定采购储备的食品品种及数量。餐食加工过程卫生应符合国家标准要求。餐具消毒应符合国家卫生标准规定。搭建临时食堂时，应依据餐饮保障现场条件及餐饮保障需求，按照标准确定食堂规模，划分食堂区域、每人就餐面积、厨房区域、食品库房面积等。特殊情况下，要因地制宜选择适合的场所提供就餐服务。

（3）住宿保障

按照“先内部资源、后外部资源”的原则，住宿保障包括驻地宾馆酒店住宿、室内临时住宿、野外临时住宿三种方式。宾馆酒店等住宿场所以房间配备为主，床上及生活用品不足时可按实际需要进行补充。室内临时住宿由后勤部门提前安排，配置床上及洗漱用品。野外临时住宿可配置帐篷及相应配套用品。冬季应做好防寒保暖措施，夏季应做好防暑降温、防蚊虫等措施。

（4）医疗保障

医疗保障以内部医疗机构力量为主，实施医疗救治、疾病预防控制等应急医疗保障工作。医疗保障采用驻点诊治和巡回诊治相结合的形式。根据地域特点和季节特点，配备急救箱、急救包，结合应急保障现场实际、季节性特点和地域特点配置医疗用品。临时医疗点和应急医疗巡诊小组应配备医生、护士、驾驶员及应急医疗保障车。自然灾害应急现场需开展疫情预防、监测。

（5）交通保障

按照“先内部资源、后外部资源”的原则，根据突发事件类型和地域差异及实际需求，属地单位统筹配置交通运输工具和必要的备品备件，交通运输工具宜定期轮换。优先考虑素质较高、驾龄较长，并掌握一定维修技术的驾驶员。在规定时间内，将抢险救灾人员和保障物资快速、准确、安全地送达现场。

（6）物业保障

按照现场物业保障和应急保障相结合的方式，配置保洁人员、设备维护人员、会务人员、安保人员及相应的设施设备、工器具等，开展卫生保洁、环境整治、会议服务、秩序维护、消防管理等工作。

3. 保障解除

（1）突发事件基本处理完毕后，突发事件现场得到有效控制、次生灾害隐患消除、后勤应急保障工作已完成且不再启动的情况下，后勤应急保障终止，解除应急状态。

（2）解除应急状态后，可根据实际需要安排后勤应急保障人员，开展留守人员的后勤保障工作。

（3）后勤应急保障工作结束后，应进行后勤应急保障工作总结，编写后勤应急保障总结报告，并在一个月内报送；应开展突发事件后勤应急保障实施效果评估工作，评估方式以内部评估为主，有条件的可邀请外部专家进行评估，评估后形成评估报告。

模块二　电力应急物资仓储与配送

培训目标

1. 熟知应急物资的概念和分类。
2. 了解应急物资储备方式、要求及维护管理等知识。
3. 了解应急物资调用原则及要求。

知识点

一、应急物资的概念和分类

（一）基本概念

应急物资是指为应对突发公共事件应急处置过程中所必需的保障性物质，一般分为物资类和装备类：物资类主要是指应急救援过程中急用的易耗品；装备类主要是指应急救援过程中用来救援的设备和工器具等。

电力应急物资是指为防范恶劣自然灾害造成电网停电、电站停运，满足短时间恢复供电需要的电网抢修设备、电网抢修材料、应急抢修工器具、应急救灾物资和装备等。应急物资的种类繁多，不同灾难事件需要的应急物资也存在很大差别。

（二）常用应急物资

（1）防护用品、生命救助用品、生命支持用品、临时食宿用品、通信广播用品、污染清理用品、动力燃料、照明用品等。

（2）电网抢修器材工具，主要包括抱杆、倒链、地锚、铁桩、地钻、U形环、钢丝绳套、尼龙绳、油桶、起重滑车、卡头、导线卡头、地线卡头、光缆卡头、断线钳、绞磨、牵张一体机、压钳、带电跨越架、电缆输送机、电缆故障定位系统等。

（3）电网抢修工程材料，主要包括导线、钢绞线、光缆、补修管、铝包带、SF_6气体、线夹、间隔棒、跳线间隔棒、支撑间隔棒、充电模块、微机绝缘检测仪、集中监控器、蓄电池、电能表、端子排、控制电缆、动力电缆、小型断路器、直线接续管、耐张压接管、玻璃绝缘子、合成绝缘子、U形挂板、U形挂环、球头挂环、延长环、碗头挂板、直角挂板、并沟线夹、悬垂线夹、调整板、防震锤、均压环、均压屏蔽环、牵引板、预绞式导线接续条、防晕型预绞式护线条、远动装置钢管、木架杆、钢板、扁担、开口铜鼻、压接铜鼻、麻绳、钢丝绳等。

（4）危化品救援类，主要包括高压泡沫车、高压喷水车、液体抽吸泵、清污船、便携式可燃气体报警仪、危化品堵漏器具、工业毒气侦毒箱等。

（5）电缆隧道失火救援消防器材，主要包括高压脉冲水枪（防导电）、漏电检测棒、便携式多合一气检测仪（有毒、可燃）、热成像仪、正压式空气呼吸器、便携式氧气供应源、排烟机、通风机、高压清洗机、排污泵、双接口快速充气泵等。

（6）电力救援类，主要包括电力抢修车辆、抢修器材工具、应急发电车、燃油发电机组、移动应急充电方舱、应急发电机、供电接入及设备维修工具组合、泛光灯（自带发电机）、充电照明灯、车载探照灯、升降工作灯（自带蓄电池）、防爆手提探照灯等。

二、应急物资储备

应急物资储备直接影响应急物资保障的反应速度和最终成效。大量有效的应急物资储备可以大大压缩从灾害发生到救灾完成的间隔时间，减少采购和运输量以及相关成本。通过综合考虑突发事件未来可能发生地区的周边环境特点及预计的应急物资需求规模和具备的物流保障能力等，电网企业可以建立布局合理、综合配套、规模适度的应急物资储备体系。应急物资储备的关键在于物资储备内容和分类、应急物资储备定额和储备量的确定以及储备物资的合理维护和有效管理。

应急物资储备仓库遵循“规模适度、布局合理、功能齐全、交通便利”的原则，因地制宜设立储备仓库，形成应急物资储备网络。

（一）应急物资储备方式及要求

1. 储备方式

应急物资储备分为实物储备、协议储备和动态周转三种方式。

（1）实物储备。实物储备是指应急物资采购后存放在仓库内的一种储备方式。实物储备的应急物资纳入公司仓储物资统一管理，定期组织检验或轮换，保证应急物资质量完好，随时可用。

（2）协议储备。协议储备是指应急物资存放在协议供应商处的一种储备方式。协议储备的应急物资由协议供应商负责日常维护，保证应急物资随时可调。

（3）动态周转。动态周转是指在建项目工程物资、大修技改物资、生产备品备件和日常储备库存物资等作为应急物资使用的一种方式。动态周转物资信息应实时更新，保证信息准确。

2. 储备要求

储备要求：建立统一规划、统一要求、统一标准的省、地（市）、县公司三级后勤应急物资储备库，实行专人管理；同一地区根据需要建立多个后勤应急物资仓储，纳入各单位应急物资仓储统一管理；建立各省后勤应急物资仓储联动机制，以及省、市、县各级后勤应急物资仓储联动机制，确保突发事件发生时随时可调用后勤应急物资，彼此联动、互为补充；建立统一的应急物资储备信息台账，准确掌握实物储备、协议储备和动态周转物资信息；为满足不同灾害类型、不同突发事件的物资需求，需储备和配置有针对性的应急物资。

（二）应急储备物资维护和管理

1. 应急物资库存管理

目前，很多地区的库存状况都不一致，各级仓库包括省区、县市、镇街的情况都有差异，库存控制要根据当地的实际情况结合成本管理的要求进行配置。控制库存的目的，是对应急物资进行有效的监控和管理，以维持设备服务水平和库存物资的最佳平衡，从管理的角度说，要想以最小的库存投资保持较高的服务水平，就需要先进的库存决策方法。针对电网企业应急物资的特点，以下简单介绍一些控制库存的管理方法。

1）定量控制法和资金控制法

（1）定量控制法，即根据仓库管理人员提供的物资库存情况组织采购。当库存量接近或等于保险储备量时，仓库管理人员就发出信号要求组织进货。采用此法应注意的问题：①根据物资收、耗、存的统计资料，预测资源和需用趋势，主动与供货单位协调，争取恰当的供货周期和批量；②订购物资的计划要与生产经营计划衔接，进行物资储备量控制的决策；③供应部门应把物资储备定额作为计划、订购、保管工作的依据之一。

（2）资金控制法，根据物资储备资金定额控制储备量，按物资的订购任务把储备资金按月或按季度分给计划和采购人员，按经济责任制进行奖罚，具有明显经济效果。

2）定期订货和定量订货方式

由于物资储备量控制与采购方式有关，因此要做好物资储备管理应注意采购方式。

① 定期订货方式，又称定期盘点法订货方式，订货时间事先确定，订货数量的计算公式为：

订货数量 = 平均每日需求量 ×（采购或订货日数 + 供应间隔日数）- 期货数量 + 保险储备量

式中，采购或订货日数包括从发出订货单到物资验收入库为止所需要的时间；期货数量是指已经订货、尚未交货而在供应间隔数日内可以到货的数量。

② 定量订货方式，即库存量降到一定水平（订货点）时，便以已经算好的固定数量去订货。确定订货点的关键在于计算出订货点的储备量。

所谓“订货点”就是物资库存量下降到必须再次订货的数量界限。提出订货时的库存数量称为订货点量，是根据保险储备量、订货日数以及平均每日需求量等因素确定的。计算公式为：

订货点量 = 平均每日需求量 × 订货日数 + 保险储备量

合理地确定订货点，是保持合理物资储备的重要措施。在一定条件下，如果订货点定得过高，物资储备就会过多，从而增加保管费用；订货点定得过低，物资储备就会过少，从而影响生产的正常进行。

在实际情况中，某些大型设备价值数量巨大，有的可能并非电网企业所能承担的，加上电力设备的专用性，使得企业维持这类设备的库存不可能也没必要。在对这种设备的需求提前得到详细预知的情况下，可以不维持对这类设备的库存，而是根据实际计划情况，按照用户要求实施及时采购，如采用集中招标采购，将常用规格的大型设备先定好生产厂家就可实施及时采购。

2. 应急物资合同管理

物资合同管理是电力应急物资工作的核心部分。由于目前电网应急所需的重要材料、设备均由供应商提供，电网企业必须加强合同管理，依据合同的有关条款对供应商供货的主要材料、设备的交货计划进行控制，以满足应急管理的需要；对于入库的主要材料、设备依据有关规定进行质量检验，做好原始记录和合同索赔准备工作。

（1）依据供货合同和救援进度，快速准确地掌握每一件（种）应交设备、工程材料供应商真实的生产和运输安排情况。

（2）加强供应商管理。通过采集供应商的历史交易记录，建立实用、先进的模型，对供应商从质量、价格、交货期、服务、可持续改进等多个方面进行科学评估。

3. 应急物资制度管理

（1）对应急物资进行必要的分类，针对具体情况适当地增加所存储的应急物资的品种和数量，同时合理化物资存储的布局、规模及结构。

（2）发挥市场机制的调节作用，保障应急物资储备工作落实到位。

（3）高度重视质量，严格制定并有效地执行物资的入库和验收制度。

（4）全面地制定针对储备物资的筹集、存储、配送等各个环节的程序和规章制度，以建立完善的储备物资日常管理制度。

（5）完善统计报告制度。针对前期对应急物资需求的准确分析，精确、全面地记录应急物资的储备和使用情况，并定期向上级汇报。

（6）完善应急物资储备管理的信息系统建设，充分发挥信息系统的整体功能，以保障各个层级救灾应急物资储备信息的共享，从而制定有效的应对策略。

（7）合理借鉴国外经验，走应急物资储备的专业化与社会化相互结合的道路，从而建成一体化、全面的存储体系。

三、应急物资调配

（一）应急物资调用

根据电网企业实际，后勤应急物资的调用应符合物资管理的相关规定，并针对应急物资的特点进行调用。当属地单位后勤应急保障物资不能满足保障需要时，可以申请协调其他储备点（库）后勤应急保障物资。调用物资时，应当遵循以下原则及要求。

1. 统一指挥、分级响应

应急物资调用应按照“统一指挥、分级响应”的原则进行。突发事件发生单位应协调做好突发事件现场的物资保障工作，必要时报请上级单位协调支援，开展跨单位间的物资调配工作。

2. 公开、透明、节俭

应急物资调用应当坚持“公开、透明、节俭”的原则，且原则上应按照申购制度、程序和流程操作。已消耗的应急物资要在规定的时间内，按调出物资的规格、数量、质量提出申请，组织采购。

3. 先近后远、先主后次、满足急需

应急物资调用应根据“先近后远、先主后次、满足急需”的原则进行。

在应急储备物资不足的紧急情况下，在征得应急指挥部同意后，可实行“先征用，后结算”的办法。

4. 选择安全、快捷的运输方式

应急物资调拨运输应当选择安全、快捷的运输方式。紧急调用时，相关单位和人员要积极响应，通力合作，密切配合，建立“快速通道”，确保运输畅通。

（二）应急物资配送

1. 应急物资运输

应急物资运输多指中长距离的物资运送，它填平了物资与救灾点之间的空间距离，使得物流得以真正地实现，是实现应急物流过程的重要环节。在整个应急物流过程中，运输机构的运作是相对独立的，应急物资运输在应急物流中的作用体现在以下三个方面：

（1）应急物资运输是应急物流的重要环节。

（2）应急物资运输是加快应急物流全过程连续不断进行的前提条件。

（3）应急物资运输是衔接物资采购、配送和消耗的纽带。应急物资从采购、运输、配送到消耗是一个完整的物流过程。各环节之间既是相互独立的，又是相互联系、相互促进和相互制约的。

2. 应急物资配送方式选择

应急物资配送是指在突发性自然灾害、突发公共卫生事件、突发事故、重大险情和战争发生后对急需物资进行拣选、包装、加工等作业，并按时送达指定地点的物流活动。应急物资的配送是应急管理实施流程中的最后环节，对于灾害救急、减少伤亡、减少损失、处理灾情等具有极其重要的作用。

在应急条件下，由于应急物资的配送作业具有时间紧、要求高、难度大等特点，这就要求应急物资的配送要遵循及时、准确、安全、高效的原则，同时在物资配送前对现有物资进行清理规划，及时了解前方灾情，制定配送预案，完成好配送任务。

应急物资的配送方式大致有定时配送、定量配送、定时定量配送、及时配送、超前配送等几种。

3. 应急物资配送管理

应急物资配送管理要重点做好以下三项工作：

（1）采取灵活的配送方式，科学制订配送需求计划。在应急物资配送时，充分利用网络信息，研究用户需求特点，选出对配送影响较大的需求指标，并根据各指标不同的侧重点，运用系统工程原理，科学确定权数，构建完善的配送计划，根据不同的需求指标确定三级预警体系（一般级、严重级、紧急级）。

（2）充分利用电网企业内部网络平台以及外部电子商务平台，打好应急物资配送的“时间牌”。应急物资配送更应该突出配送的反应速度，着重优化应急物资配送网络，重新设计适合应急物资配送的流通渠道，减少物流环节，简化物流过程，提高应急物资配送的快速反应能力。

（3）做好应急物资配送的制度建设，加强配送体系的监管力度。实践证明，缺乏健全的配送制度建设，应急物资配送活动就无法正常开展，还可能给各级电网企业造成不同程度的损失。

模块三　应急物资起重与搬运

培训目标

1. 理解起重与搬运的基本概念，熟知起重与搬运作业的基本方法和一般安全要求。
2. 掌握常用手势、旗语和口笛起重指挥信号的含义并能正确使用。
3. 熟知起重机械类型和型号的选择方法，熟知运输路线选择的考虑因素。
4. 熟悉重物吊点的确定方法并能根据重物的形状、尺寸选择重物吊点。

知识点

起重和搬运是电力安装、应急抢修和维护作业中常见的作业方式之一，是具有势能高、移动性强、范围大、工作环境和条件复杂等特点的间歇性周期作业，也是一种需要多人协调配合的特殊工种作业。整个作业过程需要起重与搬运作业管理人员、起重机械指挥人员、操作人员、起重工的通力协作完成。尤其是应急物资的起重与搬运，由于灾后或事故后的环境和条件变化，工作环境恶劣，大型机械往往难以发挥作用，需要用传统的甚至是原始的起重与搬运方法，才能将应急物资转运到救灾抢险现场。

一、起重与搬运的概念

1. 起重作业

起重作业是指将机械设备或其他物件从一个地方垂直或水平移动到另一个地方的工作过程。起重作业一般采用起重工具和机械设备进行，如千斤顶、汽车起重机等。起重机械的应用对于提高作业效率、降低劳动强度等方面起着重要作用。

2. 搬运作业

搬运作业是指水平移动设备、工具或材料的工作过程。搬运作业可分为一次搬运和二次搬运。一次搬运是指将设备、材料等由制造厂运到工地仓库、设备的组装场地或堆放地。这种搬运运输距离较长，通常采用铁路、公路或水路运输。二次搬运是将设备、材料等由工地仓库或堆放地运输到安装现场。这种搬运一般运输距离较短，在施工现场常采用半机械化的搬运方法。

3. 起重与搬运一般安全要求

起重与搬运的作业方式和起重机械的结构特点，使起重机具和起重作业方式本身就存在着诸多危险因素，安全问题尤其突出。起重作业事故往往是危害很大的人身伤亡和设备损坏事故。起重与搬运作业一般安全要求如下：

（1）重大起重项目必须制定施工方案和安全技术措施，按规定需办理安全施工作业票的起重作业项目，必须办理作业票。

（2）起吊重物要选用正确的捆绑方法和起吊方法。

① 测算判定重物的重量与重心，使吊钩的悬挂点与起吊物的重心处在同一垂线上。禁止偏拉斜吊。

② 选择合理且安全的吊装方法。禁止用单根绳起吊。

③ 选择的吊点强度必须足以承受起吊物的重量。

④ 起吊角度的增加会引起负荷的增加。千斤绳的夹角最大不超过 60°。

⑤ 千斤绳与重物的棱角接触处，要加垫隔离。

⑥ 利用构筑物或设备构件作为起吊重物的承力结构时，要经核算。禁止用运行的设备、管道以及脚手架、平台等作为起吊物的承力点。

⑦ 起吊时，起吊物应绑牢。起吊大件物体时，要在重物吊起离地 10cm 时停止 10min，对所有的受力点及起重机械进行全面检查，确认安全后再起吊。

⑧ 用一台起重机的主、副钩抬吊同一重物时，总载荷不得超过当时主钩的允许载荷。

⑨ 起吊大件或不规则组件时，要在吊件上拴上溜绳。

⑩ 吊运过程中，起吊物上不准有浮动物或其他工具。

⑪ 吊钩钢丝绳保持垂直落钩时，应防止起吊物局部着地引起偏拉斜吊，起吊物未固定禁止松钩。

⑫ 吊起的重物不得在空中长时间停留。在空中短时间停留时，操作人员和指挥人员均不得离开工作岗位，禁止驾驶人员离开驾驶室或进行其他工作。

⑬ 起重机械工作速度应均匀平稳，不能突然制动或没有停稳时做反方向行走或回转，落下时应慢速轻放。对吊起的重物进行加工处理时，必须采取可靠的支撑措施，并且通知起重机操作人员。

⑭ 在变电站内使用起重机械时，应安装接地装置，接地线应用多股软铜线，其截面积应满足接地短路容量的要求，不得小于 $16mm^2$。

（3）起重作业区域内无关人员不得停留或通过，在伸臂及吊物下方禁止任何人员通过或停留。禁止吊物从人或设备上越过。禁止在无可靠支撑措施的情况下，对已起吊的重物进行加工或将人体任何部位伸进起重物的下方。吊物上不允许站人，禁止作业人员利用吊钩来上升或下降。

（4）起重机械工作中如遇到机械故障，应先放下重物，停止运转后方可排除故障。

（5）不明重量、埋在地下的物件不能起吊。

（6）工作地点风力达到 6 级及以上大风或大雪、大雨、大雾等恶劣天气或夜间照明不足情况下禁止进行起重作业。

（7）操作人员应按指挥人员的指挥信号进行操作，当信号不清或可能引起事故时，操作人员应拒绝执行并通知指挥人员。

二、起重与搬运工艺

1. 起重指挥信号

起重指挥信号常用的有手势信号、旗语信号和口笛（音响）信号三种。使用时，有时三种信号会同时使用。手势信号和旗语信号为主指挥动作。

起重指挥信号执行《起重吊运指挥信号》（GB 5082—85）。特殊情况下，起重指挥人员在吊装作业之前，向有关人员明确规定好所用信号的含义并严格遵守。常用的起重指挥信号含义如表 6-1 所示。

表 6-1　起重指挥信号的含义

序号	动作	手势		旗语		口笛
		手势解释	手势图解	旗语解释	旗语图解	
1	预备（注意）	手臂伸直，置于头上方，五指自然伸开，手心朝前保持不动		单手持红绿旗上举		一长声
2	要主钩	单手自然握拳，置于头上，轻触头顶		单手持红绿旗，旗头轻触头顶		—
3	要副钩	一只手握拳，小臂向上不动，另一只伸出，手心轻触前手肘关节		一只手握拳，小臂向上不动，另一只手拢红绿旗，旗头轻触前手肘关节		—
4	吊钩上升	小臂向侧上方伸直，五指自然伸开，高于肩部，以腕部为轴转动		绿旗上举，红旗自然放下		二短声
5	吊钩下降	手臂伸向侧前下方，与身体夹角约为30°，五指自然伸开，以腕部为轴转动		绿旗拢起下指，红旗自然放下		三短声

续表

序号	动作	手势		旗语		口笛
		手势解释	手势图解	旗语解释	旗语图解	
6	吊钩微微上升	小臂伸向侧前上方，手心朝上高于肩部，以腕部为轴，重复向上摆动手掌		绿旗上举，红旗拢起横在绿旗上，互相垂直		断续短声
7	吊钩微微下降	手臂伸向侧前下方，与身体夹角约为30°，手心朝下，以腕部为轴，重复向下摆动手掌		绿旗拢起下指，红旗横在绿旗下，互相垂直		断续短声
8	微动范围	双小臂曲起，伸向一侧，五指伸直，手心相对，其间距与负载所要移动的距离接近		两手分别拢旗，伸向一侧，其间距与负载所要移动的距离接近		—
9	升臂	手臂向一侧水平伸直，拇指朝上，余指握拢，小臂向上摆动		红旗拢起上举，绿旗自然放下		—
10	降臂	手臂向一侧水平伸直，拇指朝上，余指握拢，小臂向下摆动		红旗拢起下指，绿旗自然放下		—
11	转臂	手臂水平伸直，指向应转臂的方向，拇指伸出，余指握拢，以腕部为轴转动		红旗拢起，水平指向应转臂的方向		—

续表

序号	动作	手势		旗语		口笛
		手势解释	手势图解	旗语解释	旗语图解	
12	伸臂	两手分别握拳，拳心向上，拇指分别指向两侧，做相斥动作		两旗分别拢起，横在两侧，旗头外指		—
13	缩臂	两手分别握拳，拳心向上，拇指对指，做相向运动		两旗分别拢起，横在两侧，旗头对指		—
14	停止	小臂水平置于胸前，五指伸开，手心朝下，水平指向一侧		单旗左右摇摆，另外一面旗自然放下		—
15	紧急停止	两小臂水平置于胸前，五指伸开，手心朝下，同时水平挥向两侧		双手分别持旗，同时左右摆动		急促的长声
16	工作结束	双手五指伸开，在额前交叉		两旗拢起，在额前交叉		—

2. 起重机械的选择

（1）起重机械类型选择。起重机械类型的选择应充分考虑技术上的合理性、先进性、经济性及现实的可能性，应根据吊件重量、吊装高度以及现场道路的条件确定，施工前必须对施工地点、行进道路进行详细勘察。

（2）起重机械型号选择。当起重机械类型确定后，就要根据以下 3 个工作参数来选择起重机械的型号。

① 起重量。起重机械的起重量必须大于吊装件的重量与索具重量之和。

② 起重高度。起重机械的起重高度必须大于等于吊索高度、设备高度、吊装余裕度和基础或阻碍物高度之和。

③ 起重半径。起重半径是指吊车旋转中心至吊钩间的直线距离。起重半径等于旋转轴心至起重臂根绞点间的距离、设备中心至其边缘的距离与起重臂根绞点至设备边缘的距离之和。

3. 运输线路的选择

在设备运输过程中，运输线路必须考虑以下三个方面的因素。

（1）线路净空。线路净空就是设备运输过程中所需的线路最小净高和净宽：净高主要取决于沿线上方的桥梁高度、涵洞高度、高压线高度、管廊高度、交通标志高度、通信线路高度等因素；净宽主要受限于道路自身的路面宽度、道路两旁的树木、交通标志牌、建筑物等因素。

（2）线路转弯半径。线路转弯半径主要针对超长设备而言，一般设备对转弯半径没有太高的要求。

（3）道路载荷强度。对超重设备，运输时必须考虑道路载荷强度，尤其是需要通过桥梁、涵洞时，必须充分考虑桥梁、涵洞的承载能力。

4. 重物吊点的确定

在吊运各种物体时，为避免物体的倾斜、翻倒、变形、损坏，应根据物体的形状特点、重心位置，正确选择捆绑点，使物体在吊运过程中有足够的稳定性，以免发生事故。重物的捆绑点是指重物吊装过程中捆绑绳与重物接触集中受力的点，也即吊点。当采用单根绳索起吊重物时，捆绑点应与重心同在一条铅垂线上；用两根或两根以上绳索捆绑起吊重物时，绳索的交汇处（吊钩位置）应与重心在同一条铅垂线上。吊点确定的方法主要有以下 3 种。

（1）试吊法选择吊点。对于一般的吊装物件，如形状规则，可通过目测和简单的计算确定吊件的大致重心位置，通过试吊反复调整吊绳的绑点位置，最终将物件吊平衡。此种方法适用于吊装要求不高的物件，且在试吊时，物件距离地面的高度不得大于 500mm。

（2）有起吊吊耳的物件。配电柜、控制箱等设备，厂家在制造时大都设计配置了吊耳，此类设备吊装比较简单，施工时仅需要选择两根同等长度、满足吊件荷重要求的吊索，用卡环连接即可进行吊装。但在利用吊耳前，必须清楚此吊耳设计时的作用，如确系吊装吊耳，则还须对吊耳进行外观检查，对一些重要精密件的吊耳，除外观检查外，还须根据吊装中吊耳的受力大小和方向进行强度核算。

（3）形状规则物件的吊点选择。形状规则物件的重心比较容易确定，如长（正）方形、柱状设备的重心是和物件的形心一致的，在水平吊装时，设备吊点可选择在重心点或重心点两侧的同等位置。

5. 吊装重物的绑扎

（1）吊装重物的绑扎方法。绑扎就是用绳索将重物捆绑起来等待吊装，是保证吊运安全的重要环节。不同重量、尺寸、形状的重物，其绑扎方法各不相同，常用的吊装绑扎方法如下：

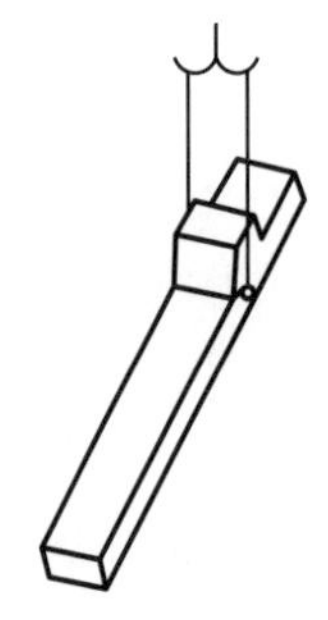
（a）一点绑扎法　（b）两点绑扎法

图 6-1　垂直斜形吊装绑扎法

① 柱形重物的绑扎方法。柱形重物的绑扎方法有平行吊装绑扎法和垂直斜形吊装绑扎法两种。

② 长方形物体的绑扎方法。长形物体的绑扎方法较多，可根据作业类型、环境和吊装要求来确定。如果重物重心居中可不用绑扎，直接用兜挂绑扎法吊装，即直接将吊索从重物底部穿过，绳头挂在吊钩上，如图 6-1 所示。

③ 有起吊吊耳重物的绑扎。有吊耳或吊环的设备或重物，直接用卡环把吊索的绳头和重物上的吊环、吊耳连接起来进行起吊即可。根据重物上吊耳或吊环的多少，采用相应的卡接点数。

（2）重物绑扎的注意事项：

① 根据被吊重物的重量合理选择索具和吊具。

② 根据被吊重物的形状、重心位置正确选择吊点，以确保吊运过程中重物的稳定性。

③ 用于绑扎的绳索不得用插接、打结或绳夹固定连接的方法缩短或加长。

④ 绑扎时，在重物的锐角处要用木板、橡胶垫等软物或半圆管进行保护，以防吊索损坏，如属凹腹件，要在凹腹处填方木等，保证绳索受力后重物绑绳处不发生变形。

⑤ 采用穿套绑扎法时的吊索应有足够的长度，以保证吊索与铅垂方向的夹角不超过 45°。

⑥ 吊运大型或薄壁重物时，要充分考虑重物的强度，必要时应采取加固措施。

⑦ 绑扎时，应考虑吊索拆除是否方便，重物就位后吊索是否会被压坏。

模块四　常用后勤装备及其应用

培训目标

熟知炊事车、宿营车、淋浴车、净水车等常用后勤装备的用途、类型和主要性能特点。

知识点

随着各领域对应急装备需求的不断增加，应用于后勤保障等领域的装备也逐渐增多，这些装备在处理各类突发性事件和应急抢险救灾活动中发挥了较大作用。常用后勤装备的类型、用途及主要性能特点如表 6-2 所示。

表6-2 常用后勤装备的类型、用途及主要性能特点

后勤装备名称	类　型	用　途	主要性能特点
炊事车	按用途分为3种类型：固定式炊事车，可长期制作日常膳食；快餐式炊事车，为集会、体育比赛、大型群众性活动等提供快速饮食服务；多用炊事车，既做膳食又兼有其他用途。 按结构又分为客车车厢式、拖挂厢式和开式车厢式等多种	炊事车是电力抢险救援前线不可替代的热食保障装备，主要用于在非军事行动的重大突发事件或重大活动现场开展应急后勤生活保障，可在野外条件下提供良好的热食保障，包括主辅食品的备菜、蒸煮、烹饪等炊事勤务保障	不同类型的炊事车虽然可以选用相同或不同的汽车底盘、车身结构与燃料，配备满足服务对象的不同炊事设备和用具，但设计制造必须符合国家有关专业技术标准：ZBT 52001—86《炊事汽车通用技术条件》
宿营车	根据警用宿营标准，宿营车宿营人数分为轻型（≤4人）、中型（5～12人）、大型（>12人）。按宿营车的驱动方式，分为越野型和非越野型	指用于救援人员休息用的厢式“特种汽车”。宿营车集人员输送和休息为一体，有效解决全卧铺车载客量小、全座位车不便于休息的矛盾，很好地满足了救援需求，提升了输送及宿营的舒适度	不同厂家设计有所不用，但一般会包括住宿、洗漱、空调、会议等功能
淋浴车		根据野外工作任务的需要研制的洗浴装备，具有淋浴设施，淋浴水加热能源装置、水净化处理设备和供电保障能力的自行式洗浴专用车辆，适用于野外情况下为人员提供洗浴保障	一般配置水质净化装置、淋浴热水设施及更衣帐篷，具有抽水、净水、加热淋浴水、取暖、储水及更衣、洗浴等主要功能，是一种机动性强、可独立运行的洗浴装备
净水车		也叫车载式（移动）水处理设备，由汽车载体和水处理设备组成，是一种移动方便、灵活、独立的净水系统，能够对江、河、湖、塘等地面水、地下水、海水、苦咸水进行处理，达到生活用水标准，被广泛应用于地震、洪水等自然灾害及战时临时供水	一般均能够适应源水水质复杂的环境，产水稳定，不易堵塞，操作简单，水质优良，自备发电机和动力泵，无须外接电源，设备安装在车内，移动方便，具有减震措施
应急救援模块化方舱	按其功能可分为后勤保障类方舱、救援器材类方舱。常见的方舱有汽车维修方舱、应急充电方舱等	在灾后电力、通信、交通等设施遭到毁坏的情况下，能够在最短的时间内迅速赶到灾害现场实施救援，为救援提供帮助	将救援中用到的装备，通过集成化、模块化将装备集成到一个方舱中，满足不同的救援需要的模块化方舱装备。具有灵活性、便利性和及时性等

Chapter 7

第七章 电力应急交通保障与应急驾驶技术

模块一 应急救援现场交通管理

培训目标

1. 了解应急交通管理的概念和作用。
2. 熟知应急救援现场交通管理的具体要求及其他相关要求。

知识点

一、应急交通管理

重大灾害具有突发性和不可重复性，灾害发生后，虽然道路交通是交通保障的最主要形式，但具有显著的灾害易损性。重大灾害会造成道路通行能力陡降并且交通需求激增。这种情况很容易引起大面积的交通拥堵甚至交通瘫痪，以致抢险救援工作无法进行，造成灾情的进一步恶化。因此，在重大灾害条件下，抢险救援的重要前提就是保证疏散与救援交通的安全畅通，快速有效地应急交通保障工作对减少生命财产损失起着重要作用。

交通管理，也就是对应急救援现场的交通秩序管理。交通秩序管理的主体是公安交通部门及执行交通勤务的交通警察，管理的对象是人、车、路和交通环境构成的道路交通系统，核心任务是维护交通秩序，确保应急救援现场交通安全、畅通。一旦应急救援现场没有交通警察，救援现场的交通秩序维持的任务就由到达现场的救援人员担任，目的是为应急救援现场创造安全可靠的救援环境。

二、应急救援现场交通管理

灾害发生后，为了减少社会影响及为其他抢险抢修奠定基础，开展电力设备设施抢险抢修、尽快恢复供电意义非同寻常。必要时需进行交通管制，为电力抢险抢修提供便利条件。电力企业在做好抢险抢修准备的同时，相关部门根据公安部门的协同联动要求，积极同相关交通管理部门取得联系，提出交通管制的具体要求。

（一）具体要求

（1）在需要救援的周围设置警戒带，防止发生二次伤害。

（2）锥筒和临时指示标志牌起隔离和提示作用，加大使用的密度，便于车辆提前发现，减慢车速，保护救援现场人员安全，增大安全系数。警戒路段使用锥筒、临时指示标志牌时，应按以下标准摆放，以控制社会车辆进入管制车道。

① 顺行实施一条内侧机动车车道管制时，在第一条车道线右侧摆放临时指示标志牌。

② 顺行实施两条内侧机动车道管制时，在第二条车道线左侧摆放临时指示标志牌。无中心隔离设施的路段，应在中心隔离线上摆放锥筒。

③ 顺、逆行同时实施一条内侧机动车道管制时，在顺行第一条车道线右侧和逆行第一条机动车道线左侧摆放临时指示标志牌。

④ 顺行实施两条、逆行实施一条内侧机动车道管制时，在顺行第二条车道线左侧、逆行第一条车道中心摆放临时指示标志牌。

⑤ 顺行实施一条外侧机动车道管制时，在管制车道左侧车道线左侧摆放临时指示标志牌。

（3）派专人进行交通疏导，让过往车辆提前绕行。

（4）开辟专门的伤员运输通道，保证救护车在转运伤员时及时畅通。

（5）积极配合交警部门进行交通疏导和警戒指示牌设置。

（二）其他相关要求

1. 出发前准备

（1）携带足够数量的反光背心、反光或者发光锥筒。

（2）携带必要的停车示意牌、警戒带。

（3）携带必要的便携式应急照明、急救包、急救箱、对讲机等。

（4）根据突发事件报告的情况，携带必要的抢险抢修的设备。

2. 上路后要做到“五要”

（1）要多观察，横穿马路保安全（要观察好道路车流，确保安全后再进入内侧车道，不能盲目往里走）。

（2）要保视线，大车来了不贴站（确保视线很重要，尤其是有大型车辆时，危险性更高，不仅容易剐蹭，而且大车后方车辆由于视线不清，容易并线撞伤人）。

（3）要站好位，斜向外侧顺行看（既要有利于控制社会车辆，又要保证自身对车流的了解）。

（4）要按标准，顺码逆收把话喊（摆放和收纳指示牌或锥筒时容易出现危险，要按照标准摆放，同时与喊话相配合）。

（5）要勤指挥，多做动作目标显（执勤时，要尽量让车辆看到自己）。

模块二　清理道路

培训目标

1. 了解清理道路的概念。
2. 熟练掌握安全操作规范，能够做到规范操作。

知识点

一、清理道路的概念

利用清障车和专业设备把应急救援现场事故车辆、塌方、碎石等拖运至道路的安全地带或指定场所的作业行为。

二、准备工作

（1）如果现场需清理事故车辆或大型的障碍物，应及时联系专业清障救援服务单位，详细告知专业清障救援服务单位联系电话、救援地点、事故形式、车辆类型、负载情况、货物类型、有无人员伤亡等相关信息，在专业队伍没有到来之前，做好现场保护、人员救护及现场交通管理等。

（2）如果现场障碍物较小，或携带的工器具能够进行清理，就充分利用现有人员和工器具立即开展现场障碍物的清理，为应急抢险抢修做好准备。

三、清障救援现场操作规范

1. 安全要求

（1）到达应急现场后，首先应按照相关安全管理要求迅速设置现场安全防护区域，并按照规定开启示警灯。夜间或雨、雾天气还应同时开启救援车双闪、后位灯和照明设备。

（2）在等级公路上实施清障作业时，应使用反光标志牌及反光锥筒隔离作业区域。

① 反光锥筒的间隔不超过10m，锥筒呈斜弧形排列。

a. 白天距现场区域来车方向150m外至作业现场中心位置连续设置。

b. 夜间或雨、雾天气距现场区域来车方向200m外至作业现场中心位置连续设置。

② 救援警示标志置于隔离作业区域中来车方向的最远端。

（3）在城区道路上实施清障作业时，应采取同样的安全隔离方式，或采取征得交警部门同意的其他安全隔离方式，设置隔离作业区。

（4）设置好安全工作区域后，清障人员应对现场环境、障碍物、现场受损车辆进行检查，确定清障方案；如需对受损车辆进行清理，必须征得当事人同意。

（5）设置好安全工作区域后，应立即切断事故车辆电源。事故车辆有燃料或润滑油外溢时，在清障作业前应采取相应处理措施，避免清障救援过程中发生二次事故。

（6）如有人员被困于事故车辆中，清障救援人员应协助有关部门人员尽快解救被困人员。

（7）对事故车辆应进行固定，并解除其制动装置，将挡位置于空挡。

（8）对清障车应采取以下措施：

① 在松软地面上工作时，应将地面垫平、压实，保障清障车自身安全稳定；

② 在雨雪霜冻等恶劣天气情况下，清障车应采取防滑措施；

③ 清障车在坡道上停放时，应采取防溜坡措施。

（9）在确保安全及条件允许的前提下，应先将货物卸到安全区域。

（10）清障救援过程中遇到突发问题时应及时向上级部门或指挥中心汇报，积极联络有关部门共同寻求解决办法，并同时采取积极有效的措施。

（11）清障救援现场严禁烟火，无关人员不得进入清障现场。

（12）清障救援作业人员应严格遵守有关安全操作规范和安全作业流程。

（13）作业过程中，应安排一名以上清障作业人员在来车方向警戒，要有大幅度、明显的肢体动作，并在安全隔离区域内活动，保持警惕，注意自身安全。

（14）作业过程中，清障人员要仔细观察周围，防止次生灾害导致人员伤亡。

（15）如需通过起吊和拖运清理障碍物时，先做好相应的安全措施，再实施障碍物的清理。

清障救援结束后，应由作业现场中心位置向来车方向远端依次撤除标志、标牌。

2. 起吊

（1）在松软地面上进行起吊作业时，应先将地面垫平、压实。起吊设备应固定平稳，支撑应安放牢固，作业区内应有足够的空间和场地。起吊设备严禁超载使用。风力大于9级时，应避免进行起吊作业。

（2）起吊作业过程中，清障救援人员应佩戴安全帽。

（3）起吊作业过程中，应随时调整吊索的固定位置，以保证平稳起吊。吊索的固定位置应保证安全可靠，不会造成其他安全隐患。

（4）起吊作业过程中，应先将被吊车辆吊离地面100mm左右，检查起吊设备的稳定性和制动安全装置是否有效，在确认正常的情况下方可继续工作。

（5）起吊作业过程中应保持平稳，被吊车辆起落速度应保证缓慢均匀。工作过程中吊臂严禁带负载伸缩作业，并严禁斜吊和拉吊。

（6）起吊作业过程中如果用两台起吊设备同时起吊一件重物时，应有专人统一指挥，起吊设备操作人员和指挥人员佩带对讲机，保证两台起吊设备的协调操作。同时，固定吊索时应注意负荷的合理分配。

3. 扶正

（1）扶正操作包括空中扶正与地面扶正两类。根据事故车辆类型与现场事故情况由现场操作人员选择合适的操作方式。空中扶正是将事故车辆起吊后在空中进行扶正操作。地面扶正是在地面上对事故车辆进行扶正操作。

（2）空中扶正时，将吊索固定在事故车辆轮胎轮毂、前后桥或底盘车架处，事故车辆着地一侧的固定吊索连接主绞盘，悬空端固定吊索连接副绞盘，并按以下步骤进行空中扶正操作。

① 将事故车辆起吊。

② 在空中收紧主绞盘，主绞盘提供拉力使得事故车辆慢慢翻转，同时协调副绞盘，保证扶正过程平稳。

③ 当事故车辆翻转过重心位置时，副绞盘提供拉力使事故车辆翻转，同时协调主绞盘，保证扶正过程平稳。

④ 待事故车辆扶正完成后，将其缓慢均匀平稳地放至地面。

（3）地面扶正时，将吊索固定在事故车辆轮胎轮毂、前后桥或底盘车架处，事故车辆着地一侧的固定吊索连接主绞盘，悬空端固定吊索连接副绞盘，并按以下步骤进行地面扶正操作。

① 收紧主绞盘，主绞盘提供拉力使得事故车辆以着地轮为轴慢慢翻转，同时协调配合收紧副绞盘。在此过程中，主绞盘提供翻转动力，副绞盘作为保护机构。

② 当事故车辆翻转过重心位置时，副绞盘提供拉力使事故车辆翻转，保证扶正过程平稳；主绞盘作为辅助保护机构，使事故车辆悬空轮平稳着地。

（4）对于汽车列车事故车辆，应利用两台清障车协调完成扶正操作。

① 一台清障车扶正牵引车，另一台清障车扶正挂车。

② 将牵引车与挂车固定，固定位置应选择在牵引车与挂车的牵引销处，利用专用工具沿轮轴方向捆扎，使牵引车与挂车固定为一个整体，避免扶正过程中牵引车翻转，引起安全隐患。

③ 扶正挂车的清障车应选择挂车的最后一桥作为固定位置，进行扶正。

④ 两台清障车协调完成扶正工作时，应配备专业指挥员协调指挥两车，完成扶正作业。

4. 拖运

（1）拖运操作包括平板背载拖运和托举拖运两类，应根据事故车辆类型和损坏状态选择相应设备与操作。对于配有自动变速器或车轮严重损毁的轻中型事故车辆，应采用平板背载拖运将其拖离现场；对于未装备自动变速器的事故车辆，可根据需要采用平板背载拖运或托举拖运将其拖离现场。

（2）平板背载拖运时，将绞盘拖钩连接在事故车辆的拖车钩或前桥位置上，利用平板式清障车的绞盘将事故车辆牵引至平板上。对于无法利用平板式清障车绞盘牵引的事故车辆，应利用辅助装置或起吊设备，将事故车辆放至平板式清障车上，并将事故车辆的四轮固定牢靠，防止其在平板上产生位移。

（3）托举拖运时，应将拖曳装置固定在事故车辆的前轮、前桥或车架等适当位置上，并用链条或捆绑带进行固定，保证拖曳安全牢靠。

（4）事故车辆在拖运过程中，被拖车辆严禁载人。对于大型车辆，应在外廓悬挂三角反光警示标志。

四、常用清障类机械与工具

（1）常用清障类机械有道路清障车、拖车、吊车、叉车等。

（2）常用清障类工器具有铁锹、洋镐、撬杠、绳索等。

模块三　其他应掌握的技能

培训目标

1. 熟知水面横渡的概念和主要技术方法。
2. 了解特殊道路下的驾驶技术和常用的车辆脱困技术。

知识点

一、水面横渡技术

横渡是指从江河的一边渡到另一边。本书介绍的水面横渡是指救援人员为到达被洪水围困的楼房、树木、电杆、孤岛等地，利用绳索、舟艇、浮桥等专业救援装备通过流速较快的水域而采取的行动，主要包括涉水横渡、舟艇横渡、绳索横渡、浮桥横渡等。

1. 涉水横渡

涉水横渡主要适用于乱石浅滩、水流湍急处，根据水流的深度和湍急程度可分为单人横渡、多人横渡。涉水横渡风险系数极高，不到万不得已，请勿冒险涉水。

（1）观察涉水环境

① 水流。辨认是否存在暗流或者漩涡，远离湍急的洪水。

② 水深。可以利用周边的树木、建筑等作为参照物，推断水的深度，切勿贸然进入。

③ 水下。确认水下路况，有意识地避开被水流冲着跑的障碍物、暗沙、马路牙子和丢失井盖的下水道等危险因素。

④ 四周。远离高压线、电杆等电力设施设备，避免触电。

⑤ 回流区。回流区在急流中为休息、观察或等待救援的暂缓区域，在危急时刻，进入回流区是保命的关键。

（2）涉水横渡的正确姿势

1）单人横渡

行进过程中双腿呈一前一后的姿势，抵住水流冲击后，再开始横移（见图 7-1）。这个姿势看似简单，但有大用，能够减少人与水流的接触面，人所承受的水流冲击力降低，从而更方便横移。

2）多人横渡

多人排成纵队行进（见图 7-2），人接触水的面积越小，所承受的力也越小，聚集在一起的人能发挥最大的力量。涉水横渡强调稳定性，带头人要选择健壮结实的人，更有利于阻挡水流；在回流区的人员起到一个支撑作用；人员需要做到同步横移。

图 7-1 单人横渡

图 7-2 多人横渡

（3）涉水横渡的错误方法

下面两种自救方法存在较高风险，切勿实施！

① 牵手对抗。人们手牵着手像绳子一样联结在一起，对抗洪水。这一方法看似管用，但有一个致命缺点：那便是只要其中一个人绊倒，其他人也很容易跟着摔倒；如果一个人不小心被洪水冲走，其他人也会失控，可谓是牵一发而动全身！

② 抱着重物。很多人面对洪水会选择抱紧身边的重物来增加自身重量，以为重量增加就不会被洪水冲走，但这种自救方法风险系数也极高。水有向上的浮力，在浮力作用下，人的重心会更容易失衡，一不小心就会被洪水冲走。

2. 舟艇横渡

舟艇横渡是指驾驶橡皮艇、冲锋舟等水上交通工具横渡水面的方法，是洪涝灾害应急救援中最常用的水面横渡方式，驾驶者除掌握正常的舟艇驾驶技术外，必须掌握以下特殊条件下驾驶舟艇接近受困者的方法。

（1）横过激流时的驾驶方法

准确把握航向。舟体纵向轴线与流向间的夹角保持 15° 左右，切忌大角度航行。

均匀布置载重。轻载航行时，救援人员应坐在舟艇前端两侧座板上，以压低舟艇首部，增大舟艇底部与水的接触面，增强舟艇的横向抗倾能力。重载时，应将人员均匀分布，切忌偏向一侧或一端。

准确控制油门。油门的大小应控制在不致使舟艇向下游滑行为宜，切忌突然减速。

（2）逆流定点驾驶技术

用于救援被困于激流中房顶、树木上的人员。进入点应选在救援点下游数十米处，以便舟艇能骑浪逆行，增强舟艇的抗倾覆能力；采取先大航速后小航速的方法，可停靠后再救人，也可一边慢速航行一边将被救者抓提至舟艇内。

（3）顺流定点驾驶技术

这种方法与逆流定点操作舟艇相反，进入点选在救援点上游数十米处，先将舟艇系留于固定点，然后放松系留绳，使舟艇顺水流漂至救援点，将被困人员救援上舟艇。

（4）夜间驾驶技术

一是熟记白天标识的航行路线及障碍地点，尽量沿标定的路线行动，保持 3 舟 1 组的队形，沿灯光跟进；二是保持低速行驶，切忌盲目行驶。

3. 绳索横渡

在河水流速较大，舟艇无法到达的区域进行救援时，需建立绳索横渡系统实施救援。

（1）确定支点

救援人员预设好横渡线路，确定好 A、B 两个支点，在 A 点建立好安全锚点固定救援绳。利用地形地物作为支点，例如大树（切忌枯树）、岩石等（见图 7-3），如果一个支点不结实，可利用多个地形地物制作固定点。

图 7-3　绳索横渡系统支点

（2）架设主绳

救援人员将牵引绳端头携带至 B 点，根据现场情况可利用救生抛投器发射引导绳至对岸，救援人员通过从上游狭小处绕过的办法到对岸。牵引绳到达对岸后，牵引救援主绳到 B 点，做好固定点。A 点作为收绳端，利用倍力系统或自主建立滑轮系统收紧绳桥，并锁死。倍力系统支点如图 7-4 所示。

（3）建立系统

① 伸展系统溜索横渡系统建立。主绳保持紧绳状态不动，利用绳索、动滑轮制作伸展系统提升救援队员和被困者，如图 7-5 所示。

② V 字系统。根据具体情况，也可以通过 V 字系统来提升救援队员和被困者。在左右支点位置，通过操作倍力系统拉紧或者放松主绳，使主绳变为 V 字形，从而达到救援目的，如图 7-6 所示。

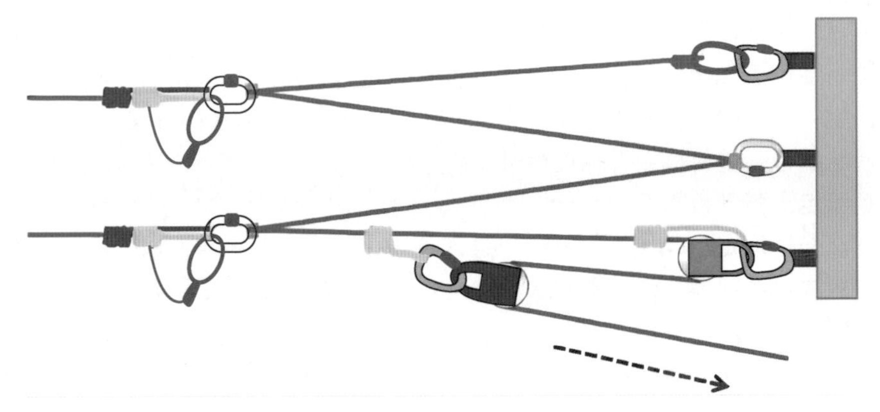

图 7-4　倍力系统支点

伸展系统

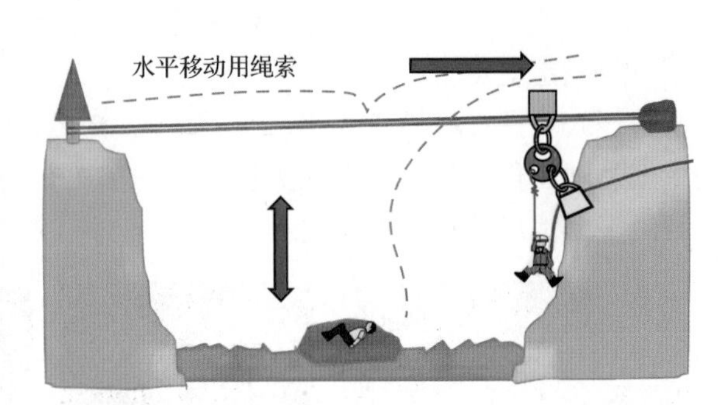

图 7-5　伸展系统

图 7-6　V 字系统

4. 浮桥横渡

浮桥，指用船或浮箱代替桥墩，浮在水面的桥。为与两岸接通，在两岸需设置过渡梁或跳板。为适应水位涨落，两岸还应设置升降码头或升降栈桥。

（1）浮桥的组成

现代水上浮桥主要的承载物体为浮筒，如图 7-7 所示。浮筒是一种高密度聚乙烯材料，有优异的化学稳定性，具有良好的耐盐酸、氢氟酸、磷酸、甲酸、胺类、氢氧化钠、氢

图 7-7　浮筒

氧化钾等各种化学物质腐蚀的性能。码头配件包含短销、侧面螺丝组、厚垫片、防撞筒、系船栓、缆桩、护栏、固定锚、扶梯等。图 7-8 为基本配件示意图。

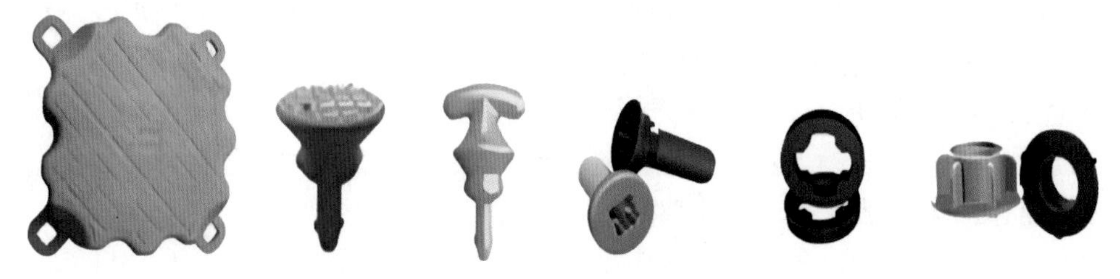

图 7-8　基本配件示意图

（2）浮桥搭建

电力应急救援中主要是利用浮筒作为搭建浮桥的材料，如需要较长时间使用浮桥，可加装栏杆增加浮桥的安全性。

浮桥可宽可窄，在水域应急救援中，浮桥的设计主要考虑救援的实际需求，如需要承载的重量大小、转运的物资宽度、浮桥的使用时间等。

设计浮桥以后，仔细计算所需要的主材及各种附属配件的数量，以便迅速准备材料。另外，浮桥应严格按照设计图纸安装，样式、长宽、颜色等都要完全与图纸吻合。

概括起来，浮桥搭建的安装固定流程为：设计→计算→选材→运输→平台拼装→栏杆与扶手安装→斜坡通道安装→下锚固定→安装防护设施。图 7-9 为浮筒安装示意图。

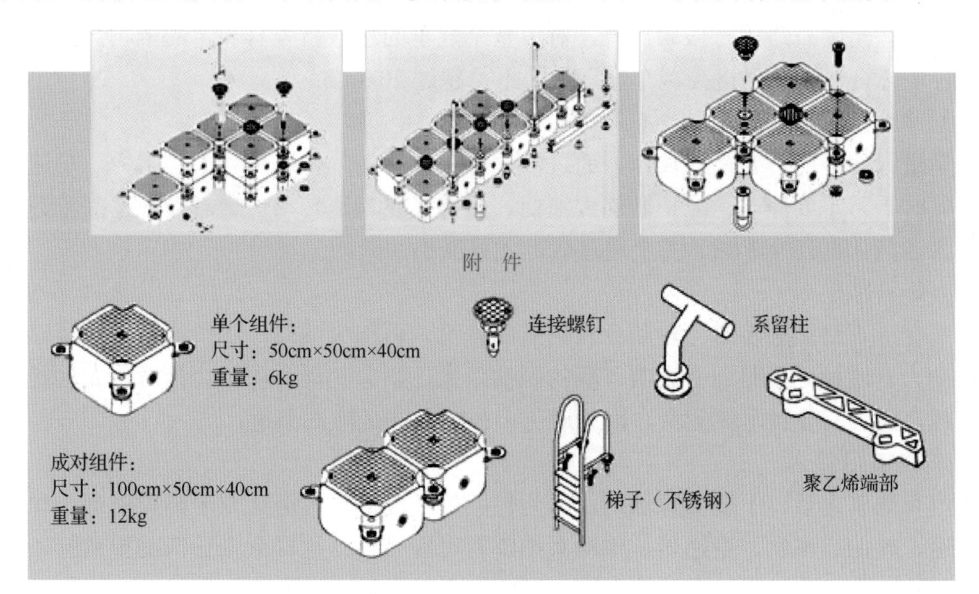

图 7-9　浮筒安装示意图

二、特殊道路车辆驾驶技术与车辆脱困技术

1. 应急驾驶原则

（1）冷静判断、果断处置

驾驶中发现紧急情况，驾驶员应保持清醒的头脑，冷静分析，迅速判断原因，对进一步

采取正确的应对措施非常关键。

（2）避重就轻、先人后物

如果事故不可避免，驾驶员要设法降低事故的损失，本着优先考虑人，再顾及物，宁让物受损，也要保住生命的原则，采取相应的措施。

（3）先方向、后制动

在紧急情况下，先转动方向盘，往往可以使车辆避开事故的中心位置，而如果先踩制动踏板，则可能使车辆失去避险的最佳时机。

2. 特殊道路驾驶技术

（1）隧道路段

行车进入隧道时，必须打开大灯，这不只是为了看清楚路面，同时还能让后方车辆准确地判断与前车的车距。隧道内行车还应放慢速度，看清地面上的标线和反光标志，跟着前车的尾灯走，以免走到对向的车道，发生事故。

（2）泥泞路段

当车辆行至泥泞路段时，必须先看看有没有车辙，如果有，就说明有汽车行驶过，能够通过，车辙越新，前车通过的时间就越短。根据车辙的大小、宽窄还可判断出是何种车辆，与自己的汽车相比，底盘的高低、功率的大小、汽车的重量差异等，以此推断自己的汽车能否顺利通过泥泞路段。

（3）硬石路段

汽车行驶至硬石路段时振动厉害，对于整个汽车的悬挂系统有一定的影响。因此，在硬石路段行驶时，一定要严格控制车速，最快不得超过20km/h。

（4）沙地路段

汽车进入沙地前，要提前加速。通过沙地时，会感到车轮遇到强大的阻力，车速也明显降低，此时千万不要停车，应稍微加大油门，保持车轮匀速转动，试着渐渐提高车速，切忌突然加大油门。直到（车辆）完全通过后，才可减小油门。

（5）砾石路段

汽车在砾石路段起步时，轮胎会有轻微的打滑，可加大油门，尽快清除石子，以获得较大的驱动力。这种砾石路面会影响车辆的制动效果，紧急制动时轮胎会打滑，尤其是转弯时紧急减速，更容易导致车辆侧滑，因此避免事故的办法是降低车速。

3. 车辆脱困技术

当汽车陷车之后，不要猛踩油门，因为轮胎的过度旋转只会让车子陷得更深，如果强制持续加速，轮胎、车轴、变速器、传动系统都有可能受损，这样只会让情况更糟糕。这时应保持良好的心态，选择科学有效的方法，尽快让陷入的车辆脱困。

（1）挖掘法

在车里准备一个工兵铲是非常有用的，尤其是越野车，工兵铲非常常见，基本上是越野车的标配。没有工兵铲，小铁锹也可以。将埋住汽车轮胎的沙子挖掘出来，轮胎周围的沙子也要清理，使轮胎周围形成一个比较平缓的坡度后，直接把车开出来。

（2）前后法

挖掘法不太适用于泥泞湿地。前后法对泥泞湿地和沙地都适合，也比较简单，对驾驶员技术有一些考验。前后法不用其他工具，当感觉汽车被陷住后，先尝试倒车，如果不能退出来，再尝试稍微向前加速，倒挡后退，前进挡加速。前后法的重点就是要让车子拥有动力，当感觉车轮不空转之后，就说明汽车具备了动力，有希望脱困。要在前进后退的过程中，先找到车轮不空转的时机，然后充分利用。必要时还可以转变车轮方向，也许正前方和正后方有可能会陷车，但是偏转一个角度就可把车辆开出来。但是要注意，如果这个方法不能把深陷的车辆开出来，就要换其他的方法，不要过分地让汽车空转，否则轮胎带出的泥沙越多，汽车陷得越深。

（3）随机垫东西法

在轮胎下方塞入任何东西，都有可能帮助车辆驶出来，效果比较好的是各种木板、铁板、石板，其实汽车坐垫、脚垫，各种砖头、棍棒，甚至是大量的树枝树叶，都有可能起到很大的作用。

（4）降胎压法

当汽车胎压降低之后，轮胎与沙子或者泥土的接触面积会增加，更大的接触面积意味着更大的摩擦力，也就是更大的汽车动力，这样会比较容易将车辆开出来。当车辆驶出之后，及时补气将轮胎胎压恢复到正常范围。但是要注意，降胎压法确实会对轮胎造成一定的损伤，所以要谨慎使用。

（5）增重法

很多司机都认为，重力增加会使车辆陷得更深，其实很多情况下增重法反而非常有效。与降胎压法的原理相似，增加重量也会增加轮胎的摩擦力，从而为车辆提供动力。增重法对于后驱车非常有效，具体做法是在后排座椅和后备箱里放重物，为后驱轮增加重力。前驱车要想在前轮增加重力，只能在副驾驶位置放重物，效果也不是特别好，一定要注意不可以在引擎盖上放重物，这是非常危险的行为。如果前轮陷入，而恰好是后驱车的话，增重法效果就非常好，只需增加后驱轮胎的牵引力，很容易就能将车辆开出来。

Chapter 8

第八章 电力应急现场救援技术

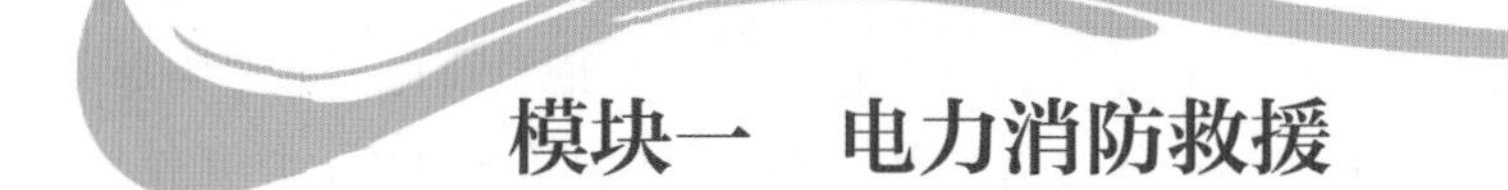

模块一　电力消防救援

培训目标

1. 了解电力设备火灾的特点及危害。
2. 掌握典型电力消防救援技术及消防救援中的安全防护要点。

知识点

一、电力设备火灾

电力设备火灾是指由电能充当火源而引起的火灾，一般是指电力线路、电力设备、器具出现故障释放的热能（如高温、电弧、电火花以及非故障性释放的能力等），在具备燃烧的条件下引燃本体或其他可燃物造成的火灾。

电力设备一旦发生火灾，燃烧速度极快，瞬间就可能把整个系统的设备损坏。与一般火灾相比，电力设备着火后可能仍然带电运行，在一定范围内有造成触电的危险，充油电力设备，如变压器等受热后可能会喷油，甚至爆炸，造成火灾蔓延。电力设备火灾产生的直接原因多种多样，过载、短路、接触不良、电弧、火花、漏电、雷电或静电等都可能引起火灾。

电力生产场所拥有大量的电力设备并储存、使用大量的易燃、可燃性物质，如易燃气体、易燃液体、可燃粉尘、可燃固体物质等；带电设备工作时，经常产生火花和表面高温；电缆密布于电力生产场所；生产场所高温管道密集，高温热体遍布厂房；现场通风不良，具备助燃条件。因此，电力设备场所火灾隐患多，一旦发生火灾，火势发展快，扑救困难，二次危害严重，经济损失大，修复时间长。总的来说，电力设备火灾主要有以下特点及危害。

（1）火势凶猛。有些电力设备使用大量的可燃油，如汽轮机油、汽油、柴油、机油、重油等，其中汽轮机油系统火灾尤其严重。汽轮机油管一旦泄漏，高压油喷至保温不良的高温管道和高温物体上会立即起火，火苗蹿起，火势迅速扩大。据统计，汽轮机油系统火灾由开始着火到酿成大火的时间一般仅为 1 ～ 3min。此类火灾燃烧速度极快，在理想的条件下，消防队员的到场时间为 5min，即使消防员以最快的速度到场，也失去了最佳的救援时机。

汽轮机油系统着火多伴随电缆着火。带火的油流至电缆上，将电缆燃着，大火迅速沿电缆蔓延至电缆竖井、夹层及继电器室和控制室，使火灾在横向和纵向迅速扩大。锅炉燃油系统火灾事故的迅猛程度与汽轮机油系统火灾相同，如果火灾将氢气或乙炔等可燃气体引燃，还将发生爆炸事故，灾情更加严重。

（2）存在接触电压和跨步电压。发生电力设备火灾后，部分电力设备可能仍然带电，在一定范围内存在接触电压和跨步电压，灭火时会引起人身触电伤亡事故，从而导致不能近距离灭火，不利于火场观察，影响灭火战斗指挥的判断力。因此，必须深埋接地极，采用环路接地网，敷设水平均压带等，以降低接触电压和跨步电压。

（3）易发生喷油或爆炸。充油电力设备，如变压器、油断路器、电容器等发生火灾后，产生爆炸性气体混合物，可引起喷油或爆炸，危及灭火人员安全，造成火灾蔓延。

（4）高温设备或管道遇水会急剧冷却引起变形。火灾现场，用水灭火时，消防水喷洒至高温设备表面（如汽轮机气缸、大轴和管道等），局部急剧冷却，产生较大的热应力，易使其变形、弯曲或裂纹，以致损毁全部设备。

（5）扑救困难。电力设备火灾事故中，特别是油管路喷油至高温蒸汽管道或高温热体上，如同火上加油，会迅速起火，再加上油压高、油量大、着火油流淌蔓延面积大、通风条件好，会导致火势迅猛，火焰强度高，燃烧温度可高达 1500℃以上，火柱有时高达 30m 以上。在这种情况下，扑救人员难以靠近火场，灭火介质难以发挥抑制火情的作用，扑救非常困难。

二、电力消防救援技术

火灾发生后，事发单位要启动相关应急预案，统一指挥，做好火灾事故处置工作，及时报警（119）。

（一）电力设备火灾扑救方法

电力设备火灾的扑救需要根据电力设备的原理、结构、工作性质等特点实施。针对不同情况采取相应的灭火方法，分为断电灭火、带电灭火和充油电气设备灭火。

1. 断电灭火

当电力设备起火后，首先设法切断电源，防止火势蔓延扩大，然后进行扑救，灭火方法与一般火灾相同。在断电时应注意：

（1）在电力生产场所可通过后台控制拉开断路器和隔离开关，如本级断路器故障或无法拉开，可申请拉开上一级断路器停电，以免进一步火灾扩大。

（2）有配电房的房屋可断开总开关，如仅装隔离开关，则应先断开负荷再拉开隔离开关。

（3）为避免烘烤、受潮使开关的操作机构绝缘强度降低，应尽量利用安全绝缘操作工具操作开关，以免发生人身触电事故。

（4）无法用开关切断电源时，可以剪断、砸断供电线路，但应一根一根地、不在同一地点断开。断开处要邻近支持物，以免带电导线落在地上造成触电，或用绝缘胶布将断开的线头一根一根地包扎起来，以免发生短路事故。

2. 带电灭火

在不能判断是否已断电、因生产等原因不能立即切断电源或情况紧急时，为了迅速灭火，防止火势蔓延，可采取带电灭火的措施。带电灭火时应注意：

（1）根据电压等级的高低，保持人体与带电体之间有大于电气规程规定的安全距离。

（2）穿戴绝缘胶靴、绝缘手套和均压服后才能用水灭火。在灭火过程中，人体不能与水流接触。未穿戴绝缘工具的人员要远离水渍区域，以免触电。

（3）水枪的喷嘴处要安装接地线，可用截面积为2.5～6mm^2、长度为20～30m的软铜芯绞线，接地棒用截面积不小于30mm^2、长度大于1m的无锈痕铁棒，埋地深度应不小于0.5m。

（4）初起的电力设备火灾可以根据现场具体情况选用合适的灭火剂。

（5）对于充油带电体的火灾，油箱或容器外部起火时，可用二氧化碳、干粉灭火剂等扑救，如火势较大时，应立即断电，并用水枪等扑救。当油箱或容器损坏喷油燃烧时，应切断电源，设法放油（最好放入储油池），并防止带火的油进入电缆沟或延烧到其他设备扩大事故。地面上的油火和储油池内的油火，可用沙和泡沫灭火剂扑灭。

（6）旋转电机火灾可用喷雾水、蒸汽、二氧化碳等灭火剂扑救，不能用沙子、干粉等灭火剂扑救，因为硬性物质进入电机内会损坏线圈绝缘、轴和轴承。

（7）架空线路等空中电力设备发生火灾时，扑救人员与带电体之间的仰角不应超过45°，且应站在线路外侧，防止设备掉落时伤害扑救人员。

3. 充油电气设备灭火

（1）充油设备着火时，应立即切断电源，如外部局部着火时，可用二氧化碳灭火器、干粉灭火器灭火。

（2）如设备内部着火，且火势较大，切断电源后可启动泡沫灭火系统，用消防水为罐体降温，防止爆炸。

（二）变电站消防技术

（1）若带有灭火系统（如七氟丙烷气体灭火系统、变压器喷淋系统等）场所发生火灾时，应立即查看灭火系统是否启动；当灭火装置处于手动状态时，发现火情后，应按照流程启动灭火系统；紧急情况时，可在确保安全的情况下，通过机械应急启动方式启动。

（2）变电站内保护装置等二次设备精密电子仪器起火时，可以使用二氧化碳灭火器灭火。

（3）变压器、液压式断路器、油浸式TA、油浸电抗器、电容器等含油设备发生泄漏液体着火，可以使用干粉灭火器、二氧化碳灭火器（着火面积小于5m^2）灭火。

（4）变压器、断路器、隔离开关、TA、TV、电缆、电容器、电抗器、高压开关柜、GIS设备、高压室设备等一次设备着火时，必须先断开电源，再使用干粉灭火器灭火。灭火时应保持安全距离，禁止直接触碰设备，特别是电容器，防止残存电荷伤人。

（5）蓄电池着火时须停止充电，使用黄沙灭火，也可以使用干粉灭火器灭火。禁止使用泡沫灭火器，因其灭火药液有导电性，手持灭火器的人员会触电。

（6）电缆、绝缘垫着火时必须佩戴防毒面具，防止中毒、窒息，并避免碰触导电部位。电缆沟、距离不小于100m的地下电缆隧道、地下燃料皮带通廊、地下变电站发生阴燃或灭火完毕后，有毒气体和烟雾容易聚集，在没有通风、排烟完毕前，进入封闭厂房应使用正压式消防空气呼吸器。

（三）输电线路防山火技术

当收到山火火情信息后，应持续对现场火势情况进行观察，当发现山火发展较快并向输电线路方向蔓延时，应申请提出退出重合闸（交流线路）、降压运行（直流线路）或线路停运。

1. 初发山火灭火

对于初发或小型山火现场处置，首先要迅速砍伐防火隔离带，确保隔离带与线路的距离和宽度。在做好安全防护措施并确保安全的前提下，使用灭火装备，按照灭火标准化作业流程开展初发山火灭火。参与灭火的人员必须经过灭火技能培训并合格，熟练掌握灭火装备使用，清楚火场危险点和安全注意事项，使用相应的消防器材进行灭火。

2. 大火灭火

① 请求政府灭火。对于以下情形的山火，运维单位不得自行组织灭火，只能在地方政府统一组织下利用灭火装备参与灭火。火场燃烧面积大于500m²，火场燃烧面积大于200m²且最高火焰高度超过2.5m，火场燃烧面积大于100m²且风力大于4级，火场为陡坡、山峰、大坑、没有畅通的撤离通道或不明地形等，可能威胁灭火人员人身安全。

② 政企联动灭火。运维单位在地方政府统一组织下利用灭火装备参与灭火，并向主管部门上报灭火信息。参与灭火的人员必须经过灭火技能培训并合格，熟练掌握灭火装备使用，清楚火场危险点和安全注意事项。在政府和专业消防人员的组织和指挥下，以确保安全为前提，使用灭火装备，按照灭火标准化作业流程参与现场灭火，发生火灾时主动向森林消防及护林队求援。

③ 线路恢复。当线路周边500m范围内明火被扑灭，30min以上无复燃、无浓烟，主风向背离线路方向，或者火情向远离线路方向发展，距线路1000m以上距离，无回燃可能，检查线路绝缘子、导地线、电缆等设备，确认无损伤且不影响线路正常运行时，可申请线路恢复正常运行。

模块二　有限空间救援

培训目标

1. 了解有限空间救援的基本概念。
2. 熟知有限空间救援装备的种类及性能。
3. 掌握电缆隧道、深基坑、地下变电站应急救援的处置流程和基本方法。

知识点

一、有限空间救援基础知识

所谓有限空间，是指封闭或部分封闭，与外界相对隔离，出入口较为狭窄，作业人员不能长时间在内工作，自然通风不良，易造成有毒有害、易燃易爆物质积聚或者氧含量不足的空间。

有限空间的特点是通风不良，容易造成有毒气体、易燃气体的积聚和缺氧等。此特点是造成有限空间死亡事故的主要原因。有限空间有毒、有害气体以硫化氢最为常见，所以进入前首先必须保证该空间内有足够的空气。

作业和救援人员对有限空间概念的陌生，以至于根本无法认清相应空间存在的危害性，是有限空间事故高发生率的根本原因。监护、救援人员相关知识的匮乏是导致相应事故高死亡人数的主要原因，经常发生一人在有限空间内作业发生意外，多名救援人员盲目进行营救导致多人伤亡的事故。通过对近年来有限空间作业事故进行分析发现：盲目施救问题非常突出，近 80% 的事故由于盲目施救导致伤亡人数增多，在有限空间作业事故致死人员中超过 50% 的为救援人员。因此，必须杜绝盲目施救，避免伤亡扩大。本节主要介绍有限空间（深基坑、电缆隧道、地下变电站）救援开展的正确处置流程及相关注意事项。

二、有限空间救援装备

有限空间救援装备是开展救援工作的重要基础，主要包括便携式气体检测报警仪、大功率机械通风设备、照明工具、通信设备、隔绝式紧急逃生呼吸器、正压式空气呼吸器、防坠落安全用品、其他个体防护装备等。

（一）便携式气体检测报警仪

便携式气体检测报警仪可连续实时监测并显示被测气体浓度，当达到设定报警值时可实时报警。按采样方式划分，便携式气体检测报警仪可分为泵吸式（见图 8-1）和扩散式（见图 8-2）。

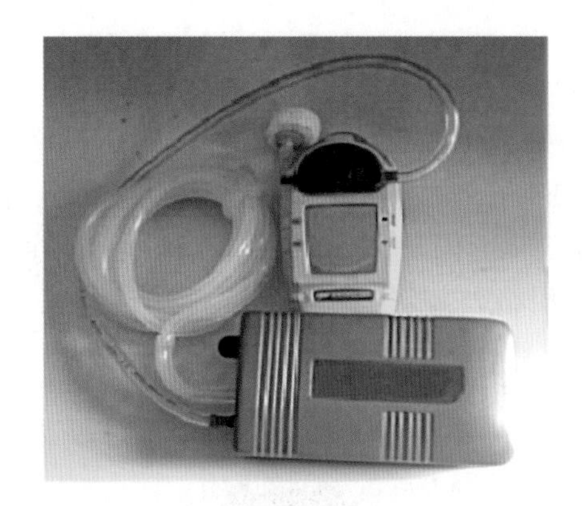

图 8-1　泵吸式

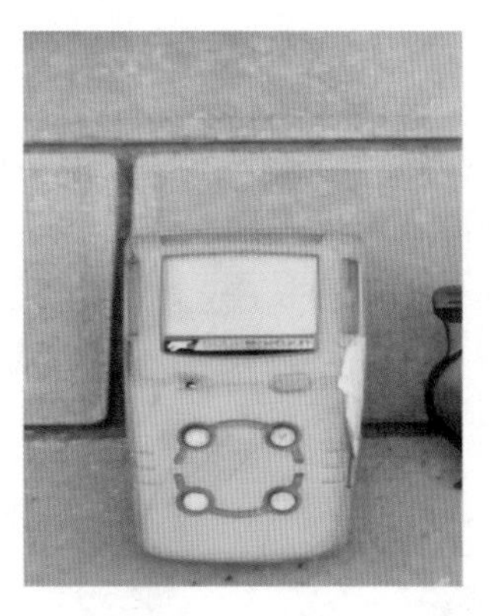

图 8-2　扩散式

扩散式便携式气体检测报警仪利用被测气体自然扩散到达检测仪的传感器进行检测，无法进行远距离采样，一般适合救援人员随身携带进入有限空间，在作业过程中实时检测周边气体浓度。泵吸式便携式气体检测报警仪采用一体化吸气泵或者外置吸气泵，通过采气管将远距离的气体吸入检测仪中进行检测。救援前应在有限空间外使用泵吸式便携式气体检测报警仪进行检测。

（二）呼吸防护用品

1. 正压式空气呼吸器

正压式空气呼吸器是使用者自带压缩空气源的一种正压式隔绝式呼吸防护用品。正压式空气呼吸器（见图 8-3）使用时间受气瓶气压和使用者呼吸量等因素影响，一般供气时间为 40min 左右，主要用于应急救援或在危险性较高的作业环境中短时间作业使用，不能在水下使用。

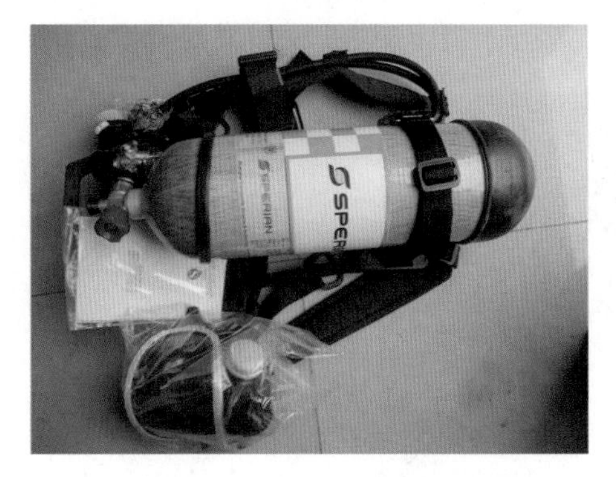

图 8-3　正压式空气呼吸器

2. 隔绝式紧急逃生呼吸器

隔绝式紧急逃生呼吸器（见图 8-4）是在出现意外情况时，帮助作业人员自主逃生使用的隔绝式呼吸防护用品，一般供气时间为 15min 左右。

（三）防坠落安全用品

有限空间救援常用的防坠落安全用品主要包括全身式安全带、速差防坠器、安全绳以及三脚架等。

1. 全身式安全带

全身式安全带（见图 8-5）可使坠落者在坠落时保持正常体位，防止坠落者从安全带内滑脱，还能将冲击力平均分散到整个躯干部分，减少对坠落者的身体伤害。全身式安全带应在制造商规定的期限内使用，一般不超过 5 年，如发生坠落事故或有影响安全性能的损伤，则应立即更换；使用环境特别恶劣或者使用格外频繁的，应适当缩短全身式安全带的使用期限。

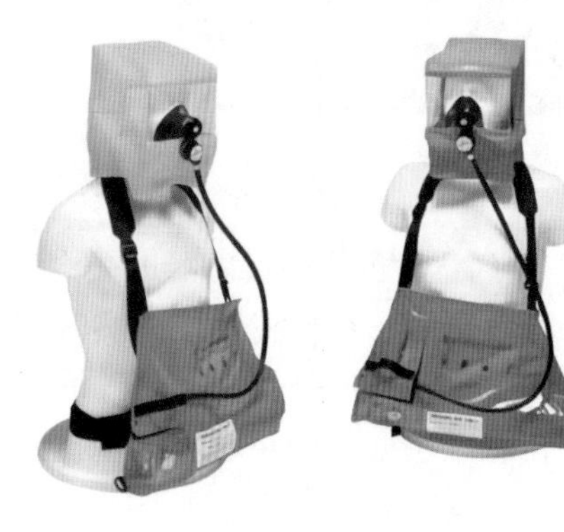

图 8-4 隔绝式紧急逃生呼吸器

图 8-5 全身式安全带

2. 安全绳

安全绳（见图 8-6）是在安全带中连接系带与挂点的绳（带），一般与缓冲器配合使用，起到吸收冲击能量的作用。

3. 速差防坠器

使用时，速差防坠器（见图 8-7）安装在挂点上，通过装有可伸缩长度的绳（带）串联在系带和挂点之间，在坠落发生时，因速度变化引发制动，从而对坠落者进行防护。

图 8-6 安全绳

图 8-7 速差防坠器

4. 三脚架

三脚架（见图 8-8）作为一种移动式挂点装置广泛用于有限空间作业（垂直方向）中，

特别是三脚架与绞盘、速差防坠器、安全绳、全身式安全带等配合使用，可用于有限空间作业的坠落防护和事故应急救援。

图 8-8 三脚架

（四）其他个体防护用品

为避免或减轻人员头部受到伤害，有限空间作业人员应佩戴安全帽。安全帽应在产品的有效期内使用，受到较大冲击后，无论是否发现帽壳有明显的断裂纹或变形，都应停止使用，立即更换。

应根据有限空间作业环境特点，按照《个体防护装备选用规范》（GB/T 11651—2008）为作业人员配备防护服、防护手套、防护眼镜、防护鞋等个体防护用品，如图 8-9 所示。例如，易燃易爆环境，应配备防静电服、防静电鞋；涉水作业环境，应配备防水服、防水胶鞋；有限空间作业时可能接触酸碱等腐蚀性化学品的，应配备防酸碱防护服、防护鞋、防护手套等。

图 8-9 部分个人防护用品

（五）安全器具

1. 通风设备

移动式风机是对有限空间进行强制通风的设备，通常有送风和排风两种通风方式，如图 8-10 和图 8-11 所示。安全器具使用注意事项：

（1）移动式风机应与风管配合使用。

图 8-10 送风机

图 8-11 排风机

（2）使用前应检查风管有无破损，风机叶片是否完好，电线有无裸露，插头有无松动，风机能否正常运转。

2. 照明设备

当有限空间内亮度不足时，应使用照明设备。有限空间作业常用的照明设备有头灯（见图 8-12）、手电（见图 8-13）等。使用前应检查照明设备的电池电量，保证作业过程中能够正常使用。有限空间内使用照明灯具电压应不大于 24V，在积水、结露等潮湿环境的有限空间和金属容器中作业时，照明灯具电压应不大于 12V。

图 8-12　头灯

图 8-13　手电

3. 通信设备

当作业现场无法通过目视、喊话等方式进行沟通时，应使用对讲机（见图 8-14）等通信设备，便于现场作业人员之间的沟通。

4. 围挡设备和警示设施

有限空间作业过程中常用的围挡设备有反光锥筒、隔离带等（见图 8-15），常用的警示设施有安全警示标志或安全告知牌、夜间警示灯等。

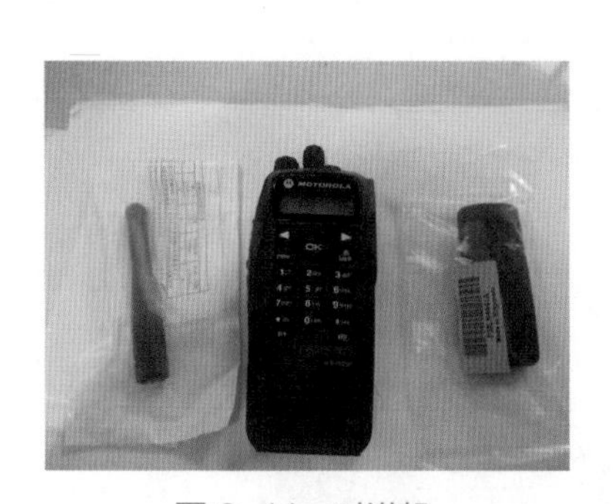

图 8-14　对讲机

图 8-15　围挡设备

三、电缆隧道救援

电缆隧道按照有限空间的定义和分类，属于地下有限空间，具有整体较为封闭、与外界相对隔离，进出口受限但人员可以进入，通风不良，易造成有毒有害、易燃易爆物质积聚或氧含量不足等特点。电缆隧道存在的主要风险有中毒、缺氧窒息、燃爆、水灾淹溺、高处坠落、物体打击、机械伤害、坍塌掩埋、火灾灼伤、高温高湿等。上述风险可能同时存在，且具有隐蔽性和突发性。

当作业过程中出现异常情况时，作业人员在还具有自主意识的情况下，应采取积极主动的自救措施，如图 8-16（a）所示。作业人员可使用隔绝式紧急逃生呼吸器等救援逃生设备，提高自救成功率。如果作业人所示自救逃生失败，应根据实际情况采取非进入式救援或进入式救援方式。

非进入式救援是指救援人员在有限空间外，借助相关设备与器材，安全快速地将有限空间内受困人员移出有限空间的一种救援方式，如图 8-16（b）所示。非进入式救援是一种相对安全的应急救援方式，需至少同时满足以下两个条件：电缆隧道内受困人员佩戴了全身式安全带，且通过安全绳索与有限空间外的挂点可靠连接；电缆隧道内受困人员所处位置与电缆隧道进出口之间通畅、无障碍物阻挡。

进入式救援是指当受困人员未佩戴全身式安全带，也无安全绳与有限空间外部挂点连接，或因受困人员所处位置无法实施非进入式救援时，就需要救援人员进入有限空间内实施救援，如图 8-16（c）所示。进入式救援是一种风险很大的救援方式，一旦救援人员防护不当，极易出现伤亡扩大。实施进入式救援，要求救援人员必须采取科学的防护措施，确保自身防护安全、有效。同时，救援人员应经过专门的有限空间救援培训和演练，能够熟练使用防护用品和救援设备设施，并确保能在自身安全的前提下成功施救。若救援人员安全防护措施不到位，不能保障自身安全，则不得进入有限空间实施救援。

（a）自救

（b）非进入式

（c）进入式

图 8-16　救援方式

（一）救援前准备

1. 安全交底

救援现场负责人应对实施救援的全体人员进行安全交底，告知救援基本情况信息，过程中可能存在的安全风险、安全要求和应急处置措施等。

2. 设备检查

救援前应对安全防护设备、个体防护用品、应急救援装备的齐备性和安全性进行检查，发现存在问题的应立即更换。当有限空间可能为易燃易爆环境时，设备和用具应符合防爆安全要求。

3. 封闭作业区域及安全警示

应在救援现场设置围挡，封闭救援区域，并在出入口周边显著位置设置安全警示标志。占道作业的，应在作业区域周边设置交通安全设施。夜间作业的，作业区域周边显著位置应设置警示灯，人员应穿着高可视警示服。

4. 确定救援出入口及通道

救援人员应现场选择适合救援位置的电缆隧道出入口，站在出入口外上风侧，打开进出口进行自然通风。对可能存在爆炸危险的，应采取防爆措施；若受出入口周边区域限制，救援人员开启时可能接触有限空间内涌出的有毒有害气体的，应佩戴相应的呼吸防护用品。

5. 安全隔离及清除置换

存在可能危及设备设施、物料及能源时，应采取封闭、封堵、切断能源等可靠的隔离（隔断）措施，并上锁挂牌或设专人看管，防止无关人员意外开启或移除隔离设施。电缆隧道存在或残留的物料存在危害时，应在救援前对物料进行清洗、清空或置换。

6. 气体检测

救援前应在有限空间外上风侧，使用泵吸式气体检测报警仪对有限空间内气体进行检测。有限空间内存在未清除的积水、积泥或物料残渣时，应先在有限空间外利用工具进行充分搅动，使有毒有害气体充分释放后再进行检测。检测应从出入口开始，沿人员进入有限空间的方向进行。

救援前应根据电缆隧道内可能存在的气体种类进行针对性检测，至少应检测氧气、可燃气体、硫化氢和一氧化碳。当有限空间内气体环境复杂，不具备检测能力时，应委托具有相应检测能力的单位进行检测。

7. 强制机械通风

经检测，有限空间内气体浓度不合格的，必须对有限空间进行强制通风。强制通风时应注意：

（1）作业环境存在爆炸危险的，应使用防爆型通风设备。

（2）应向有限空间内输送清洁空气，禁止使用纯氧通风。

（3）仅有 1 个出入口时，应将通风设备出风口置于作业区域底部进行送风，有 2 个或 2 个以上出入口、通风口时，应在临近救援人员处进行送风，远离救援人员处进行排风，且出风口应远离有限空间出入口，防止有害气体循环进入有限空间。电缆隧道设置固定机械通风系统的，作业过程中应全程运行。

8. 救援人员防护

气体检测完成后，救援人员应按照电缆隧道环境情况选择并佩戴符合要求的个体防护用品与安全防护设备。

（二）安全救援

在确认救援环境、救援程序、安全防护设备和个体防护用品等符合要求后，现场负责人方可允许救援人员进入电缆隧道开展救援工作。

1. 注意事项

（1）救援人员使用安全梯等进入有限空间的，救援前应检查其牢固性和安全性，确保进出安全。

（2）救援人员应严格执行救援方案，正确使用安全防护设备和个体防护用品，救援过程中与监护人员保持有效的信息沟通。

2. 实时监测与持续通风

救援过程中，应采取适当的方式对救援区域电缆隧道进行实时监测。监测方式有两种：一种是监护人员在有限空间外使用泵吸式气体检测报警仪对作业面进行监护检测；另一种是救援人员自行佩戴便携式气体检测报警仪对救援作业面进行个体检测。除实时监测外，救援过程中必须强制进行机械通风。

3. 救援过程监护

应安排监护人员在电缆隧道出入口外全程持续监护，跟踪救援人员的救援过程，与其保持信息沟通，发现电缆隧道气体环境发生不良变化、安全防护措施失效和其他异常情况时，应立即向救援人员发出撤离警报，并采取措施协助救援人员撤离。

4. 异常情况紧急撤离有限空间

救援期间发生下列情况之一时，救援人员应立即中断救援，撤离有限空间：

（1）救援人员出现身体不适。

（2）安全防护设备或个体防护用品失效。

（3）监护人员或作业现场负责人下达撤离命令。

（4）其他可能危及安全的情况。

5. 救援完成

受困人员脱离电缆隧道后，应迅速转移至安全、空气新鲜处，进行正确、有效的现场救护，以挽救人员生命，减轻伤害。救援完成后，解除本次救援前采取的隔离、封闭措施，恢复现场环境后安全撤离救援现场。若现场不具备自主救援条件，则应及时拨打 119 和 120，依靠专业救援力量开展救援工作，绝不允许强行施救。

四、深基坑救援

近年来，电力施工深基坑作业数量较多，频繁发生施工人员基坑窒息、基坑垮塌等人身伤亡事故。在深基坑作业前，施工人员应通过应急救援培训、演练，掌握相应的救援知识及技能。一旦发生紧急情况，现场有关人员应立即报告、启动应急预案，组织人员自救、互救，但不得盲目进行施救。

（一）深基坑施工人员遇困自救流程

当基坑内气体检测仪报警或者作业人员身体感觉不适时，应立即采取自救方案迅速撤离作业点，在未丧失攀爬能力的情况下迅速将速差防坠器挂在佩戴的安全带上沿软梯脱离坑底，在遇困人员失去攀爬能力的情况下，应利用求生哨进行呼救。求生哨使用方法：第一步，将哨嘴含入口中，用牙齿咬住哨嘴（含正、含紧）；第二步，用舌尖抵住哨嘴；第三步，用一般呼吸的量吸气；第四步，快速均匀地吹气，同时快速缩回舌尖；第五步，吹完一声结束时，快速将舌尖继续抵住哨嘴。求生哨使用方法如表 8-1 所示。

表 8-1　求生哨使用方法

序　号	名　称	示　例	备　注
1	短音	●	1 秒内
2	长音	■■■	3 秒以上

续表

序　号	名　称	示　例	备　注
3	需要救援	●●●	三短
4	紧急呼救（SOS）	●●●■■■■■■■■■■■■●●●	三短三长三短
5	救援人员回应	■■■	一长
6	向上	●	一短
7	向下	●●	两短
8	停止	●■■■	一短一长

同时将速差防坠器以及救援绳挂在佩戴的安全带上，方便坑上人员救援。坑上人员听到求生哨信号后应立即回应，并核实坑内救援绳是否系牢，协助被困人员沿软梯脱离坑底。若无人回应，应间歇呼救，不要持续呼救浪费体力和氧气。若遇困人员感觉缺氧、呼吸困难时，应利用便携式氧气罐辅助呼吸。若施工人员遇到坑体坍塌受困时，可利用衣服掩住口鼻，防止泥灰进入，充分利用坑体空隙的氧气增加生存时间，并利用求生哨呼救。

（二）深基坑施工人员遇困互救流程

当基坑内受困人员遇困不能自主脱离危险区域时，应立即采取互救方案，帮助受困人员撤离作业点。

（1）救援前一定要利用通风设备对深基坑送气，施救人员下坑救援前一定要佩戴好正压式呼吸器。

（2）施救人员在进行深基坑救援时，若被困人员意识清醒，有体力时，应大声呼喊被困人员姓名，利用速差防坠器、救援绳、软梯指挥被困人员脱困。

（3）施救人员在进行深基坑救援时，若被困人员意识模糊，无法行动时，可利用绑扎在施工人员身上的安全带提升被困人员（未佩戴安全带的情况下，利用安全救援绳将被困人员捆绑牢靠后进行提升），提升前被困人员应挂牢速差防坠器、救援绳，佩戴好安全帽，四肢向下，防止与坑壁碰撞造成伤害。

（4）在不超荷载的情况下可利用电动提土设备、手摇式提土设备进行提升，若采用人力提升，必须利用滑轮组进行提升，将滑轮组挂在坑口上方牢靠的构件处，安排 3 人进行提拉并确保将绳索末端固定在坑外的牢固位置，防止绳索滑落造成受困人员跌落和施救人员意外跌入坑内。

（5）在通风检测合格的情况下人员可以下坑开展救援工作，在检测不合格及未配置正压式呼吸器的情况下人员禁止下坑开展互救。

（6）施救人员将受困人员救出后，应立即开展急救。

（7）在不明深基坑坑内情况时，施救人员不得盲目进入坑内施救；救援人员应佩戴好安全带、速差防坠器、正压式呼吸器后开展救援；选择有经验的人进行心肺复苏。

（8）若遇到坑体内有毒气体，应立即佩戴正压式呼吸器，第一时间挂好速差防坠器后离开基坑。若遇坑内地下水时，应保持冷静，双手抱头并后仰，利用自身浮力和水位上升获救。遇突发状况，遇困人员应保持镇静、稳定情绪；施工现场一定要配置软梯、速差防坠器、便携式氧气罐、正压式呼吸器、救援绳、求生哨等；遇困人员离开坑底前一定要佩戴好速差防坠器。

（三）专业救援人员施救流程

在无法开展自救、互救的情况下，利用通风设备持续对坑底进行送风，缺氧的情况下被困人员利用便携式氧气罐进行呼吸，等待专业救援，应优先考虑非进入式救援，万不得已采用进入式救援。

（1）专业救援人员应包括救援负责人 1 名、安全监护人 1 名、救援先锋人员 1 名、绞盘操作手 1 名。救援人员分工：救援负责人负责组织协调救援工作，负责安排组织救援、对外联络、现场指挥等工作；安全监护人负责气体检测、送风、空气呼吸器管理、指挥安全防护穿戴（安全帽、防毒面具等）工作；救援先锋人员负责下坑救援，观察坑内情况，反馈坑内情况；绞盘操作手负责操作绞盘，按照救援人员指令启、停绞盘设备。

（2）救援先锋人员佩戴正压式呼吸器。安全监护人测量坑内氧气含量、有毒气体含量，估算下井救援时间。

（3）基坑开挖现场有电动提土设备、人力提土设备时利用提土设备上下基坑展开救援，现场没有提土装置时利用三脚架配合绞盘实施救援。第一步，将三脚架放置井口上，用定位链穿过底脚的穿孔，防止支柱向外滑移。第二步，拔下内外柱固定插销，分别将内柱、外柱拉出，根据需要选择适当长度将内柱、外柱孔对正插入插销。第三步，将绞盘从支柱内侧卡在三脚架任意一支柱上，固定牢靠，逆时针摇动绞盘，拉出绞盘绞绳挂于架头上的挂耳上。第四步，安装防坠器，将防坠器挂在安全带 D 形环上，利用绞盘绳索将救援人员放入深基坑。

（4）救援人员下至坑底后，给被困人员佩戴正压式呼吸器，并重新戴好安全帽。将被困人员与救援人员的安全带进行牢固连接（确保两点连接），确认无误后进行提升。提升过程中，救援人员应对被困人员的头颈部进行托起保护，并确保被困人员四肢向下，避免提升过程中造成二次伤害。遇坑底被困人员昏迷且未佩戴安全带的情况下，可利用安全救援绳将被困人员捆绑牢靠并与救援人员的安全带进行牢固连接后进行提升。救援过程中，有限空间内救援人员与外面监护人员应利用对讲机保持通信联络畅通，在救援人员撤离前，监护人员不得离开监护岗位。

（5）被困人员到达井口后，救援人员与被困人员脱离，迅速将被困人员转移到有新鲜空气的通风处，检查呼吸道是否有堵塞的情况，确保呼吸道通畅，安排有急救经验的人立即进行心肺复苏并拨打 120，在急救医生到来之前，坚持做心肺复苏。

五、地下变电站救援

（一）地下变电站基本情况

在城市电力负荷集中但地上变电站建设受到限制的地区，通常结合城市绿地或运动场、停车场等地面设施独立建设地下变电站，也采用结合其他工业或民用建（构）筑物共同建设地下变电站。

一般来说，在地下变电站的每个房间都设有强制通风系统，在地下变电站的楼梯间设置有正压送风系统，确保在变电站内有火灾、气体泄漏等情况时，人员撤离至楼梯间时，迅速安全地撤离至地面。

在极特殊情况时，如地下变电站通风系统故障、风机全部停用、地下管线发生倒灌等，可能会造成地下变电站形成有限空间，需进行救援。

（二）救援方式

当作业过程中出现异常情况时，作业人员在还具有自主意识的情况下，应采取积极主动的自救措施。作业人员可使用隔绝式紧急逃生呼吸器等救援逃生设备，提高自救成功率。如果作业人员自救逃生失败，或是地下变电站的应急疏散通道受阻、作业人员无法顺利逃出时，应根据实际情况采取非进入式救援或进入式救援方式进行救援。

（三）救援步骤及注意事项

1. 救援准备

（1）安全交底

救援现场负责人应对实施救援的全体人员进行安全交底，告知救援基本情况信息，过程中可能存在的安全风险、安全要求和应急处置措施等。

注意事项：安全交底时救援负责人应详细了解地下变电站内设备运行状态，设备故障情况，必要时应联系调度对相关设备进行停电。

（2）救援设备检查

救援前应对安全防护设备、个体防护用品、应急救援装备的齐备性和安全性进行检查，发现问题应立即更换。

注意事项：当地下变电站发生充油设备故障、绝缘油泄漏等情况时，设备和用具应符合防爆安全要求。

（3）封闭作业区域及安全警示

在救援现场设置围挡，封闭救援区域，并在出入口周边显著位置设置安全警示标志。对于变电站地面空间紧张，需要占道实施救援的，应在作业区域周边设置交通安全设施。夜间作业的，作业区域周边显著位置应设置警示灯，人员应穿着高可视警示服。

（4）确定救援出入口及通道

根据地下变电站内受困人员位置合理选择变电站出入口或吊装口、通风口作为救援人员进入有限空间的救援区域。

（5）气体检测

救援前应在有限空间外上风侧，使用泵吸式气体检测报警仪对有限空间内气体进行检测，检测应从出入口开始，沿人员进入有限空间的方向进行。

救援前应根据地下变电站内可能存在的气体种类进行针对性检测，至少应检测氧气、可燃气体、硫化氢和一氧化碳。站内 SF_6 充气设备发生故障的，应检测 SF_6 浓度。

当地下变电站发生附近输气管道等各类管道泄漏倒灌至变电站内造成气体环境复杂的，若不具备检测能力时，应委托具有相应检测能力的单位进行检测。

（6）强制机械通风

应优先恢复站内强制通风系统运行，确保人员受困场所能够有效通风，救援期间持续运行，无法恢复运行的，应使用外置机械强制通风。

注意事项：

■ 作业环境存在爆炸危险的，应使用防爆型通风设备。

■ 应输送清洁空气，禁止使用纯氧通风。

■ 若地下变电站其他出入口均受阻，仅有 1 个出入口可用时，应将通风设备出风口置于作业区域底部进行送风，有 2 个或 2 个以上出入口、通风口可用时，应在临近救援人员处进行送风，远离救援人员处进行排风，且出风口应远离有限空间出入口，防止有害气体循环进入有限空间。

（7）救援人员防护

气体检测完成后，救援人员应按照地下变电站环境情况选择并佩戴符合要求的个体防护用品与安全防护设备。

2. 救援实施

（1）救援许可

在确认救援环境、救援程序、安全防护设备和个体防护用品等符合要求后，现场负责人方可允许救援人员进入地下变电站开展救援工作。

注意事项：救援人员应严格执行救援方案，正确使用安全防护设备和个体防护用品，救援过程中与监护人员保持有效的信息沟通。

（2）实时监测与持续通风

救援过程中，应采取适当的方式对救援区域进行实时监测。监测方式有两种：一种是监护人员在有限空间外使用泵吸式气体检测报警仪对作业面进行监护检测；另一种是救援人员自行佩戴便携式气体检测报警仪对救援作业面进行个体检测。除实时监测外，救援过程中必须强制进行机械通风。

（3）救援过程监护

应安排监护人员在救援人员出入口外全程持续监护，跟踪救援人员的救援过程，与其保持信息沟通，发现地下变电站气体环境发生不良变化、安全防护措施失效和其他异常情况时，应立即向救援人员发出撤离警报，并采取措施协助救援人员撤离。

（4）异常情况紧急撤离有限空间

救援期间发生下列情况之一时，救援人员应立即中断救援，撤离有限空间：

● 救援人员出现身体不适。

● 安全防护设备或个体防护用品失效。

● 监护人员或作业现场负责人下达撤离命令。

● 其他可能危及安全的情况。

（5）救援完成

受困人员脱离地下变电站后，应迅速转移至安全、空气新鲜处，进行正确、有效的现场救护，以挽救人员生命，减轻伤害。救援完成后，解除本次救援前采取的隔离、封闭措施，恢复现场环境后安全撤离救援现场。若现场不具备自主救援条件，应及时拨打 119 和 120，依靠专业救援力量开展救援工作，绝不允许强行施救。

（四）救援流程

地下变电站救援流程如图 8-17 所示。

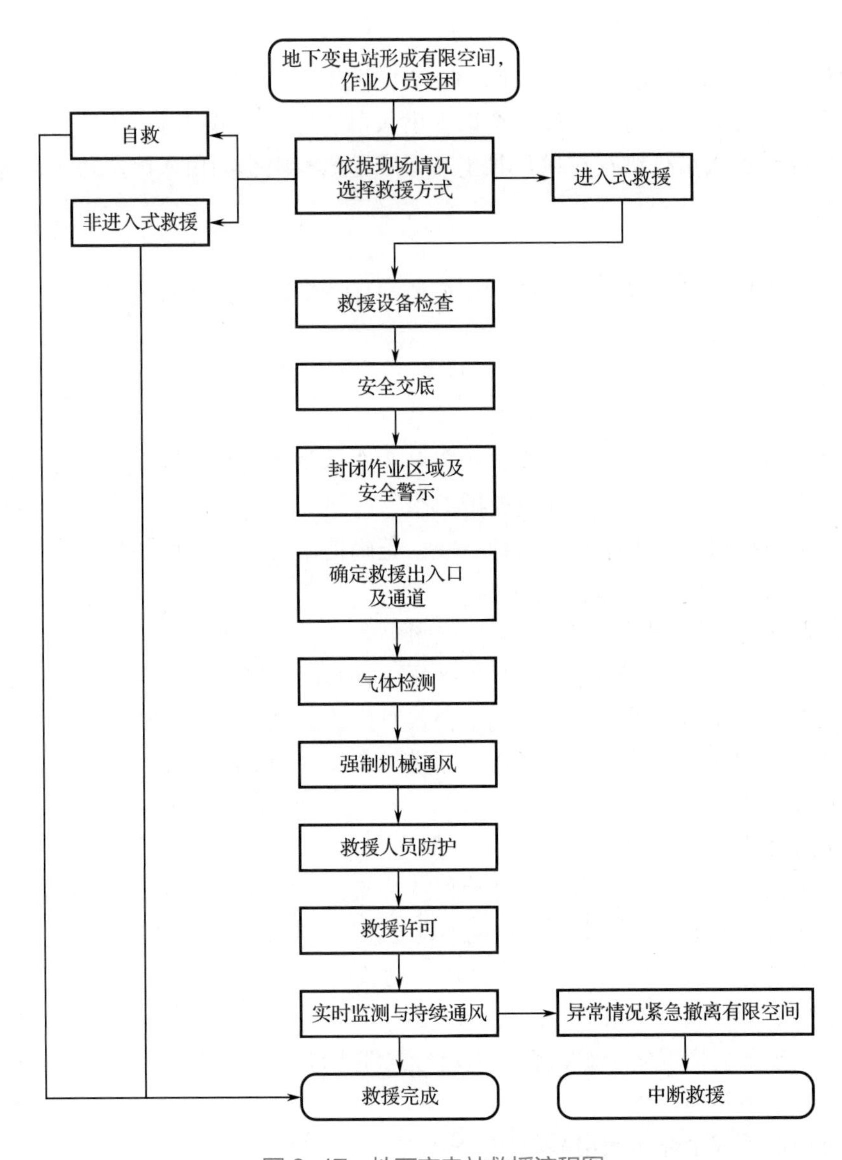

图 8-17　地下变电站救援流程图

模块三　高空救援

培训目标

1. 熟悉高空救援的原则、坠落伤害的概念。
2. 掌握电网高空绳索救援技术。

一、高空实施救援的原则

在现场实施救援时，往往必须从高处或低处救援伤员，例如需要将一名伤者从一栋部分倒塌的房屋中营救出来，但救援人员无法通过楼梯间到达伤者处，或者要将一名工人从杆塔线路上营救下来。高处或低处救援不仅发生在营救伤员的过程中，而且还包括营救遭遇事故的救援人员，或者救援人员遇到危险时进行自救。

对于上述各种情况，参与救援的救援人员都有从高处跌落的危险，因此救援人员必须自己做好防坠落的保护工作。当发生坠落时，会产生额外的荷载，如碰撞、绞勒、冲击和悬挂等情况，可能会危及救援人员或伤员的安全，因此要做好现场环境的评估，检查装备是否完好，救援方案是否完备。

二、电网高空绳索救援技术

（一）绳索救援技术现状

国外高空应急救援大致可分为以 IRATA（工业绳索行业协会）为代表欧洲高空应急救援体系和以 NFPA（美国消防协会）为代表的美国高空应急救援体系。国外电力行业高空应急救援主要依托相关专业救援机构进行。目前，我国还没有专门的高空应急救援组织，救援力量主要以武警和消防部队为主，相关民间救援组织为辅，在高山众多的风景区初步建立起山地高空应急救援组织；国内绳索救援技术基础理论还是比较薄弱，装备、实战技术与标准体系发展落后，高空应急救援体系尚未形成。

（二）救援方案

开展救援可根据实际情况选定适合的救援方案，一般可分为被困人员自救方案、工作小组协助自救方案、救援队常规救援方案和综合救援方案四种。

1. 被困人员自救方案

高空作业人员发生坠落，安全带背部挂点和防坠落保护绳受力后将作业人员悬吊在导线下方，具备自救行动能力，且具有基本的自救装备。分为以下两种情况：

（1）短距离坠落自救（见图 8-18）

被困人员坠落距离不长，踩辅助脚踏站立后手能抓握到导线即可回到安全区域，需具有的基本自救装备：一个锁扣、一个脚踏。

步骤：

① 被困人员取出辅助脚踏（脚踏与锁扣应提前连接，避免取出时锁扣掉落）。

② 用锁扣连接安全带受力点（一般为背部挂点）。

③ 安装脚踏并调整脚踏长度，屈腿踩脚踏。

④ 双脚踩脚踏使身体直立。

⑤ 伸手抓握导线，回到导线上，完成自救。

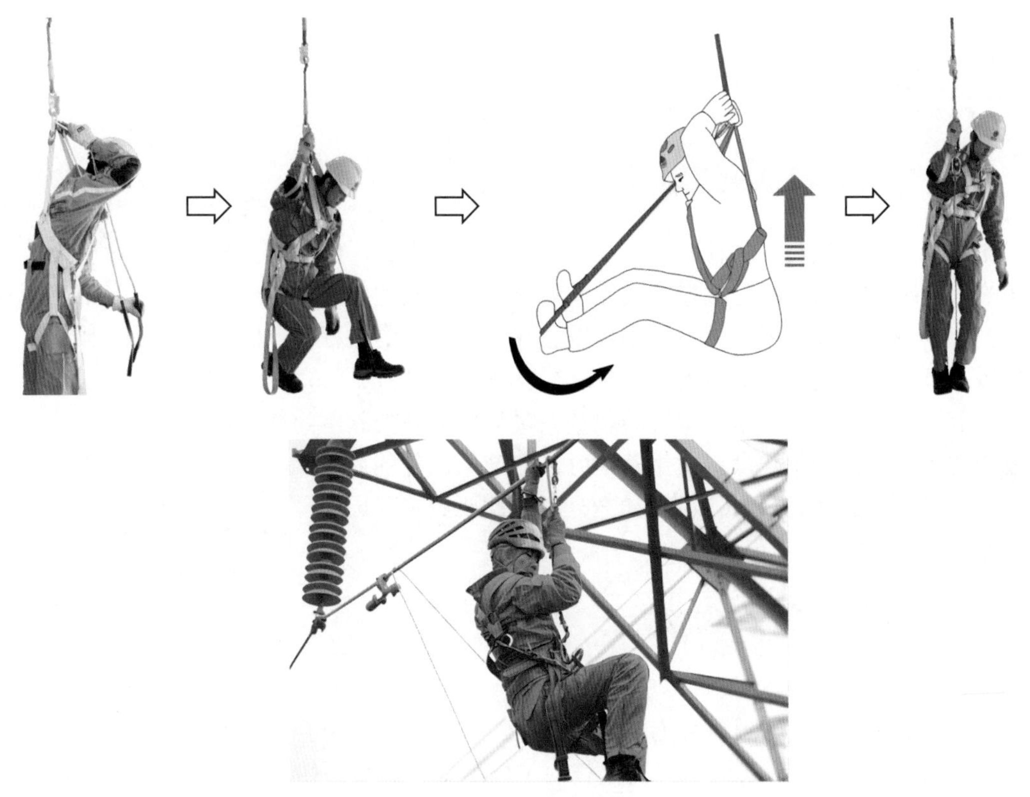

图 8-18　短距离坠落自救

（2）长距离坠落自救（见图 8-19）

被困人员坠落距离较长，采用抛投方式连接安全短绳后上升。需具有的基本自救装备：一个抛投包，一条 8m 的牵引绳，一条 5m 的安全短绳（9.5 ～ 10mm 静力绳），两个锁扣，两个抓结（2m，6mm 辅绳首尾连接成环状，环的长度自行调节）。

步骤：

① 取出抛投包、牵引绳（提前进行连接），将牵引绳系在安全带上（避免掉落）；向上方同一导线抛投，使抛投包绕过导线。

② 取出安全短绳，一端与牵引绳进行有效连接，另一端连接在安全带上（避免掉落），拉动安全短绳跨过导线，将其牵引到身前完成牵引动作。

③ 解除牵引绳，在安全短绳一端打绳结（双 8 字结），将另一端穿过 8 字结的绳圈向下拉安全短绳，使其固定在导线上。

④ 利用双抓结上升（上升方法 1）或绞绳上升（上升方法 2）的方式，回到导线。

上升方法 1——双抓结上升法（见图 8-20）

① 取出短抓结，使用普鲁士抓结固定于主绳上，用主锁固定于安全带腹部挂点，锁好锁门；取出长抓结，使用普鲁士抓结固定于短抓结下方主绳上，注意绳结不可绕在安全绳上，也不能在锁扣的受力处；②一脚踩踏在长抓结上，双手扶绳站立；一手扶绳，一手推动上方抓结到最高处。③轻缓坐下，使短抓结受力，推动长抓结到最高处。④重复②、③动作，到达上方导线，完成自救。

图 8-19　长距离坠落自救

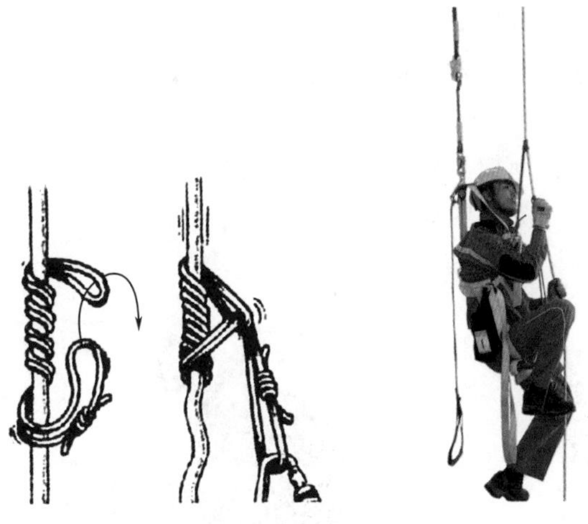

图 8-20　双抓结上升法

上升方法 2——绞绳法（见图 8-21）

抛投牵引完成后，将安全短绳两端都拉至身体前方，无缝合端的绳头打好防脱结。以双脚绞绳后站立，双手握绳，再次以屈腿绞绳的方式重复上升，到达上方导线，完成自救。

注意：本方法应根据个人技术熟练程度及体能情况自我评估后选用。

图 8-21　绞绳上升法

2. 工作组协助自救方案

高空作业人员发生坠落，安全带背部挂点和防坠落保护绳受力后将作业人员悬吊在导线下方，具备自救行动能力，但未携带必要的自救装备或被困人员坠落后出现心理慌乱需要心理干预和技术支援时，在无法完成个人自救的情况下，需作业现场小组成员进行协作完成自救。

前期通用操作流程：

被困人员首先做好自我防护：取出辅助脚踏，连接安全带受力点，双脚踩脚踏直立身体。

被困人员通过手势、声音、对讲机向小组成员发出协助自救请求。

现场小组救援人员携带小组协救包，做好自我保护后沿导线接近被困人员，到达被困点正上方。

1）工作组协助自救方案 1（见图 8-22）

（1）救援人员到达被困人员上方，将两根自我保护 MGO 分别挂入导线，做好自我保护，确保自身安全；取出带有 K 锁的绳梯，钩挂在被困人员悬吊的导线上，使绳梯尽量靠近被困人员。

（2）被困人员用手抓握绳梯，脚踏绳梯向上攀爬，在到达导线附近时，救援人员协助被困人员返回导线上方，小组协助自救完成。

图 8-22　工作组协助自救方案 1

2）工作组协助自救方案 2（见图 8-23）

（1）救援人员到达被困人员正上方，将两根自我保护 MGO 分别挂入导线，做好自我保护，确保自身安全。

（2）救援人员将携带的 K 锁安全短绳钩挂在被困人员正上方导线上。

（3）救援人员在安全短绳绳尾打防脱结后挂入小组救援包，将绳索缓缓下放，使其尽量靠近被困人员。

（4）被困人员取下并打开小组救援包：①取出下降保护器，并将下降保护器用主锁连接在安全带腹部挂点上，锁好锁门；②将安全短绳正确安装在下降保护器上，并收紧绳索，让下降保护器受力；③取出连有脚踏带的手持上升器，挂于下降保护器上方。

（5）被困人员单脚踏在脚踏带上，利用手持上升器 + 下降保护器交替上升技术，沿绳返回导线，在到达导线附近时，上方救援 人员协助被困人员返回到导线上方，小组协助自救完成。

图 8-23　工作组协助自救方案 2

3. 救援队常规救援方案

高空作业人员发生坠落，安全带背部挂点和防坠落保护绳受力后将作业人员悬吊在导线下方，失去自救的行动能力，且工作小组不具备现场救援装备或能力时，由具备专业救援技能的车间班组救援组进行增援，主要有下列 3 种救援方式。

（1）无陪伴上方释放（见图 8-24）

图 8-24　无陪伴上方释放

该方法最少需要两名救援人员，即一名救援人员通过走线接近被困人员后，与地面救援人员配合，使被困人员脱离受困环境，由上方救援人员释放其下降的救援方法。该方法相对简单，适合那些被困人员意识相对清醒，无须全过程监护的救援，一般可以通过使用一个现成的救援套装实现，所需装备较少，对绳索需求量也比较少，只需要一倍释放绳距即可完成救援，大部分救援人员经过简单培训即可完成操作。

双向救援套装救援操作流程如图 8-25 所示。

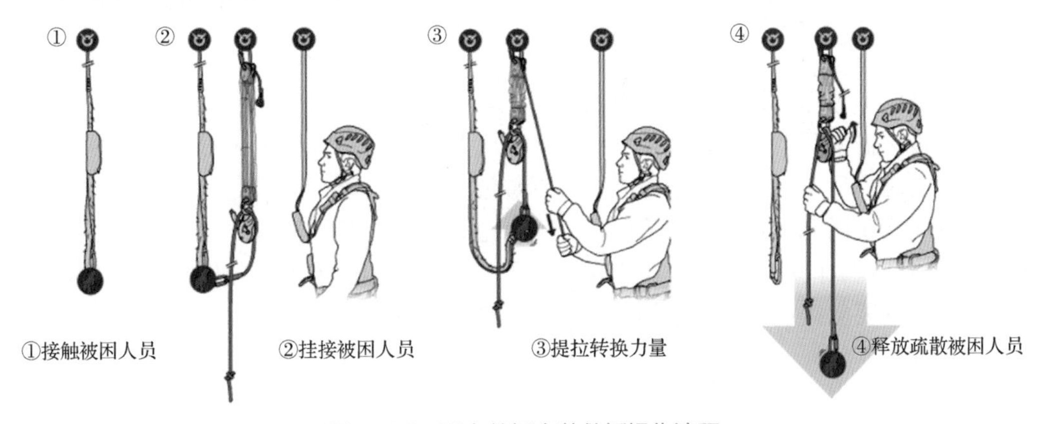

图 8-25　双向救援套装救援操作流程

图 8-26　陪伴下降救援

（2）陪伴下降救援（见图 8-26）

该方法最少需要两名救援人员，即一名救援人员由上方接近被困人员，通过提拉使其脱离原后备保护后，陪护其下降至地面的救援方法。陪伴下降救援需要经过一定的专业训练，在掌握先进的绳索救援技术后方可实施救援操作。救援时应迅速，以减少悬吊所造成的创伤风险，尤其当受害者无意识时，更需要加快救援行动。陪伴下降救援在救援过程中可帮助被困人员通过复杂地形，有陪伴的救援对被困人员的心理安抚是至关重要的。同时能及时监测被困人员的生命体征。陪伴下降救援须使用双绳救援技术。

单绳救援与双绳救援的区别在于：单绳救援具有高效快捷、所需装备器材较少等优点，但没有备份系统，风险较高，适合较偏僻的野外救援环境。双绳救援尽管所需装备较多，但具有更高的安全性，广泛应用于工业救援领域。

陪伴下降救援操作流程如图 8-27 所示。

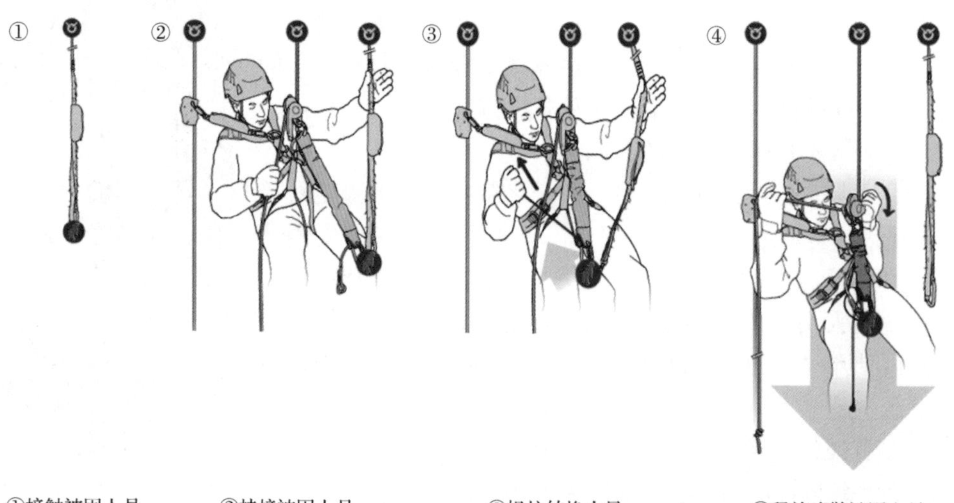

图 8-27　陪伴下降救援操作流程

（3）无陪伴下方释放救援（见图 8-28）

该方法最少需要两名救援人员，即一名救援人员由上方接近被困人员，通过下方救援人员提拉使其脱离原后备保护后，下方人员再释放绳索使其下降至地面的救援方法。无陪伴下方释放救援适合被困人员意识相对清醒，无须全过程监护的救援。该方法大部分工作由地面救援人员完成，大大降低了高空救援人员的工作量，使其拥有更大的操作空间，但绳索需求量较大，至少需要救援高度的 2 倍绳长，且还需要在地面建立保护站。大部分经过简单培训的人员即可操作。

图 8-28　无陪伴下方释放救援

4. 综合救援方案

高空作业人员发生坠落，安全带背部挂点和防坠落保护绳受力后将作业人员悬吊在导线下方，救援点所处杆塔过高、出线距离过长或所处环境复杂，救援技术难度较大，由具备复杂条件下综合救援能力的区域救援队进行外部增援。

方案 1：导线滑轮横渡救援（过间隔棒）（见图 8-29）

在导线无扭曲的情况下，地面环境不允许进行垂直向下疏散，则一名救援人员接近被困人员，将被困人员解救脱困后使身体重量转移至滑轮，通过拖拽滑轮将被困人员拖拽至塔身，再使用垂直下放方式向下疏散。

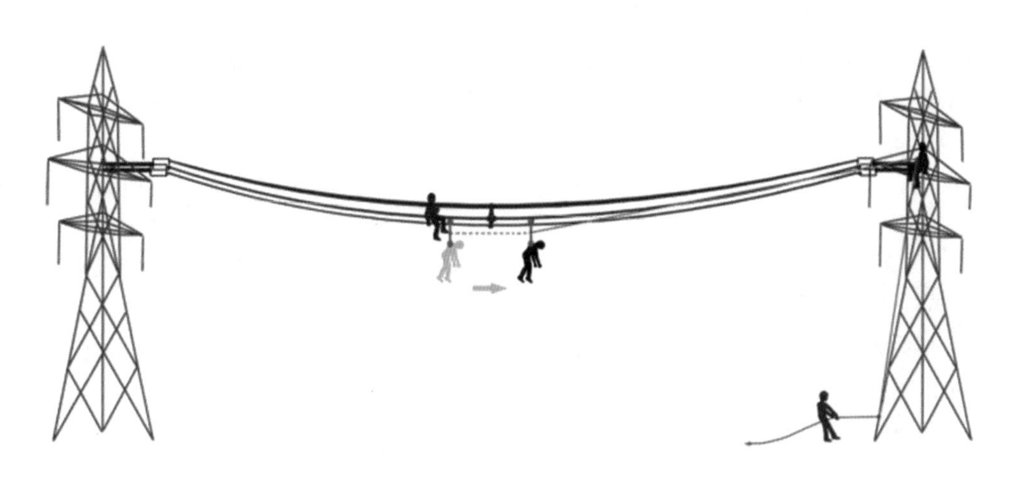

图 8-29　导线滑轮横渡救援

方案 2：斜拉绳桥带人下降救援（见图 8-30）

在导线扭曲的情况下，地面环境不允许进行垂直向下疏散，则高空、地面救援人员协同搭建斜拉绳桥，将被困人员解救脱困后通过绳桥陪同下降至地面。

图 8-30　斜拉绳桥带人下降救援

救援过程中可能会遇到的问题：

（1）救援绳索长度不足。

技术要求：下降器通过绳结。

在一些超长距离的救援中绳索不够长，只有通过接绳才能释放到地面。装备需求：4 ∶ 1 提拉套装 1 条，机械抓结（上升器）1 把。

（2）导线下方人员无法站立。

技术要求：建立溜索横渡系统。

在一些复杂环境下，如果导线下方人员无法站立，被困人员疏散地点就需要偏移，这时就需要架设绳桥让被困人员沿绳桥滑降到预定地点。

装备需求：导轨绳 1 条，牵引绳 1 条，滑轮 1 个，下降器 1 把，扁带 2 条，锁扣 2 把，提拉套装 1 条（如有条件架设双绳桥更安全，双绳桥需要配合侧板双滑轮使用）。

5. 输电线路杆（塔）上救援方法（见图 8-31）

图 8-31　输电线路杆（塔）上救援方法

作业人员在登杆作业时，因各类原因，导致人员悬挂自己无法自救后，展开的救援方式。

根据环境决定救援方案，最简单的方法为悬挂后的下方释放法。

（1）救援人员登塔，越过受困人员，在上方建立安全锚点，挂入救援滑轮。

（2）救援绳穿过救援滑轮，救援者将救援绳与受困者原有保护点连接。

（3）下方人员建立下方保护站，利用倍力系统做好提拉准备。

（4）上下方人员同时确认连接好后，下方人员可提拉卸掉原有保护的力（若紧急，或原有保护缠绕，则可直接选择割绳），被困人员受力转移到救援绳上，下方人员缓慢释放绳索直到被困人员接触地面，视被困人员情况再进行进一步医疗处置。

模块四　危化品救援

培训目标

1. 了解危化品的基本概念和分类。
2. 掌握危化品事故类型及预防措施。
3. 掌握危化品事故应急救援的基本原则、要求和流程。
4. 掌握几类典型危化品事故的现场处置方法。

知识点

一、危化品概述

（一）危化品的概念

危化品即危险化学物品，是指具有毒害、腐蚀、爆炸、燃烧、助燃等性质，对人体、设施、环境具有危害的剧毒化学品和其他化学品。

（二）危化品的分类

我国把危化品按危险特性分为以下 8 类。

1. 爆炸品

爆炸品是指在外界作用下（如受热、摩擦、受压、撞击等）能发生剧烈的化学反应，瞬间产生大量的气体和热量，使周围的压力急剧上升，发生爆炸，对周围环境、设备、人员造成破坏和伤害的物品，如硝化甘油、三硝基甲苯（TNT）、硝酸铵、硝酸钠、硝酸钾、雷汞等。

处置方法：

用水、二氧化碳、干粉、泡沫（高倍数泡沫）等灭火器材扑救，尽量保持远距离喷射。

利用墙体、低洼处等掩体进行自我保护。

进入密闭空间前，必须先通风。

特别提示：除非在专业人员指导下，否则禁止清除或废弃爆炸物；禁止用沙土盖压扑灭爆炸品火灾。

2. 压缩气体和液化气体

压缩气体和液化气体是指压缩的、液化的或加压溶解的气体（如乙炔），在钢瓶内处于气体状态的称为压缩气体，处于液体状态的称为液化气体，如液化石油气、液体氧等。这类物品当受热、撞击或强烈震动时，容器内压力急剧增大，致使容器破裂，物质泄漏、爆炸等。压缩气体和液化气体除具有爆炸性外，有的还具有易燃性（如氢气、甲烷、液化石油气等）、助燃性（如氧气、压缩空气）、毒害性（如氰化氢、二氧化硫、氯气等）、窒息性（如二氧化碳、氮气、六氟化硫等，虽无毒，不燃，不助燃，但在高浓度时易导致窒息死亡）等性质。

（1）易燃气体：如氢气、一氧化碳、甲烷、乙烷、丙烷、乙烯、丙烯、乙炔、丙炔等，与空气混合形成爆炸性混合物，遇明火或高温发生燃烧或爆炸。

处置方法：

① 燃烧爆炸事故。

切断气源后方可灭火。

用水、二氧化碳、泡沫等灭火器材扑救，尽可能保持远距离喷射。

用大量水冷却容器，直至火灾扑灭。

当火焰熄灭，但还有气体扩散且无法实施堵漏，应果断采取措施点燃。

② 泄漏事故。

采取喷雾水、释放惰性气体、加入中和剂等方法，降低泄漏物的浓度或爆炸危害。

喷雾水稀释时，应筑堤收容产生的废水，防止水体污染。

在保证安全的前提下，应尽可能切断气源或实施堵漏。

隔离泄漏区，直至气体散尽。

特别提示：防止气体通过下水道、通风系统和限制性空间扩散；禁止用水直接冲击泄漏物或泄漏源；切勿在储罐两端停留，安全阀发出声响，立即撤离；切勿对泄漏口或安全阀直接喷水，防止产生冰冻。

（2）有毒气体：如二氯甲烷、硫化氢、甲醛、二氧化硫、一氧化碳、一氧化氮、磷化氢、乙二胺等，对人体有强烈的毒害、窒息、刺激作用。

处置方法：

采取喷雾水、释放惰性气体、加入中和剂等方法，降低泄漏物的浓度或爆炸危害。

喷雾水稀释时，应筑堤收容产生的废水，防止水体污染。

在保证安全的前提下，应尽可能切断气源或实施堵漏。

隔离泄漏区，直至气体散尽。

特别提示：防止气体通过下水道、通风系统和限制性空间扩散；禁止用水直接冲击泄漏物或泄漏源；切勿对泄漏口或安全阀直接喷水，防止产生冰冻；洗消污水的排放需经过检测，以防造成次生灾害。

3. 易燃液体

本类物质在常温下易挥发，其蒸气与空气混合能形成爆炸性混合物，遇明火或高温会发生燃烧或爆炸，如原油、汽油、煤油、苯、乙醚、甲醇、乙醇、丙酮等。

处置方法：

（1）燃烧爆炸事故。

切断泄漏源后方可实施灭火。

远距离使用泡沫（与水混溶的选用抗溶性泡沫）灭火，并冷却容器，直至火灾扑灭。

大面积火灾，在控制火势不蔓延的情况下，待其燃尽。

（2）泄漏事故。

在保证安全的前提下，尽可能切断泄漏源或实施堵漏。

筑堤围堵或导流，防止泄漏物向重要目标扩散。

如果液体具有挥发性、可燃性，可用适当的泡沫覆盖泄漏液体。

使用干沙、土、水泥或其他不燃性材料吸收或覆盖并收集于容器中。

利用雾状水、水幕驱散或稀释集聚蒸气，但要保证水不得流入泄漏区域。

特别提示：防止泄漏物通过下水道进入水体、地下室或密闭空间；禁止用水直接冲击泄漏物或泄漏源；切勿在储罐两端停留，安全阀发出声响，立即撤离；禁止对液态轻烃强行灭火。

4. 易燃固体、自燃物品和遇湿易燃物品

这类物品对热、撞击等比较敏感，易被点燃，燃烧迅速，易引起火灾，并可能释放有毒气体，如金属钠、黄磷、三硫化二磷等。

处置方法：

（1）燃烧爆炸事故视情形使用干沙、土、水泥等吸附收集和干粉抑制、泡沫覆盖、用水强攻等方法灭火（遇湿易燃物品除外）。

（2）泄漏事故。

在保证安全的前提下，切断泄漏源。

视情况用干沙等吸附收集，或用水润湿并筑堤收容（遇湿易燃物品除外）。

特别提示：对遇湿易燃物品严禁用水扑救；防止泄漏物通过下水道进入水体、地下室或密闭空间；对粉末状物质火灾，严禁喷射有压力的灭火剂。

5. 氧化剂和有机过氧化物

这类物品具有强氧化性，易分解放热，引起燃烧、爆炸，如高锰酸钾、硝酸铵、漂白粉、过氧化氢、过氧化钠、过硫酸钠、烷基氢过氧化物、二烷基过氧化物、二酰基过氧化物、酮的过氧化物等。

处置方法：

在保证安全的前提下，切断泄漏源。

根据物质性状选择蛭石等惰性材料吸收、覆盖，或筑堤收容。

特别提示：穿上适当防护服前，严禁接触破裂的容器和泄漏物；避免接触还原剂、可燃物质、重金属粉末等；过氧化氢禁止用沙土压盖。

6. 毒害品

毒害品是指进入人（动物）肌体后，累积达到一定的量能与体液和组织发生生物化学作用或生物物理作用，扰乱或破坏肌体的正常生理功能，引起暂时或持久性的病理改变，甚至危及生命的物品，如各种氰化物、砷化物、化学农药、有机磷毒剂、硫酸铜溶液等。

处置方法：

在保证安全的前提下，切断泄漏源。

用干土、干沙或其他不燃性材料覆盖，再用塑料布或帆布二次覆盖，减少飞散、保持干燥。

特别提示：穿上适当防护服前，严禁接触破裂的容器和泄漏物；大量泄漏时，在初始隔离距离的基础上加大下风向的疏散距离；在水体中泄漏时，要组织民众远离水域污染区域。

7. 放射性物品

这类物品易造成环境污染、人体辐射损伤并诱发疾病，如碳-14、氯-38、锌-69、夜光粉、硝酸钍、硝酸铀酰等。它属于危化品，但不属于《危险化学品安全管理条例》的管理范围。在做好警戒的前提下，交由核生化事故应急处置专业力量进行处置。

8. 腐蚀品

腐蚀品是指能灼伤人体组织并对金属等物品造成损伤的固体或液体，如硝酸、硫酸、盐酸、磷酸、甲酸、五氯化磷、氯磺酸、溴素等。

处置方法：

在保证安全的前提下，切断泄漏源。

使用低压水流或雾状水扑灭腐蚀品火灾，避免腐蚀品溅出。

用干土、干沙或其他不燃性材料覆盖，或筑堤收容。

用相应的材料中和，收集转移。

特别提示：处置中应避免泄漏物与可燃物质接触。

电网企业在生产经营过程中使用的危化品种类不多，使用量也不大，主要有六氟化硫、汽油、煤油、硫酸、盐酸、氢气、乙炔气等。由于危化品的特殊性，在运输、储存、使用过程中容易发生火灾、爆炸、中毒等事故。另外，在电网企业供电区域范围内，不可避免地有危化品生产、储存和经营企业，其发生的事故也不可避免地殃及电网企业。电网企业有时需要在存在危化品事故危险的环境下开展电网事故的应急处置和救援。因此，危化品事故也是电网企业应急处置和救援的重要内容之一。

二、危化品事故类型及预防措施

（一）危化品事故的类型

危化品事故的类型一般分为以下6类。

1. 危化品火灾事故

危化品火灾事故是指燃烧物质主要是危化品的火灾事故，具体又可分为易燃液体火灾、易燃固体火灾、自燃物品火灾、遇湿易燃物品火灾和其他危化品火灾。易燃液体火灾往往发展到爆炸事故，造成重大的人员伤亡。由于大多数危化品在燃烧时会放出有毒气体或烟雾，因此危化品火灾事故中，人员伤亡的原因往往是中毒和窒息。

2. 危化品爆炸事故

危化品爆炸事故是指危化品发生化学反应的爆炸事故或液化气体和压缩气体的物理爆炸事故，具体又可分为爆炸品的爆炸（又分为烟花爆竹爆炸、民用爆炸器材爆炸、军工爆炸品爆炸等），易燃固体、自燃物品、遇湿易燃物品的火灾爆炸，易燃液体的火灾爆炸，易燃气体爆炸，危化品产生的粉尘、气体、挥发物的爆炸，液化气体和压缩气体的物理爆炸和其他化学反应爆炸。危化品爆炸事故往往是伴随着火灾事故而产生的，火灾事故控制不当往往会发生爆炸事故，同时会造成人员的中毒、窒息或灼伤。

3. 危化品中毒和窒息事故

危化品中毒和窒息事故主要指人体吸入、食入或接触有毒、有害化学品或者化学品反应的产物，而导致的中毒和窒息事故，具体可分为吸入中毒事故（中毒途径为呼吸道）、接触中毒事故（中毒途径为皮肤、眼睛等）、误食中毒事故（中毒途径为消化道）和其他中毒和窒息事故。

4. 危化品灼伤事故

危化品灼伤事故主要指腐蚀性危化品意外地与人体接触，在短时间内即在人体被接触表面发生化学反应，造成明显破坏的事故。腐蚀品包括酸性腐蚀品、碱性腐蚀品和其他不显酸碱性的腐蚀品。化学品灼伤与物理灼伤（如火焰烧伤、高温固体或液体烫伤等）不同。物理灼伤是高温造成的伤害，使人体立即感到强烈的疼痛，人体肌肤会本能地立即避开。化学品灼伤有一个化学反应过程，开始并不感到疼痛，要经过几分钟、几小时甚至几天才表现出严重的伤害，并且伤害还会不断加深。因此化学品灼伤比物理灼伤危害更大。

5. 危化品泄漏事故

危化品泄漏事故主要指气体或液体危化品发生了一定规模的泄漏，虽然没有发展成为火灾、爆炸或中毒事故，但造成了严重的财产损失或环境污染等后果的危化品事故。危化品泄漏事故一旦失控，往往造成重大火灾、爆炸、中毒、灼伤事故。

6. 其他危化品事故

其他危化品事故是指不能归入上述五类危化品事故之外的其他危化品事故。主要指危化品的险肇事故，即危化品发生了人们不希望的意外事件，如危化品罐体倾倒、车辆倾覆等，但没有发生火灾、爆炸、中毒和窒息、灼伤、泄漏等事故。

（二）预防危化品火灾与爆炸事故的主要措施

1. 基本措施

（1）控制可燃物。存放有火灾、爆炸危险物质的库房，采用耐火建筑，阻止火焰蔓延；降低可燃气体、蒸气和粉尘在库区内的浓度，使之不超过最高允许浓度；凡是性质能相互作用的物品，必须分开存放。

（2）隔绝空气。某些化学易燃物品须隔绝空气储存，如钠存于煤油中，磷存于水中，二硫化碳用水封闭存放等。

（3）清除着火源。采取隔离火源、控温、接地、避雷、安装防爆灯、遮挡阳光等措施，防止可燃物遇明火或温度增高而起火。

2. 明火控制

控制检修或施工现场的着火源，包括明火、冲击摩擦、自燃发热、电火花、静电火花等；禁止在有火灾、爆炸危险的库区使用明火；因特殊情况需要进行电、气焊等明火作业时，应办理动火许可证；清除动火区域的易燃、可燃物质；配置消防器材；动火施工人员必须持证上岗。

3. 摩擦和撞击控制

在辅助设施、泵类运行中，保持良好的润滑，及时清除附着的可燃污垢；在搬运盛有可燃气体、易燃液体的金属容器时，防止互相撞击，不能抛掷，以免因产生火花或容器爆裂而造成火灾和爆炸事故；进出人员不能穿带钉的鞋；装卸、搬运时，应轻装轻卸，防止震动、撞击、摩擦、重压和倾倒。

4. 自燃发热控制

油抹布、油棉纱等易自燃引起火灾，应装入金属容器内，放置在安全地带并及时清理。

5. 电火花控制

库区使用的主要是低压电器设备，往往会产生短时间的弧光放电或在连接点上产生微弱火花，对需要点火能量低的可燃气体、易燃液体、爆炸粉尘等构成危险，所以电器设备及其配线应选择防爆型。

6. 静电控制

静电最严重的危害是导致可燃物燃烧、爆炸，对需要点火能量小的可燃气体或蒸气尤其严重，在有汽油、苯、氢气等场所，应特别注意静电危害。进出人员应着防静电工作服，管道输送时应控制流速，散装化学品槽车应有可靠的静电接地部位并对静电接地电阻进行监测报警等，整个系统应抑制静电产生或迅速导出静电。

7. 其他火源控制

夏季避免日光直射，配置相应降温措施；室内仓库避免大功率照明灯长时间烘烤，应采用冷光源；库区内严禁烟火；禁止使用可能发生火花的搬运工具；严禁使用不防爆的手机。

8. 阻止火焰及爆炸波的扩展

阻火装置的作用是防止火焰窜入设备、容器、管道内，或阻止火焰在设备、管道内扩展，常用的阻火装置有安全水封阻火器、单向阀等。进入易燃易爆库区的运输车辆应进行检查并加装防火罩、带小型防火器材。对于带压的储存设施，泄压装置是防火防爆的重要安全装置。

三、危化品事故的应急救援

危化品事故具有发生突然、扩散迅速、持续时间长、涉及面广、多种危害并存、社会危害大等特点，应急救援活动又涉及政府到企业基层人员各个层次，从公安、消防、医疗到环保、交通等不同领域，这都给危化品应急管理和应急救援指挥带来了许多困难。实践证明，解决这些问题的唯一途径就是建立起科学、完善的危化品事故应急救援体系和应急救援技术装备资金投入的长效机制，创建应急救援技术装备科研领域的激励机制和提升技术装备研发创新能力，这样才能切实提高危化品事故应急救援能力，减少和降低危化品事故可能造成的人员伤亡、财产损失和环境污染。

（一）危化品事故应急救援的基本原则

1. 控制危险源

及时控制造成事故的危险源，是应急救援工作的首要任务。只有及时控制住危险源，防止事故的继续扩大，才能及时、有效地进行救援。

2. 抢救受害人员

抢救受害人员是应急救援的重要任务。在应急救援行动中，及时、有序、有效地实施现场急救与安全转送伤员是降低伤亡率、减少事故损失的关键。

3. 撤离

由于危化品事故发生突然、扩散迅速、涉及面广、危害大，应及时指导和协助群众采取各种措施进行自身防护，并向上风向迅速撤离出危险区或可能受到危害的区域。在撤离过程中应积极听从指挥，协助组织群众开展自救和互救工作。做好现场清理，消除危害后果。对事故外溢的有害物质和可能对人体和环境继续造成危害的物质，应及时和有关人员一起予以清除，防止对人体的继续危害和对环境的污染。

（二）危化品事故应急救援的一般要求

不同危化品事故的应急救援处置方法、措施和要求不同，可针对不同事故类型，采取灭火、隔绝、堵漏、拦截、稀释、中和、覆盖、泄压、转移、收集、点火控制燃烧等处置措施。这里主要介绍危化品火灾爆炸和泄漏事故的一般要求。

1. 火灾爆炸

（1）应迅速查明燃烧范围、燃烧物品及其周围物品的品名和主要危险特性、火势蔓延的主要途径，燃烧的危化品及燃烧产物是否有毒。

（2）正确选择最适合的灭火剂和灭火方法。火势较大时，应先堵截火势蔓延，控制燃烧范围，然后逐步扑灭火势。

（3）对有可能发生爆炸、爆裂、喷溅等特别危险需紧急撤退的情况，应按照统一的撤退信号和撤退方法及时撤退（撤退信号应格外醒目，能使现场人员都能看到或听到，并应经常演练）。

（4）救火要求：

针对危化品火灾的火势发展蔓延快和燃烧面积大的特点，积极采取统一指挥、以快制快，堵截火势、防止蔓延，重点突破、排除险情，分割包围、速战速决的灭火战术，先控制，后扑灭；扑救人员应站在上风或侧风位置灭火；进行火情侦察、火灾扑救、火场疏散的人员应有针对性地采取自我防护措施，如佩戴防护面具、穿戴专用防护服等；火灾扑灭后，仍然要派人监护现场，扑灭余火。对于可燃气体没有完全清除的火灾，应在上、中、下不同层面保留火种，直到介质完全烧尽；火灾单位应当保护现场，接受事故调查，协助公安部门调查火灾原因，核定火灾损失，查明火灾责任，未经国家综合性消防救援队伍许可，不得擅自清理火灾现场。

2. 泄漏

（1）进入泄漏现场进行处置时，应注意人员的安全防护。

进入现场救援的人员必须配备必要的个人防护器具。

如果泄漏物是易燃易爆介质，事故中心区域应严禁火种、切断电源、禁止车辆进入、立即在边界设置警戒线。根据事故情况和事态发展，确定事故波及区人员的撤离。

如果泄漏物是有毒介质，应使用专用防护服、隔离式空气呼吸器。根据不同介质和泄漏量确定夜间和日间疏散距离，立即在事故中心区边界设置警戒线。根据事故情况和事态发展，确定事故波及区人员的撤离。

应急处理时严禁单独行动，严格按专家组制定的方案执行。

（2）泄漏物处理。

① 筑堤堵截。筑堤堵截泄漏的液体或者将泄漏的液体引流到安全地点。若贮罐区发生液体泄漏时，要及时关闭堤内和堤外雨水阀，防止物料沿阴沟外溢。

② 稀释与覆盖。向有害物蒸气喷射雾状水或能抑制物性的中和介质，加速气体溶解稀释和沉降落地；对于可燃物，可采用断链和覆盖窒息的方法，以破坏燃烧条件；对于液体泄漏，为降低物料向大气中的蒸发速度，根据物料的相对密度及饱和蒸气压力大小确定用干粉中止链式反应、泡沫（或抗溶性泡沫）或其他覆盖物品覆盖外泄的物料，在其表面形成覆盖层，抑制其蒸发。

③ 收容（集）。对于大型容器和管道泄漏，可选择用隔膜泵将泄漏出的物料抽入容器内或槽车内的方法；当泄漏量小时，可用沙子、吸附材料、中和材料等吸收中和。

④ 废弃。将收集的泄漏物运至废物处理场所处置；用消防水冲洗剩下的少量物料，冲洗水排入污水系统处理。

（三）危化品事故的隔离与公共安全

危化品事故的隔离与公共安全是指危化品事故发生后，为了保护公众生命、财产安全，应采取的应急措施。

1. 初始隔离区与疏散区

初始隔离区是指发生事故时公众生命可能受到威胁的区域，是以泄漏源为中心的一个圆周区域，如图 8-32 所示。圆周的半径即为初始隔离距离。该区域只允许少数消防特勤官兵和抢险队伍进入。初始隔离距离适用于泄漏后最初 30min 内或污染范围不明的情况。

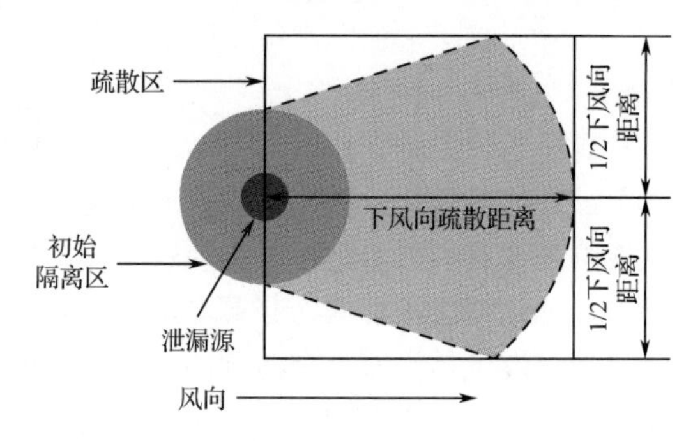

图 8-32　初始隔离区与疏散区示意图

疏散区是指下风向有害气体、蒸气、烟雾或粉尘可能影响的区域，是泄漏源下风方向的正方形区域，如图 8-32 所示。正方形的边长即为下风向疏散距离。该区域内如果不进行防护，则可能使人致残或产生严重的或不可逆的健康危害，应疏散公众，禁止未防护人员进入或停留。如果就地保护比疏散更安全，则可考虑采取就地保护措施。

2. 初始隔离距离与下风向疏散距离

初始隔离距离和下风向疏散距离主要依据化学品的吸入毒性危害确定。化学品的吸入毒性危害越大，初始隔离距离和下风向疏散距离越大。影响吸入毒性危害大小的因素有化学品的状态、挥发性、毒性、腐蚀性、刺激性、遇水反应性（液体或固体泄漏到水体）等。确定原则如下：

1）陆地泄漏

（1）气体。

① 剧毒或强腐蚀性或强刺激性的气体。污染范围不明的情况下，初始隔离距离至少为 500m，下风向疏散距离至少为 1500m。然后进行气体浓度检测，根据有害气体的实际浓度，调整隔离、疏散距离。

② 有毒或具腐蚀性或具刺激性的气体。污染范围不明的情况下，初始隔离距离至少为 200m，下风向疏散距离至少为 1000m。然后进行气体浓度检测，根据有害气体的实际浓度，调整隔离、疏散距离。

③ 其他气体。污染范围不明的情况下，初始隔离距离至少为 100m，下风向疏散距离至

少为800m。然后进行气体浓度检测，根据有害气体的实际浓度，调整隔离、疏散距离。

（2）液体。

① 易挥发、蒸气剧毒或有强腐蚀性或有强刺激性的液体。污染范围不明的情况下，初始隔离距离至少为300m，下风向疏散距离至少为1000m。然后进行气体浓度检测，根据有害蒸气或烟雾的实际浓度，调整隔离、疏散距离。

② 蒸气有毒或有腐蚀性或有刺激性的液体。污染范围不明的情况下，初始隔离距离至少为100m，下风向疏散距离至少为500m。然后进行气体浓度检测，根据有害蒸气或烟雾的实际浓度，调整隔离、疏散距离。

③ 其他液体。污染范围不明的情况下，初始隔离距离至少为50m，下风向疏散距离至少为300m。然后进行气体浓度检测，根据有害蒸气或烟雾的实际浓度，调整隔离、疏散距离。

（3）固体。污染范围不明的情况下，初始隔离距离至少为25m，下风向疏散距离至少为100m。

2）水体泄漏

遇水反应生成有毒气体的液体、固体泄漏到水中，根据反应的剧烈程度以及生成气体的毒性、腐蚀性、刺激性确定初始隔离距离与下风向疏散距离。

①与水剧烈反应，放出剧毒、强腐蚀性、强刺激性气体。污染范围不明的情况下，初始隔离距离至少为300m，下风向疏散距离至少为1000m。然后进行气体浓度检测，根据有害气体的实际浓度，调整隔离、疏散距离。

②与水缓慢反应，放出有毒、腐蚀性、刺激性气体。污染范围不明的情况下，初始隔离距离至少为100m，下风向疏散距离至少为800m。然后进行气体浓度检测，根据有害气体的实际浓度，调整隔离、疏散距离。

3. 危化品泄漏与堵漏

危化品一旦发生泄漏，无论是否发生爆炸或燃烧，都必须设法消除泄漏。首先应判明泄漏的位置。若泄漏点位于阀门下游，则应迅速关闭泄漏处上游的阀门，如关闭一个阀门还不可靠时，可再关闭一个处于此阀上游的阀门。若泄漏点位于阀门上游，即属于阀前泄漏，这时应根据气象情况，从上风方向逼近泄漏点，实施带压堵漏。堵漏抢险一定要在喷雾水枪、泡沫的掩护下进行，堵漏人员要精而少，增加堵漏抢险的安全系数。

带压堵漏技术是指在连续性生产中的设备、管道、阀门、法兰等部位，因某种原因造成泄漏时，泄漏介质具有带温、带压、有毒、易燃、危害极大等特性，且处于外泄状态，人为利用泄漏部位原来的密封空腔或者在泄漏部位上建立一个密封空腔，采用大于介质系统内的外部推力，将适当的密封剂注入密封空腔内并填满密封腔，利用密封剂具有耐温、耐压、耐介质腐蚀，且在一定的条件下能迅速固化的特点，在泄漏部位形成一个新的密封结构，彻底堵截介质泄漏通道，从而消除泄漏，使装置在不停车状态下消除泄漏，满足装置长周期运行。

带压堵漏技术可分为注剂式带压堵漏技术和带压黏接堵漏技术。其中注剂式带压堵漏过程中使用的设备主要包括密封注剂、堵漏夹具、注剂接头、注剂阀、高压注剂枪、快装接头、高压输油管、压力表、压力表接头、回油尾部接头、油压换向阀接头、手动液压油泵等。

尽管堵漏技术在生产过程中得到较为广泛的应用，但是在危化品应急救援时，因危化品本身的理化特性以及事故现场的复杂性，如事发现场不符合安全操作规定的、人员不能靠近的修漏点或毒性程度极大的流体、泄漏缺陷当量直径较大等情况，堵漏技术控制泄漏的应用也遇到不少问题。

对于已泄漏出的气体，应喷水将气态的危险品冲散，以加速其扩散，防止现场人员中毒和发生爆炸。如有条件还可以开启水蒸气进行驱散稀释。对于扩散的油气，应组织一定数量的喷雾水枪，由上风向向下风向驱散，向安全区域驱散，稀释时不能用强水流冲出。同时还要注意用水稀释阴沟、下水道、电缆电信沟内的油气。

4. 危化品事故后的洗消

洗消是消除染毒体和污染区毒性危害的主要措施。危化品事故发生后，事故现场及附近的道路、水源都有可能受到严重污染，若不及时进行洗消，污染会迅速蔓延，造成更大危害，因此洗消是危化品事故处置中非常必要、必不可少的环节。

（1）洗消的方法。

① 物理洗消法。主要是利用风吹日晒雨淋等自然条件，使危化品自行蒸发散失及被水解，使危化品逐渐降低毒性或被逐渐破坏而失去毒性；也可直接用大量的水冲洗染毒物体；还可利用棉纱、纱布等浸以汽油、煤油和酒精等溶剂，将染毒体表面的危化品溶解擦洗掉。对液体及固体污染源可采用封闭掩埋或将危化品移走的方法进行处理，但掩埋必须添加大量的漂白粉。物理洗消法的优点是处置便利，容易实施。

② 化学洗消法。化学洗消法是利用洗消剂与毒源或染毒体发生化学反应，生成无毒或毒性很小的产物。它具有消毒彻底、对环境保护较好的特点，但要注意洗消剂与危化品的化学反应是否产生新的有毒物质，防止再次发生反应。染毒事故化学洗消实施中需借助器材装备，消耗大量的洗消药剂，成本较高。在实际洗消中化学与物理的方法一般是同时采用的。为了使洗消剂在危化品突发事件中能有效地发挥作用，洗消剂的选择必须符合“洗消速度快、洗消效果彻底、洗消剂用量少、价格便宜、洗消剂本身不会对人员设备起腐蚀伤害作用的洗消原则”。化学洗消法主要有中和法、氧化还原法、催化法等。

a. 中和法。中和法是利用酸碱中和反应的原理消除危化品的侵害。强酸（硫酸、盐酸、硝酸等）大量泄漏时可以用 5% ～ 10% 的氢氧化钠、碳酸氢钠、氢氧化钙等作为中和洗消剂，也可用氨水作为中和洗消剂，但氨水本身具有刺激性，使用时要注意浓度的控制。反之，若是大量碱性物质泄漏（如氨的泄漏），可用酸性物质进行中和，但同样必须控制洗消剂溶液的浓度。中和洗消完成后，对残留物仍然需要用大量的水冲洗。

b. 氧化还原法。氧化还原法是利用洗消剂与危化品发生氧化还原反应，对毒性大且较持久的油状液体危化品进行洗消。这类洗消剂主要是漂白粉（有效成分是次氯酸钙）和三合二（其性质与漂白粉相似），但漂白粉含次氯酸钙少、杂质多、有效氯低，消毒性能不如三合二，可它易制造，价格低廉。如氯气钢瓶泄漏，可将泄漏钢瓶置于石灰水槽中，氯气经反应生成氯化钙，可消除氯对人员的伤害和环境污染。也可利用燃烧来破坏危化品的毒性，对价值不大或火烧后仍能使用的设施、物品可采用此法，但可能因危化品挥发造成临近及下风方向空气污染，所以必须注意采取措施，加强个人防护。

c. 催化法。催化法是在催化剂的作用下，使危化品加速变化成无毒物或低毒物的化学反应。一些有毒的农药（包括毒性较大的含磷农药），其水解产物是无毒的，但反应速度很慢，加入某些碱性物质进行催化可迅速水解。因此用碱水或碱溶液可对农药引起的染毒体进行洗消。

（2）洗消的对象。危化品事故发生后，最有效的消除灾害影响的方法是洗消。洗消的范围包括在救援行动情况许可时，对受污染对象进行全面的洗消，对所有从污染区出来的被救人员进行全面的洗消，对所有从污染区出来的参战人员进行全面的洗消，对所有从污染区出来的车辆和器材进行全面的洗消，对整个事故区域进行全面的洗消，还须对参战人员的防化服、战斗服和使用的防毒设施、检测仪器、设备进行洗消。

① 染毒人员和器材的洗消。洗消的方式有开设固定洗消站和实施机动洗消两种。固定洗消站一般设在便于污染对象到达的非污染地点，并尽可能靠近水源，主要是针对染毒数量大洗消任务繁重时使用。机动洗消主要是针对需要紧急处理的人员而采取的洗消方法。如利用洗消帐篷，对承担灭火救援任务而被严重污染的人员进行及时洗消，一般可用大量清洁的热水进行洗消。如发生的是严重的化学事故，仅靠普通清水无法达到实施洗消的效果时，可加入消毒剂进行洗消，如果没有消毒剂，也可用肥皂擦身。对人员实施洗消的场所必须是密闭的，并设有专人负责检测。对人员实施洗消时，应依照伤员、妇幼、老年和青壮年的顺序安排。洗消对象如果是染毒的车辆，洗消时可用高压清洗机、高压水枪等设备。洗消完毕的人员和器材装备，须检测合格后方可离开，否则染毒对象需要重新洗消，直到检测合格。

② 毒源和污染区的洗消。危化品灾害事故发生后，要做到及时排除危险物质，不仅要及时组织救援力量对泄漏部位实施堵漏或倒罐转移，而且必须对危险源和污染区实施洗消，对液体泄漏危化品必须在危化品泄漏得到控制后才可实施洗消。洗消方法的选择根据危化品性质和现场情况来确定，对事故现场的洗消有时需反复进行多次，通过检测达到消毒标准方可停止洗消作业。

四、典型危化品事故的现场处置

（一）气体类危化品爆炸燃烧事故现场处置

1. 防护

根据爆炸燃烧气体的毒性及划定的危险区域，确定相应的防护等级。防护等级划分标准及防护标准如表 8-2 和表 8-3 所示。

表 8-2　防护等级划分标准

毒　性	重度危险区	中度危险区	轻度危险区
剧毒	一级	一级	二级
高毒	一级	一级	二级
中毒	一级	二级	二级
低毒	二级	三级	三级
微毒	二级	三级	三级

表 8-3 防护标准

级　别	形　式	防 化 服	防 护 服	防护面具
一级	全身	内置式重型防火服	全棉防静电内外衣	正压式空气呼吸器或全防型滤毒罐
二级	全身	隔热服	全棉防静电内外衣	正压式空气呼吸器或全防型滤毒罐
三级	呼吸	战斗服		简易滤毒罐、面罩或口罩、毛巾等

2. 询情

（1）被困人员情况。

（2）容器储量、燃烧时间、部位、形式、火势范围。

（3）周围单位、居民、地形等情况。

（4）消防设施、工艺措施、到场人员处置意见。

3. 侦检

（1）搜寻被困人员。

（2）确定燃烧部位、形式、范围、对毗邻威胁程度等。

（3）确认消防设施运行情况。

（4）确认生产装置、控制路线、建（构）筑物损坏程度。

（5）确定攻防路线、阵地。

（6）现场及周边污染情况。

4. 警戒

（1）根据询情、侦检情况确定警戒区域。

（2）将警戒区域划为重危区、中危区、轻危区和安全区，并设立危险标志，在安全区视情况设立隔离带。

（3）合理设置出入口，严格控制各区域进出人员、车辆、物资。

5. 救生

（1）组成救生小组，携带救生器材迅速进入现场。

（2）采取正确的救助方式，将所有遇险人员转移至安全区域。

（3）对救出人员进行登记、标识和现场急救。

（4）将伤情严重者送医疗急救部门救治。

6. 控险

（1）冷却燃烧罐（瓶）及其相邻的容器，重点应该是受火势威胁的一面。

（2）冷却要均匀、不间断。

（3）冷却尽可能使用固定式水炮、带架水枪、自动摇摆水枪（炮）和遥控移动炮。

（4）冷却强度不小于 0.2L/（s·m^2）。

（5）启用喷淋、泡沫、蒸汽等固定或半固定灭火设施。

7. 排险

（1）外围灭火。向泄漏点、主火点进攻之前，应先将外围火点彻底扑灭。

（2）堵漏：

a. 根据现场泄漏情况，研究制定堵漏方案，并严格按照堵漏方案实施。

b. 所有堵漏行动必须采取防爆措施，确保安全。

c. 关闭前置阀门，切断泄漏源。

d. 根据泄漏对象，对于不溶于水的液化气体，可向罐内适量注水，形成水垫层，缓解险情，配合堵漏。

常用堵漏方法如表 8-4 所示。

表 8-4　常用堵漏方法

部　位	形　式	方　法
罐体	砂眼	使用螺钉加黏合剂旋进堵漏
	缝隙	使用外封式堵漏袋、电磁式堵漏工具组、粘贴式堵漏密封胶（适用于高压）、潮湿绷带冷凝法或堵漏夹具、金属堵漏锥堵漏
	孔洞	使用各种木楔、堵漏夹具、粘贴式堵漏密封胶（适用于高压）、金属堵漏锥堵漏
	裂口	使用外封式堵漏袋、电磁式堵漏工具组、粘贴式堵漏密封胶（适用于高压）堵漏
管道	砂眼	使用螺钉加黏合剂旋进堵漏
	缝隙	使用外封式堵漏袋、金属封套管、电磁式堵漏工具组、潮湿绷带冷凝法或堵漏夹具堵漏
	孔洞	使用各种木楔、堵漏夹具堵、粘贴式堵漏密封胶（适用于高压）堵漏
	裂口	使用外封式堵漏袋、电磁式堵漏工具组、粘贴式堵漏密封胶（适用于高压）堵漏
阀门		使用阀门堵漏工具组、注入式堵漏胶、堵漏夹具堵漏
法兰		使用专门法兰夹具、注入式堵漏胶堵漏

（3）输转：

a. 利用工艺措施倒灌或排空。

b. 转移受火势威胁的罐（瓶）。

（4）点燃。当罐内气压减小，火焰自动熄灭，或火焰被冷却水流扑灭，但还有气体扩散且无法实施堵漏，仍能造成危害时，要果断采取点燃措施。

8. 灭火

（1）灭火条件：

a. 周围火点已彻底扑灭。

b. 周围火种等危险源已彻底控制。

c. 着火罐已得到充分冷却。

d. 兵力、装备、灭火剂已准备就绪。

e. 物料源已被切断，且内部压力明显下降。

f. 堵漏准备就绪，并有把握在短时间内完成。

（2）灭火方法：

a. 关阀断气法：关闭阀门，切断气源，自行熄灭。

b. 干粉抑制法：视燃烧情况使用车载干粉炮、胶管干粉枪、推车或手提式干粉灭火器灭火。

c. 水流切封法：采用多支水枪并排或交叉形成密集水流面，集中对准火焰根部下方射水，同时向火头方向逐渐移动，隔断火焰与空气的接触使火熄灭。

d. 泡沫覆盖法：对流淌火喷射泡沫进行覆盖灭火。

e. 旁通注入法：将惰性气体等灭火剂在喷口前的管道旁通处注入灭火。

9. 救护

（1）现场救护。

a. 将染毒者迅速撤离现场，转移到上风或侧上风方向空气无污染地区。

b. 有条件时立即进行呼吸道及全身防护，防止继续吸入有毒气体。

c. 对呼吸、心跳停止者，应立即进行心肺复苏。

d. 立即脱去被污染者的衣服，皮肤污染者，用流动的清水或肥皂水彻底冲洗；眼睛污染者，用大量清水彻底冲洗。

（2）使用特效药物治疗。

（3）对症施救。

（4）严重者送医院观察治疗。

10. 洗消

（1）在危险区与安全区交界处设立洗消站。

（2）洗消对象：

a. 轻度中毒人员。

b. 重度中毒人员在送医院治疗之前。

c. 现场医务人员。

d. 消防和其他抢险人员及群众互救人员。

e. 抢救及染毒器具。

（3）使用相应的洗消药剂进行洗消。

（4）洗消污水的排放。洗消污水须经环保部门的检测，达到排放标准方可排放，以防造成次生灾害。

11. 清理

（1）用喷雾水、蒸汽、惰性气体等清扫现场区域内的事故罐、管道、低洼、沟渠等处，确保不留残气（液）。

（2）清点人员、车辆、器材。

（3）撤除警戒，做好移交，安全撤离。

12. 警示

（1）进入现场必须正确选择行车路线、停车位置、作战阵地。

（2）不准盲目灭火，防止再次引发爆炸。

（3）冷却时严禁向火焰喷射口喷水，防止燃烧加剧。

（4）当储罐火灾现场出现罐体震颤、啸叫、火焰由黄变白、温度急剧升高等爆炸征兆时，指挥员应果断下达紧急撤离避险命令，参战人员应迅速撤离或隐蔽。

（5）严禁处置人员在泄漏区域内下水道等地下空间顶部、井口处滞留。

（6）严密监视液相流淌、气相扩散情况，防止灾情扩大。

（7）注意风向变换，适时调整部署。

（8）慎重发布灾情和相关新闻。

（二）液体类危化品爆炸燃烧事故现场处置

1. 防护

根据爆炸燃烧液体的毒性及划定的危险区域，确定相应的防护等级。

2. 询情

（1）被困人员情况。

（2）容器储量、燃烧时间、部位、形式、火势范围。

（3）周围单位、居民、地形等情况。

（4）消防设施、工艺措施、到场人员处置意见。

3. 侦检

（1）搜寻被困人员。

（2）确定燃烧部位、形式、范围、对毗邻威胁程度等。

（3）确认消防设施运行情况。

（4）确认生产装置、控制路线、建（构）筑物损坏程度。

（5）确定攻防路线、阵地。

（6）现场及周边污染情况。

4. 警戒

（1）根据询情、侦检情况确定警戒区域。

（2）将警戒区域划为重危区、中危区、轻危区和安全区，并设立危险标志，在安全区视情况设立隔离带。

（3）合理设置出入口，严格控制各区域进出人员、车辆、物资。

5. 救生

（1）组成救生小组，携带救生器材迅速进入现场。

（2）采取正确的救助方式，将所有遇险人员转移至安全区域。

（3）对救出人员进行登记、标识和现场急救。

（4）将伤情严重者送医疗急救部门救治。

6. 控险

（1）冷却燃烧罐（瓶）及其相邻的容器，重点应该是受火势威胁的一面。

（2）冷却要均匀、不间断。

（3）冷却尽可能使用固定式水炮、带架水枪、自动摇摆水枪（炮）和遥控移动炮。

（4）冷却强度不小于 0.2L/（s·m^2）。

（5）启用喷淋、泡沫、蒸汽等固定或半固定灭火设施。

（6）用干沙土、水泥粉、煤灰等围堵或导流，防止泄漏物向重要目标或危险源流散。

7. 排险

（1）外围灭火。向泄漏点、主火点进攻之前，应先将外围火点彻底扑灭。

（2）堵漏：

a. 根据现场泄漏情况，研究制定堵漏方案，并严格按照堵漏方案实施。

b. 所有堵漏行动必须采取防爆措施，确保安全。

c. 关闭前置阀门，切断泄漏源。

d. 根据泄漏对象，对非溶于水且比水轻的易燃液体，可向罐内适量注水，抬高液位，形成水垫层，缓解险情，配合堵漏。

（3）输转：

a. 利用工艺措施倒灌或排空。

b. 转移受火势威胁的罐（瓶、桶）。

8. 灭火

（1）灭火条件：

a. 外围火点已彻底扑灭，火种等危险源已全部控制。

b. 堵漏准备就绪。

c. 着火罐已得到充分冷却。

d. 兵力、装备、灭火剂已准备就绪。

（2）灭火方法：

a. 关阀断料法：关阀断料，熄灭火源。

b. 泡沫覆盖法：对燃烧罐（桶）和地面流淌火喷射泡沫覆盖灭火。

c. 沙土覆盖法：使用干沙土、水泥粉、煤灰、石墨等覆盖灭火。

d. 干粉抑制法：视燃烧情况使用车载干粉炮、胶管干粉枪、推车或手提式干粉灭火器灭火。

9. 救护

（1）现场救护。

a. 将染毒者迅速撤离现场，转移到上风或侧上风方向空气无污染地区。

b. 有条件时立即进行呼吸道及全身防护，防止继续吸入染毒。

c. 对呼吸、心跳停止者，应立即进行心肺复苏。

d. 脱去被污染者的衣服，皮肤污染者，用流动的清水或肥皂水彻底冲洗；眼睛污染者，用大量清水彻底冲洗。

（2）使用特效药物治疗。

（3）对症施救。

（4）严重者送医院观察治疗。

10. 洗消

（1）在危险区与安全区交界处设立洗消站。

（2）洗消对象：

a. 轻度中毒人员。

b. 重度中毒人员在送医院治疗之前。

c. 现场医务人员。

d. 消防和其他抢险人员及群众互救人员。

e. 抢救及染毒器具。

（3）使用相应的洗消药剂进行洗消。

（4）洗消污水的排放。洗消污水须经环保部门的检测，达到排放标准方可排放，以防造成次生灾害。

11. 清理

（1）少量残液，用干沙土、水泥粉、煤灰、干粉等吸附，收集后做技术处理或视情况倒入空旷地方掩埋。

（2）大量残液，用防爆泵抽吸或使用无火花盛器收集，集中处理。

（3）在污染地面洒上中和剂或洗涤剂浸洗，然后用清水冲洗现场，特别是低洼、沟渠等处，确保不留残液。

（4）清点人员、车辆、器材。

（5）撤除警戒，做好移交，安全撤离。

12. 警示

（1）进入现场必须正确选择行车路线、停车位置、作战阵地。

（2）严密监视液体流淌情况，防止灾情扩大。

（3）扑灭流淌火灾时，泡沫覆盖要充分到位，并防止回火或复燃。

（4）在着火罐或装置出现爆炸征兆时，参战人员应果断撤离。

（5）注意风向变换，适时调整部署。

（6）慎重发布灾情和相关新闻。

（三）固体类危化品爆炸燃烧事故现场处置

1. 防护

根据爆炸燃烧固体的毒性及划定的危险区域，确定相应的防护等级。

2. 询情

（1）被困人员情况。

（2）燃烧物质、时间、部位、形式、火势范围。

（3）周围单位、居民、地形、供电等情况。

（4）单位的消防组织、水源、设施、工艺措施、到场人员处置意见。

3. 侦检

（1）搜寻被困人员。

（2）确定燃烧物质、范围、蔓延方向、火势阶段、对毗邻的威胁程度等。

（3）确认设施、建筑物险情。

（4）确认消防设施运行情况。

（5）确定攻防路线、阵地。

（6）现场及周边污染情况。

4. 警戒

（1）根据询情、侦检情况确定警戒区域。

（2）将警戒区域划为重危区、中危区、轻危区和安全区，并设立危险标志，在安全区视情况设立隔离带。

（3）合理设置出入口，严格控制各区域进出人员、车辆、物资。

5. 救生

（1）组成救生小组，携带救生器材迅速进入现场。

（2）采取正确的救助方式，将所有遇险人员转移至安全区

（3）对救出人员进行登记、标识和现场急救。

（4）将伤情严重者送医疗急救部门救治。

6. 控险

（1）启用单位泡沫、干粉、二氧化碳等固定或半固定灭火设施。

（2）占领水源，铺设干线，设置阵地，有序开展。

7. 输转

转移受火势威胁的桶、箱、瓶、袋等。

8. 灭火

（1）沙土覆盖法：使用干沙土、水泥粉、煤灰、石墨等覆盖灭火。

（2）干粉抑制法：使用车载干粉炮（枪）或干粉灭火器灭火。

（3）泡沫覆盖法：对不与水反应物品，使用泡沫覆盖灭火。

（4）用水强攻灭疏结合法：对与水反应物品，如保险粉火灾，一般不能用水直接扑灭，但在有限空间内（如货运船）、桶装堆垛中因固体泄漏引发火灾，在使用干粉、沙土等灭火剂难以奏效的情况下，可直接用水强攻，边灭火，边冷却，边疏散，加快泄漏物反应，直至火灾熄灭。

9. 救护

（1）现场救护

a. 迅速将遇险者救离危险区域。

b. 注意呼吸道和皮肤的防护（如戴防毒面具、面罩或用湿毛巾捂住口鼻，穿防护服等）。

c. 对呼吸、心跳停止者，应立即进行心肺复苏。

d. 脱去被污染者的衣服，皮肤污染者，用流动清水或肥皂水彻底冲洗；眼睛污染者，用大量清水彻底冲洗。

（2）对症施救。

（3）严重者送医院观察治疗。

10. 洗消

（1）在危险区与安全区交界处设立洗消站。

（2）洗消对象：

a. 轻度中毒人员。

b. 重度中毒人员在送医院治疗之前。

c. 现场医务人员。

d. 消防和其他抢险人员及群众互救人员。

e. 抢救及染毒器具。

（3）使用相应的洗消药剂进行洗消。

（4）洗消污水的排放。洗消污水须经环保部门的检测，达到排放标准方可排放，以防造成次生灾害。

11. 清理

（1）火场残物，用干沙土、水泥粉、煤灰、干粉等吸附，收集后做技术处理或视情况倒入空旷地方掩埋。

（2）在污染地面洒上中和剂或洗涤剂浸洗，然后用清水冲洗现场，特别是低洼、沟渠等处，确保不留残液。

（3）清点人员、车辆、器材。

（4）撤除警戒，做好移交，安全撤离。

12. 警示

（1）进入现场必须正确选择行车路线、停车位置、作战阵地。

（2）对大量泄漏并与水反应的物品火灾，不得使用水、泡沫扑救。

（3）对粉末状物品火灾，不得使用直流水冲击灭火。

（4）注意风向变换，适时调整部署。

（5）慎重发布灾情和相关新闻。

（四）泄漏事故现场处置

在危化品的生产、储运和使用过程中，常常发生一些意外的破裂、倒洒事故，造成危化品的泄漏。如果处理不当，则随时有可能转化为燃烧、爆炸、中毒等恶性事故。

1. 疏散和隔离

在危化品生产、储运和使用过程中一旦发生泄漏，首先要疏散无关人员，隔离泄漏污染区。如果是易燃易爆危化品的大量泄漏，则应立即拨打“119”报警，请求消防专业人员救援，同时要保护、控制好现场。

2. 切断火源

切断火源对危化品泄漏处理特别重要，如果泄漏物是易燃的，则必须立即消除泄漏污染区域的各种火源。

3. 个人防护

参加泄漏事故处理的人员应对泄漏品的物理、化学性质有充分的了解，要于高处和上风处进行处理，严禁单独行动，并要有监护人。必要时，应该用水枪、水炮掩护。要根据泄漏品的性质和毒物接触方式，选择适当的防护用品，加强应急处理个人安全防护，防止处理过程中发生中毒、伤亡事故。

（1）呼吸系统防护。为了防止有毒有害物质通过呼吸系统侵入人体，应根据不同场合选择不同的防护器具。对于泄漏化学品毒性大、浓度较高，且缺氧情况下，可以采用氧气呼吸器、空气呼吸器、送风式长管面具等。对于泄漏环境中氧气含量不低于 18%，毒物浓度在一定范围内的场合，可以采用防毒面具（毒物含量在 2% 以下采用隔离式防毒面具，含量在 1% 以下采用直接式防毒面具，含量在 0.1% 以下的采用防毒口罩）。在粉尘环境中可采用防尘口罩等。

（2）眼睛防护。为了防止眼睛受到伤害，可以采用安全防护眼镜、安全面罩、安全护目镜、安全防护罩等。

（3）身体防护。为了避免皮肤受到损伤，可以采用面罩式胶布防毒衣、连衣式胶布防毒衣、橡胶工作服、防毒物渗透工作服、透气型防毒服等。

（4）手防护。为了保护手不受损伤，可以采用橡胶手套、乳胶手套、耐酸碱手套、防化学品手套等。

4. 泄漏控制

如果在生产使用过程中发生泄漏，要在统一指挥下，通过关闭有关阀门，切断与之相连的设备、管线，停止作业，或改变工艺流程等方法来控制化学品的泄漏。如果是容器发生泄漏，应根据实际情况，采取措施堵塞或修补裂口，制止进一步泄漏。另外，要防止泄漏物扩散，殃及周围的建筑物、车辆及人群，万一控制不住泄漏口时，要及时处理泄漏物，严密监视，以防发生火灾爆炸。

5. 泄漏物的处理

要及时将现场的泄漏物进行安全可靠处理。

（1）气体泄漏物处置：应急处理人员要做的只是止住泄漏，如果可能的话，用合理的通风使其扩散不至于积聚，或者喷雾状水使其液化后处置。

（2）液体泄漏物处置：对于少量的液体泄漏物，可用沙土或其他不燃吸附剂吸附，收集于容器内后进行处理。对于大量液体泄漏物，因大量液体泄漏后四处蔓延扩散，难以收集处理，可以采用筑堤堵截或者引流到安全地点。为降低泄漏物向大气的蒸发，可用泡沫或其他覆盖物进行覆盖，抑制其蒸发，而后进行转移处理。

（3）固体泄漏物处置：先用适当的工具收集泄漏物，然后用水冲洗被污染的地面。

（五）六氟化硫泄漏应急处理

六氟化硫（SF_6）气体主要用于电气设备中作为绝缘、灭弧介质，如 SF_6 断路器及 GIS、SF_6 负荷开关设备、SF_6 绝缘输电管线、SF_6 变压器及 SF_6 绝缘变电站。

1. 六氟化硫气体的理化特性

SF_6 常温常压下为无色、无味、无嗅、无毒的非燃烧性气体，热稳定性好，纯态下 500℃也不分解，密度大，约为空气的 5 倍，积聚在地面，不易稀释和扩散，容易导致人体缺氧窒息。

纯品基本无毒，但在使用过程中如在电气设备中经电晕、火花及电弧放电作用下会产生多种有毒、腐蚀性气体及固体等分解物，如氟化硫、氟化氢、十氟化硫等剧毒物质。这些有毒物质会对人体呼吸系统及黏膜产生危害，吸入少量有毒气体会出现类似于感冒的症状，如流泪、打喷嚏、流鼻涕、鼻腔喉咙热辣感、咳嗽、头晕、恶心、胸闷等症状；吸入量多时，会出现呼吸困难、窒息等症状。

2. 泄漏应急处理

单个气室泄漏的 SF_6 气体数量有限，对人体健康不会造成伤害，但严重影响设备的安全运行。SF_6 气体回收车、钢瓶内储存的 SF_6 气体数量较多，泄漏时会危害工作人员的安全和健康。

（1）撤离人员

迅速撤离至上风口处或安全集合点。

（2）隔离现场

隔离现场，限制人员进入，隔离至气体散尽。

（3）防护排漏

a. 安全防护。

进入现场前，至少通风 15min。

在高浓度、长时间接触时，必须佩戴过滤式防毒面具（或半面罩）或自给正压呼吸器和手套。

作业时，必须由两人以上进行，其中一人在室外监护。

b. 排漏。

开启通风系统，加速气体扩散。

如果室内或容器内的高压系统发生短路，要妥善处理漏气容器。

对现场 SF_6 气体含量及可能产生的有毒气体进行检测。

泄漏的气体需要导入苛性钠和消石灰的混合溶液中处理。

把泄漏的气瓶放入通风橱内。

（4）人员急救措施

改善缺氧环境，缓解患者症状。

迅速将伤员脱离现场，转移至空气新鲜处。

解开患者衣领及紧身衣扣，保持呼吸道畅通。

如患者无意识、呼吸停止或不能正常呼吸（如濒死性喘息），立即进行 CPR，有 AED 要结合使用。

（5）消防应急

避免高热，否则易导致容器内压增大而破裂爆炸。

发生泄漏时，快速切断气源，喷水冷却容器。

发生火灾时，可用消防栓或沙土灭火。

尽可能将火场中的容器转移至空旷处。

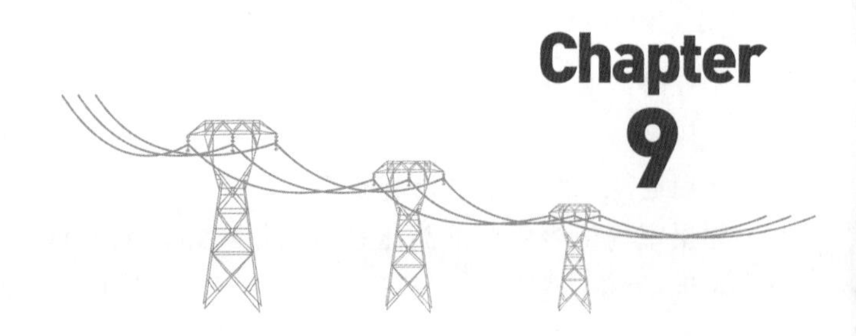

第九章
应急供电技术

模块一　概述

培训目标

1. 了解应急供电的重要性。
2. 了解应急供电的措施。

知识点

一、应急供电保障的重要性

当今时代，随着社会经济发展，对电力的依赖程度也越来越高，电力已成为今天人类社会不可或缺的动力来源，不仅我们的正常生产生活离不开电力，在自然灾害、事故灾难频发的今天，人类社会要开展灾害灾难应急救援与处置，摆脱并战胜其困扰，也必须借助电力的支持。任何一次停电事故，都可能给社会带来无法挽回的损失，特别是电网大面积停电事故，对社会造成的危害和影响更是难以估量的。图 9-1 和图 9-2 分别为 2022 年 2 月北京冬奥会保供电及 3 月抗疫保供电现场。

图 9-1　2022 年 2 月北京冬奥会保供电现场

图 9-2　2022 年 3 月抗疫保供电现场

在抢险救灾中，需要使用大量的通信、搜救、医疗、供水、工程等仪器和设备，它们都以电作为能源。电力供应一旦中断，抢险救灾行动将寸步难行，不可能快速有效地达成救援目标。所以，在突发事件发生的第一时间，电网企业应急救援的首要任务就是在第一时间提供应急照明及应急救援设备的电源支持，同时在恢复供电和电网抢修中也不能缺少高质量的临时应急照明。因此应急供电在突发事件情况下完成保供电任务、快速抢修恢复受损电网、确保受灾群众及应急救援人员人身安全、维护灾区局势稳定、彰显电网企业社会责任形象等方面具有不可或缺的重要作用。

应急供电保障是供电企业应急管理的重要职责，提高应急供电保障能力是供电企业提高应急管理能力的重要方面。

二、应急供电措施概述

1. 应急救援中的供电需求

应急救援一般分为紧急救援、临时安置、灾后重建等阶段，各阶段对电力供应需求各有不同。紧急救援阶段，工作的重点在于调查受灾情况，搜救幸存人员，救治和护送受伤人员，紧急转移受灾群众，因此电力需求主要是照明、医疗和通信，对电力物资需求的特点是种类较少，用电量较小，但机动性要求高。临时安置阶段，工作的重点是卫生防疫，建立临时安置点，安置受灾群众。电力需求主要是照明、医疗、供水、文化宣传、工程、通信等，该阶段电力物资保障的特点是工作环境恶劣，维修工作量大，用电总量急剧上升，在中后期逐渐保持稳定。在灾后重建阶段，工作的重点是为灾区群众重建家园，恢复正常的工作和生活秩序，该阶段电力需求主要是工程用电，电力物资保障的特点是使用环境逐渐好转，用电总量大但基本保持稳定。

应急救援设备有交流设备，也有交流设备，有单相设备，也有三相设备，功率大小不一，电压、频率也有差异，种类繁多，因此应急救援中的应急供电及电力物资保障任务繁重，也十分迫切。

2. 重要电力用户的应急供电需求

重要电力用户是指在国家或者一个地区（城市）的社会、政治、经济生活中占有重要地位，供电中断将可能造成人员伤亡、较大环境污染、较大政治影响、较大经济损失、社会公共秩序严重混乱的用电单位，或对供电可靠性有特殊要求的用电场所。根据其重要性和供电中断造成后果的严重程度，重要电力用户分为一级重要电力用户、二级重要电力用户和临时性重要电力用户三类。根据行业领域的不同，重要电力用户又分为工业类和社会类两类，工业类重要电力用户广泛分布在煤矿及非煤矿山、危险化学品（石化、盐化、煤化、精细化工）、电子及特种制造业、军工等领域；社会类重要电力用户涵盖党政司法机关、国防、国际组织、各类应急指挥中心，以及通信、新闻媒体、金融及数据中心、公用事业（供水、供热、污水处理、供气、天然气运输、石油运输）、交通运输、医疗卫生以及人员密集场所（五星级以上宾馆饭店、高层商业办公楼、大型超市、购物中心、体育场馆、大型展览中心）等。

由于重要电力用户用电需求的特殊重要性，因此供配电系统相关设计规范对供电可靠性设计提出了严格要求，《重要电力用户供电系统及自备应急电源配置技术规范》（GB/T 29328—2018）对重要电力用户供电电源配置及自备应急电源配置提出了明确技术要求。重要电力用户的供电电源应采用多电源、双电源或双回路供电，当任何一路或一路以上工作电源发生故障时，至少应有一路电源能对保安负荷继续供电，切换时间应满足保安负荷对允许断电时间的要求；重要电力用户还应配置小型移动发电机、储能装置、燃油（气）发电机组等作为应急电源。当备用电源、应急电源无法正常启动，或因灾害、事故等原因遭受重大损毁时，电网企业应给予应急供电支持，这也是电网突发事件应急救援的重要组成部分和重要社会职责。《电力安全事故应急处置和调查处理条例》（国务院第 599 号令）规定：发生电力安全事故造成重要电力用户供电中断的，重要电力用户应当按照有关技术要求迅速启动自备应急电源；启动自备应急电源无效的，电网企业应当提供必要的支援。恢复电网运行和电力供应，应当优先保证重要电厂厂用电源、重要输变电设备、电力主干网架的恢复，优先恢复重要电力用户、重要城市、重点地区的电力供应。《国家电网有限公司大面积停电事件应急预案》也指出：加强应急电源建设，各单位根据自身情况配备各种类型、各种容量应急发电车、应急发电机等设备，加强日常维护和保养，保证事件发生后可立即投入使用。调控部门应每年滚动修订电网“黑启动”方案，并组织演练。规划部门应重视“黑启动”电源的合理布局，保障各地区“黑启动”电源。

3. 应急供电措施

“迅速、及时、可靠”是应急救援各阶段应急供电的第一需求，各阶段根据负荷特点以及救援工作的进展，对供电又有不同的个性需求，应急供电的主要措施如下：

（1）先期处置和紧急救援阶段。该阶段可以采取的应急供电措施有：利用小型便携式应急照明装备和应急发电机第一时间提供现场照明和供电，利用自发电移动照明装备提供大范围照明，利用移动充电装置为照明、医疗、通信、救援设备提供应急充电服务，利用便携式应急发电设备、储能设备或应急发电车为重要电力用户提供应急供电服务。

（2）临时安置阶段。采用临时跨接线路或紧急抢修尽快恢复低压配电线路应急供电，利用便携式应急发电设备或应急发电车为重要电力用户提供应急供电服务，为安置区提供基本生活用电和应急指挥、救援处置用电。

（3）灾后重建阶段。采用大型应急发电设备提供应急供电，采用输电抢修塔快速组立，尽快恢复工程用电和用户正常供电。

（4）重大活动重要用户保供电。可采用 UPS（Uninterruptible Power Supply，不间断电源）、EPS（Emergency Power Supply，应急电源）、蓄电池、燃气（油）发电机组、快速切换开关装置以及“UPS+ 锂电池”、“UPS+ 锂电池 + 发电机组”或“飞轮储能 +UPS”等不同形式应急发电车，实现对重要用户应急供电保障，并满足其供电负荷、供电质量以及切换时间等重要需求。

模块二　应急照明

培训目标

1. 了解电力应急照明的设备和分类。
2. 了解电力应急照明设备的主要应用场景。
3. 了解电力应急照明设备使用注意事项及保养维护相关要求。

知识点

一、应急照明设备简介

应急照明设备是指正常照明设施损坏、照明电源发生故障或现有照明不满足需求时，应对突然发生的需要紧急处理的事件时进行照明的设备，主要用于为故障抢修、抢险救灾、重大活动保障等场景提供安全照明、疏散照明、泛光照明和局部照明。

二、应急照明设备分类及介绍

按照应急照明设备的电源类别分为蓄电池供电类、内置发电机类、外接电源类；按照体积、功率、照明效果、应用场景分为轻型、小型、中型、大型、特大型及特殊用途类等。

蓄电池供电类应急照明设备：采用蓄电池为照明灯提供电源的方式进行照明，通过替换电池或为电池充电来实现长久使用。此类设备具有体积小、便于携带、无噪声、无排放等特点，部分设备具备防爆、防水、防尘、防摔等特点，同时存在充电时间较长、电池寿命较短、受温度影响较大等不足。常用的电池类型为干电池、锂电池、铅酸蓄电池，采用蓄电池供电的照明设备主要有头灯、头盔灯、强光手电、手提探照灯、信号灯、警示灯、胸灯、方位灯、磁吸工作灯等。

内置发电机类应急照明设备：又叫自发电应急照明设备、发电机式应急照明设备，采用与照明设备一体或设备内置的燃油发电机来为照明灯提供电源的方式进行照明，通过补充燃料来实现长久使用。此类设备具有续航时间长、使用寿命长、兼顾应急发电功能、汽油发动机受温度影响较小等特点，同时存在相对体积较大、重量较重、发电机运转需一定的空气并排出废气、有一定的噪声、不具备易燃易爆场景使用等不足。常用的发电机为汽油发电机，部分设备也采用柴油发电机。目前市场上中大型应急照明设备以内置发电机类应急照明设备为主。

外接电源类应急照明设备：此类照明设备不含电源及发电类设备，由照明灯、控制器、电源箱、连接线、灯杆或灯架组成，需要通过外接发电机或接入市电为照明灯供电。此类设备具有静音、布置灵活、体积小、重量轻、快速连接、可重复使用、兼顾电源输出等特点，同时存在需外接电源、专人布置、布撤时间较长等不足。外接电源类应急照明设备主要有营地系统照明设备、行灯、帐篷灯、安全灯等。

轻型应急照明设备：轻型应急照明设备又名单兵应急照明设备，主要指以具有体积小、重量轻、便于携带等特点的以蓄电池供电的应急照明设备，配备于单兵使用，为以蓄电池供电的应急照明设备，主要有头灯、头盔灯、胸灯、单兵方位灯、单兵警示灯、单兵信号灯、强光手电、手提探照灯、磁吸工作灯等。

小型应急照明设备：小型应急照明设备主要指以具有便携、高亮度、续航时间较长、照射距离较远、可人工搬运及装卸、可短距离人工移动等特点的以蓄电池供电的应急照明设备，主要有便携强光灯、便携探照灯、车载探照灯、便携搜索灯、升降高度≤ 3m 的便携可升降工作灯、便携警示灯、便携方位灯、便携信号灯、箱式工作灯等。

中型应急照明设备：中型应急照明设备主要指以具有便于装载及运输、较强的灵活机动性、续航时间长、照射距离远、照射面积大、多人可实现人工搬运及短距离移动等特点的以小型发电机供电和大容量蓄电池供电为主的应急照明设备，部分设备需接入市电，主要有汽油自发电全方位升降应急照明工作灯、大型远程探照灯、营地系统照明设备套装、组合使用的警示照明设备套装、组合使用的行灯照明设备套装等升起高度≤ 4.5m 的自发电照明灯和蓄电池照明灯。

大型应急照明设备：大型应急照明设备主要指以照明面积大、照射距离远、便于装载、具有一定的灵活机动性、通过轻型搬运设备或辅助设备可实现装卸车及搬运等特点的燃油发电机供电或大容量蓄电池供电的无动力类应急照明设备，部分设备兼顾市电接入及应急电源接入，主要有自发电全方位升降应急照明工作灯、高机动应急照明灯塔、静音新能源应急照明灯塔等升起高度≤ 10m 的自发电照明灯和大容量蓄电池照明灯。

特大型应急照明设备：特大型应急照明设备通常配备大功率发电机、数量较多的大功率照明灯、较高的灯杆，具有超大照明范围、超远照射距离、兼顾应急发电等特点，同时因体积较大、重量较重、运输不便、运输或通行受限，通常和汽车底盘组合改装为一体，以避免装卸，增强机动性，主要为燃油发电机供电，较多搭载柴油发电机，具备接入发电车供电及市电供电的功能，常见设备主要有高机动应急照明车及升起高度 >10m 的自发电应急照明灯塔。

特殊用途应急照明设备：特殊用途应急照明设备通常指在特定环境下完成特定工作内容而使用的具有一定其他功能或特殊性能的照明设备，通常具有防水、防爆、防尘、防摔、测温、测距、录像、指挥、低空飞行、信号发布等一项或多项特点，主要有防爆工作灯、防尘工作灯、水下工作灯、信号灯、方位灯、警示灯、引导灯、防空灯、巡检手电、指挥手电、激光手电及无人机照明设备等。

其中无人机照明设备作为近些年低空领域逐渐开放及无人机的大量应用后的新型照明设备，逐渐在多行业多领域大量应用。无人机照明设备具有体积小、重量轻、便于携带、俯视照明、具有一定机动性及一定的复杂环境适应性等特点。无人机照明设备是以无人机为载体搭载相应照明设备，通过蓄电池直供或电缆连接发电机进行供电实现低空飞行照明。无人机照明设备分为系留无人机照明设备和普通无人机照明设备两类，其中普通无人机照明设备为无人机搭载轻型照明灯具及大功率电池，利用电池为照明灯供电实现空中照明。此类设备具有一定的抗风等级、机动性较强，可实现较远距离或较高高度的飞行照明及超视距飞行照明，但无人机续航时间及照明时间较短、照明效果一般、受环境温度影响较大；系留无人机照明设备主要由地面电源、电缆、空中降压模块、无人机、照明灯具等组成。地面电源使用发电机或电池组供电，通过电缆传输到搭载降压模块及照明灯具的无人机上，实现有限范围内的低空照明。此类设备照明时间较长、照射面积较大、照射距离较远、受环境温度影响较小，但只能在地面电源基站附近照明，照明高度及机动性受限、抗风等级较弱。

三、应急照明设备主要应用场景

根据场景不同应选择相应的应急照明设备，确保尽可能地提供完善的应急照明。选择应急照明设备应充分考虑应急照明任务情况、道路交通情况、场地空旷度、是否密闭空间、是否有限 / 受限空间、是否存在易燃易爆气体、是否具备市电接入、进场道路、环境温度、所需照明时间、所需照明高度、是否禁飞区等。下面根据应急照明设备的分类，介绍不同类型的应急照明设备的主要应用场景。

轻型应急照明设备多采用蓄电池供电，主要配备于单兵使用，在抢险抢修、应急救援、应急处置过程中为应急救援队员提供个人主照明、辅助照明及特殊需求的照明，主要用于单兵小面积泛光照明、单兵短距离聚光照明，在现场没有大型照明设备或大型照明设备提供可见光泛光照明时为单兵作业提供照明，部分设备用于提供单兵方位指示、人体警示、单兵信号传输等。例如，电缆沟道内所有人员使用头灯通行及抢险抢修作业照明、烟雾场景下使用方位指示灯近距离确认人员位置、配备泛光照明设备的抢险抢修现场使用强光手电进行细节照明等。

小型应急照明设备多采用蓄电池供电，主要配备于班组、工作小组层面，在照射面积、照射距离、警示灯数量、信号灯传输距离等方面优于同类单兵应急照明设备，主要用于在多人工作小组、工作班组作业时提供单人或多人工作面小面积泛光照明、短距离聚光照明、对小型工作场所进行警示照明等。例如，野外多人搜索小组使用便携搜索灯、架空电力线路故障勘察小组使用便携强光灯、单点小型作业现场使用便携可升降泛光工作灯等。

中型应急照明设备多采用小型汽油发电机或大容量蓄电池供电，主要配备于班组、供电所、区县市公司层级，主要用于单个或多个工作班组作业现场长距离聚光照明、小型区域工作面照明、复杂现场多点位多角度泛光照明、抢险救援现场区域照明等。例如，抢险救灾现场布置多台套营地照明系统、野外复杂环境应急任务处置不同位置布置自发电可升降泛光照明灯等。

大型应急照明设备多采用燃油发电机或大容量蓄电池供电，主要配备于基干分队、重点城市、市公司及网省公司层级，主要用于作业现场大面积泛光照明、远程探照聚光照明、大型抢险抢修现场多点泛光照明等，需满足车辆通行、限高等条件。例如，变电站、单基铁塔的抢险抢修泛光照明、自然灾害现场泛光照明、山区铁塔远程探照等。

特大型应急照明设备主要为燃油发电机供电，通常和汽车底盘组合改装为一体，主要配备于重点城市及网省公司层级，主要用于大型抢险抢修现场，需满足车辆通行、限高、限重等条件。例如，某储能电站着火应急处置现场、户外变电站应急处置现场等。

特殊用途应急照明设备，除照明以外还具备其他特殊性能，根据功能不同配备于不同层级使用，主要用于防爆场所、水下搜救、设备巡检等。

无人机照明设备主要用于户外其他照明设备不便进入或无法进入的不受禁飞区限制的开放空域、低空没有障碍物的场所、远离带电设备、无风或风力小于 5 级的现场。

四、应急照明设备使用注意事项及保养维护相关要求

1. 蓄电池供电类应急照明设备使用注意事项及保养维护相关要求

（1）定期对设备外观、蓄电池外观、灯头进行检查，确保外观无破损、开裂，蓄电池无漏液、变形等。

（2）定期检查设备零配件及配套的专用工具是否齐全，如有遗失或损坏，应及时补全。

（3）定期对蓄电池进行充放电，确保电量充足，随时可投入使用。

（4）定期进行蓄电池性能检测，确保蓄电池可正常进行充放电，放电时间满足要求。

（5）设备出库前应进行外观、电量检查，并启动检查，确保可正常使用。

（6）设备使用完成入库时应进行检查并记录，对于亏电、损坏、待检等设备分区域单独存放。

（7）设备使用完成后应进行清洁、保养，确保设备外观良好。

（8）严禁同时对所有同类设备进行充放电操作，应根据任务情况预留足够的设备分批次进行充放电操作。

（9）蓄电池充放电操作应在特定的场所或专用的充电柜内进行，应设专人负责。

（10）蓄电池充放电期间应全程专人看护，严禁长时间过度充电。

（11）老化或损坏的电池应交由专业人员妥善处置。

（12）使用过程中合理调整照射位置及角度，避免光污染。

（13）使用具有图像拍摄、视频录制、视频传输等功能的设备应严格遵守相关保密措施，严禁在敏感场所使用。严禁拍摄、录制敏感信息，严禁公网传输相关图像及视频信息。

2. 内置发电机类、外接电源类应急照明设备使用注意事项及保养维护相关要求

（1）定期对设备外观进行检查，确保外观无破损、开裂、漏液、变形，电源线无破损，气缸及气管无破损漏气等。

（2）定期进行启动试运行，确保设备运转良好无故障码、灯具正常点亮、灯杆升降顺畅、设备运转无漏液、杂音、异常震动等。

（3）定期检查设备零配件、接地设施、灭火器及配套的专用工具是否齐全，如有遗失或损坏，应及时补全。

（4）定期对含有启动电池、操作电池的设备进行充电，确保电量充足。定期对电池外观

及电池放电参数进行检查，确保电池状态良好。

（5）应急照明车等含有汽车底盘的设备，应按车辆相关要求定期进行保养维护及检测，确保车辆状态良好。

（6）应急照明车驾驶人员应按规定考取相应驾驶执照，按相关规定上路行驶。

（7）根据使用时间及存放时间定期对设备进行保养维护，更换发电机机油、滤芯，清理散热器，补充防冻液等。

（8）严禁在库房内、密闭空间、易燃易爆物周围启动发动机。

（9）设备出库前应进行外观检查、油料检查及启动试运行，确保外观良好、油料充足、可正常使用。

（10）设备使用前应进行现场勘察，远离危险源及危险点，选择合理的位置布置应急照明设备，并明确危险点及安全控制措施。

（11）可升降的应急照明设备应避免上空存在障碍物，与带电体保持规定的安全距离。

（12）根据设备类型及使用场景应编制专项操作手册。

（13）设备操作人员应经过培训并考试合格，具备熟练操作及常见故障处置能力。

（14）设备操作人员应定期组织复训，确保能够熟练操作设备。

（15）设备启动前，应按要求进行可靠接地。

（16）发动机运转时严禁添加燃油，应在机器冷却后添加燃油，添加燃油时应配备灭火器。

（17）雷电条件下严禁使用高大照明设备。

（18）大风天气使用可升降照明设备应做好防风、防倾倒措施。必要时降低灯杆高度，严禁在风力超过允许等级条件下使用高杆灯。

（19）设备运转过程中严禁遮挡、覆盖设备散热位置，发动机排气口及散热器附近严禁放置易燃易爆物。

（20）灯杆升起状态严禁进行调整支腿、移动设备等操作。

（21）设备使用完成入库时应进行检查并记录，对于亏电、损坏、待检等设备分区域单独存放。

（22）设备使用完成后应进行清洁、保养，确保设备外观良好。

（23）应建立设备档案，记录设备购置时间、保养维护信息、检查信息、使用记录等。

（24）油料的使用、储存应满足相关规定。

（25）使用过程中合理调整照射位置及角度，避免光污染。

（26）根据使用环境合理选择照明设备，避免产生噪声污染。

（27）使用具有图像拍摄、视频录制、视频传输等功能的设备应严格遵守相关保密措施，严禁在敏感场所使用。严禁拍摄、录制敏感信息，严禁公网传输相关图像及视频信息。

3. 无人机应急照明设备使用注意事项及保养维护相关要求

（1）定期对无人机及配套设备进行外观检查，确保外观无异常。

（2）定期对无人机应急照明设备进行试运行测试，确保状态良好。

（3）无人机应急照明设备的蓄电池、发电机，按照蓄电池和发电机的检查、维护相关要求进行。

（4）无人机应急照明设备操作人员需经过培训并考取无人机操作证书。

（5）无人机飞行前应办理相关手续，严禁黑飞，严禁在禁飞区飞行。

（6）飞行过程中密切关注无人机动向，如有异常及时处置。

（7）无人机照明时应避免在人员正上方、设施设备正上方悬停。

（8）无人机照明应避开风口、起火点热浪上方，与带电设备保持安全距离。

（9）风力≥ 5 级时严禁使用系留无人机应急照明设备，风力≥ 7 级时严禁使用无人机应急照明设备。

（10）系留无人机应急照明设备使用前应进行可靠接地。

（11）使用过程中合理调整照射位置及角度，避免光污染。

（12）使用具有图像拍摄、视频录制、视频传输等功能的设备应严格遵守相关保密措施，严禁在敏感场所使用。严禁拍摄、录制敏感信息，严禁公网传输相关图像及视频信息。

模块三　应急电源

培训目标

1. 了解电力应急电源中小型发电机的分类及应用。
2. 了解电力应急电源 UPS 装置和 EPS 装置的应用原理及运行方式。
3. 了解电力应急电源飞轮储能系统及柴油发电机组的相关工作原理。
4. 了解应急发电车和 UPS 应急电源车相关参数及原理。

知识点

应急电源设备在事故救援和重要用户应急供电中发挥着重要作用，其中除上述自发电移动照明装置外，小型便携式发电机、柴油发电机组、UPS、EPS、应急电源车等设备，由于具有供电功率大、安全可靠性高、机动性强等特点，适用于灾害情况下为电网抢修恢复、应急救援以及重要用户提供不间断应急供电，因此得到广泛应用。

一、小型便携式发电机

便携式小型发电机种类繁多，一般采用柴油或汽油作为主要燃料，功率在几千瓦至几十千瓦甚至几百千瓦不等，连续工作时间几小时至几十小时不等，主要特点是结构简单、轻便灵活、操作方便、机动性强，在生产、生活、工程施工以及抢险救灾中广泛应用，如图 9-3 所示，整体组成部件包括发动机启动开关、控制面板、启动手柄（或电启动器）、燃油盖、燃油开关、阻风门手柄、左侧维修盖、进气孔、排气孔、消声器、火花塞维修盖等。其控制面板一般由插座（交流、直流）、接地孔、智能节气门开关、直流保护器、工作指示灯、过载指示灯、机油报警指示灯等组成。

图 9-3　小型便携式发电机

此类小型发电机操作比较简单，操作前应对其整体状态、机油油位、燃油油位、空气滤清器、各零部件及周围环境进行检查，在确保安全的前提下打开燃油开关，将发电机启动开关转到“开”位置，将阻风门手柄转到“启动”位置，轻轻拉动启动手柄直到感觉有阻力，然后快速拉动手柄启动发电机。启动工作完成后，若发电机状态良好，可按要求带交流负荷或直流负荷供电；停运时关闭所连用电设备，拔出插头，将发电机启动开关转至“关”位置。

小型发电机应定期进行维护保养，使用时注意确保提供足够的通风条件，务必接好地线，注意防火、防爆、防触电。

二、UPS 装置

UPS 是不间断电源装置，在市电断电后能为重要供电负荷提供重要应急电源供应，是重要的供电保障装备。UPS 是一种集数字与模拟电路、自动控制逆变器与免维护储能装置为一体的电力电子设备，它供电质量高，满足对供电可靠性和电能质量有较高要求的供电负荷，以及为不允许瞬间断电的部门提供应急供电保障。

1. UPS 工作原理

UPS 装置电气接线示意图如图 9-4 所示，主要由整流器、逆变器、旁路变压器、静态切换开关、手动旁路切换开关等组成。

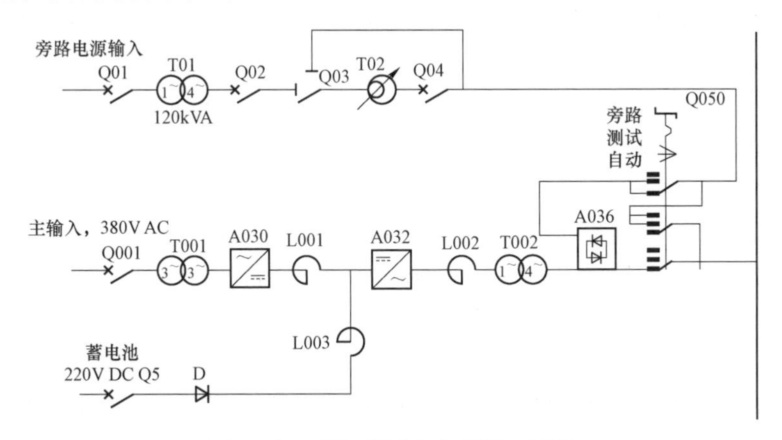

图 9-4　UPS 装置电气接线示意图

（1）整流器。整流器由隔离变压器（T001）、可控硅整流元件（A030）、输出滤波电抗器（L001）和相应的控制板组成。

整流器又称充电器，为12脉冲三相桥式全控整流器，其原理为通过触发信号控制可控硅的触发控制角来调节平均直流电压。输出直流电压经整流器电压控制板检测，并将测量电压和给定值进行比较产生触发脉冲，该触发脉冲用于控制可控硅导通角维持整流器输出电压在负荷变动的整个范围内保持在容许偏差之内。隔离变压器用于改变交流电压输入的大小，以提供给整流器一个合适的电压值。输出滤波电抗器用来过滤DC电流，减少整流器输出的波纹系数，由一个电感线圈组成。控制板用来提供触发可控硅的脉冲，脉冲的相位角是可控硅输出电压的函数。控制板把整流器输出的电压量与内部的给定量相比较产生一个误差信号，该误差信号用于调整可控硅整流器的导通角。若整流器的输出电压降低，控制板产生信号增加可控硅的导通角，从而增加整流器的输出电压至正常值，反之亦然。整流器输入电压的允许变化率不小于额定输入电压的-20%～30%。允许频率变化率不小于额定输入频率的±10%。整流器具有全自动限流特性，以防止输出电流超过安全的最大值，当限流元件发生故障时，其后备保护能使整流器跳闸。

（2）逆变器（A032）。逆变器由逆变转换电路、稳压滤波电路、同步板、振荡器等部分组成。逆变器的功能是把直流电变换成稳压的符合标准的正弦波交流电，并具有过负荷、欠电压保护。逆变器的输入由整流器直流输出及带闭锁二极管的蓄电池直流馈线并联供电。当整流器输出电源消失时，切换至蓄电池直流馈线供电。逆变器组成如图9-5所示。

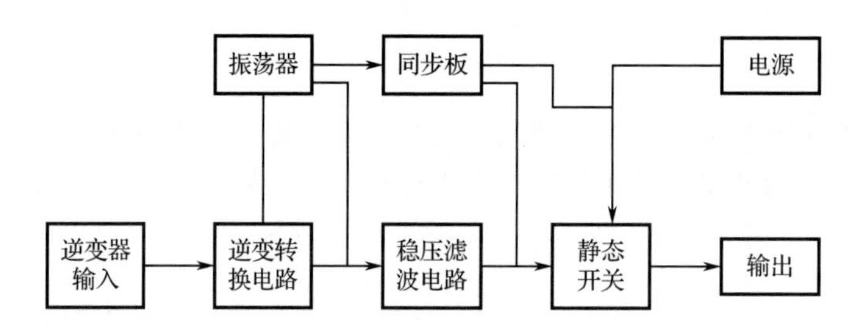

图9-5　逆变器组成

逆变转换电路由4个可控硅和换向电容、电感等组成，通过控制4个可控硅交替动作，将直流电转换为方波，然后通过稳压滤波电路输出稳定的交流电。同步板的作用是将逆变器的输出和旁路输入的正弦波相位及频率进行比较，并通过振荡器控制逆变器的输出，使逆变器的频率、相位和旁路输入电压的频率及相位相同，从而保持逆变器和旁路电源同步。通过频率检波器检验逆变器输出和旁路电源输入的频率是否足够接近以致同步，相位检验电路检查同频和同相条件是否存在，来判断是否允许和旁路电源进行切换。

在正常情况下，逆变器和旁路电源必须保持同步，并按照旁路电源的频率输出。当逆变器的输出和旁路电源输入频率之差大于0.7Hz时，逆变器将失去同步并按自己设定的频率输出，如旁路电源和逆变器输出的频率差小于0.3Hz时，逆变器自动地以每秒1Hz或更小的频差与旁路电源自动同步。

逆变器内部的振荡器通过提供可控硅的选通信号，产生合适频率的方波选通脉冲以控制电源开关电路，产生一个频率为50Hz的矩形波（方波），经过稳压滤波电路进行滤波整形后，形成正弦波（频率为 50Hz）。

当逆变器输出发生过电流，过电流倍数为额定电流的 120% 时，自动切换至旁路电源供电。当直流输入电压小于 176V 时，逆变器自动停止工作，并自动切换至旁路电源供电，防止逆变器在低压情况下运行而发生损坏。

（3）旁路变压器。旁路变压器由隔离变压器（T01）和调压变压器（T02）串联组成。隔离变压器输入侧设 ±5% 的抽头。隔离变压器的作用是防止外部高次谐波进入 UPS 系统。调压变压器的作用是把保安段来的交流电压自动调整在规定范围内。

（4）静态切换开关（A036）。静态切换开关由一组并联反接可控硅和相应的控制板组成，其原理图如图 9-6 所示。由控制板控制可控硅的切换，当逆变器输出电压消失、受到过度冲击、过负荷或 UPS 负荷回路短路时，会自动切换至旁路电源运行并发出报警信号，总的切换时间不大于 3ms。逆变器恢复正常后，经适当延时切换回逆变器运行，切换逻辑保证手动、自动切换过程中连续供电。也能手控解除静态切换开关的自动反向切换。静态切换开关切换期间无供电中断，具有先合后断的功能，因此静态切换开关的切换必须满足同步条件，即旁路电源与逆变器输出电压的频率和相位应相同。

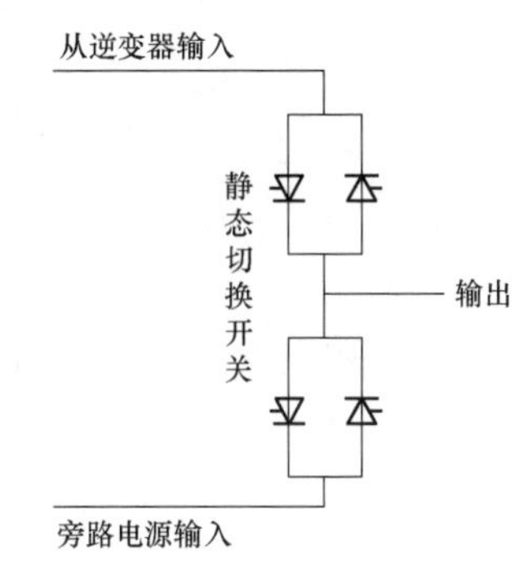

图 9-6　静态切换开关原理图

（5）手动旁路切换开关（Q050）。手动旁路切换开关是专为在不中断 UPS 负荷电源的前提下检修 UPS 而设计的，具有先合后断的特点，以保证主母线不失电。

手动旁路切换开关为电子互锁式设计，当需要维修时将逆变器切换至静态旁路，闭合维修开关即可；也可以直接闭合维修开关，负荷零扰动切换至静态旁路工作。可以设置逆变器输出与旁路电源的同步控制装置，以保证逆变器输出与旁路电源同步。如果频率偏离限定值，逆变器应保持其输出频率在限定值之内。当频率恢复正常时，逆变器自动地以每秒 1Hz 或更小的频差与电源自动同步。同步闭锁装置能防止不同步时手动将负荷由逆变器切换至旁路。UPS 控制屏上设有同步指示。手动切换时，逆变器输出和旁路同步。逆变器故障或外部短路由静态切换开关自动切换时则不受此条件的限制。

手动旁路切换开关有自动、测试、旁路 3 个位置。

自动位置。负荷由逆变器供电，静态切换开关随时可以自动切换，为正常工作状态。

测试位置。负荷由手动旁路供电。静态切换开关和负载母线隔离，但和旁路电源接通，逆变器同步信号接入。可对 UPS 进行在线检测或进行自动切换试验。手动旁路切换开关的测试位置有两个功能：①当从旁路切换到主回路时，为防止主回路与旁路电源不同步，可先将手动旁路切换开关切换到测试位置，可检测出主回路与旁路的电源是否同步，若同步，则可切换到自动位置；若不同步，则不切换。②当手动旁路切换开关在测试位置时，可直接关闭 UPS 主机，对主机进行检修等操作，并不影响负荷的不间断供电。

旁路位置。负荷由手动旁路供电。静态切换开关和负载母线隔离，静态切换开关和旁路电源隔离，逆变器同步信号切断。可对 UPS 进行检测或停电维护。

2. UPS 装置运行方式

UPS 电源系统为单相两线制系统。运行方式有正常运行方式、蓄电池运行方式、静态旁路运行方式、手动旁路运行方式。正常运行时，由工作电源向 UPS 供电，经整流器后送给逆变器转换成交流 220V、50Hz 的单相交流电并向 UPS 配电屏供电。220V 蓄电池作为逆变器的直流备用电源，经二极管后接入逆变器的输入端，当正常工作电源失电或整流器故障时，由 220V 蓄电池继续向逆变器供电。当逆变器故障时，静态切换开关会自动接通旁路电源，但这种切换只有在 UPS 电源装置电压、频率和相位都和旁路电源同步时才能进行。当静态切换开关需要维修时，可操作手动旁路切换开关，使静态切换开关退出运行，并将 UPS 主母线切换到旁路电源供电。

UPS 正常运行方式示意图如图 9-7 中实线所示，手动旁路切换开关在自动位置。交流输入（整流器市电）通过匹配变压器送到相控整流器，整流器补偿市电波动及负荷变化，保持直流电压稳定。交流谐波成分经过滤波电路滤除。整流器供给逆变器能量，同时对蓄电池进行浮充，使蓄电池保持在备用状态（依赖于充电条件和蓄电池型号决定浮充电或升压充电）。此后，逆变器通过优化的脉宽调制将直流转换成交流并通过静态切换开关供给负荷。

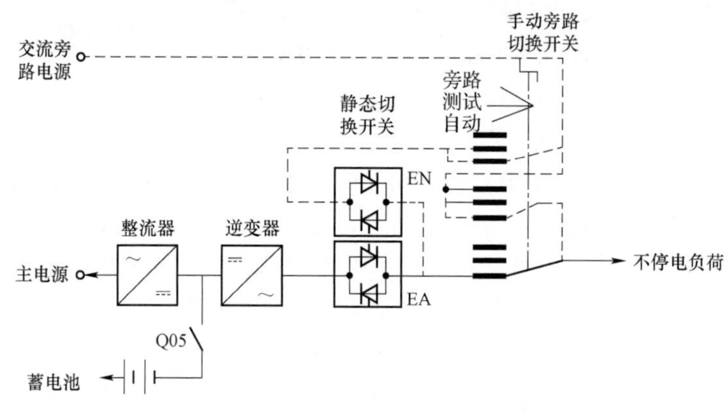

图 9-7　UPS 装置正常运行方式示意图

三、EPS 装置

EPS 即应急电源，主要采用交流脉宽调制（SPWM）技术，是以单片机系统及专用控制芯片为核心的智能化集中供电电源，由整流充电器、蓄电池组、逆变器、互投装置等组成。外部电源正常时通过系统内的配电装置向负荷供电，同时通过整流器将交流电变成直流电，对蓄电池充电并储存电能。当外部电源故障时，蓄电池输出电能，并由逆变器将直流电变换成交流电，供给负载设备稳定持续的电力，并通过互投装置顺利切换。EPS 工作原理如图 9-8 所示。

（1）当市电正常时，先由市电经过互投装置给重要负载供电，同时进行市电检测及蓄电池充电管理，然后由蓄电池组向逆变器提供直流电。在这里，充电器是一个仅需向蓄电池组提供相当于 10% 蓄电池容量（Ah）的充电电流的小功率直流电源，它并不具备直接向逆变器提供直流电源的能力。此时，市电经由 EPS 的交流旁路和转换开关所组成的供电系统向用户的各种应急负载供电。与此同时，在 EPS 的逻辑控制板的调控下，逆变器停止工作，处于自动关机状态。在此条件下，用户负载实际上使用的电源是来自电网的市电，因此 EPS 应急电源也是通常说的一直工作在睡眠状态，可以有效地达到节能的效果。

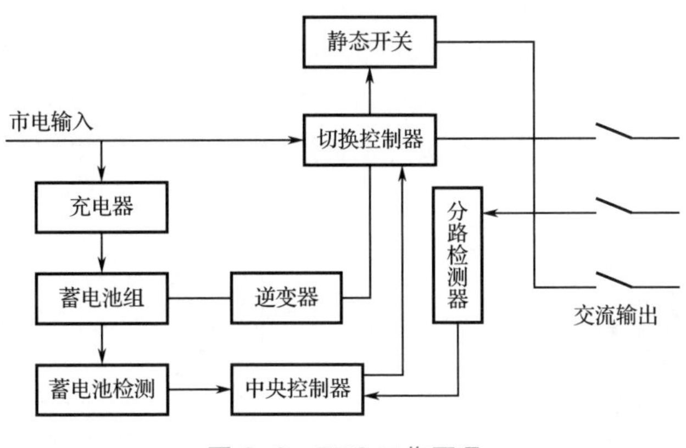

图 9-8 EPS 工作原理

（2）当市电供电中断或市电电压超限（±15% 或 ±20% 额定输入电压）时，互投装置将立即投切至逆变器供电。在蓄电池组所提供的直流能源的支持下，此时，用户负载所使用的电源是通过 EPS 的逆变器转换的交流电，而不是来自市电。

（3）当市电电压恢复正常时，EPS 的控制中心发出信号对逆变器执行自动关机操作，同时还通过它的转换开关执行从逆变器供电向交流旁路供电的切换操作。此后，EPS 在经交流旁路供电通路向负载提供市电的同时，还通过充电器向蓄电池组充电。

EPS 在结构与工作原理上与 UPS 非常相似，但 EPS 为满足应急供电系统高可靠、高效率、负荷多变、环境适应性好，自诊断能力强，多数时间处于备用状态等特殊要求，在工作原理、工作方式、性能、构造、选用、安装、维护等方面均与 UPS 有很大不同，可以作为一种可靠的绿色应急供电电源，适用于没有备用市电，又不便于使用柴油发电机组的场合，既可以采用类似于柴油发电机组的配电方案，也适用于一些局部重要场合作为末端应急备用电源。目前 EPS 智能应急电源系统的备用时间为 45 ～ 120min 或者更长，供电容量为 0.5 ～ 400kW。在供电电网正常状态下，由电网供电；当电网故障停电时自动给重要负荷提供电源，以确保重要负荷供电的连续性。而当电网恢复供电时，本电源自动退出，处于备用状态。

四、飞轮储能系统

飞轮储能系统是一种机电能量转换的储能装置，通过电动机 / 发电机互逆式双向变换，实现电能与高速运转飞轮的机械动能之间的相互转换与储存。飞轮储能系统主要包括转子系统、轴承系统和转换能量系统。目前应用的飞轮储能系统多采用磁悬浮系统，以减少电机转子旋转时的摩擦，降低机械损耗，提高储能效率。飞轮本体是飞轮储能系统的核心部件，其示意图如图 9-9 所示。

代替蓄电池储能的磁悬浮飞轮储能 UPS 常用于重要负荷应急供电保障工作，如图 9-10

所示。市电输入正常时，UPS 通过其内部的有源动态滤波器对市电进行稳压和滤波，向负荷设备提供高品质的电力保障，同时对飞轮储能装置进行充电，UPS 利用内置的飞轮储能装置储存能量；在市电输入质量无法满足 UPS 正常运行要求，或者在市电输入中断的情况下，UPS 将储存在飞轮储能装置里的机械能转化为电能，继续向负荷设备提供高品质并且不间断的电力保障；在 UPS 内部出现问题影响工作的情况下，UPS 通过其内部的静态切换开关切换到旁路模式，由市电直接向负荷设备提供不间断的电力保障；当市电恢复时，则立即切换到市电通过 UPS 供电的模式，继续向负荷设备提供高品质且不间断供电，并且继续对飞轮储能装置进行充电。

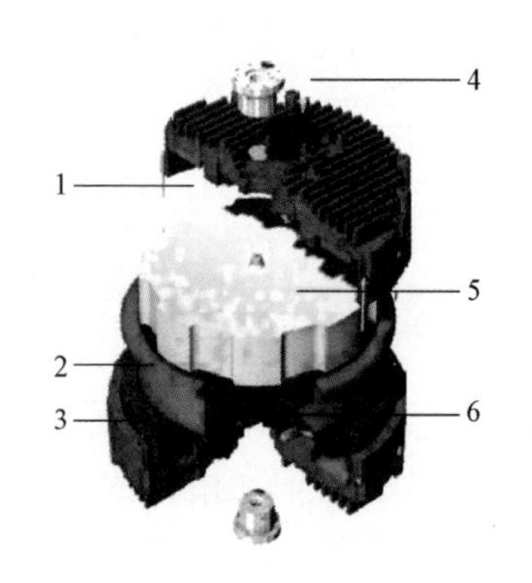

图 9-9　飞轮本体示意图

1—磁力空间；2—气隙电枢；3—真空电轨；
4—轴承套件；5—飞轮转子；6—内腔。

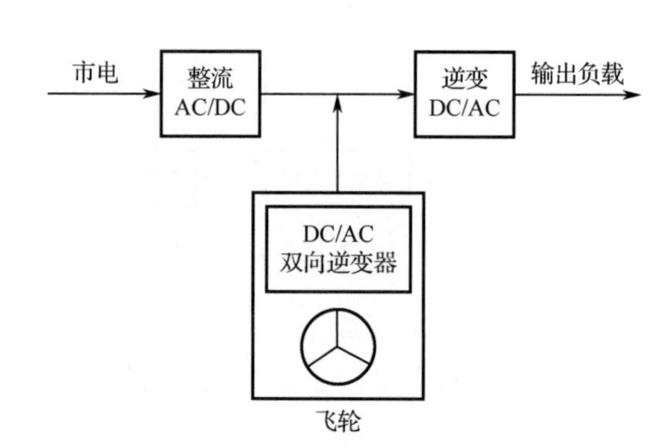

图 9-10　磁悬浮飞轮储能 UPS

虽然飞轮储能系统受制于机械储能，仅仅能提供 30s ～ 1min 的电力供给，但由于目前市电电网的可靠性逐步提高，重要负荷一般具有双路甚至多路供电，工作电源和备用电源的切换时间可在 10s 内完成，因此飞轮储能 UPS 完全可以满足应急情况下的电力供应，也能满足柴油发电机组自启动并带负荷运行的时间间隔内的电力供应。而且飞轮储能系统具有提供电能质量高、运营成本低、节省空间、绿色环保、不受充放电次数限制等优势，应用空间广泛。

五、柴油发电机组

1. 柴油发电机组的特点

大多情况下，广泛采用柴油发电机作为应急电源，可作为一级负荷的第二或第三电源，重要用户应该预先在低压供电母线上预设外接发电机接口。作为应急电源时，柴油发电机持续供电时间长，且柴油发电机组的运行不受电力系统运行状态或系统故障的影响，是独立可靠的电源。柴油发电机组自启动迅速，当检测到正常工作电源失电信号后，柴油发电机组自动启动，并通过自动切换开关将备用电源切换为工作电源，为重要负荷继续供电。另外，柴油发电机组结构紧凑，辅助设备简单，热效率高，功率大，经济性好，可以长期运行，以满足长时间事故停电的供电要求。

2. 柴油发电机组的工作原理

柴油发电机组由柴油机、发电机、控制系统三大部分及其他辅助设备组成。柴油发电机组如图 9-11 所示。在柴油机的气缸内，经过空气滤清器过滤后的洁净空气与喷油嘴喷射出的高压雾化柴油充分混合，在活塞上行的挤压下，体积缩小，温度迅速升高，达到柴油的燃点。柴油被点燃，混合气体剧烈燃烧，体积迅速膨胀，推动活塞下行，称为做功。各气缸按一定顺序依次做功，作用在活塞上的推力经过连杆变成了推动曲轴转动的力量，从而带动曲轴旋转。将无刷同步交流发电机与柴油机曲轴同轴安装，就可以利用柴油机的旋转带动发电机的转子，利用电磁感应原理，发电机就会输出感应电动势，经闭合的负载回路就能产生电流。经过一系列柴油机和发电机控制、保护器件和回路的共同作用，用户可以得到稳定、高质量的电力输出。

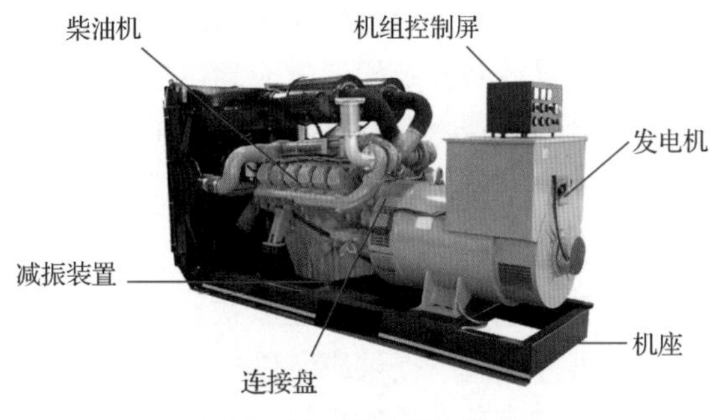

图 9-11　柴油发电机组

3. 柴油发电机组的功能要求

柴油发电机组作为应急电源需具备以下功能：

（1）自启动功能。可以在工作电源失电后，快速自启动带负荷运行。

（2）带负荷稳定运行功能。柴油发电机组自启动成功后，无论是在接带负荷过程中，还是在长期运行中，都可以做到稳定运行。柴油发电机组有一定的承受过负荷能力和承受全电压直接启动异步电动机能力。

（3）自动调节功能。柴油发电机组无论是在机组启动过程中，还是在运行中，当负荷发生变化时，都可以自动调节电压和频率，以满足负荷对供电质量的要求。

（4）自动控制功能。柴油发电机组应可实现以下自动控制功能：

① 供电母线电压自动连续监测功能。

② 自动程序启动、远方启动、就地手动启动。

③ 在运行状态下的自动检测、监视、报警、保护功能。

④ 自动远方、就地手动、机房紧急手动停机。

⑤ 蓄电池自动充电功能。

（5）模拟试验功能。柴油发电机组在备用状态时，能够模拟供电母线电压低至 25% 额定电压或失压状态，实现快速自启动。

（6）并列运行功能。具备多台柴油发电机组之间的并列运行，程序启动指令的转移，或单台柴油发电机与保安段工作电源之间的并列运行及负荷转移，以及柴油发电机组正常和事故解列功能。

4. 柴油发电机组在应急供电中的应用

通常重要用户都是综合采取几个方面的应急供电措施。例如，某重要用电部门可以采用两路电源供电并配备 UPS 电源和应急柴油发电机。当两路市电电源都失去时，通信、安保、消防等重要设施应能依靠 UPS 供电坚持工作，UPS 连续供电时间不小于 10min；应急照明自动点亮，通过集中式应急电源 EPS 继续工作，EPS 连续放电时间不小于 45min。固定柴油发电机在 30s 内启动，或将移动柴油发电机接口接入预留的低压配电母线，三级负荷通过值班人员手动卸去，保证一、二级负荷在两路市电失去的情况下坚持工作，确保供电的可靠性。

此外，柴油发电机组还可与厢式货车共同装配成应急发电车，或者与UPS、蓄电池、飞轮储能装置等共同装配形成应急电源车，作为机动灵活的应急供电电源，或者作为工程施工、应急抢险与救援，以及重要用户或重大活动应急供电电源。

六、应急发电车

应急发电车具有反应速度快、供电容量大、接线简单、运行可靠、应用广泛等优点，是在突发事件情况下提供应急供电保障的重要应急电源设备。

作为装在车上的发电机组，应急发电车主要由汽车底盘、专用仓厢、发电机组（柴油发动机＋发电机）及供电设施等组成，结构紧凑，功能齐全，整车外观和内部根据实际需求进行布置和改装。现以某200kW应急发电车为例介绍其基本结构与配置。

应急发电车的厢体外观如图9-12所示，发动机和发电机参数分别如表9-1和表9-2所示。

表9-1　某200kW应急发电车所配发动机参数

型　　号	QSL9	最大输出功率（kW）	310
气缸数/排列	6/L	燃油规格	0#（轻柴油）
气缸总容积（L）	8.8	燃油消耗量（L/h）	52/58
缸径（mm）	114	润滑油规格	API-CF级以上
行程（mm）	145	润滑油总容量（L）	26.5
压缩比	16.8 ∶ 1	润滑油最高温度（℃）	121
进气方式	涡轮增压中冷	最大机油消耗量（L/h）	0.14
调速方式	电子调速	排烟最高温度（℃）	480/500
节温器调节温度范围（℃）	82～93	进气阻力（kPa）	6.2
允许最大背压（kPa）	10	进气量（m^3/min）	17.1/17.9
冷却方式	闭式循环水冷	排气量（m^3/min）	27.1/28.2
冷却液容量（L）	60	排风量（m^3/min）	475
冷却液最高温度（℃）	100/104	额定转速（r/min）	1500

表9-2　某200kW应急发电车所配发电机参数

型　　号	MWL34540 33ABS1	转子形式	凸极式
电压调整范围	≥±5%	短路能力	3倍，10s
防护等级	IP22	过载能力	1.5倍，2min
绝缘等级	H	电压控制方式	AVR
温升等级	H	稳态电压调整率	≤±1.0%
效率	92.4%	励磁方式	无刷自励式
冷却方式	自冷式		

（1）厢体外观。车厢采用型材焊接结构作为基本骨架，车厢侧壁上部左右各有一个检修平开门，下部按功用设置若干上翻门；车后端下部设置为对开门；在侧面壁板前部左右侧、车后端上部分别设有铝合金电动百叶窗，便于发电机组散热通风。

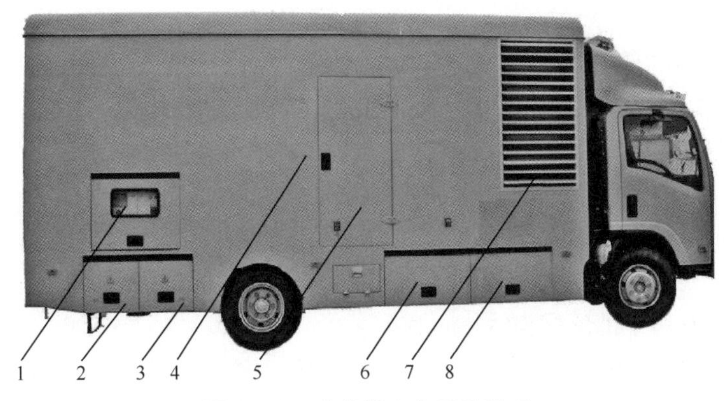

图 9-12　应急发电车厢体外观

1—控制屏；2—输出快速接口；3—并机母排；4—发电机舱；5—检查门；6—油箱；7—百叶窗；8—工具箱。

（2）车厢内部布置。车厢内部被隔板分隔成三个区，前部为隔音降噪区，中部为发电机舱，后部为电缆线盘区。发电机舱内部布置 200kW 发电机组，经过多级减振，以确保在运输过程中对机组的保护。电缆线盘区由液压电缆绞盘、三相四线制电缆和绞盘液压机构组成。电缆收起时的液压绞盘如图 9-13 所示。

图 9-13　电缆收起时的液压绞盘

（3）动力系统。应急发电车动力源为发动机，其动力由取力器从变速箱取出。取力器和变速箱之间的动力传递由手动操纵软轴控制，平时取力器与变速箱取力齿轮处于断开状态，当进行液压作业时，操纵取力开关使取力器的滑动齿轮与变速箱的输出取力齿轮啮合，取力器输出轴带动油泵工作，从而将发动机的机械能转为液压能，为液压系统提供动力。

（4）液压支腿。为了缓解车辆负荷，在车厢的副梁下部加装有 4 个手动液压支腿，液压支腿的操作手柄在车厢左侧后部。当应急发电车长期停驶时，应放下液压支腿，使车辆支撑于坚实地面上，以缓解底盘大梁和钢板弹簧的负荷。

（5）供电设施及附属系统。包括发电机组控制系统、电力主溃出、并机输出、生活用电输出、市电输入、供电电缆等供电设施，以及照明系统、消防报警系统等附属系统。

① 发电机组控制系统。发电机组控制系统采用 CAN 总线控制模式，并配备并机控制器，可实现系统中多台发电机组的全自动并机功能，可提供功率、功率因数、电流、电压、转速、频率、机组工作时间、蓄电池电压、报警保护信息等多种参数显示。并具备完善的保护功能，可以提供对机组多次自启动、高水温、低油压、超速、低速、超频、高频、低发电机电压、高发电机电压、过负荷等现象的保护功能。可根据用户的需求设定机组故障保护的动作，提供声光报警，确保机组安全运行。

② 电力主溃出。电力主溃出采用的是安全可靠的无火花型单芯大电流防爆插座，连接方

便可靠，安全性高。

③ 并机输出。并机输出配备的是铜母排和绝缘性能较好的胶木板。

④ 生活用电输出。生活用电输出包括工业级配电插座和民用配电插座，并配有相应剩余电流动作保护装置和空气开关。

⑤ 市电输入。市电输入采用的是防护等级较好的大电流工业插座。

⑥ 供电电缆。供电电缆包括四根单股机车电缆，为截面流量大、耐温等级高的阻燃柔性电缆，单根长度为50m，截面积为150mm^2，平时收纳于车厢后部的液压电缆绞盘，供电时展开，连接于应急发电车右后下部的配电柜。

⑦ 照明系统。照明系统包括舱内直流照明灯、舱内交流照明灯、驾驶室上长排爆闪警灯、整车前后示廓灯、侧标志灯及控制面板照明等。

⑧ 消防报警系统。发电机舱内安装有温度和烟雾传感器，当舱内温度或烟雾浓度超过消防安全要求值时，将会出现声光报警。

七、UPS应急电源车

同应急发电车一样，将UPS等应急电源设备与厢式货车共同装配可形成UPS应急电源车，UPS应急电源车具有良好的机动性，功率大，功能多，广泛应用于应急供电、抢险救援、检修作业、野外作业等需要不间断连续供电的场所。

图9-14为某300kVA锂电池组UPS应急电源车整车装配示意图。该UPS应急电源车主要由车厢、驾驶舱、底盘、UPS主机、UPS配电柜、锂电池、电池控制柜、电缆及电缆绞盘、空调、输入/输出铜排、输入/输出连接器及其他辅助系统等构成。

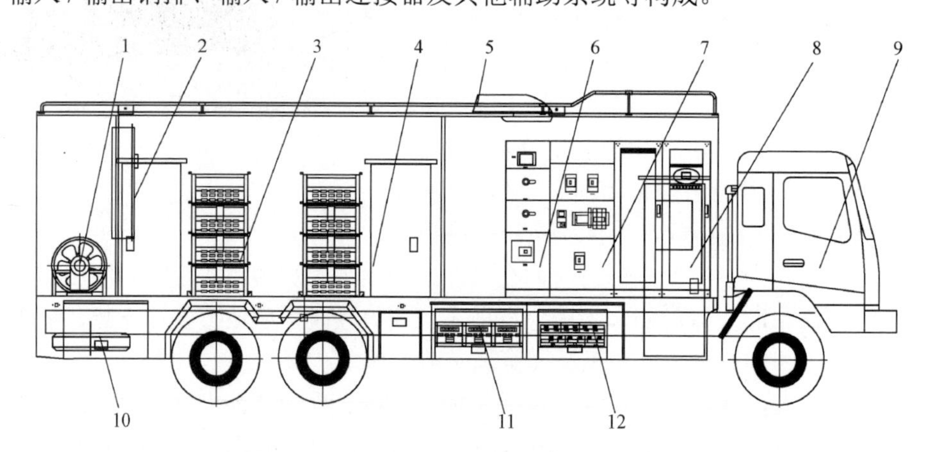

图9-14　UPS应急电源车整车装配示意图

1—电缆及电缆绞盘；2—电池舱空调；3—锂电池；4—车厢；5—车载空调；6—电池控制柜；7—UPS配电柜；8—UPS主机；9—驾驶舱；10—备用轮胎；11—输入/输出铜排；12—输入/输出连接器。

如图9-15所示，UPS正常供电开机前应先进行检查，旁路开关QF3应在断开位置，旁路开关QF2及逆变器输出开关QF5应处于闭合位置，并确认外部电源处于接通状态。闭合UPS输入开关QF1，待整流器工作状态正常后闭合蓄电池开关QF4，待逆变器工作状态正常后闭合UPS输出开关QF6，UPS开机完成，可加载用户端负荷。输入端电源由市电系统供给，通过主电路先整流再逆变成标准正弦交流电压后，经过输出开关输出，同时，通过充电电路变成直流电压向蓄电池充电。如果正常工作电源因故中断，则由蓄电池通过逆变器变成标准交流电压输出，实现无间断连续供电，为应急发电机组启动并成功带上负荷赢得足够的时间。若逆变器发生故障，则 UPS 可通过快速静态转换开关切换至旁路电源供电。

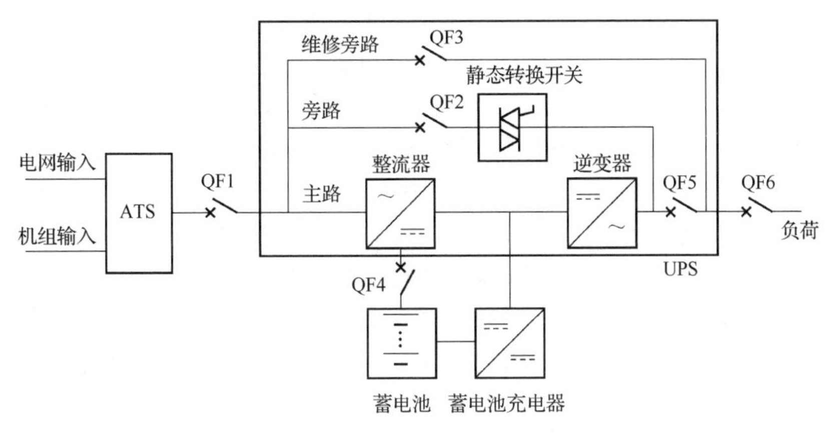

图 9-15　UPS 应急电源车工作原理

模块四　应急供电

培训目标

1. 了解电力应急供电能力的综合措施。
2. 了解电网大面积停电事件处置应急预案。
3. 了解重要保供电事件用户侧应急预案及应急供电实施方案。

知识点

一、提高应急供电能力的综合措施

应急供电是一项复杂的系统性工作，应统筹考虑电网正常运行需要和灾害情况下的应急措施，针对灾害情况下对用电的特殊需求，多措并举开展应急供电工作。

（1）保证重要用户供电和其他用户的最低用电需求。针对不同严重程度的供电中断，保证不同用户的紧急用电需求。现有的大面积停电应急预案，以损失负荷的比例确定特大型事故和事件分级，现有的重要用户是根据政治、经济、安全等方面的考虑，按对供电可靠性的要求对用户加以分类，但在对供电可靠性和依赖程度日趋加重的今天，停电的影响程度已经难以明确划分。突发大型灾害会导致不同规模的停电范围和不同的停电持续时间，对不同用户的影响程度会有很大的变化。如瞬时停电损失重大的一级负荷企业可能有必要关闭工厂，让出电力给居民提供基本的生活用电。因此，应该研究考虑不同地区的最低保障供电需要，在保证重要用户供电的同时，也考虑其他用户的最低用电需求问题。保证最低供电需求应在电网规划中设计，在应急预案中安排，并在技术措施上落实。

（2）保证电网战略输送通道的畅通。电力主干网架和战略性输电通道是电网长期持续供电的重要基础，是电网安全可靠运行的基本保障。应根据可靠性和安全供电的要求，适当提高主干网架、战略性输电通道、重要输电线路的规划设计标准。加强主网与局部电网关键输电通道，以及地区间重要输电的联络线建设，逐步消除电网薄弱环节，形成结构合理、具有灵活的互供能力和高可靠安全水平的输配电网络。结合先进的电网自动化技术和调度监控系统，实现各级电网的协调控制，提高整个电网的抗灾能力。

（3）推进微网技术和分布式发电。在统一规划和使用各类电源（包括分布式发电、备用电源和应急电源）的基础上，推进分布式发电和微型电网技术的应用，以及智能电网的应用研究。目前，受资产所有权和管理权限限制，企业的备用电源主要根据本单位需要设定和使用，往往造成资源的浪费，应急时也难以发挥更大作用。应当统筹协调，把区域内的地方企业自备电厂、热电联产电厂、垃圾电厂，包括重要的政府机关、体育场馆、公用事业（电台、电视台、医院、自来水厂、燃气公司等）的备用发电设施，以及移动发电车，分布式电源和微型电源等不同类型电源，作为社会统筹的资源，纳入国家紧急情况下的应急征用范围。分布式电源是一种重要的发电形式，可以作为应急电源发挥重要作用，应综合考虑城市供电网络和微网的供电能力和相互支援能力，积极推进联网的分布式电源建设，建立正常运行的并网方案和事故调度预案，在电网崩溃和意外灾害时保证应急供电，维持重要用户的供电。

（4）加强预案研究，建立防灾减灾的应急机制。通过系统地梳理不同用户的用电需求，提出适合不同类型供电故障的应急预案；配备移动式、便携式的成套紧急抢修专用设备和工具；建立电网故障快速处理机制，完善事故抢修规程、操作规范和管理制度，加强应对灾害的演习；提高系统仿真能力，通过建立在线快速、智能预防分析和控制系统，进行快速而准确的在线安全稳定预警，及时发现隐患，提高系统运行可靠性；做好事故预案及“黑启动”方案，加强负荷中心“黑启动”电源和其他设备的配置和管理，适当保留液化天然气或柴油机组作为电网“黑启动”备用电源；加强系统停电事故后恢复措施的研究，减少停电时间和停电造成的社会经济损失。

二、电网大面积停电事件处置应急预案

（一）工作原则

大面积停电事件应急处置与救援坚持“统一领导、分级负责、属地为主、快速反应、政企联动、保障民生”的工作原则。大面积停电事件发生后，各级电网企业应立即按照职责分工和相应预案开展处置工作。

（二）处置流程

1. 风险监测

（1）自然灾害风险监测。与气象、水情、林业、地震、公安、交通运输、国土资源、工业和信息化等政府有关部门建立监测预报预警联动机制，做好对雨雪冰冻、山火等相关灾害的监测，实现相关灾情、险情等信息的实时共享，及时对雨雪冰冻、山火、雷电、台风、地质灾害等进行监测和预测分析，视情况及时报告电网企业大面积停电事件专项应急办。

（2）电网运行风险监测。加强运行方式的安排，常态化开展电网运行风险评估，加强特殊运行方式监测，强化电网安控专业管理，加强电网检修、基建施工、抽水蓄能、新能源和其他调峰水电工程等对电网安全运行的风险监测与评估。

（3）供需平衡破坏风险监测。加强调度计划和交易计划管理，做好电网负荷平衡，加强对发电厂燃料供应和水电厂水情的监测，及时掌握电能生产供应情况，及时跟踪监测用电需求变化，加强需求侧管理。

（4）设备运行风险监测。通过日常的设备运行维护、巡视检查、技术监督、隐患排查和在线监测等手段监测设备运行风险，加强信息通信系统运行维护监测，做好安全防护。

（5）外力破坏风险监测。加强外部隐患管理，通过技术手段和管理手段加强电网设备的外力破坏风险监测，加强安全保卫，防范暴恐袭击。

2. 预警发布

大面积停电事件预警分为一级、二级、三级和四级，依次用红色、橙色、黄色和蓝色表示，一级为最高级别。大面积停电事件预警信息包括风险提示、预警级别、预警期、可能影响范围、警示事项、应采取的措施等。

（1）电网企业大面积停电事件专项应急办和相关部门根据职责分析自然灾害、电网运行、供需平衡、设备运行、外部环境等风险，提出大面积停电事件预警建议，报应急领导小组批准，由应急办发布。

（2）应急办接到所属相关单位上报或政府下发的大面积停电事件预警信息后，立即汇总相关信息，分析研判，提出大面积停电事件预警建议，报应急领导小组批准后发布。

（3）预警信息由企业应急办通过传真、电子邮件、安监一体化平台、应急指挥信息系统等方式向所属相关单位发布。

3. 预警行动

（1）发布大面积停电事件三级、四级预警信息后，应采取以下措施：

① 电网企业大面积停电事件专项应急办和相关部门密切关注事态发展，收集相关信息，必要时向应急领导小组报告。

② 加强电网运行风险管控，落实“先降后控”要求，强化专业协同、网源协调、政企联动，从电网运行、运维保障、施工组织、负荷控制、机组调峰、用户管理等方面，制定落实综合管控措施，严防风险失控。

③ 大面积停电事件专项应急办和相关部门根据职责督促所属相关单位加强设备巡查检修和运行监测，采取有效措施控制事态发展，组织相关应急救援队伍和人员进入待命状态，并做好应急所需物资、装备和设备等应急保障准备工作，增加用户服务值班力量，督促合理安排电网运行方式，做好异常情况处置和应急信息发布准备。

④ 督促相关单位针对可能发生的大面积停电事件，按本单位预案规定，做好应急准备工作。

（2）发布大面积停电事件一级、二级预警信息后，除采取三、四级预警响应措施外，还应采取以下措施：

① 应急办组织相关部门开展应急值班；必要时，组织专家进行会商和评估。

② 加强与政府相关部门的沟通，及时报告事件信息；做好新闻宣传和舆论引导工作。

③ 督促所属相关单位按地方人民政府要求做好相关工作。

4. 预警调整与解除

（1）预警调整。大面积停电事件专项应急办或相关部门根据预警阶段电网运行及电力供应趋势、预警行动效果，提出对预警级别调整的建议，报应急领导小组批准后由应急办发布。

（2）预警解除。根据事态发展，经研判不会发生大面积停电事件时，按照“谁发布、谁解除”的原则及时宣布解除预警，适时终止相关措施。如预警期满或直接进入应急响应状态，预警自动解除。

5. 应急响应措施

电网企业大面积停电事件应急响应分为Ⅰ、Ⅱ、Ⅲ、Ⅳ级，发生特别重大、重大、较大、一般大面积停电事件时，分别对应Ⅰ、Ⅱ、Ⅲ、Ⅳ级应急响应。

当发生跨两个及以上行政区的大面积停电事件时，所在地单位均应启动相应级别的应急响应，上级单位根据事件级别启动本级应急响应，负责指挥协调综合应对工作。

对于尚未达到一般大面积停电事件标准，但对社会产生较大影响的其他停电事件，也应启动应急响应。若发生在县或县级市，县公司应立即启动Ⅲ级应急响应；若发生在地市或省会城市，地市或省会城市供电公司应立即启动Ⅳ级应急响应。上级单位视情启动Ⅳ级应急响应。电网企业大面积停电事件应急响应分级标准如表 9-3 所示（表中“各层面相关单位”分别指国家级电网企业及所属区域电网企业、省级电网企业、地市级电网企业和县级电网企业）。

表 9-3　电网企业大面积停电事件应急响应分级标准

事件分级	各层面相关单位应急响应等级					
	总部	分部	省级公司	省会城市公司	地市级公司	县级公司
特别重大	Ⅰ	Ⅰ	Ⅰ	Ⅰ	Ⅰ	Ⅰ
重大	Ⅱ	Ⅱ	Ⅱ	Ⅰ	Ⅰ	Ⅰ
较大	Ⅲ	Ⅲ	Ⅲ	Ⅱ	Ⅱ	Ⅰ
一般	Ⅳ	Ⅳ	Ⅳ	Ⅲ	Ⅲ	Ⅱ
小规模大影响	Ⅳ	Ⅳ	Ⅳ	Ⅳ	Ⅳ	Ⅲ

（1）先期处置。大面积停电事件发生后，相关事发单位立即开展电网调度事故处理及电网设施设备抢修工作，全面了解事件情况，及时报送相关信息；相关分部立即开展电网调度事故处理及信息报送工作；总部相关部门指导各单位进行调度事故处理，密切关注事件发展态势，及时掌握省级公司、分部先期处置效果。

（2）调度处置。国调中心做好公司直调系统故障处置，调整电网运行方式，做好跨区电网调度工作，掌握电网故障处置进展，做好调度业务指导，指挥或配合开展重要输变电设备、电力主干网架的恢复工作，组织区域、省级调度机构做好电网“黑启动”工作。

（3）设备抢修。组织制定设备抢修方案，调集应急抢修队伍、物资，开展设备抢修和跨区支援，迅速组织力量开展电网恢复应急抢险救援工作，组织开展信息系统、通信设备抢修恢复工作，组织做好抢修现场安全监督工作。

（4）电力支援。根据调度机构提供的停电范围，立即组织梳理所影响的高危重要用户名单，及时告知重要用户事件情况；规范开展有序用电工作，督促相关省级公司保障关系国计民生的重要用户和人民群众基本用电需求；组织调配应急电源，按照政府应急指挥机构的要求，向重要场所、重要用户提供必要的应急供电和应急照明支援；组织协调应急救援基干分队参与应急供电、应急救援等工作，组织跨区支援。

（5）舆论引导。及时收集有关舆论信息，组织编写对外发布信息；通过公司官方微博、微信等渠道及时发布相关停电情况、处理结果及预计抢修恢复所需时间等信息；联系和沟通新闻媒体，召开新闻发布会、媒体通气会，及时发布信息，做好舆论引导工作；做好信息收集和发布工作。

（6）物资、信息通信后勤保障。组织做好应急抢修装备、物资供应，确保物资配送及时到位；组织做好应急期间信息通信保障工作，协调做好应急指挥中心、抢修现场通信保障工作。

（7）防御次生灾害。事发单位、救援单位、相关部门加强次生灾害监测预警，防范因停电导致的生产安全事故；组织力量开展隐患排查和缺陷整治，避免发生人员伤害、火灾等次生灾害。

（8）事态评估。大面积停电事件专项应急办组织对大面积停电范围、影响程度、发展趋势及恢复进度进行评估，并将评估情况报大面积停电应急领导小组，必要时为请求政府部门支援提供依据。

6. 响应调整与结束

（1）响应调整。电网企业大面积停电应急领导小组根据事件危害程度、救援恢复能力和社会影响等综合因素，按照事件分级条件，调整响应级别，避免响应不足或响应过度。

（2）响应结束。同时满足下列条件，按照“谁启动、谁结束”的原则结束应急响应：

① 电网主干网架基本恢复正常接线方式，电网运行参数保持在稳定限额之内，主要发电厂机组运行稳定。

② 停电负荷恢复 80% 及以上，重点地区、重要城市负荷恢复 90% 及以上。

③ 造成大面积停电事件的隐患或风险源基本消除。

④ 大面积停电事件造成的重特大次生、衍生事故基本处置完成。

⑤ 政府结束大面积停电事件应急响应。

7. 后期处置

贯彻“考虑全局、突出重点”原则，开展善后处理。督促省级电网企业认真开展设备隐患排查和治理工作，避免次生、衍生事故的发生，确保电网稳定运行；整理受损电网设施、设备资料，做好相关设备记录、图纸的更新，加快抢修恢复速度，提高抢修恢复质量，尽快恢复正常生产秩序。大面积停电事件应急响应终止后，除按照国家政府部门要求配合进行事件调查外，还应按照相关安全事故调查规程开展调查。

大面积停电事件应急响应终止后，应按有关要求及时对事件处置工作进行评估，总结经验教训，分析查找问题，提出整改措施，形成处置评估报告。事发单位应做好应急处置全过程资料收集保存工作，主动配合评估调查，并对应急处置评估调查报告的有关建议和问题进行闭环整改。对电网网架结构和设备设施进行修复或重建的，企业应组织或督促相关单位结合政府规划做好恢复重建工作。

三、重要保供电事件用户侧应急预案

1. 概述

除灾害情况下受灾电网的快速抢修，第一时间确保重要用户供电、确保救援现场用电的连续可靠之外，在党政机关安排的重大活动期间，在大型法定节假日期间的特殊时期保证可靠的电力供应，保证重大活动的顺利开展，最大限度地维护国家安全、社会稳定和人民生命财产安全，也是一项十分重要的应急供电保障工作，是电网企业的重要使命。

电网企业的电力保障工作（俗称保供电）是电网企业针对用户在举办重大活动或事项时所提供的专项供电可靠性工作，以确保用户在重要活动或事项中能够获得稳定、可靠的供电。电网企业在保供电工作中要贯彻落实各级政府和有关部门关于重大活动电力安全保障工作的决策部署，提出本单位重大活动电力安全保障工作的目标和要求，制定本单位保障工作方案并组织实施；开展安全评估和隐患治理、网络安全保障、电力设施安全保卫和反恐怖防范等工作；建立重大活动电力安全保障应急体系和应急机制，制定完善应急预案，开展应急培训和演练，及时处置电力突发事件；要协助重点用户开展用电安全检查，指导重点用户进行隐患整改，开展重点用户供电服务工作；及时向重大活动承办方、电力管理部门、派出机构报送电力安全保障工作情况；加强涉及重点用户的发、输、变、配电设施运行维护，保障重点用户可靠供电。

在重大活动保供电期间，重点电力用户应严格落实关于重大活动电力安全保障工作的决策部署，配合开展督查检查；制定执行重大活动用电安全管理制度，制定电力安全保障工作方案并组织实施；及时开展用电安全检查和安全评估，对用电设施安全隐患进行排查治理并进行必要的用电设施改造；结合重大活动情况，确定重要负荷范围，提前配置满足重要负荷需求的不间断电源和应急发电设备，保障不间断电源完好可靠；建立重大活动电力安全保障应急机制，制定停电事件应急预案，开展应急培训和演练，及时处置涉及用电安全的突发事件；及时向重大活动承办方、电力管理部门报告电力安全保障工作中出现的重大问题。

2. 应急处置基本原则

（1）统一领导，分级负责。落实党中央、国务院的部署，在上级的统一领导下，按照“综合协调、分类管理、分级负责、属地为主”的要求，开展重要保供电事件用户侧应急处置工作。

（2）保障用电，减少危害。把保障用户可靠用电作为首要任务，确保重要保供电事件用户侧用电安全，提供电力应急支援，最大限度减少停电造成的各类危害。

（3）居安思危，预防为主。贯彻预防为主的思想，树立常备不懈的观念，防患于未然。增强忧患意识，坚持常态与非常态相结合，做好重要保供电事件用户侧应急处置的各项准备工作。

（4）快速响应，协同应对。建立健全“上下联动、区域协作”快速响应机制，加强与政府的沟通协作，整合内外部应急资源，协同开展重要保供电事件用户侧应急处置工作。

（5）依靠科技，提高素质。加强重要保供电事件用户侧应急处置科学技术研究和开发，采用先进的监测预警和应急处置技术，充分发挥各级专家队伍和专业人员的作用，提高重要保供电事件用户侧应急处置的能力。

3. 危险源分析

用户群体复杂多样，用户对用电安全的重视程度不一，用户受电设施运行维护情况差别较大，各类突发事件和自然灾害均可能对用户用电可靠性造成影响，在保障国家社会重要活动等特殊时期的影响还将进一步扩大，给电网企业带来较大的风险和压力。

4. 预警行动

（1）做好成立重要保供电事件用户侧应急处置领导小组和用户侧应急处置指挥部的准备工作。

（2）启动应急值班，及时收集相关信息并报告上级应急办，做好信息披露准备。

（3）按本单位预案规定，加强用户侧设备巡视和监测，针对可能发生的风险做好用户用电安全服务工作。

（4）组织协调应急队伍、应急电源和应急物资，做好异常情况处置准备工作。

5. 应急响应

（1）先期处置。各职能部门布置重要保供电事件应急处置各项前期准备工作。有关职能部门组织、指挥、调度相关应急力量，保证用户用电可靠。有关职能部门主动与政府有关部门联系沟通，通报信息，完成相关工作。

（2）响应启动。电网企业启动本单位重要保供电事件应急响应，应立即向上级应急办报告。上级应急办接到电网企业启动本单位重要保供电事件应急响应上报后，立即汇总相关信息，分析研判，提出对事件的定级建议，报应急领导小组，由应急领导小组宣布用户侧重要保供电事件级别。根据保供电事件的级别成立重要保供电事件用户侧应急处置领导小组和用户侧应急处置办公室。

（3）响应行动。重要保供电事件响应行动，应采取以下部分或全部措施：

① 响应单位成立重要保供电事件用户侧应急处置领导小组和用户侧应急处置指挥部，按照本单位预案规定开展应急救援、抢修恢复工作。

② 启用应急指挥中心，开展应急值班、信息汇总和报送工作，及时向上级应急办和专业职能部门汇报，做好信息披露工作。

③ 重要保供电事件用户侧应急处置办公室协调各部门开展用户侧应急处置工作；各部门按照处置原则和部门职责开展应急处置工作。

（4）响应调整与结束。响应单位重要保供电事件用户侧应急处置领导小组或本单位营销分管副总经理（未成立重要保供电事件处置领导小组时）根据事件危害程度、救援恢复能力和社会影响等综合因素，按照事件分级条件，决定是否调整响应级别。当同时满足以下条件时，终止事件响应：①国家、社会重要活动、特殊时期结束时；②国家、社会严重自然灾害、突发事件结束时。

四、应急供电实施方案

（一）小型发电机供电

小型发电机由于机动灵活、操作简便、启动快速，在应急供电中广泛应用，如便携式柴油发电机、小型汽油发电机、小型太阳能发电机、手摇式交直流一体充电机等都是常用的应急供电设备。以下以便携式小型汽油发电机为例，介绍其应用操作。

1. 操作前的检查

（1）检查发电机是否处于水平面上，发动机是否已关闭。

（2）机油油位检查。拔出机油尺，用干净的抹布擦净机油尺，将机油尺插入机油口并再次拔出以检查机油位。如果机油位低于机油尺的低位标识，加入推荐的机油至正确的位置。机油报警系统会在机油位降至安全界限之前自动关闭发动机，为了避免意外停机引起的不便，最好定期检查机油位。

（3）燃油油位检查。如果燃油油位太低，加入燃油至规定油位。加油后，拧紧加燃油盖。注意应在通风良好处加油，并且加油前关闭发动机，加油区域和贮存区域严禁烟火；燃油不得溢出油箱，加油后拧紧燃油盖。

（4）空滤器检查。检查空滤器前，确保它是干净并且是性能正常的；打开维修门，松开空滤器上的螺钉，拆下空滤器盖并检查滤芯，如有必要，清洁或更换滤芯。

（5）零部件检查。启动发动机前，应检查燃油软管是否漏油等；螺栓和螺母是否松动；零部件是否有损伤；发电机是否压着或靠近电线。

（6）发电机周围运行环境检查。

① 附近不可有易燃物或其他有害物质。

② 发电机必须离开建筑物或其他装置 1m 以上。

③ 要在干燥、空气流通良好的地方使用发电机。

④ 排气管内不可有异物。

⑤ 发电机附近不可有明火，不可吸烟。

⑥ 发电机要安放在一个稳定、平坦的表面上。

⑦ 发电机吸气管不可用纸或其他物质堵塞。

2. 操作与使用方法

小型汽油发电机的启动操作顺序为：断开出口开关→打开燃油开关→关闭阻风门→接通发动机启动开关→手动启动→打开阻风门；停机操作顺序为：停止负载运行→断开出口开关→关闭发动机启动开关→关闭阻风门→关闭燃油开关。

（1）发动机的启动。

① 打开燃油开关。

② 将阻风门手柄转到“启动”位置。

③ 将发电机启动开关转到“开”位置。

④ 轻轻拉动启动手柄直到感觉有阻力，然后快速拉动。

⑤ 在发动机预热时，将阻风门手柄转到“运行”位置。

（2）交流电的使用。

① 连接接地端。

② 按要求启动每台发动机，确保其输出指示灯（绿色）已点亮。

③ 确定所需连接的设备已关闭，然后将其插头插入发电机交流插座。

④ 打开设备开关。如果超载运行或设备内部发生故障，则输出指示灯（绿色）会熄灭，超载指示灯（红色）会亮起，此时无电力输出，但发动机不会停止，所以必须将发动机开关转至“关”位置才能关闭发动机。

（3）直流电的使用。直流插座空载时输出电压为直流 15 ～ 30V，仅供 12V 自动式电池的充电，直流输出因智能油门开关的位置不同而不同。

① 将发电机的直流插座与电池的端子用充电电缆连接。为防止在电池旁边引起火花，先将充电电缆连到发电机上，然后连到电池上，拆卸须从电池端开始；在将充电电缆连接到汽车上的电池前，先断开该电池的接地线，等充电电缆拆下后再连接电池的接地线。

② 启动发动机。注意不要在发电机仍与电池连接时启动发动机，否则发电机会被损坏；充电电缆的正极与电池的正极相连，不要混淆正负极，否则会严重损坏发电机和电池；使用交流电时，可使用直流插座；直流电路过载可能会使直流电路熔断器熔断，如果发生这种情况，应先卸去负载，停机后更换相同规格的熔断器。

（4）开闭发动机。关闭所连设备，拔出插头；将发动机启动开关转至“关”位置。

（5）使用注意事项：

① 为防止因不正确使用而造成的触电，发电机应接地。

② 30min 内的运转需要最大功率，而连续运转时应不超过规定的额定功率。

③ 不要超过规定的插座电流限量。

④ 不要将发电机接到家用电路上，否则可能损坏发电机或损坏家用电器。

⑤ 将发电机远离其他电线、电缆，如配电网等。

⑥ 如果想同时使用交、直流插座，注意总功率不要超过交、直流的功率总和。

3. 维护保养

（1）更换机油。第一次更换机油要在运转 20h 后进行，以后每运转 100h 更换一次。

（2）更换机油滤清器。第一次更换机油滤清器要在运转 20h 后进行，以后每运转 200h 更换一次。

（3）定期清洁和调整火花塞。

（4）定期清洁燃油滤清器。

4. 安全注意事项

（1）发电机工作时排气中含有有毒的一氧化碳，切勿在背风处运行发电机，确保提供足够的通风条件。

（2）发电机运转和刚停机时消声器温度很高，严禁触摸，待发电机冷却后再放入室内。

（3）发电机与建筑物或其他装置间的距离应保持最少 1m 以上，否则会产生过热现象。

（4）发电机运行时不能覆盖防尘罩。

（5）务必接好地线，并确保地线能承载足够的电流。

（6）在特定条件下，汽油极易燃易爆，务必在通风处加油，加油前关闭发动机；在给发电机加油时，要远离火源，在通风良好处加油；加油后立即将溢出的汽油擦拭干净；在高火灾风险的场所应限制使用。

（7）作为备用电源，发电机与其电力系统的连接必须遵守相应的法律和电气规程，避免电流馈至公用电路。

（二）应急发电车供电

应急发电车具有反应速度快、供电容量大、接线简单、运行可靠等优势，是在突发事件情况下提供应急供电保障的重要应急电源设备，以下以200kW柴油应急发电车为例，介绍其应用。

1. 行驶前准备工作

（1）行驶前应对应急发电车进行例行检查，对油、水、电气设备等进行检查，确认状态正常的情况下，方可行驶。

（2）应确认取力器按钮位于分离状态，检查支腿是否收回到位，如有问题应及时解决，确认安全后方可行驶。

（3）应确认百叶窗为关闭状态，确保各检修门、车门为关闭状态。

2. 安全操作注意事项

（1）电气安全。

① 发电机仅与其电气性能和额定输出匹配的负荷连接，严禁超负荷运行。

② 不要将发电机组与市电系统直接连接，这可能导致触电或市电冲击发电机组造成发电机损坏，发电机组只能通过安全的切换开关与市电系统进行电力连接。

③ 必须履行相称的中性点接地条件，以对电压升高和未被发现的接地故障起到充分的保护作用。

④ 不要随便改动连接装置，工作时与带电设备保持足够的安全距离，以防触电。

⑤ 发电机运行前，必须用500V绝缘电阻表测量输出电缆绝缘电阻，且测得的绝缘电阻值应不低于2MΩ。

（2）燃烧安全。

① 发电机组燃油系统和充电的电池不允许有明火和火花。电池充电时散发出的氢气是易爆气体，应远离电弧和火花。

② 在发电机运转时不可往油箱加注燃油。

③ 在机房配备适当、充足的消防器材。

（3）排气安全。

① 燃油燃烧后排出的烟雾是有害的，排烟系统必须严格按规定安装，同时做好日常维护，以确保没有泄漏或回流进入发电机舱和建筑物内。

② 保证设备通风良好。

（4）高温危险警告。在发电机运转时严禁触摸排气管、散热器和可能发热的零部件，同时避免触摸热油、冷却水和排出的废气，防止烫伤。在发电机运转时调整管道或移动零部件要特别小心。在发电机运转时，不可打开散热器或热交换器的压力盖，应先让发电机组冷却后才可打开此盖。

（5）其他安全注意事项。

① 在转动的部件或电力设备附近工作时，不要穿宽松衣服及佩戴首饰，宽松的衣服可能会被转动的部件缠住，首饰可能引起电线短路进而导致触电或起火。

② 保证发电机组的紧固件拧紧，在风扇或传动带上要有设置好的防护装置。

③ 在发电机组开始工作前，应先断开启动电池（先断负极），以防止意外启动。

④ 在发电机组运行时不可断开电池或充电器的连接，否则会损坏电池充电系统。

⑤ 发电机组和相关设备工作时，应穿戴合适的个人防护用品，如为避免接触冷却液添加剂或电池电解液等化学液体须穿戴个人防护用品，经常暴露于机组运转噪声中的操作人员推荐戴耳罩等。

3. 运行操作

（1）发电前的检查与准备。

① 将车辆开至指定位置，检查油、水、电气设备等正常，符合工作条件。

② 按下取力器按钮，让取力器接合进入工作状态。

③ 打开百叶窗。

④ 将接地钢钎打入地下，使应急发电车安全接地。

⑤ 检查确认控制屏所有开关及蓄电池输出开关均在关闭状态，机组周围无易燃易爆物品，车厢内进出风通畅、无阻碍。

⑥ 检查有无“三漏”（漏气、漏水、漏油），导线连接是否牢固，是否有老化现象。

⑦ 检查润滑油油位（应在油尺刻度线中间，不足应补同质润滑油）；检查燃油箱内的燃油量，必要时添加；检查冷却液液位，液位不足应补同质冷却液。

⑧ 检查空气滤清器阻塞指示器，如指示器为红色，则应更换空气滤清器滤芯。

（2）油泵的启动。车辆停稳后，拉紧手刹；将挡位置于空挡位置，踩下离合器踏板，扳动取力器开关，使取力器的滑动齿轮与变速箱的输出取力齿轮啮合，然后慢慢松开离合器踏板，使油泵运转。油泵运转后，检查转动时有无异常声响，确定运转正常后，即可作业。

（3）电缆及其液压盘操作。按下取力器按钮，让取力器接合进入工作状态，操作电缆绞盘的液压控制手柄，外放出电缆后，将电缆一端连接到车厢右下部的配电箱内的接线柱上，另一端接在用户端。

（4）发电机组操作。

① 发电机组的试车与调试。发电机组试车前，应检查机组表面是否彻底清洗干净，运动机件螺帽有无松动现象，操纵机构是否灵活可靠，如发现问题应及时紧固。检查各部分间隙是否正确，尤其应仔细检查各进气、排气门的间隙及减压机构间隙是否符合要求。将各气缸置于减压位置，转动曲轴检听各缸机件的运转有无异常声响，曲轴转动是否自如，同时将机油泵入各摩擦面，然后关上减压机构，摇动曲轴，检查气缸是否漏气，如果摇动时感到很费力，表示压缩正常。检查调速机构和超速保护系统，严防飞车事故。检查燃油箱盖上通气孔是否畅通，若孔中有污物应清除干净；检查油量是否充足，并打开油路开头。

检查冷却系统的情况：检查水箱内的冷却液量是否充足，若冷却液量不足应及时添加。检查水管接头处有无漏水现象，发现问题应及时处理解决。检查冷却水泵系统的叶轮转动是否灵活，传动皮带松紧是否适当。检查皮带松紧，在皮带中部用手按压，皮带被压下10～15mm为宜。

检查润滑系统的情况：检查机油管及管接头处有无漏油现象，发现问题应及时处理解决。检查油底壳的机油量，将曲轴箱旁的量油尺抽出，观察机油的液位是否符合规定的要求，如果不足则应添加。在检查时，若发现油面在最高刻度线以上时，应认真分析机油增多的原因。

检查启动系统情况：用电启动的发动机组应先检查启动蓄电池是否有电压；对照电气原理及接线图，检查线路接头螺栓是否松动、接触是否良好；检查电路接线是否正确；检查控制屏上开关是否置于监视机组位置，空气开关是否在断开位置；对于长期放置的发电机，检查电气线路是否受潮，绝缘是否合格，检查蓄电池连接柱上有无积污或氧化现象，如有应将其打磨干净；检查启动电动机及电磁操动机构等电气连接是否良好；连续启动发动机时间隔不少于30s。

② 发电机组的启动。将机组的转速调至怠速（500～700r/min）位置。接通电源，带工况保护装置的发电机组在确认报警灯良好无故障后即可启动。

发电机组启动运转后，立即松开启动按钮，充电电流表转到正向位置或充电电压表指示充电电压不小于25V，表明充电机正常工作。带工况保护装置的发电机组如果出现声光报警，应立即停车查找原因。

发电机组启动后，密切观察各仪表读数是否正常，观察机组有无不正常的嘈杂声响或其他不正常现象，如有应立即停机检查，消除故障后再行开机。

③ 发电机组的额定运行。发电机组正常启动后，将转速由怠速逐渐增加至1000～1200r/min，进行发动机的预热运转。一般情况下，当发动机预热运转的排水温度达45℃时（紧急供电情况下除外），才能逐渐加速至额定转速（即1500r/min）。如果发电机不能自动建立电压，必须给发电机充磁，然后调节电压整定电阻，将空载电压调至400V，合上主开关后即可向负荷供电。

若发电机组需并联供电运行，一般采用手动方式并联，用灯光法或使用同步表，要求操作人员熟练快速地合上并联开关，避免机组的非同期冲击。

发电机组正常供电运行后，要实时检查发电机组各工作部件的工作情况是否正常，经常注意观察各仪表及报警灯状态，冷却水温度应在90℃以下，最高不应超过95℃，每小时记录一次各仪表读数。定时检查发动机的机油量及燃油量，燃油量少于油箱的1/3时应及时补充燃油，机油量少于标尺最低刻度线时亦应补充加油。

发电机组在使用过程中，应定期由专人检查并更换“三滤”（空气滤清器、柴油滤清器、机油滤清器），并实时观察机组有无“三漏”，若有应及时进行维护。

增减负荷应逐渐均匀地进行，除特殊情况外，不允许突然加减负荷，当发动机的出水温度达55℃、机油温度达45℃时，才允许加至全负荷。

④ 发电机组的停机。逐渐减负荷至零，然后分闸，再逐渐降低发动机转速至怠速运转3min左右，尽可能不要在全负荷状态下急停，以防出现过热事故。备用或长期不使用的发电机组，应按要求进行油封，未进行油封的每周必须启动一次，运转5～10min，以防止机件特别是内部机件锈蚀。

发电机组在采取紧急停车方式时，应迅速将机组开关分闸，卸去负荷，将停车油门置于停止供油位置，即实现停止运转。

发电机组停机后，应及时检查和清洁发电机组外部，擦净发电机组的油污灰尘，记录停机时间，并检查蓄电池工作状况，使发电机组处于准启动状态。

（5）并机操作流程。将多台发电机组以并网方式连接，共同为负荷供电的操作称为并机操作，如图 9-16 所示。并机操作可以以自动或手动方式进行。

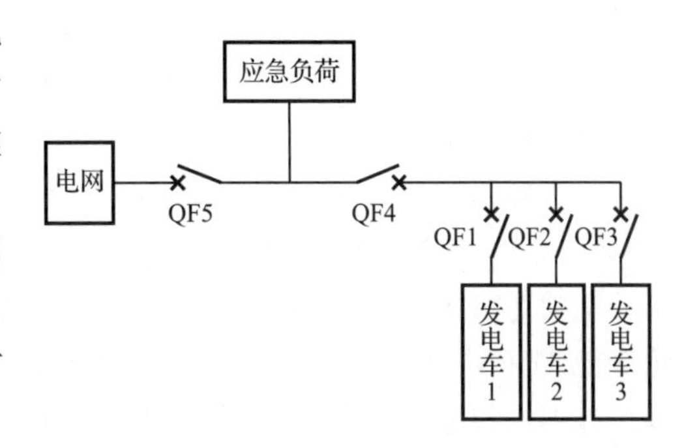

图 9-16　多台发电机组并机示意图

① 操作前的准备。使用前确保油、水、电等均处于正确状态，控制屏各转换开关位置正确，相应的控制及测量小型断路器均应接通，机组控制屏控制器处于“AUTO”状态。

② 自动并机操作流程。

a. 首台机组启动及合闸。将第一台发电机组机组屏上的手动 / 自动转换开关转至“AUTO”位置，第一台发电机组启动，调节其空载电压至 400V，空载频率为 50Hz，开关自动合闸送电，此时母排带电。

b. 自动并机操作。将待并机组机组屏上的手动 / 自动转换开关转至“AUTO”位置，待并机组启动。当待并机组运行正常时，待并机组的自动整步控制器开始工作，自动调节发电机的频率。当待并机组的电压、频率及相位满足整定要求时，待并机组的主开关自动完成并机合闸。自动并机完成后，投入并联运行的机组负荷分配环节自动投入工作，实现两台机组并机运行向负荷供电。

c. 机组解列操作。将相应机组的工况转换开关由“AUTO”转至“MAN”位置，手动转移发电机组负荷后，按下“分闸”按钮，将机组启动开关转至“OFF”位置，发电机组空车运行 3 ～ 5min 后停机。

③ 手动并机操作流程。

a. 首台机组启动及合闸。将第一台发电机组的机组屏上的手动 / 自动转换开关转至“MAN”位置，将第一台发电机组的启动按钮按下，第一台发电机组启动，调节其空载电压至 400V，空载频率为 51.5Hz，按下“合闸”按钮，开关合闸送电，此时母排带电。将该待并发电机组柜上的手动 / 自动转换开关转至“MAN”位置，将待并机组的机组启动开关转至“ON”位置，待并机组启动。

b. 手动并机操作。待并机组的自动整步控制器开始工作，手动调节机组的频率。待同期灯完全变暗时（或同期表指针在中间位置时），按下“合闸”按钮，使待并机组并联合闸。并联机组之间的有功分配调节由手动调节调速电位器完成，发电机组并联之前无功分配调节由手动调节调压电位器完成。

c. 机组解列操作。机组负荷转移以后，按下“分闸”按钮，断开发电机主开关，将机组启动开关转至“OFF”位置，机组空载运行 3 ～ 5min 后停机。

4. 发电结束后的收车工作

（1）关闭所有用电设备、开关、电源等。

（2）结束送电后，发电机组空载运行 3 ～ 5min 后停机。

（3）关闭百叶窗。

（4）收好随车的电缆，将电缆盘内的导线盘好，并固定好电缆接头，清理现场。

（5）按下取力器按钮，让其分开。

（6）停机后打开车门散热 30min，检查机体有无明显故障，确认正常后，方可行驶。

（三）UPS 电源车供电

除前述“UPS+ 锂电池”组合外，UPS 应急电源车还有“UPS+ 锂电池 + 发电机组”组合、“飞轮储能 +UPS” 组合等多种形式。为提高应急供电的及时、可靠及供电质量，通常综合应用多种技术，以实现重要电力用户的应急供电工作。以下方案综合采用了飞轮储能装置、UPS 装置、柴油发电机组等，以保证重要用户、场所供电设施故障情况下，实现供电不中断。

1. 保障工作方案制定

明确保障工作范围、任务级别、保障时间、保障措施及标准、保障责任单位等。

（1）成立指挥部及若干工作组（运行维护组、设备管理组、供电服务组、基建安全工作组、信息通信工作组、安全应急组、维稳保密组、新闻宣传组、技术保障组、后勤保障组等），明确保供电工作职责。

（2）明确供电保障工作阶段划分及工作重点（筹备阶段、试运行阶段、实施阶段）。筹备阶段主要工作包括梳理重要用户及重点站线范围、重点输变电设备评估及检修试验工作、专项隐患排查、重点用户用电安全评估与状态检测、重要保护装置核查、制定保供电技术方案并组织落实、后勤保障筹备等；试运行阶段主要工作包括组建保障队伍、应急演练工作、明确保障工作重点及重点设施巡视等。

（3）编制保障工作应急预案及重点岗位现场处置方案（应急发电车、UPS 车、ATS 自投装置、快速静态切换开关等）。

2. 明确保供电技术方案并组织实施

保供电技术方案示意图如图 9-17 所示，采用飞轮储能 UPS 电源车 + 柴油发电机组 + 快速静态切换开关等技术，综合实现重点用户供电无间断。

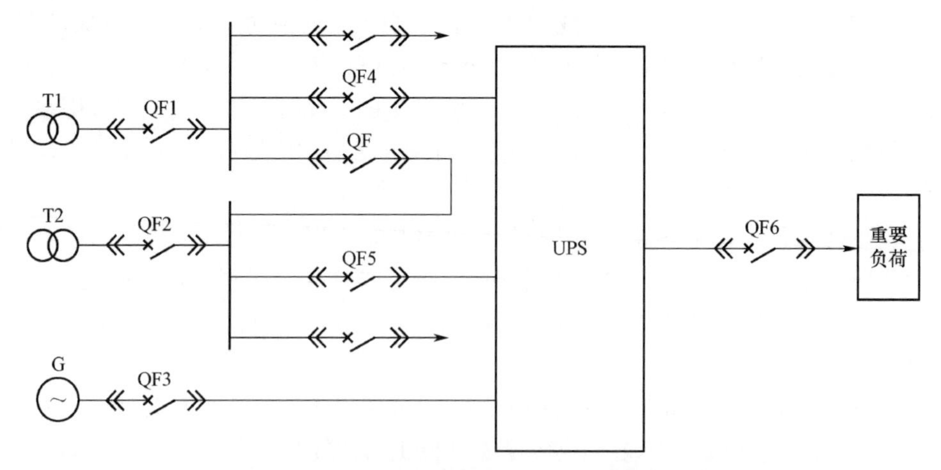

图 9-17　保供电技术方案示意图

飞轮储能 UPS 电源车电气接线原理图如图 9-18 所示。电源车采用三路电源多重冗余供电方式，最大限度保证供电可靠性。工作电源正常时，一方面通过市电转换器和飞轮转换器为飞轮装置充电，另一方面利用内部滤波电抗器和市电转换器构成的有源动态滤波器对市电进行稳压和滤波，改善电能质量，确保向负载提供优质电能供应。当工作电源故障时，首先由飞轮转换器和市电转换器将储存在飞轮装置内的机械能转换为电能，不间断供应给重要负载，同时，柴油发电机通过 ATS（自动切换开关）检测到工作电源故障的信号后，立即在 6 ～ 8s 时间内启动并迅速带负载运行，与储能装置共同配合，实现对重要负载的不间断持续供电。

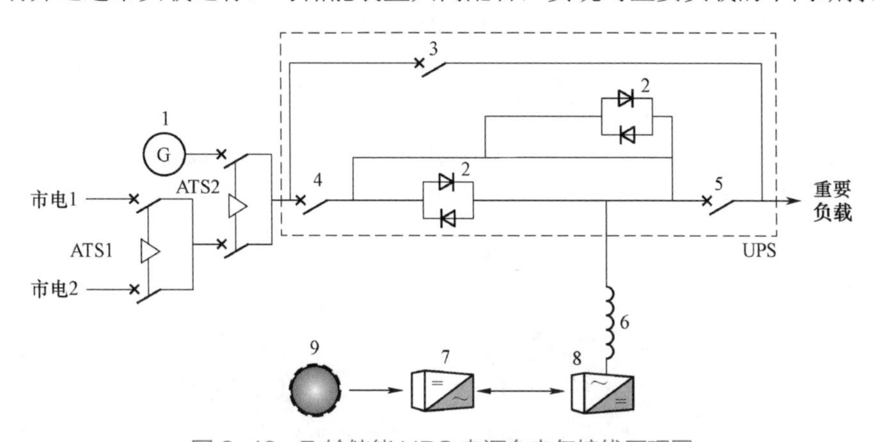

图 9-18 飞轮储能 UPS 电源车电气接线原理图

1—柴油发电机；2—静态切换开关；3—旁路开关；4—输入开关；
5—输出开关；6—滤波电抗器；7—飞轮转换器；8—市电转换器；9—飞轮。

重大活动电力安全保障工作分为准备、实施、总结三个阶段。准备阶段主要包括保障工作组织机构建立、保障工作方案制定、安全评估和隐患治理、网络安全保障、电力设施安全保卫和反恐怖防范、配套电力工程建设和用电设施改造、合理调整电力设备检修计划、应急准备，以及检查、督查等工作；实施阶段主要包括落实保障工作方案，人员到岗到位，重要电力设施及用电设施、关键信息基础设施的巡视检查和现场保障，突发事件应急处置，信息报告，值班值守等工作；总结阶段主要包括保障工作评估总结、经验交流、表彰奖励等工作。

模块五 快速复电及临时供电

培训目标

1. 了解电力救援现场临时用电特点及常用临时供电方案。

2. 了解快速复电及临时供电的一般要求和临时供电作业的危险点分析与安全要求。

3. 了解配电网应急抢修、安装和应急配电网搭建。

知识点

电力设施易受自然及社会环境影响，尤其当发生地震、地质灾害及强烈气象灾害时，将对输送电、配电设施造成巨大损毁。如图 9-19 和图 9-20 所示，发生倒塔、断线等情况，中断电力供应，不但造成巨大安全隐患和经济损失，而且对经济运行、社会稳定、居民生产生活以及重要用户用电需求造成重大影响，因此灾害发生后第一时间抢修恢复受损电网，采用临时供电等方式快速复电是电网企业的重要职责。

图 9-19　雨雪冰冻致输电铁塔受损

图 9-20　倒杆断线

一、救援现场临时用电特点

救援现场的应急供电是快速、高效实施救援的重要保障。为保障救援现场用电的安全可靠，防止触电和火灾等意外事件的发生，在现场临时用电设计中，除应符合国家有关临时用电安全技术规范外，还应充分考虑其用电特点。

（1）大多为移动用电设备，耗电量大、负荷变化量大。

（2）现场环境复杂，各种施救器械、工种交叉作业，安全性差，发生触电事故的隐患多。

（3）用电设备、设施种类多，机动性强，供电线路长，用电管理难度大。

（4）供电电源引入受限，引线及接线标准低，安全隐患大。

（5）现场供电多采用架空方式配线及电缆配线引入电源。架空方式配线投资费用低，施工方便、分支容易，但受气候、环境影响较大，供电可靠性较差。电缆配线供电可靠，受气候、环境影响小，线路电压损失小，但成本较高，线路分支困难，检修不方便。因此，应根据救援现场实际情况确定。

二、常用临时供电方案

（1）建立永久性的供电设施。对于较大突发事件或恢复重建工程，其救援过程或施工工期较长，应考虑将临时供电与长期供电统一规划，在全面开工前，完成永久性供电设施建设，包括变压器选择、变电站建设、供电线路敷设等。临时电源由永久性供电系统引出，当救援或工程完成后，供电系统可继续使用以避免重复投资造成浪费。如施工现场用电量远小于永久性供电能力，以满足救援或施工用电量为基准，可选择部分完工。

（2）利用就近供电设施。若建设项目电气设备容量小，救援或施工现场用电量少，施工周期短，附近有能满足临时用电要求的供电设施，应尽量加以利用，如借用就近原有变压器供电或借用附近单位电源供电，但应做负荷计算，进行校验以保证原供电设备正常运行并征得有关部门审核批准方可。

（3）建立临时变配电站。对于救援或施工用电量大，附近又无可利用电源的现场，应建立临时变配电站。其位置应靠近高压配电网和用电负荷中心，但不宜将高压电源直接引至救援或施工现场，以保证救援或施工的安全。

（4）安装柴油发电机或使用应急发电车。对于一些较偏远的救援地区或移动性较大的施工建设工程，常采用安装柴油发电机或使用应急发电车以解决临时供电电源问题。

三、快速复电及临时供电的一般要求

（一）临时电源及配电变压器选择

救援现场临时电源的确定按以下原则进行：①低压供电能满足要求时，尽量不再另设变压器。②当救援及施工用电能进行复核调度时，应尽量减少申报需用的电源容量。③较长的救援过程或现场施工，应作分期增设、拆除电源设施的规划方案，力求结合救援及施工总进度合理配置。

配电变压器选择的任务是确定变压器一次侧及二次侧的电压、容量、台数、型号及安装位置等。在具体设计中应注意变压器的一次侧、二次侧额定电压应与当地高压电源的供电电压和用电设备的额定电压一致，一般配电变压器的额定电压，高压为 6 ～ 10kV，低压为 380/220V。为减少供电线路的电压损失，其供电半径一般不大于 700m。

（二）应急配电线路架设

因救援现场人员繁杂、环境多变，因此在救援现场一般不允许架设高压线，特殊情况下，应按相关要求，使高压线线路与救援施工用的脚手架、大型机电设备间保持必要的安全距离，如因现场条件受限，无法保证安全距离时，可采取设防护栏、悬挂警示牌、增设电线保护网等措施。在电线入口处，还应设有带避雷器的开关装置。

救援现场的配电线路，其主干线一般采用架空敷设方式，特殊情况下可采用电缆敷设。其现场临时架空线路安装必须注意下列问题：

（1）架空线路必须敷设在专用的电杆上，严禁架设在树木、脚手架及其他设施上。电杆宜采用钢筋混凝土杆或木杆。采用钢筋混凝土杆时，电杆不能有露筋或宽度大于 0.4mm 的裂纹及扭曲；采用木杆时，木杆不能腐朽。

（2）电杆应完好无损，不得有倾斜、下沉及积水现象。两个电杆相距不大于 35m，线间距不小于 30cm。终点杆和分支杆的零线应采取便利接地，以减小接地电阻和防止零线断线造成触电事故。

（3）救援现场临时用电架空线路的导线不得使用裸导线，一般采用绝缘铜芯导线。若利用原有的架空线路为裸导线时，应根据施工情况采取保护措施，边线与机具设备外侧边缘之间必须保持安全操作距离。

（4）施工现场的机动车道与外电架空线路交叉时，架空线路的最低点与路面的垂直距离不应小于有关规定。

（5）旋转臂架式起重机的任何部位或被吊物边缘与 10kV 以下的架空线路边线最小水平距离不小于 2m。

（6）架空线路导线截面积应符合电流、电压降和机械强度要求。

（7）没有条件做架空线路的地段，应采用护套电缆线敷设的方法。电缆敷设地点应能保护电缆不受机械损伤及其他热辐射，要尽量避开建筑物和交通要道。缆线易受损伤的线段应采取防护措施，所有固定设备的配电线路不得沿地面敷设，埋地敷设必须穿管（直埋电缆除外）。

（8）临时线路架设时，应先安装用电设备一端，再安装电源侧一端。拆除时顺序与此相反。严禁利用大地作中心线或零线。

（三）临时电气设备安装

1. 配电箱安装

（1）救援现场用电采取分级配电制度，配电箱一般分三级设置，即总配电箱、分配电箱和开关箱。总配电箱应尽可能设置在负荷中心、靠近电源的地方，箱内应装设总隔离开关、分路隔离开关和总熔断器、分路熔断器或总自动开关和分路自动开关以及漏电保护器。

（2）分配电箱应装设在用电设备相对集中的地方。分配电箱与开关箱的距离不超过 30m。动力、照明公用的配电箱内要装设四极漏电开关或防零线断线的安全保护装置。

（3）开关箱应由末级分配电箱配电。开关箱内的控制设备不可一闸多用，应做到每台机具设备均有专用的开关箱，即“一机、一闸、一漏、一箱、一保护”的要求。严禁用同一个开关箱直接控制 2 台及 2 台以上用电设备（含插座）。开关箱与它控制的固定电气相距不得超过 3m。设备进入开关箱的电源线严禁采用插销连接。

（4）救援或施工用电气设备的配电箱要装设在干燥、通风、常温、无气体侵害、无振动的场所。露天配电箱应有防雨防尘措施，暂时停用的线路应及时切断电源。救援或施工完成后，临时配电线应随即拆除。

（5）配电箱和开关箱不得用木材等易燃材料制作，箱内的连接线应采用绝缘导线，不应有外露带电部分，工作零线应通过接线端子板连接，并与保护零线端子板分开装设。金属箱体、金属电器安装板和箱内电器不应带电的金属底座、外壳等必须作保护接零。

（6）开关箱中漏电保护器的额定漏电动作电流不超过 30mA，额定漏电动作时间不超过 0.1s，用于潮湿场所的漏电保护器额定漏电动作电流不超过 15mA，额定漏电动作时间不超过 0.1s，总配电箱中漏电保护器的额定漏电动作电流应大于 30mA，额定漏电动作时间应大于 0.1s，但其额定漏电动作电流与额定漏电动作时间的乘积不应大于 30mA • s。漏电保护器应动作灵敏，不得出现不动作或者误动作的现象。

（7）施工现场配电箱颜色：消防箱为红色，照明箱为浅驼色，动力箱为灰色，普通低压配电屏也为浅驼色。配电箱、开关箱应采用冷轧钢板或阻燃绝缘材料制作，钢板厚度应为 1.2 ～ 2.0mm，其中开关箱箱体钢板厚度不得小于 1.2mm，配电箱箱体钢板厚度不得小于 1.5mm，箱体表面应做防腐处理。配电箱、开关箱外形结构应能防雨、防尘。配电箱和开关箱应进行编号，并标明其名称、用途，配电箱内多路配电应做出标记。总配电箱、分配电箱、开关箱均应设置电源隔离开关，隔离开关应设置于电源进线端，即为电线进入电箱后的第一个电器。隔离开关应采用分断时具有可见分断点、能同时断开电源所有极的隔离电器，不能用空气开关或者漏电保护器作隔离开关，不得使用石板闸刀开关。

（8）电线应从配电箱箱体的下底面进出，配电箱进出线口处应作套管保护。配电箱内电器安装板应用金属板或非木质阻燃绝缘电器安装板，若用金属板，则金属板应与箱体作电气连接。

（9）配电箱的安装应符合以下要求：总配电箱、分配电箱、开关箱应装设端正、牢固，固定式配电箱的中心点与地面的垂直距离应为 1.4 ～ 1.6m，移动式配电箱中心点与地面的垂直距离宜为 0.8 ～ 1.6m；配电箱、开关箱前方不得堆放影响操作、维修的物料，四周应有足够 2 人同时工作的空间和通道，配电箱安装位置应为干燥、通风及常温场所，不受振动、撞击。

（10）所有配电箱、开关箱在使用中必须遵照下述操作顺序。送电顺序：总配电箱—分配电箱—开关箱；停电顺序：开关箱—分配电箱—总配电箱（出现电气故障等紧急情况例外）。配电屏（盘）或配电线路维修时，应悬挂停电标志牌，停送电必须由专人负责。

2. 动力及其他电气设备的安装

（1）在救援现场或恢复重建的施工工地，塔式起重机是最重要的垂直运输机械，起重机的所有电气保护装置，安装前应逐项进行检查，确认其完好无损才能安装。安装后应对地线进行严格检查，使起重机轨道和起重机机身的绝缘电阻不得大于 4Ω。当塔身高于 30m 时，应在塔顶和大背端部安装防撞的红色信号灯。起重机附近有强电磁场时，应在吊钩与机体之间采取隔离措施，以防感应放电。

（2）电焊机一次侧电源应采用橡胶护套缆线，其长度不得大于 5m，进线处必须设防护罩。当采用一般绝缘导线时，应穿塑料管或橡胶管保护。电焊机二次线宜采用橡胶护套铜芯多股软电缆，其长度不得大于 50m。电焊机集中使用的场所须拆除其中某台电焊机时，断电后应在其一次侧验电，确定无电后才能进行拆除。

（3）移动式设备及手持电动工具，必须装设漏电保护装置，并要定期检查。其电源线必须使用三芯（单相）或三相四芯橡胶护套缆线，电缆不得有接头，不能随意加长或随意调换。接线时，缆线护套应在设备的接线盒固定，施工时不要硬拉电缆线。

（4）露天使用的电气设备及元件，都应选用防水型或采取防水措施，浸湿或受潮的电气设备要进行必要的干燥处理，绝缘电阻符合要求后才能使用。

3. 室内应急照明灯具安装

（1）220V 照明灯头离地高度的要求。

① 在潮湿、危险场所及户外应不低于 2.5m。

② 在不属于潮湿、危险场所的生产车间、办公室、商店及住房等一般不低于 2m。

③ 如因生产和生活需要，必须将电灯适当放低时，灯头的最低垂直距离不应低于 1m。但应在吊灯线上加绝缘套管至离地 2m 的高度，并应采用安全灯头。若装用日光灯，则日光灯架应加装盖板。

④ 灯头高度低于上述规定而又无安全措施的车间、行灯和机床局部照明，应采用 36V 及以下的电压。

（2）照明开关、插座、灯座等的安装要求。

照明开关应装在火(相)线上。这样，当开关断开后灯头处不存在电压，可减少触电事故。开关应用拉线开关或平开关，不得采用床头开关或灯头开关（采用安全电压的行灯和装置可靠的台灯除外）。为使用安全和操作方便，开关、插座距地面的安装高度不应小于下列数值：

① 拉线开关为 1.8m。

② 墙壁开关（平开关）为 1.3m。

③ 明装插座的离地高度一般不低于 1.3m，暗装插座的离地高度不应低于 0.15m，居民住宅和儿童活动场所均不低于 1.3m。

④ 为安装平稳、绝缘良好，拉线开关和吊灯盒等均应用塑料圆盒、圆木台或塑料方盒、方木台固定。木台四周应先刷防水漆一遍，再刷白漆两遍，以保持木质干燥，绝缘良好。塑料盒或木台若固定在砖墙或混凝土结构上，则应事先在墙上打孔埋好木榫或塑料膨胀管，然后用木螺钉固定。

⑤ 普通吊线灯具重量不超过 1kg 时，可用电灯引线自身作吊线；灯具重量超过 1kg 时，应采用吊链或钢管吊装，且导线不应承受拉力。

⑥ 灯架或吊灯管内的导线不许有接头。

⑦ 用电灯引线作吊灯线时，灯头和灯盒与吊灯线连接处，均应打一背扣，以免接头受力而导致接触不良、断路或坠落。

⑧ 采用螺口灯座时，应将火（相）线接顶芯极，零线接螺纹极。

四、临时供电作业的危险点分析与安全要求

快速复电和临时供电工作包含配电网应急抢修、低压应急配电网架设、土建施工、起重作业、应急发电、倒闸操作等重要环节，环境复杂、人员器械众多，因此存在高处坠落、触电、物体打击、机械伤害、起重伤害、淹溺等诸多风险隐患，必须加强救援现场组织管理，制定科学周密技术方案，确保临时供电工作安全、迅速、高效、有序开展。表 9-4 列举出了主要危险点及预控措施。

表 9-4　危险点及预控措施

序　　号	危 险 点	预 控 措 施
1	机械伤害 物体打击	正确佩戴安全帽及其他安全防护工具
		操作过程中作业人员互相提示，防止互相伤害
		正确使用剪类、钳类、刀类工具，防止操作者及他人受伤
		登杆前应检查确认拉线、拉桩及杆根牢固可靠
		放线、紧线工具设备应合格，满足荷重要求
		放线、紧线工作应由专人指挥和监护，统一信号
		放线时每基电杆上均应安装相匹配的放线滑轮，专人监护
		导线展放或被卡挂时，作业人员不要站在导线下方或内角侧
		严禁带张力剪断导线
2	高处落物 高处坠落	杆上作业时，操作人员应选择所需工作点的合适位置，站稳，系好安全带
		杆上作业时，任何工具、材料都要用绳索传递，防止高空落物
		高空作业区地面工作点要装设护栏和安全警示牌
		使用梯子时应有人扶持监护，梯子应坚固完整，有防滑措施，使用单梯时与地面的倾斜角度约为 60°
		高处作业时，安全带、安全绳应事先进行检查，确保合格。使用中安全带的挂钩应挂在结实牢固的构件上，并采用高挂低用的方式，严禁低挂高用，作业过程中应随时检查安全带是否牢固，转移作业位置时不得失去安全保护
		高处作业一律使用工具袋
		严禁高空抛物
3	触电	注意防范跨步电压、接触电压伤害
		配电箱箱体接地正确、牢固
		使用低压验电笔验电时，手不能触及笔尖带电部分
		正确使用兆欧表测量绝缘电阻
		安装布线及导线连接时，应确认上级断路器在断开位置，并验电确无电压方可进行作业
		发电机外壳可靠接地，引出线采用三芯护套线并用单相三孔插头连接发电机
		漏电保护断路器应进行试验确保完好，安装接线正确
		室内送电前，在室内外配电箱断路器处悬挂“禁止合闸，有人工作”标示牌
		送电时遵守安全工作规定，逐级、逐回路送电
		工作负责人、工作监护人及工作班成员认真履行安全职责，杜绝违章指挥、违章作业

五、配电网应急抢修

（一）概述

1. 配电网应急抢修及作业流程

配电网应急抢修是指配电网在正常运行中被迫停止运行，造成大面积停电，或发生对人身、系统、设备有严重威胁，如不及时处理可能造成事故的事件，必须及时采取有效技术措施，对配电网快速应急处理的过程。应急抢修流程从总体上分前期准备，现场先期处置，现场抢修、恢复三个阶段，如图 9-21 所示。

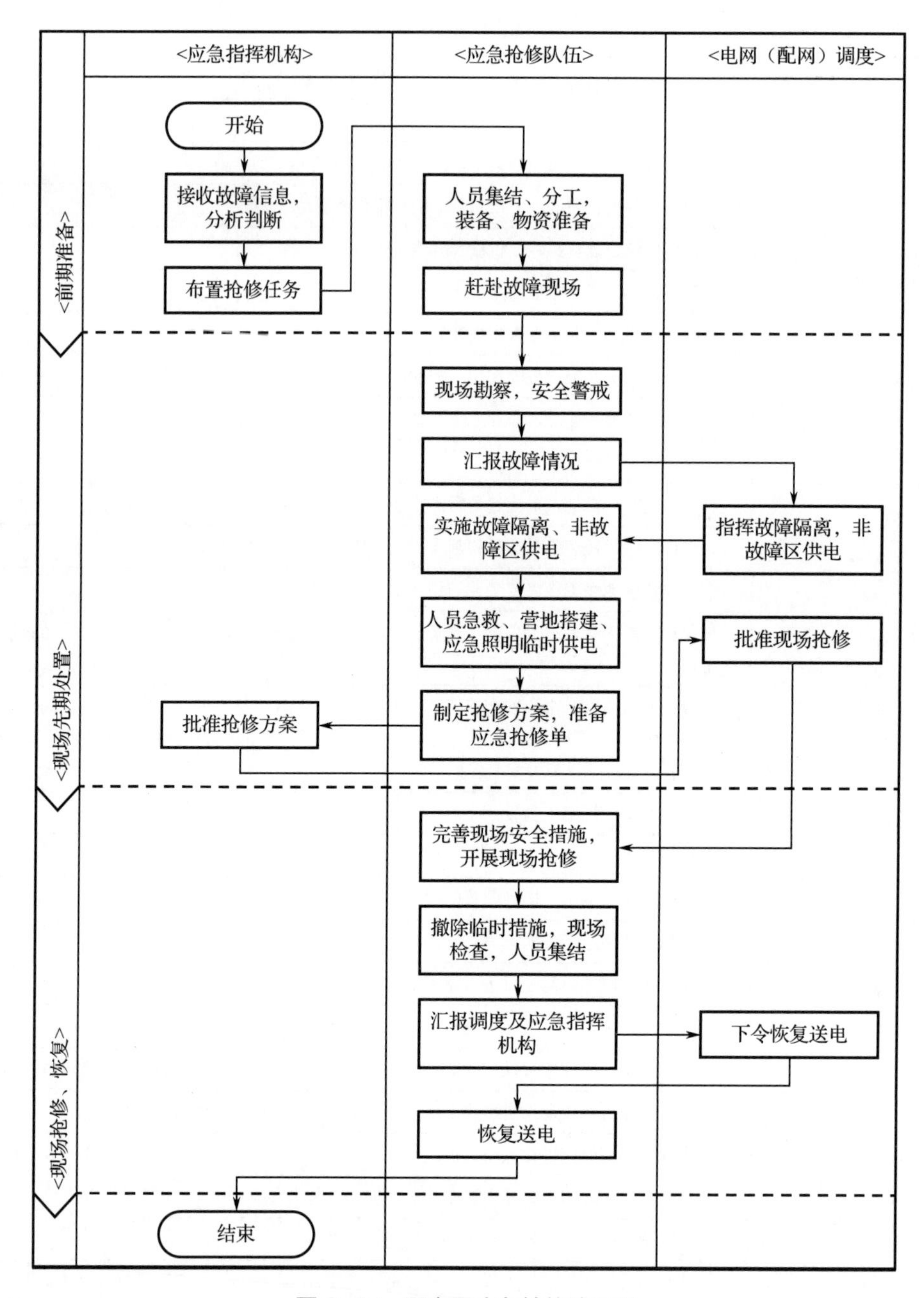

图 9-21　配电网应急抢修流程图

（1）前期准备。

① 应急指挥机构。流程中所指的应急指挥机构是指本单位应急指挥机构（应急领导小组）或受公司委托的供电部门。

② 接警。信息来源部门包括热线电话和政府部门、应急指挥机构、电网（配网）调度。

③ 故障分析判断。应急指挥机构根据收到的信息进行故障分析判断，确定抢修规模后，对应急抢修队队长下达抢修任务。

④ 队伍集结。应急抢修队队长根据抢修任务向队员下达集结指令，应急抢修队队长进行

人员动员，并根据任务现场下达准备应急装备、物资的指令，交代路途及至现场的安全注意事项，安排交通运输方式，然后带领队伍赶赴目的地。

应急抢修队伍一般分为五组，即故障隔离组、配网搭建组、应急电源组、应急照明组、保供电组。各组根据队长下达的任务准备应急装备和物资。

（2）现场先期处置。

① 现场勘察。到达现场后，应急救援队伍首先进行现场勘察，查明环境情况、设备设施损坏情况，现场需采取的安全措施等，向调度机构和应急指挥机构汇报，对准备不足的设备设施及工具提出支援。

② 故障隔离。应急救援队伍按应急指挥机构及调度指令要求隔离故障点、恢复非故障区域供电，对抢修区域、高危、重要用户、参与救援的政府现场指挥机构进行临时供电（使用应急发电设备）。

③ 制定现场应急抢修方案。根据现场情况制定应急抢修方案，并向应急指挥机构及电网（配网）调度汇报。应急抢修方案经应急指挥机构及电网（配网）调度同意后，应急抢修方案方可实施。

（3）现场抢修、恢复。

① 安全措施。根据应急抢修方案，做好抢修安全措施后，开展现场抢修。

② 现场抢修。根据应急抢修工作流程和标准完成抢修工作。

③ 工作结束。拆除临时措施，清点工器具、设备和设施，人员集结，汇报工作完成情况。抢修队长向应急指挥机构汇报。

2. 配网应急抢修施工方案制定

（1）抢修工作组织措施。①根据事故情况和人员分工，准备抢修工作所需工器具、材料和车辆。②根据天气和现场施工情况，准备保暖或防暑设施。③根据抢修工作的内容确定所需各类人员数量并进行合理分工。

（2）抢修工作安全措施。①核对线路名称和杆号，应与抢修线路一致。②检查杆根、拉线和登高工器具。③严格执行验电、挂接地线措施。验电前，应检测验电器和绝缘手套。挂接地线过程中，严禁人身触及接地线。④所有安全工器具应具有有效试验合格证。⑤工作班成员进入工作现场应戴安全帽。登高作业时，应系好安全带，按规定着装。⑥杆上工作使用的材料、工具应用绳索传递。杆上人员应防止掉落东西，拆下的金具禁止抛扔。在工作现场要设护栏并悬挂“止步，高压危险”警示牌。⑦高空作业时不得失去监护。⑧使用吊车时，吊车起吊过程中，吊臂下严禁有人逗留。吊车司机应严格听从工作负责人的指挥，与杆上工作人员协调配合。⑨作业时应注意感应电伤害，必要时应使用个人保安线。

（3）抢修工作技术措施。①对歪斜和单侧受力的电杆，应做好临时拉线后方可进行登杆作业。②放松导线时，严禁采用突然剪断导线的方法松线。③导线连接时，应使用同规格、同截面、同绞向的导线。④对受短路电流冲击过的接续金具进行检查，确定无异常后方可继续使用。⑤对断线点前后绝缘子及扎线进行检查，确保处于良好状态。⑥对更换的配电变压器应核对铭牌和分接头位置。⑦更换断路器或隔离开关后，断路器或隔离开关的分合状态应和原来一致，相序应和事故前一致。⑧导线引接线应保持与原来相序一致。若为绝缘导线，绝缘层剥离处应进行绝缘补强处理。

（二）抢修作业

1. 悬式绝缘子更换

10kV悬式绝缘子更换作业人员应正确佩戴和使用安全防护用具，登稳抓牢。在杆塔上移动时不能失去人身安全保护，用安全带、安全绳交替进行人身保护。新旧绝缘子传递过程中，不得与杆塔碰撞，以免造成对人身安全的威胁。

（1）登杆塔作业。杆塔上作业人员系好安全带、传递绳、工具袋（扳手、钳子）开始登杆塔。登杆前要对脚扣和安全带进行冲击试验。当作业人员越过横担时，要系好安全带或安全绳，交替做好人身保护。杆塔上作业人员登到横担需要更换的绝缘子处，系好安全带、安全绳，将传递绳系在横担或牢固的地方。

（2）安装工具。地面作业人员将紧线器、卡线器、钢丝套连接好，连同导线保护套一起系牢，由杆塔作业人员使用传递绳传递到杆塔上。杆塔上作业人员用钢丝套将紧线器与横担连接好，并将卡线器与导线连接好。

（3）更换绝缘子。杆塔作业人员用紧线器收紧导线，至紧线器销受力。检查钢丝套、紧线器、卡线器连接情况。检查各部受力点的受力情况。发现异常立即停止工作。查明原因并采取补救措施。杆塔作业人员将传递绳的另一端与被更换的绝缘子系牢，并取下碗头挂板内的弹簧销子。继续收紧紧线器至绝缘子与碗头挂板能够脱离状态。再次检查各部受力点是否良好。将绝缘子与碗头挂板脱离，并使用传递绳传递到地面。

地面作业人员将传递到地面的旧绝缘子拆下，并将新的绝缘子系牢。由杆塔作业人员传递到杆塔上，传递时注意不得误碰杆塔。杆塔作业人员将绝缘子与碗头挂板相连接，并将弹簧销子装好。调整绝缘子弹簧销口大口方向。杆塔上作业人员将紧线器松至绝缘子串受力后，检查绝缘子串受力情况。

（4）拆除工器具。杆塔上作业人员用活扣拴牢紧线器，拆除卡线器、钢丝套、导线保护套。与地面作业人员配合传递至地面。杆塔上作业人员检查无遗留工器具、材料后，带上传递绳下杆塔。

（5）工作结束。下杆后，专责监护人填写工作任务单执行情况。清点并收好全部作业工器具，清理工作现场，工作结束。

2. 导线修复

采用预绞丝修补条进行10kV钢芯铝绞线（LGJ-120）修复的作业步骤：

（1）登杆塔。杆塔上作业人员系好安全带、传递绳、工具袋（扳手、钳子）开始登杆塔。登杆前要对脚扣和安全带进行冲击试验。当作业人员越过横担时，要系好安全带或安全绳，交替做好人身保护。杆塔上作业人员登到导线修复处，选好工作位置，系好安全带、安全绳，将传递绳系在横担或牢固的地方。

（2）导线修复。

① 杆塔上作业人员检查导线破损情况，并使用钢尺和号笔对导线破损中心和清理的长度进行标记。清理长度以预绞丝修补条的长度为准。

② 杆塔上作业人员先使用钢丝刷对破损导线进行粗打磨，再使用砂纸进行细打磨。使用钢丝刷和砂纸时要注意方法。打磨后，使用抹布擦拭导线表面，并涂抹导电膏。

③ 地面作业人员将预绞丝修补条与传递绳系牢，由杆塔上作业人员使用传递绳传递到杆塔上。

④ 杆塔上作业人员首先用钢尺和号笔确定一根修补条的中心，并使修补条的中心与导线破损中心对正。缠绕时要根据导线的绞向进行，依次完成修补工作。

⑤ 修补工作完成后，要检查修补条的安装质量。修补条端头处理平整，且不得大于3mm；而且缠绕间隙不得有凸起现象（不得超过单股直径的二分之一）。

（3）杆塔上作业人员检查无遗留工器具、材料后，带上传递绳下杆塔。

（4）工作结束。下杆后，专责监护人填写工作任务单执行情况。清点并收好全部作业工器具，清理工作现场，工作结束。

3. 针式绝缘子更换及绑扎

10kV 直线杆单相针式绝缘子更换及绑扎作业步骤：

（1）登杆塔。杆塔上作业人员系好安全带、传递绳、工具袋（扳手、钳子、铝包带、绑线）开始登杆塔。登杆前要对脚扣和安全带进行冲击试验。当作业人员越过横担时，要系好安全带或安全绳，交替做好人身保护。杆塔上作业人员登到横担需要更换的绝缘子处，系好安全带、安全绳，将传递绳系在横担或牢固的地方。

（2）拆除旧绝缘子绑线。杆塔上作业人员检查核对需要更换绝缘子的绑线，使用钳子将绑线小辫松开，拆除绑线。

（3）拆除旧绝缘子。杆塔上作业人员使用传递绳的另一端将被更换绝缘子拴牢，把绝缘子上的导线移到横担上，使用扳手将绝缘子的固定螺钉松开，并传递到地面。

（4）安装新绝缘子。地面作业人员解开传递绳，同时将新绝缘子拴牢，由杆塔上作业人员用传递绳传递至杆塔上，松开绝缘子的固定螺钉并安装到横担上，使用扳手将螺钉拧紧，注意绝缘子线槽与导线方向一致。将导线移到绝缘子上。

（5）缠绕铝包带。检查导线的绞向，缠绕铝包带时应顺导线外层的绞向，在导线与绝缘子接触的部位缠绕。铝包带缠绕应无重叠，牢固、无间隙。缠绕长度应满足接触长度，保证绝缘子绑扎完后露出最外层绑线 30mm，端头应回缠一圈。

（6）绝缘子绑扎。高压线路直线杆的导线应固定在针式绝缘子顶部的槽内，应绑双十字；低压线路直线杆的导线可固定在针式绝缘子侧面的槽内，可绑单十字。

（7）拆除工器具。杆塔上作业人员将传递绳解带，携带传递绳回到地面。

（8）作业结束。下杆后，专责监护人填写工作任务单执行情况。清点并收好全部作业工器具，清理工作现场，工作结束。

4. 断线接续

利用导线接续管进行 10kV 架空断线接续，工作前应检查电杆基础情况防止发生倒杆，必要时应加装临时拉线，确认电杆基础牢固后方可进行导线拆除工作。导线接续管的数量、位置应符合下列规定：重要跨越档内不得有接头，一个档内不得有两个及以上接头，与耐张线夹间的距离不应小于 15m；与直线悬垂线夹的距离不应小于 5m。

（1）到达事故现场后，立即用围栏绳把事故现场封闭好，防止行人及车辆误入事故现场；在接到停电命令后，立即在事故地段的两端验电并挂好接地线，方可开始线路的抢修工作。

（2）检查导线受伤情况，如果在修补范围内，应使用斗臂车进行修补绑扎；如果发生断线，则应将该耐张段内导线拆除后进行导线压接处理。

（3）导线拆除后，用专用工具开始导线绝缘层剥切，剥切长度应满足接续管插入长度要求，注意剥切时严禁伤及导线钢芯。

（4）用钢丝刷清理导线外表面和接续管内表面的氧化层及杂质后，在导电面均匀涂一层复合导电膏。

（5）将剥切后的导线插入接续管，导线在管内的插入尺寸必须经核准无误后方可进行施压操作。

（6）压接。钳压模数和顺序符合规程规定，接续管压接后应进行外观检查，飞边、毛刺等轻微损伤须锉平并用砂纸磨光；不得有裂缝、穿孔；校直后弯曲度不得大于管长的2%。否则，应割断重接。

（7）在接续管及其两端导线裸露部分，用防水绝缘胶带均匀缠绕至规定厚度。

（8）将绝缘导线重新安装固定，并调整导线弧垂与原导线弧垂相同；下杆前应确认无工具或其他材料遗留在横担或导线上。

（9）经现场负责人验收合格后，拆除临时接地线。

（10）清点现场工器具，清理工作现场，收起封闭围栏；向抢修指挥部汇报，抢修工作结束，等候送电命令。

5. 钳压法导线接续

钳压法接续导线，应注意接续管的规格与钳压钢模的规格型号相对应，与导线规格一致。不同金属、不同规格、不同绞向的导线严禁在一个耐张段内连接，导线压接完毕后，接续管弯曲度不得大于管长的2%。

（1）裁线。应在线头距裁线处1～2cm处用20号铁丝绑扎，裁去导线受损部分；用钢锯沿垂直导线轴线方向进行锯割，由外层向内层进行，最后锯钢芯；用平锉和砂纸打磨锯口毛刺至光滑；压接前用汽油对导线和钳压管进行清洗，导线的清洗长度不小于管长的2倍，清洗完后在导线上涂上导电膏，再用钢丝刷轻轻刷一次。需注意不同金属、不同绞向、不同规格的导线禁止在档距内连接，在一个档距内，每根导线只允许有一个接头，且接头距导线固定点的距离不应小于0.5m。

（2）压接管画印。按照设计和规程要求，并对照相应规格的压接管的相关技术标准进行画印。

（3）穿管。端口线画印（即在穿入的导线上用记号笔画印）；导线的塞入方向从接续管上缺印记的一侧插入，从另一端有印记的一侧露出，保证两端导线尾线的出头露出管外部分不得小于20mm。

（4）压接。压接时，每模的压接速度及压力应均匀一致，每模按规定压到指定深度后，应保持压力30s左右，避免出现金属性反弹影响压接强度；铝绞线和铜绞线的接续管压接顺序是从管端开始，依次向另一端上下交错钳压；钢芯铝绞线的接续管压接顺序是从中间开始，依次向一端上下交错钳压，再从中间向另一端上下交错钳压。

（5）外观检查并调直或重压（弯曲过大或有裂纹或达不到设计要求）。导线压接后要求压接管的弯曲度不大于管长的2%，导线露出管口应≥20mm；压后坑深：钢芯铝绞线偏差不大于±0.5mm；铝绞线偏差不大于±1mm；在压接管上打上操作工号，并在接续管两端涂上红漆；按规定的压口数和压接顺序压接，压接后按钳压标准矫直钳压接续管。

（6）作业结束。导线连接完成后，清点作业工器具，收好全部工器具，清理工作现场，全部作业完成。

六、配电安装

（一）导线及低压开关电器的选择与使用（见表 9–5）

表 9–5　导线及低压开关电器的选择与使用

序　号	项　目	内　容	要求或备注
1	导线型号及规格识别	1. 识别线芯材料：铜、铝，或其他金属材料。 2. 识别常用导线型号：① B 系列橡胶塑料绝缘导线（BX、BV、BLV、BVV 等）；② R 系列橡胶塑料软导线（RV、RX、RVV 等）；③ Y 系列通用橡胶护套电缆（YQ、YZ、YC 等）。 3. 识别导线规格：低压配电导线线芯截面积有 $1.5mm^2$、$2.5mm^2$、$4mm^2$、$6mm^2$、$10mm^2$、$16mm^2$ 等。 4. 识别导线绝缘材料：常用导线的绝缘层材料有橡胶和塑料	熟练识别
2	线芯材料选择	作为线芯的金属材料必须是电阻率较低、有足够的机械强度和较好的耐腐蚀性、易加工、价格较便宜等。常用铜或铝作导线的线芯。铜导线的电阻率比铝导线小，焊接性能和机械强度比铝导线好，因此它常用于要求较高的场合。铝导线密度比铜导线小，而且资源丰富，价格较铜导线低廉	根据用途及场所进行正确选择
3	导线截面选择	1. 根据长期工作允许电流选择。①通常把导线允许通过的最大电流值称为安全载流量。根据导线材质、敷设方式、环境温度不同，导线允许的载流量也不同，电导率越高、截面积越大，其安全载流量越大。在选择导线时，可依据用电负荷，参照导线的规格型号及敷设方式来选择导线截面。②会估算常用低压负荷的工作电流（照明、电阻、电动机、电动工具等）。③一般铜芯线的安全载流量为 $5 \sim 8A/mm^2$。 2. 根据机械强度选择。导线安装后和运行中，容易受到外力的影响，会造成断线事故，因此在选择导线时必须考虑导线应具有足够的机械强度。铜芯线的机械强度较铝芯线高。另外，某些特殊场合需考虑其具有一定的柔软性，如临时性插座等。 3. 根据电压损失选择。①住宅用户，由变压器低压侧至线路末端，电压损失应小于 6%；②电动机在正常情况下，电动机端电压与其额定电压不得相差 ±5%。 4. 按照以上条件选择导线截面的结果，在同样负载电流下可能得出不同截面数据。此时，应选择其中最大的截面	1. 会熟练进行导线类型选择：根据用途及场所，选择导线系列及型号，根据负载性质计算负荷电流，选定截面规格。 2. 导线的选择应本着安全、可靠、节约的原则进行
4	导线颜色选择	1. 三相相线（A、B、C）颜色分别为黄、绿、红。 2. 中性线（N）为淡蓝色；保护线（PE）为黄绿双色。 3. 三相供电的配电箱、开关箱进出线颜色应对应一致	正确区分
5	低压隔离开关选择与使用	1. 低压隔离开关选择：①低压隔离开关主要用途是隔离电源，可用作小功率低压负荷的控制；②分为带熔断器式和不带熔断器式，单投及双投式，单极、两极、三极及多极式等；③常见低压隔离开关有 HD、HS 系列、HR 系列、HG 系列及 HK 系列等；④ HK 系列开启式隔离开关结构简单、价格便宜，目前广泛使用，但已逐步被新型的 HY122 隔离开关所取代；⑤对于电阻负载或照明负载，闸刀开关的额定电流应大于负载的额定电流，对于电动机负载，闸刀开关的额定电流应大于负载额定电流的 3 倍。 2. 观察开启式隔离开关的结构，进行合闸、分闸操作试验，观察动作过程，了解其特点。 3. 安装：选定安装位置（干燥、无灰尘、无振动、易于操作，高度距离地面 1.5m）→固定（底面平整、螺钉匹配、紧固适当）→连接引出线（进线接静触头，出线接动触头；线头端部固定不受力；绝缘层剥离长度适当、压接牢固不松动）	1. 熟知各型号隔离开关的结构、性能特点及适用场所。 2. 安装时应动触头垂直安装，合闸后手柄应向上，不准横装或倒装。 3. 三相隔离开关应三相动作一致。 4. 与断路器配合使用时，合闸时先合隔离开关，再合上断路器，分闸时顺序相反。 5. 额定电压必须与线路电压相适应。 6. 更换熔断器时必须切断电源。 7. 分、合闸时动作要果断、迅速

续表

序　号	项　目	内　容	要求或备注
6	低压熔断器选择与使用	1. 识别各类低压熔断器：①熔断器是一种最简单的保护电器，串联接于电路中，用于短路或过负荷保护；②结构形式分为触刀式、螺栓连接、圆筒帽、螺旋式、圆管式、瓷插式等；③常见有RC、RL、RT、RM、NT等系列形式；④一般由金属熔体、触点、外壳等组成。 2. 选择：①熔断器的技术参数主要有额定电压、额定电流、熔体的额定电流、极限分断电流等；③当熔体为同一材料时，上一级熔体的额定电流为下一级熔体额定电流的2～4倍。 3. 安装：①保持足够电气距离，便于拆卸和更换；②安装时检查技术参数是否符合要求；③保证熔体与触刀、触刀与触刀座之间接触良好	1. 闸刀开关内所配熔体的额定电流不得大于该开关的额定电流。 2. 不允许有机械损伤。 3. 熔断器应安装在相线(火线)上，三相四线制的中性线上不允许装设熔断器。 4. 更换熔断器时必须切断电源
7	低压断路器选择与使用	1. 识别各类低压断路器：①低压断路器是低压配电网常用配电电器，用于正常情况下接通或断开电路，故障情况下切断故障电流；②利用空气作为灭弧介质；③结构形式分为框架式（万能式）和塑壳式（装置式）两大类；④常见万能式有DW15、DW16、DW17、DW45等系列，塑壳式有DZ20、DZ47、CM1、TM30等系列。 2. 选择：①主要技术特性及参数有额定电压、极数、额定分断能力、极限分断能力、额定短时耐受电流等；②万能式断路器主要用作低压电路上不频繁接通和分断容量较大的电路，塑壳式断路器主要用作电动机及照明系统的控制、供电线路的保护等。 3. 拆装练习：选择一个低压断路器拆开，观察内部结构及动作原理，了解各部件的名称、结构及作用，然后组装还原，用兆欧表测量相间绝缘电阻	1. 断路器型号规格及技术参数必须符合要求，与负荷大小相适应。 2. 拆装断路器应使用标准的电工工具，不损坏断路器，不野蛮作业
8	剩余电流断路器选择与使用	1. 识别各类剩余电流断路器：①剩余电流断路器曾称作漏电保护断路器，是低压电路中防止人身触电、电气火灾及电气设备损坏的一种有效保护措施；②剩余电流断路器具有断路器和漏电保护双重功能，正常情况下接通、承载和分断电流，在设备漏电、接地或人身触电时，当剩余电流（漏电流）达到规定值时自动断开电路；③常见类型有DZ3-20L、DZ15L、DZL-16、DZ47LE等系列。 2. 选择：①剩余电流断路器一般有单相家用型和工业型两类；②漏电保护有电磁式电流动作型、电压动作型、晶体管或集成电路电流动作型等；③DZ47LE型剩余电流断路器由DZ47微型断路器和漏电脱扣器拼装组合而成，适用于交流50Hz、额定电压至400V、额定电流至32A的线路中做剩余电流保护之用；④技术参数主要有额定电压、额定电流、过载脱扣器额定电流、额定短路通断能力、额定剩余电流动作值、额定剩余电流不动作值和分断时间等；⑤用于手持电动工具、家庭电路时，应选用剩余电流动作值不大于30mA、动作时间不大于0.1s的快速动作剩余电流断路器。 3. 安装：①应根据适用场所，选择适合的剩余电流断路器；②安装前仔细阅读说明书，防止接错线或装错；③分清电源端和负载端，电源端由N、1、3、5端子引入，负载端由N、2、4、6端子引出，不可接错；④应安装在通风、干燥、无振动、无灰尘和无有害气体的场所。 4. 使用：①安装后应首先进行测试方可投入使用：带负荷分、合三次，不得误动作；用试验按钮试跳三次，应正确动作；各相用1kΩ左右试验电阻或40～60W灯泡接地试跳三次，应正确动作；②剩余电流断路器因线路故障分闸后，需查明原因排除故障；③因剩余电流动作后，剩余电流断路器的剩余电流指示按钮凸起指示，需按下后方可合闸；④通常每月进行一次定期试验检测，以确认剩余电流断路器工作正常	1. 正确识别、试验、安装、使用剩余电流断路器。 2. 剩余电流断路器仅对负载侧接触相线或带电壳体与大地接触进行保护，但是对同时接触两相线的触电不能保护，应注意安全。 3. 安装剩余电流断路器后仍以预防为主，并应同时采取其他防止电击和电气损坏的技术措施。 4. 家庭用电应执行两级保护，即在采用接地保护和中性线保护的基础上，安装剩余电流断路器

（二）小截面导线的连接及绝缘恢复（见表 9–6）

表 9–6　小截面导线的连接及绝缘恢复

序号	项　目	内　容	要求或备注
1	绝缘层剥离	1. 塑料硬线绝缘层剥离：①用钢丝钳剥离（4mm^2 以下）：左手捏住导线，用右手握住钢丝钳，取好要剥离导线的绝缘层长度，刀口夹住导线绝缘层，两手向外用力，靠绝缘层与钳口的摩擦力将绝缘层拉掉。削出的芯线应保持完整无损，若损伤较大，则应剪去该线头，重新剥离。②用电工刀剥离（4mm^2 以上）：根据线头长度，用电工刀以 45° 倾斜切入塑料绝缘层，使刀面与芯线间的角度保持在 25° 左右，用力向线端推削，不可切入芯线，削去上面一层塑料绝缘，然后将没削去的绝缘层向后翻，最后用电工刀齐根削去。③用剥线钳剥离：左手持导线，右手握钳柄，将待剥皮的线头置于钳头的刃口中，用手将两钳柄一捏，然后一松，导线端部的绝缘皮便与芯线脱开而自由飞出。 2. 塑料软线绝缘层剥离：除用剥线钳外，可用钢丝钳直接剥离截面为 4mm^2 及以下的导线，剥离方法同于用钢丝钳剥离塑料硬线绝缘层。 3. 塑料护套线绝缘层剥离：塑料护套线绝缘层由公共护套层和每根芯线的绝缘层两部分组成，公共护套层只能用电工刀来剥离，其方法是：按所需线头长度用电工刀刀尖对准芯线缝隙划开护套层，向后翻护套层，用电工刀齐根切去，在距护套层 5 ～ 10mm 处，用电工刀以 45° 角倾斜切入绝缘层，按剥离塑料硬线绝缘层的方法，分别剥离每根芯线的绝缘层。 4. 橡皮线绝缘层的剥离：橡皮线绝缘层外面有柔韧的纤维编织层，剥离方法是：先按剖削护套线护套层的办法，用电工刀刀尖划开纤维编织层，并将其向后翻再齐根切去，然后按剥离塑料线绝缘层的方法削去橡胶层，最后将纤维编织层散开到根部，用电工刀切去。 5. 花线绝缘层的剥离：花线绝缘层分外层和内层，外层是柔韧的棉纱编织物，内层是橡胶绝缘层和棉纱层。其剥离方法是：在所需线头长度处用电工刀在棉纱编织物保护层四周切割一圈，拉去棉纱编织物，在距棉纱编织物保护层 10mm 处，用钢丝钳按照剥离塑料软线的方法将内层的橡皮绝缘层剥去，然后将露出的棉纱层松开，用电工刀割断。 6. 裸线头的处理：导线绝缘层剥离完成后，应将裸露的导体表面用汽油擦洗干净，去净金属粉末，清洗的长度应不小于连接长度的 2 倍，然后涂抹中性凡士林或导电膏。需要锡焊连接的，应事先镀上一层焊锡	1. 用钢丝钳时施力要合适，不能损伤导线的金属体。 2. 用电工刀时注意应使刀口刚好削透绝缘层而不伤及芯线。 3. 塑料软线绝缘层不可用电工刀来剖离，因塑料软线太软，线芯又由多股铜丝组成，用电工刀很容易伤及线芯。 4. 用电工刀削切时，刀口应向外，并注意安全，不要伤手
2	单股铜芯导线的绞接	①将两连接导线线芯呈 X 形相交，互相绞合 2 ～ 3 圈；②扳直两线头；③两人配合，将每根线头分别贴在另一根线上顺序向两端紧密、整齐地缠绕 5 ～ 6 圈；④用钢丝钳剪去余线，钳平端头，去除毛刺	1. 操作方法、步骤应正确。 2. 缠绕必须紧密、整齐。 3. 多股导线采用插接时，各股接茬应在导线的同一平面上。 4. 采用插接时，接头处的电阻应不大于等长导线的电阻。 5. 采用插接时，接头处的机械强度应不小于导线计算拉断力的 90%。 6. 接头绝缘强度应达到设计和规程规定的绝缘水平。 7. 双芯护套线连接时，两根线芯不在同一位置连接
3	单股铜芯导线的绑接	截面较大（6mm^2 以上）时采用此法：①将两线头并和在一起，再敷设一根同截面、同接头长度的辅助裸线；②用直径不小于 2mm 的铜绑扎线从中间向两端顺序缠绕，至导线绝缘层 20 ～ 30mm 处；③将辅助线折起，绑扎线继续缠绕 3 ～ 5 圈后与线头拧麻花 2 ～ 3 圈；④剪去余线，拍平辅助线及线头，完成连接	
4	单股铜芯导线的 T 形连接	①两线头十字相交，使支路线芯根部留出 3 ～ 5mm 裸线；②将支路线芯按顺时针方向紧贴干线线芯紧密缠绕 6 ～ 8 圈；③剪去余线，钳平线头及毛刺	

续表

<table>
<tr><th>序号</th><th>项　目</th><th>内　容</th><th>要求或备注</th></tr>
<tr><td>5</td><td>不同截面单股铜芯导线的绑接</td><td>①将细线头在粗线头上紧密缠绕 5 ～ 6 圈；②翻折粗导线线头压在缠绕层上；③用细导线线头顺序缠绕 3 ～ 5 圈；④剪去余线，钳平线头及毛刺</td><td rowspan="5">1. 操作方法、步骤应正确。
2. 缠绕必须紧密、整齐。
3. 多股导线采用插接时，各股接茬应在导线的同一平面上。
4. 采用插接时，接头处的电阻应不大于等长导线的电阻。
5. 采用插接时，接头处的机械强度应不小于导线计算拉断力的 90%。
6. 接头绝缘强度应达到设计和规程规定的绝缘水平。
7. 双芯护套线连接时，两根线芯不在同一位置连接</td></tr>
<tr><td>6</td><td>软线与单股导线的连接</td><td>①将软线的线芯在单股导线线头上缠绕 7 ～ 8 圈；②把单股导线线头翻折压实；③剪去余线，钳平线头及毛刺</td></tr>
<tr><td>7</td><td>多股铜芯导线的绑接</td><td>1. 直线绑接：①将线芯散开并拉直，将紧靠绝缘层 1/3 处顺着原来的扭转方向将其绞紧，余下的 1/3 长度的线头分散成伞状；②将两股伞形线头相对，隔根交叉，然后捏平两边散开的线头；③将一端的铜芯线分成三组，接着将第一组的两根线芯扳到垂直于线头方向，并按顺时针方向缠绕 2 圈；④缠绕 2 圈后，将余下的线芯向右扳直，再将第二组的线芯扳于线头垂直方向，按顺时针方向紧压线芯缠绕；⑤缠绕 2 圈后，将余下的线芯向右扳直，再将第三组的线芯扳于线头垂直方向，按顺时针方向紧压着线芯向右缠绕，绕 3 圈；⑥切去每组多余的线芯，钳平线端；⑦用同样的方法再缠绕另一边芯线。
2. T 形连接：①把除去绝缘层和氧化层的支路线端分散拉直，在距绝缘层 1/8 处将线芯绞紧，将支路线头 7/8 的芯线分成两组排列整齐；②用螺钉旋具把干线也分成两组；③再把支路中的一组插入干线两组线芯中间，而把另一组直线排在干线线芯的前面；④将右边线芯的一组往干线一边按顺时针方向紧紧缠绕 3 ～ 4 圈，钳平线端；⑤再把另一组支路线芯按逆时针方向在干路上缠绕 3 ～ 4 圈，钳平线端</td></tr>
<tr><td>8</td><td>多股导线与单股导线的连接</td><td>①先在多股导线的一端，用螺钉旋具将多股导线分成两组；②然后将单股导线插入多股导线芯，注意不要插到底，应距离绝缘切口 5mm 左右，以便于绝缘包扎；③将单股导线顺时针紧密缠绕 10 圈；④剪去余线，钳平切口毛刺</td></tr>
<tr><td>9</td><td>多股铝线的插接</td><td>①将铝绞线打开拉直，清洁处理后将两端多芯线相互交叉，用手钳拍平；②用任意一根顺时针缠绕 5 ～ 6 圈，再换另一根把完成缠绕的一根压在里面，继续缠绕 5 ～ 6 圈；③用此法缠绕完毕后，将线头与一股线拧 3 ～ 4 圈；④剪掉余线；⑤用同样方法完成另一端</td></tr>
<tr><td>10</td><td>绝缘层恢复</td><td>1. 绝缘带包缠：常用黄蜡带、涤纶薄膜带和黑胶带作为恢复导线绝缘层的材料。其中黄蜡带和黑胶带最好选用规格为 20mm 宽的。①将黄蜡带从导线左边完整的绝缘层上开始包缠，包缠两个带宽后就可进入连接处的芯线部分；②包至连接处的另一端时，也同样应包入完整绝缘层上两个带宽的距离；③包缠时，绝缘带与导线保持约 55° 斜角，每圈包缠压叠带宽的 1/2；④包缠一层黄蜡带后，将黑胶带接在黄蜡带的尾端，按另一斜叠方向包缠一层黑胶带，也要每圈压叠带宽的 1/2，或用绝缘带自身套结扎紧。
2. 带接线帽做绝缘恢复：①适合多股软线接头；②将裸露线头长度控制在 15mm，套上线帽；③用老虎钳在线帽内铜圈位置钳压即可。
3. 穿热缩管法恢复绝缘：可用 ϕ2.5mm ～ ϕ8mm 的热缩管代替绝缘胶带进行绝缘恢复。①导线连接前穿入适当规格的热缩管；②接线后移动热缩管套上裸线段，用吹风机等热缩；③用尖嘴钳钳压封口</td><td>1. 导线绝缘层破损和导线接头连接后均应恢复绝缘层。恢复后的绝缘强度不应低于原有绝缘层。
2. 恢复 380V 线路上的导线绝缘时，必须先包缠 1 ～ 2 层黄蜡带（或涤纶薄膜带），然后包缠一层黑胶带。
3. 恢复 220V 线路上的导线绝缘时，先包缠一层黄蜡带（或涤纶薄膜带），然后包缠一层黑胶带，也可只包缠两层黑胶带。
4. 包缠绝缘带时，不可过松或过疏，更不允许露出芯线，以免发生短路或触电事故。
5. 绝缘带不可保存在温度或湿度很高的地点，也不可被油脂浸染。
6. 在对低压线路黑色包布做绝缘恢复时，要至少包缠 4 层，室外要包缠 6 层，室外禁止单独使用塑料包布</td></tr>
</table>

续表

序号	项　目	内　容	要求或备注
11	导线线头与接线柱的连接	1. 针孔式接线柱：①单股芯线与针孔式接线柱的连接，一般线芯直径小于针孔直径，可直接插入，拧紧螺钉；当线芯直径小于孔径1/2时，应将线头折成双根，水平并列插入，拧紧；②多股线芯与针孔式接线柱的连接，必须把多股线芯按原拧紧方向进一步拧紧；当线芯直径与针孔直径相当时，可直接插入拧紧螺钉；当针孔过大时，可用一根单股线在已拧紧的线头上紧密排绕1层，然后插入；当针孔过小时，可把多股线芯剪掉几根（7股线剪掉中间1根，19股线剪掉中间1～7根），然后绞紧进行连接；③直导线与针孔接线柱的连接，先按针孔深度两倍的长度再增加5～6mm的长度剥离导线连接点的绝缘层，然后在裸露部分的中间对折呈双根并列状态，并在根部折成90°转角，把双根并列的端头插入拧紧即可。 2. 平压式接线柱：①低容量的灯座、开关、插座等，单股线芯端部弯成顺螺钉拧紧方向的圆环，放上垫圈，利用圆头螺钉的平面直接进行压接；②在照明干线的线路，截面16mm^{2}以下的7股绝缘硬线，可采用将压接圈套入接线柱螺栓的方法进行连接，不可直接缠绕在螺栓上压接。 3. 瓦形（桥形）接线柱：单股线芯与瓦形（桥形）接线柱连接时，可将线头弯折呈弧形钩状，然后插入进行拧紧压接。双根导线时，两根导线的弯头相向，并列平铺插入压紧。 4. 大截面导线与接线端子的连接：不可直接连接，需要在线头制作压接端子，然后进行连接	1. 线芯必须插入承接孔底部。 2. 绝缘层剥离不能过长或过短。 3. 有2个拧紧螺钉时，应先拧紧孔口的一个，再拧紧孔底的螺钉，以免空压

（三）低压配电箱安装（见表 9-7）

表 9-7　低压配电箱安装

序号	项　目	内　容	要求或备注
1	确定安装位置、高度及安装方式	①选择制造商生产的标准配电箱；②安装场所应干燥、通风、无腐蚀、无灰尘、无振动、无杂物、无安全隐患；③配电箱与墙壁接触部分应涂刷防腐漆；④安装方式有悬挂式和嵌墙式等，应急供电时一般采用悬挂式安装；⑤一般暗装配电箱底边距地面高度为1.4m，明装配电箱应不低于1.8m；装在户外时，距离地面高度不低于2.5m	
2	箱体安装固定	1. 家庭、办公室等永久建筑物配电箱安装一般采取嵌墙式安装。①预埋管线工作结束后，将箱体置于预留空间，调整箱体位置，使水平及垂直度符合要求，箱面与墙面平齐；②箱体四周填实水泥砂浆，处理好墙面。 2. 临时性建筑物配电箱采用悬挂式安装。①可以直接安装在墙上，也可安装在支架或支柱上；②安装时，量好箱体安装孔尺寸，在墙上画好安装孔位置，然后凿孔洞预埋固定螺栓或膨胀管；③校正螺栓位置及水平、垂直度；④安装箱体，拧紧螺栓；⑤做好管线与箱体的连接和跨接地线的连接。 3. 活动板房内安装配电箱应采用悬挂式安装：采用穿钉固定配电箱，根据板房厚度选取适当长度的穿钉。背板可采用角钢或钢板，钢板与穿钉的连接方式可采用焊接或螺栓连接。 首先定位确定固定点位置，用手电钻在固定位置处钻孔，其孔径及深度应刚好将穿钉部分穿入，且孔洞应平直不得歪斜。安装穿钉后把箱体固定在紧固件上。 4. 配电箱垂直偏差不大于3mm；操作手柄距离侧墙的距离不小于200mm	

续表

序号	项　目	内　容	要求或备注
3	开关电器安装及配线	①选择制造商生产的箱内电器，并检查和调试合格；②箱内电器包括隔离开关、熔断器、断路器、电能表、互感器、剩余电流断路器等，家庭或办公用配电箱横装时一般从左至右应为总开关、剩余电流断路器、支路开关；③支路数量根据负荷大小、种类及安全方便需要确定；④箱内配置导线的颜色符合规定要求，选择合适的截面规格，连接电能表、互感器的二次导线应采用不小于 $2.5mm^2$ 铜芯导线；⑤接零系统的零线，应在引入线处或线路末端的配电箱处做好重复接地	1. 配电箱的箱体、箱门及箱底盘均应采用铜编织带或黄绿相间色铜芯软线可靠接于 PE 端子排，零线和 PE 线端子排应保证一孔一线。 2. 箱内配线及连接符合导线剥离及压接要求；导线与电气元件采用螺栓连接、插接、焊接或压接等均应牢固可靠，多股导线必须搪锡且不得减少导线股数。 3. 配电箱上配线需排列整齐、清晰、美观、牢固，导线应绝缘良好，无损伤，并绑扎成束。 4. 配电箱内的导线不应有接头，导线芯线应无损伤。 5. 盘面引出或引进的导线应留有适当的余量长度，以便检修。 6. 垂直装设的刀闸及熔断器上端接电源，下端接负荷。 7. 接线时所有开关电器应在断开位置
4	绝缘检测及通电试验	①配电箱全部电器安装完毕后，用 500V 兆欧表对线路进行绝缘摇测，绝缘电阻值不小于 0.5MΩ。摇测项目包括相线与相线之间、相线与中性线之间、相线与保护地线之间、中性线与保护地线之间；②线路绝缘遥测符合要求后，进行通电试验，送电完毕后，应将配电箱空载 2h，合格后再带负荷运行 2h，无故障后再进行配电箱内漏电保护装置试验，动作电流和动作时间应符合要求	1. 测量绝缘时需两人进行。 2. 送电时应逐级进行

（四）室内配线（见表 9–8）

表 9–8　室内配线

序号	项　目	内　容	要求或备注
1	配线方式选择	1. 室内配线方式：①护套线配线；②瓷（塑料）夹配线；③瓷柱（鼓形绝缘子）、针式、蝶式绝缘子配线；④槽板配线；⑤金属管（厚壁钢管、薄壁钢管、金属软管、可挠金属管）、金属线槽配线；⑥塑料管（硬塑料管、半硬塑料管、可挠管）、塑料线槽配线。 2. 线路敷设方式：可分为明敷和暗敷两种。明敷是用导线直接或者在管子、线槽等保护体内敷设于墙壁、顶棚的表面及桁架、支架处；暗敷是用导线在管子、线槽等保护体内敷设于墙壁、顶棚、地坪及楼板等内部，或者在混凝土板孔内敷线等	线路敷设方式应根据建筑物的性质、要求、用电设备的分布及环境特征等因素确定，并应避免因外部热源、灰尘聚集及腐蚀或污染物存在对配线系统带来的影响，并应防止敷设及使用过程中因受冲击、振动和建筑物的伸缩、沉降等各种外界应力带来的损害

续表

序号	项目	内容	要求或备注
2	室内配线工序	1. 熟悉设计图纸，确定灯具、插座、开关、配电箱及启动设备等的预留孔、预埋件位置应符合设计要求。预留、预埋工作，主要包括电源引入方式的预留、预埋位置，电源引入配电箱的路径，垂直引上、引下以及水平穿越梁、柱、墙楼板预埋保护导管等。凡是埋入建筑物、构筑物的保护管、支架、螺栓等预埋件，应在建筑工程施工时预埋，预埋件应埋设牢固。 2. 确定导线沿建筑物敷设的路径。 3. 在土建抹灰前，将配线所有的固定点打好眼孔，将预埋件埋齐并检查有无遗漏和错位。如未做预埋件，也可直接埋设膨胀螺栓以固定配线。 4. 装设绝缘支持物、线夹或管子。 5. 敷设导线。 6. 导线连接、分支和封端，并将导线的出线端与灯具、开关、配电箱等设备或电器元器件连接。 7. 配线工程施工结束后，应将施工中造成的建筑物、构筑物的孔、洞、沟、槽等修补完整	
3	护套线配线	1. 放线：放线时需两人合作，一人把整盘线套入双手中退线转动，另一人将线头向前拉直，放出的导线不得在地上拖拉，以免损伤护套层。为了使护套线敷设得平直，放线时不要让护套线扭曲。如线路较短，为便于施工，可按实际长度并留有一定的余量将导线剪断。 2. 钉塑料卡钉：常用的塑料卡钉规格有 4 号、6 号、8 号、10 号、12 号等，号码的大小表示塑料线卡卡口的宽度。10 号及以上的为双钢钉塑料卡钉。根据所敷设套线应选用相应的塑料卡钉。钉塑料卡钉时根据所敷设的护套线的外形是圆的还是扁的，选用圆形卡槽或是方形卡槽的卡钉。同一根护套线上固定单钉塑料卡钉时，钢钉的位置应在同一方向（或在同一区域内）。通常用的卡钉是钢钉，可以直接钉在墙上，钉的时候要适可而止，否则，把墙面钉崩了就得换位置重钉。 3. 接线盒内接线和连接用电设备（开关、插座、灯头、电器等）。 4. 绝缘测量及通电实验	1. 室内使用护套线时，截面规定：铜芯不得小于 $0.5mm^2$，铝芯不得小于 $1.5mm^2$；室外使用时，截面规定：铜芯不得小于 $1.0mm^2$，铝芯不得小于 $2.5mm^2$。 2. 护套线不可在线路上直接连接，需连接可采用“走回头线”的方法或增加接线盒，将连接或分支接头在接线盒内进行。 3. 护套线在同一墙面上转弯时，必须保持相互垂直，弯曲导线要均匀，弯曲半径不应小于护套线宽度的 3 倍，太小会损伤线芯（尤其是铝芯线），太大影响线路美观。护套线在转弯前后应各用塑料卡钉固定。 4. 两根护套线相互交叉时，交叉处要 4 个塑料卡钉固定护套线。 5. 护套线线路的离地最小距离不得小于 0.15m，凡穿楼板及离地低于 0.15m 的一段护套线，应加钢管（或硬质塑料管）保护，以防导线遭受机械损伤。 6. 直线敷设段每隔 150 ～ 200mm 画出固定塑料卡钉的位置；转角处距转角 50 ～ 100mm 处画出固定塑料卡钉的位置；距开关、插座和灯具木台 50 ～ 100mm 处都需增设塑料卡钉的固定点

续表

序号	项　目	内　容	要求或备注
4	线槽配线	1. 线槽选择。①正常环境的室内场所和有酸碱腐蚀介质的场所，一般选择塑料线槽配线，但高温和易受机械损伤的场所不宜采用。②必须选用经阻燃处理的塑料线槽，外壁应有间距不大于1m的连续阻燃标记和制造厂标，其氧指数应在27以上。若塑料线槽采用高压聚乙烯及聚丙烯制品，其氧指数在26以下为可燃型材料，在工程中禁止使用。③弱电线路可采用难燃型带盖塑料线槽在建筑顶棚内敷设。④选用塑料线槽型号应考虑到槽内导线填充率及允许载流导线数量。⑤金属线槽的选择。正常环境的室内场所明敷，一般选用金属线槽配线。由于金属线槽多由薄钢板制成，所以有严重腐蚀的场所不应采用金属线槽配线。选择金属线槽时，应考虑到导线的填充率及允许敷设载流导线根数的规定等要求。选用的金属线槽及其附件，其表面应是经过镀锌或静电喷漆等防腐处理过的定型产品，其规格、型号应符合设计要求并有产品合格证。线槽应内外光滑、平整，无毛刺、扭曲和变形等现象。地面内暗装金属线槽配线，适用于正常环境下大空间且隔断变化多、用电设备移动性大或敷有多种功能线路的场所，将电线或电缆穿入封闭式的矩形金属线槽内。地面内暗装线槽应根据强、弱电线路配线情况选择单槽型或双槽分离型两种结构形式。 2. 塑料线槽配线。①定位画线：为了美观，线槽一般沿建筑物墙、柱、顶的边角处布置，要横平竖直。为了便于施工，不能紧靠墙角，有时要有意识地避开不易打孔的混凝土梁、柱。位置定好后先画线，一般用粉袋弹线，由于线槽配线一般都是后加线路，施工过程中要保持墙面整洁。弹线时，横线弹在槽上沿，纵线弹在槽中央位置，这样安上线槽就把线挡住了。②槽底下料：根据所画线位置把槽底截成合适长度，平面转角处槽底要锯成45°斜角，下料用手钢锯。有接线盒的位置，线槽到盒边为止。③固定槽底和明装盒：用木螺钉把槽底和明装盒用胀管固定好。槽底的固定点位置，直线段小于0.5m；短线段距两端0.1m。在明装盒下部适当位置开孔，准备进线用。④下线、盖槽盖：按线路走向把槽盖料下好，由于在拐弯分支的地方都要加附件，槽盖下料时要把长度控制好，槽盖要压在附件下8～10mm。进盒地方可以使用进盒插口，也可以直接把槽盖压入盒下。直线段对接时上面可以不加附件，接缝要接严。槽盖的接缝最好与槽底接缝错开。把导线放入线槽，槽内不准接线头，导线接头在接线盒内进行。放导线的同时把槽盖盖上，以免导线掉落。⑤接线盒内连接线和连接设备（开关、插座、灯头等）。⑥绝缘测量和通电实验	1. 线槽内导线敷设应符合下列规定：①导线的规格和数量应符合设计规定；当设计无规定时，包括绝缘层在内的导线总截面积不应大于线槽截面积的60%；②在可拆卸盖板的线槽内，包括绝缘层在内的导线接头处所有导线截面积之和，不应大于线槽截面积的75%；在不易拆卸的盖板的线槽内，导线的接头应置于线槽的接线盒内。 2. 导线敷入线槽前，应清扫线槽内残余的杂物，使线槽保持清洁。 3. 敷设前应检查所选择的导线是否符合设计要求，绝缘是否良好，导线按用途分色是否正确。放线时应边放边整理，理顺平直，不得混乱，并将导线按回路（或系统）用尼龙绑扎带或线绳绑扎成捆，分层排放在线槽内并做好永久性编号标志。 4. 强电、弱电线路应分槽敷设，消防线路（火灾和应急呼叫信号）应单独使用专用线槽敷设，其两种线路交叉处应设置有屏蔽分线板的分线盒。 5. 金属线槽交流线路，所有相线和中性线（如有中性线时）应敷设在同一线槽内。 6. 同一路径无防干扰要求的线路，可敷设于同一金属线槽内，但同一线槽内的绝缘电线和电缆都应具有与最高标称电压回路绝缘相同的绝缘等级

续表

序号	项　目	内　容	要求或备注
5	PVC 管配线	1. 塑料管敷设。①施工方法：水平走向的线路宜自左至右逐段敷设，垂直走向的宜由下至上敷设。② PVC 管的弯曲不需加热，可直接冷弯，为了防止弯瘪，弯管时在管内插入弯管弹簧，弯管后将弹簧拉出，弯管半径不宜过小，如需小半径转弯时可用定型的 PVC 弯管或三通管。在管中部弯曲时，将弹簧两端拴上铁丝，便于拉动。不同内径的管子配不同规格的弹簧。PVC 管切割可以用手钢锯，也可以用专用剪管钳。③ PVC 管连接、转弯、分支可使用专用配套 PVC 管连接附件。连接时应采用插入连接，管口应平整、光滑，连接处结合面应涂专用胶合剂，套管长度宜为管外径的 1.5 ～ 3 倍。④多管并列敷设的明设管线，管与管之间不得出现间隙；在线路转角处也要求达到管管相贴，顺弧共曲，故要求弯管加工时特别小心。⑤在水平方向敷设的多管（管径不一）并设线路，一般要求大规格线管置于下边，小规格线管安排在上边，依次排叠。多管并设的管卡，由施工人员按需自行制作，应制得大小得体，骑压着力，以能使管管平服为标准。⑥安装接线盒。管口与接线盒连接，应由两只薄型螺母由内向外拼紧盒壁。⑦管口进入电源箱或控制箱等：管口应伸入 10mm；如果是钢制箱体，应用薄型螺母内外对拧并紧固。在进入电源箱或控制箱前在近管口处的线管应作小弧度的折曲；不应直线伸入。⑧ PVC 管敷设时应减少弯曲，当直线段长度超过 15m 或直角弯超过 3 个时，应增设接线盒。 2. PVC 塑料管明敷线管的固定。线管的固定可以用管卡、胀管、木螺钉直接固定在墙上；明设的线管是用管卡（俗称骑马）来支撑的。单根管线可选用成品管卡，规格的标称方法与线管相同，故选用时必须与管子规格相匹配。 3. 扫管穿线。①穿钢丝。使用 ϕ1.2mm（18 号）或 ϕ1.6mm（16 号）钢丝，将钢丝端头弯成小钩，从管口插入。由于管子中间有弯，穿入时钢丝要不断向一个方向转动，一边穿一边转，如果没有堵管，很快就能从另一端穿出。如果管内弯较多不易穿过，则从管的另一端再穿入一根钢丝，当感觉到两根钢丝碰到一起时，两人从两端反方向转动两根钢丝，使两钢丝绞在一起，然后一拉一送，即可将钢丝穿过去。②带线。钢丝穿入管中后，就可以带导线了。一根管中导线根数多少不一，最少 2 根，多至 5 根，按设计所标的根数一次穿入。在钢丝上套入一个塑料护口，钢丝尾端做一死环套，将导线绝缘剥去 5cm 左右，几根导线均穿入环套，线头弯回后用其中一根自缠绑扎；多根导线在拉入过程中，导线要排顺，不能有绞合，不能出死弯，一个人将钢丝向外拉，另一个人拿住导线向里送。导线拉过去后，留下足够的长度，把线头打开取下钢丝，线尾端也留下足够的长度剪断，一般留头长度为出盒 100mm 左右。在施工中自己注意总结体会一下，要够长以便于接线操作，又不能过长，否则接完头后盒内盘放不下。③有些导线要穿过一个接线盒到另一个接线盒，一般采取两种方法：一种是所有导线到中间接线盒后全部截断，再接着穿另一段，两段在接线盒内进行导线连接；另一种是穿到中间接线盒后继续向前穿，一直穿到下一个接线盒。两种做法第一种比较清晰，不易穿错线，第二种盒内接线少，占空间小，省导线	在进行管内穿线时应注意以下事项： 1. 在穿线前应将管内的积水及杂物清理干净。对于弯头较多或管路较长的钢管，为减少导线与管壁摩擦，可向管内吹入滑石粉，以便穿线。这样有利于管内清洁、干燥，并便于维修和更换导线。 2. 为避免钢管的锋利管口磨损导线绝缘层及防止杂物进入管内，导线穿入钢管前，管口处应装设护圈以保护导线；在不进入接线盒（箱）的垂直管口，穿入导线后应将管口密封。导线穿入硬塑料管前，应先清理管口毛刺刃口，防止穿线时损坏导线绝缘层。 3. 穿管导线的绝缘强度不小于 500V，导线最小截面：铜芯线为 1mm^2，铝芯线为 2.5mm^2。 4. 不同回路、不同电压等级和交流与直流的导线，不得穿在同一根管内，但有特殊规定的除外。导线在管内不应有接头和扭结，接头应设在接线盒内。 5. 同类照明的几个回路，在设计允许的情况下可穿入同一根管内，但管内导线总数不多于 8 根。 6. 管内导线包括绝缘层在内的总截面积不应大于管子截面积的 40%。 7. 盒内所有接线除要用来接电器外，其余线头都要事先接好，并缠好绝缘。要在接线盒内接线和连接用电设备（开关、插座、灯头、电器等）。 8. 接线完成后要做绝缘测量及通电试验

续表

序号	项　目	内　容	要求或备注
6	导线在接线盒内的连接	1. 单股绝缘导线在接线盒内的连接。①两根铜导线连接时，将连接线端相并合，在距绝缘层 15mm 处将线芯捻绞 2 圈，留适当长度余线剪断折回压紧，防止线端部插破所包扎的绝缘层；3 根及以上单芯铜导线，可采用单芯线并接方法进行连接，将连接线端相并合，在距绝缘层 15mm 处用其中一根线芯在其连接线端缠绕 5 圈剪断。把余线头折回压在缠绕线上，并应包扎绝缘层。②对不同直径铜导线接头，如软导线与单股粗线连接，应先进行挂锡处理，并将软线端部在单股粗线上距离绝缘层 15mm 处交叉，向粗线端缠绕 7 ~ 8 圈，再将粗线端头折回，压在软线上。③两根铝导线剥离绝缘层一般为 30mm，将导线表面清理干净，根据导线截面和连接根数，选用合适的端头压接管，把线芯插入适合线径的铝管内，用端头压接钳将铝管与线芯压实。 2. 多股绝缘绞线在接线盒内的连接。①铜绞线并接时，将绞线破开顺直并合拢，用多芯导线分支连接缠卷法弯制绑线，在合拢线上缠卷。其缠卷长度应为双根导线直径的 5 倍。②盒内分支电线的连接。在接线过程中导线需要分支时，应在器具中、盒内连接，其方法可利用盒内导线分支或开关和吊线盒及其他电气器具中的接线桩头分支。导线利用接线桩头分支，其导线分支不宜过多，导线直径也不宜过大，且分支（路）电流应与总电流相匹配（导体载流量）	

（五）接户线、进户线安装（见表 9-9）

表 9-9　接户线、进户线安装

<table>
<tr><th>序号</th><th>项　目</th><th>内　容</th><th>要求或备注</th></tr>
<tr><td>1</td><td>作业准备</td><td>1. 路径的选择。进行接户线的安装时，应选择合适的路线和进户点。按规定，同一个用电单位（用户）只应有一个进户点。进户点的位置应尽可能靠近供电线路且明显可见，便于施工维护；进户端支撑物应牢固，进户线所在房屋应坚固并不漏水。
2. 导线的选择。为确保用电的安全、可靠，农村低压接户线和室外导线应采用耐气候型的绝缘电线，其导线截面的选择应按用户实际负荷的需要，并结合导线的允许载流量进行选择，但所选择的绝缘导线的最小截面不得小于下表所示的规定值。
<table>
<tr><th>架设方式</th><th>档距（m）</th><th>绝缘铜线（mm²）</th><th>绝缘铝线（mm²）</th></tr>
<tr><td rowspan="2">自电杆引下</td><td>≤ 10</td><td>2.5</td><td>6.0</td></tr>
<tr><td>10 ~ 25</td><td>4.0</td><td>10.0</td></tr>
<tr><td>沿墙敷设</td><td>≤ 6</td><td>2.5</td><td>4.0</td></tr>
</table>
3. 接户线两端绝缘子和接户线支架的选用。接户线自电杆引下（下杆）端和用户端，应根据导线拉力大小选用针式或蝶式绝缘子，接户线两端均应绑扎在绝缘子上，其绝缘子和接户线支架按下列规定选用：①导线截面在 16mm² 及以下时，可采用针式绝缘子，支架宜采用不小于 50mm×5mm 的扁钢或 40mm×40mm×4mm 的角钢，也可采用 50mm×50mm 的方木。②导线截面在 16mm² 以上时，应采用蝶式绝缘子，支架宜采用 50mm×50mm×5mm 的角钢或 60mm×60mm 的方木</td><td></td></tr>
</table>

续表

<table>
<tr><th>序号</th><th>项　目</th><th>内　容</th><th>要求或备注</th></tr>
<tr><td>2</td><td>接户线架设</td><td>1. 安装方式。接户线下杆到用户端的安装采用横担分相固定时，横担的安装应牢固且横担的长度应满足规定线间距离的要求。分相架设的低压绝缘接户线的线间最小距离应不小于下表规定的数值。沿墙敷设时，可用预埋件或膨胀螺栓及低压蝶式绝缘子，预埋件或膨胀螺栓的间距以不超过 6m 为宜。
<table><tr><th colspan="2">架设方式</th><th>档距（m）</th><th>线间距离（mm）</th></tr><tr><td colspan="2">自电杆引下</td><td>25 及以下</td><td>150</td></tr><tr><td rowspan="2">沿墙敷设</td><td>水平排列</td><td>4 及以下</td><td>100</td></tr><tr><td>垂直排列</td><td>6 及以下</td><td>150</td></tr></table>
2. 接户线的固定。①在杆上时应固定在绝缘子上，固定时接户线不得本身缠绕，应用直径不小于 2.5mm 的单股塑料铜线绑扎。绑扎方式与蝶式绝缘子终端绑扎法相同。②在用户墙上使用挂线钩、悬挂线夹、耐张线夹（有绝缘衬垫）和绝缘子固定。③挂线钩应固定牢固，可采用穿透墙的螺栓固定，内端应有垫铁。混凝土结构的墙壁可使用膨胀螺栓，禁止用木塞固定。
3. 接户线两端绝缘子的绑扎。根据接户线的安装规定，接户线不能在档距中间悬空连接，必须从低压配电线路电杆绝缘子上引接，接户线两端应设绝缘子固定，导线在两端绝缘子上的绑扎长度应符合规定。当采用蝶式绝缘子安装时应防止瓷裙积水。
4. 下杆线与低压绝缘导线间的连接。应符合有关规定的要求且应做好绝缘、防水处理。绝缘线与绝缘子接触部分应用绝缘胶带缠绕，缠绕长度应超出绑扎部位或与绝缘子接触部位两侧各 30mm。绝缘胶带在缠绕时，每圈应压叠带宽的 1/2</td><td>1. 安装应在停电条件下进行。
2. 农村低压接户线不得跨越铁路或公路，并应尽量避免跨越房屋。在最大摆动时，不应有接触树木和其他建筑物的现象。
3. 接户线安装后，在导线最大弧垂时对公路、街道和人行道及周围其他物体的最小距离应满足规定要求。
4. 当接户线档距超过规定要求或进户端低于 2.5m 及因其他安全需要时，需加装接户杆（也称下户杆）来支持接户线进户。进户杆杆顶应安装镀锌铁横担，横担上安装低压 ED 形绝缘子，用来支持单相两线的，一般规定角钢规格不应小于 40mm × 40mm × 5mm；用来支持三相四线的，一般角钢规格不应小于 50mm × 50mm × 6mm。两绝缘子在角钢上的距离不应小于 150mm</td></tr>
<tr><td>3</td><td>进户线安装</td><td>进户线通常用角钢支架加装绝缘子来支持接户线和进户线的安装。①进户线应采用护套线或硬管布线，其长度一般不宜超过 6m，最长不得超过 10m。进户线应选用绝缘良好的导线。进户线的截面应满足导线的安全载流量，且应不小于用户用电最大负荷电流或电能表最大载流量。②进户线穿墙时，应套上瓷管、钢管或塑料管，要注意穿钢管时各线不得分开穿管。③进户线的安装应有足够的长度，户内一端一般接于总熔断器盒，户外一端与接户线连接后应保持 200mm 的弛度，户外进户线一般不应短于 800mm</td><td>1. 安装应在停电条件下进行。
2. 管口与接户线第一支持点的垂直距离宜在 0.5m 以内。
3. 金属管、塑料管在室外进线口应做防水弯头，弯头或管口应向下。
4. 穿墙硬管或 PVC 管的安装应内高外低，以免雨水灌入，硬管露出墙壁外部分不应小于 30mm。
5. 用钢管穿墙时，同一交流回路的所有导线必须穿在同一根钢管内，且管的两端应套护圈。
6. 导线在穿管内严禁有接头。
7. 进户线与通信线、闭路线、IT 线等应分开穿管进户</td></tr>
</table>

（六）照明安装（见表 9-10）

表 9-10　照明安装

序号	项　目	内　容	要求或备注
1	灯具选用	1. 根据光源特性选用。①民用建筑照明中无特殊要求的场所，宜采用光效高的光源和效率高的灯具。②开关频繁、要求瞬时启动和连续调光等场所，宜采用白炽灯和卤素灯光源。③高大空间场所的照明，应采用高光强气体放电灯。④大型仓库应采用防燃灯具，其光源应选用高光强气体放电灯。⑤应急照明必须选用能瞬时启动的光源。当应急照明作为正常照明的一部分，并且应急照明和正常照明不出现同时断电时，应急照明可选用其他光源。 2. 根据配光特性选用。①在一般民用建筑和公共建筑内，多采用半直射型、漫射型和荧光灯具，使顶棚和墙壁均有一定的光照，使整个室内的空间照度分布均匀。②生产厂房多采用直射型灯具，使光通量全部投射到工作面上，高大厂房可采用探照型灯具。③室外照明多采用漫射型灯具。 3. 根据环境条件选用。①一般干燥房间采用开启式灯具。②在潮湿场所，应采用瓷质灯头的开启式灯具；湿度较大的场所，宜采用防水防潮式灯具。③含有大量尘埃的场所，应采用防尘密闭式灯具。④在易燃易爆等危险场所，应采用防爆式灯具。⑤在有机械碰撞的场所，应采用带有防护罩的保护式灯具	
2	照明附件选用	1. 灯座。灯座的作用是固定灯泡（或灯管）并供给电源。按其结构形式分为螺口和卡口（插口）灯座；按其安装方式分为吊式灯座（俗称灯头）、平灯座和管式灯座；按其外壳材料分为胶木、瓷质和金属灯座；按其用途还可分为普通灯座、防水灯座、安全灯座和多用灯座等。 2. 开关。开关的作用是接通或断开照明电源，一般称为灯开关。开关根据安装形式分为明装式和暗装式：明装式有拉线开关、扳把开关（又称平开关）等；暗装式多采用翘板开关和扳把开关。按结构分为单极开关、双极开关、三级开关、单控开关、双控开关、多控开关、旋转开关等。 3. 插座。插座是为移动式照明电器、家用电器或其他用电设备提供电源的器件。插座也有明装、暗装之分。按其结构可分为单相双极双孔、单相三极三孔（有一极为保护接零或接地）、三相四极四孔和组合式多用插座等	
3	灯具安装	1. 线吊式安装。白炽灯等一般采用此方式，直接由软线承重，但由于挂线盒内接线螺钉承重较小，因此需在吊线盒内打好线结，使线结卡在盒盖的线孔处，有时还在导线上采用自在器，以便调整灯的悬挂高度。 2. 吊链式安装。与软线吊灯相似，但悬挂重量由吊链承担，下端固定在灯具上，上端固定在吊线盒内或挂钩上。 3. 吊杆式安装。当灯具自重较大时，可采用钢管来悬挂灯具。吊管应选用内径不小于 10mm 的薄壁钢管。 4. 吸顶式安装。吸顶式是通过木台将灯具吸顶安装在屋顶上。在空心楼板上安装木台时，可采用弓形板固定。 5. 嵌入式安装。适用于室内有吊顶的场所。在吊顶制作时，根据灯具的嵌入尺寸预留孔洞，再将灯具嵌装在吊顶上。 6. 壁式安装。壁灯通常装设在墙上或柱子上。安装在墙上时，应在墙上预埋木砖或金属构件，安装灯具时将木台固定在木砖或金属件上，在木台上固定开关和插座。装在柱子上时，应在柱子上预埋金属构件或用抱箍将金属构件固定在柱子上，壁灯下沿离地面的高度为 1.8 ～ 2.0m	1. 牢固可靠。 2. 灯具完好，配件齐全。 3. 灯架及线管内导线无接头。 4. 金属外壳接地。 5. 导线截面积合适。 6. 安装高度适当。 7. 灯头接线正确。 8. 室外灯具应作防水弯

续表

序号	项　目	内　容	要求或备注
4	开关安装	1. 明装。开关明装时，应先在定位处预埋木榫或膨胀螺栓（多采用塑料胀管）以固定木台，然后在木台上安装开关。安装顺序为：预埋木榫→固定木台→安装底座→导线连接→安装开关盖。 2. 暗装。应在墙壁预装专用安装盒，再用水泥砂浆填充抹平，接线盒口应与墙面粉刷层平齐，等穿线完毕后再安装开关，其盖板或面板应端正紧贴墙面	1. 开关类型及结构应适应安装场所的环境及配线方式的要求。 2. 开关的额定电流不应小于所控电器的额定电流，开关的额定电压应与受电电压相符。开关的绝缘电阻不应低于2MΩ，耐压强度不应低于2000V。 3. 无论何种安装方式，开关均应控制相线。 4. 开关位置应与灯位相对应，同一室内开关的开、闭方向应一致。成排安装的开关，其高度应一致，高度差应不大于5mm。 5. 暗装式开关的盖板应端正、严密，与墙面齐面。明装式开关应装在厚度不小于15mm的木台上
5	插座安装	插座也有明装和暗装两种方式，安装方法与开关相似。明装时，先固定木台，然后将插座用木螺钉拧在木台上；暗装插座要预埋接线盒，然后将插座固定在接线盒上。木台、接线盒的固定用膨胀螺栓。 1. 明装两孔插座。①剥去双芯护套线绝缘层，并将剥好的导线用铝片线卡固定在墙上。②用锥子在木台板上钻孔，并在木台板上开一个小槽，让电线穿过木台板的两个孔，用螺钉把木台板固定在墙上。③打开插座盖，将电线穿过插座底座上的穿线孔（相线在右），把插座用木螺钉固定在木台板上。④相线接右边接线柱，零线接左边接线柱，检查正确后，装上插座盖。⑤切断电源，将护套线的另一端两根线分别接电源的相线和零线，并包好绝缘布。接好导线后再接通电源，用验电笔检验插座中的相线和零线位置是否正确，不正确则进行对调。 2. 明装三孔插座。①将剥去两端绝缘层的三芯导线固定在墙上。②、③同两孔插座安装步骤中的②、③。④相线接右边接线柱，零线接左边接线柱，地线接上端接线柱；⑤切断电源，将护套线的另一端两根线分别接电源的相线和零线，并包好绝缘布。接好导线后再接通电源，用验电笔检验插座中的相线和零线位置是否正确，不正确则进行对调。 3. 暗装。①在已预埋入墙中的导线端的安装位置上按暗盒的大小凿孔，并凿出埋入墙中的导线管走向位置。将管中导线穿过暗盒后，把暗盒及导线管同时放入槽孔中，用水泥砂浆填充固定。暗盒应安放平整，不能偏斜。②将预埋的导线剥去15mm左右的绝缘层后，接入插座接线柱中，拧紧螺钉。③将插座固定在暗盒上，压入装饰盖	1. 在安装插座时，插座接线孔要按一定顺序排列：单相双孔垂直排列时，相线孔在上方，零线孔在下方；单相双孔水平排列时，相线在右孔，零线在左孔；单线三孔插座，保护接地在上孔，相线在右孔，零线在左孔；三相四线四孔插座，左、右、下孔为相线，上孔为接地线；三相三线三孔插座，三孔均为相线。 2. 多孔插座的保护接零或接地线必须可靠接地，不允许接地线与零线并接。 3. 相线和零线不可接反。 4. 明装插座距离地面不低于1.4m，暗装插座距离地面不低于0.3m。 5. 同一场所的不同电压及交、直流插座应严格区分，不得混插

七、应急配电网搭建

（一）作业任务

应急情况下进行 0.4kV 架空线路架设及接户线安装作业，为灾区重要用户提供应急供电和照明。作业内容包括应急杆塔组立（ϕ190mm×15m 拔梢砼杆 4 基），拉线制作安装，横担、金具及绝缘子安装，三相四线制架空导线安装（放线、紧线、导线固定），接户线安装，室内配电安装，应急供电操作等。应急低压配电线路示意图如图 9-22 所示。

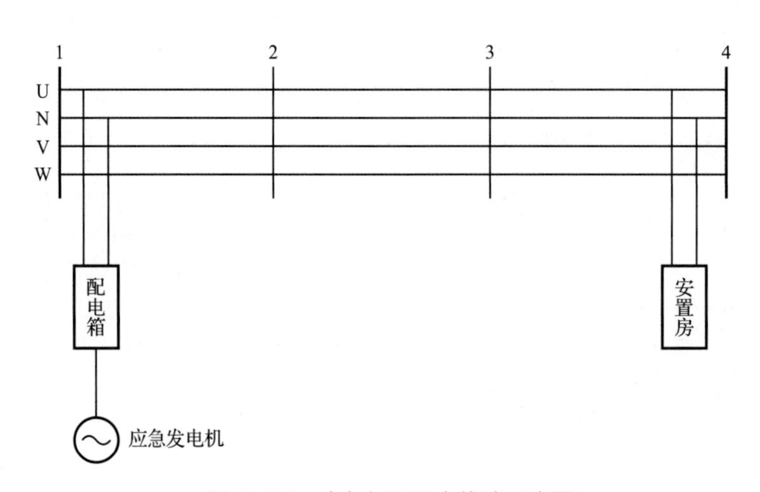

图 9-22　应急低压配电线路示意图

（1）架设 0.4kV 低压架空线路 1 段（LGJ-50），导线两端留 300mm 余线剪断。

（2）在 4 号杆处安装接户线下接横担，接 U 相 220V 单相接户线（BLV-25）连接于建筑物外墙入户横担。

（3）在线路始端 1 号杆处，用 BLV-25 导线作为应急电源接入线，连接于 U 相架空线，并通过配电箱与应急发电机连接。

（4）在接户线下连接进户配电箱，与应急安置房连接。

（5）在彩钢板安置房进行户内低压配电箱安装、室内配线、照明回路安装（开关、灯具）、墙壁插座安装等。要求从进户配电箱空气断路器出线端，经 PVC 敷设护套线穿墙（穿墙孔已预设）接入板房内墙安装的户内配电箱，在配电箱内安装 1 个总断路器（DZ47LEC32），安装负载断路器 2 个（DZ47-63C10），分别控制照明回路和插座回路，负载回路采用护套线经塑料线槽布线形式，将方形线槽固定在板房内壁预设的布线木板（宽 300mm，厚 20mm）上，在指定位置安装白炽灯 1 盏并由翘板开关控制、安装墙壁插座 1 个，电路连接完成并确认无误后，逐级合上断路器及控制开关，低压配电回路投入运行。安置房内低压配电接线示意图如图 9-23 所示。

（6）所有安装工作完成并检查核对无误后，经倒闸操作，由应急发电机通过应急线路提供电源，为受灾用户提供应急供电，并启动应急照明。

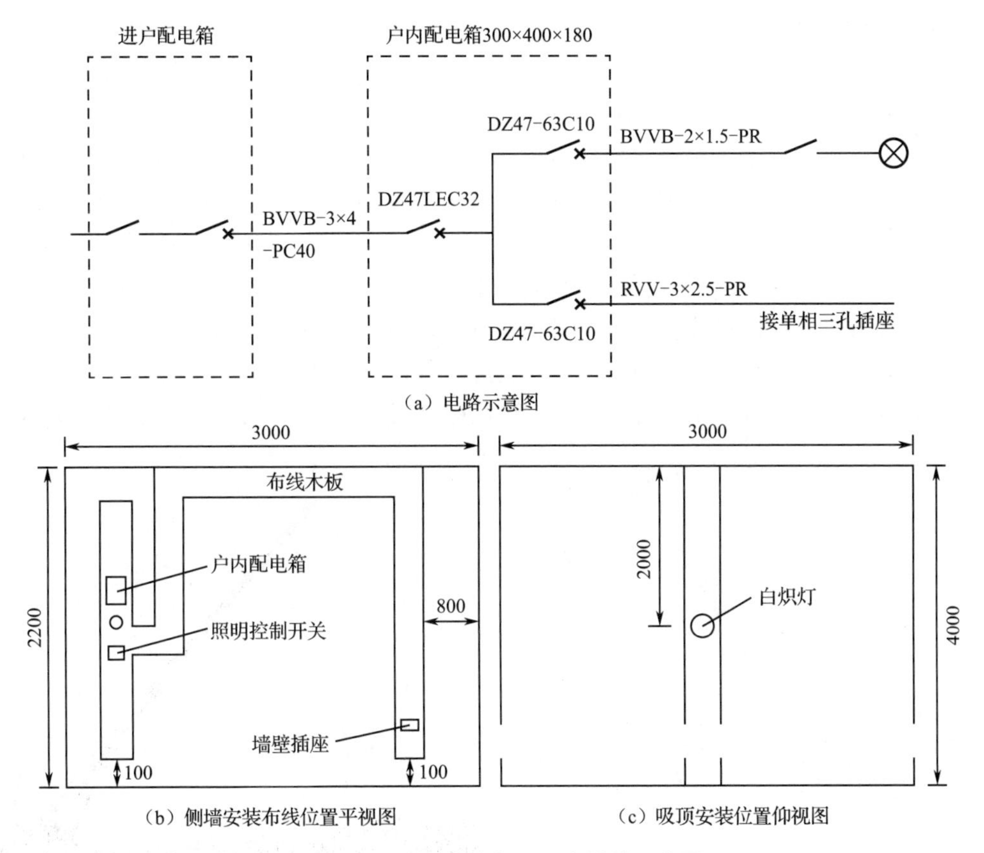

图 9-23　安置房内低压配电接线示意图

(二) 作业流程

1. 作业前准备工作

所有人员正确穿戴工作服及安全帽，持证作业；现场作业条件及安全防护措施不完善，不得开始作业；所有装备、工器具及材料数量充足，状态完好无缺陷。

(1) 工作负责人（监护人）向作业成员明确交代作业内容、范围、要求及人员分工；明确交代安全注意事项、危险点及预控措施，并进行安全技术交底，签署安全技术交底表；会同工作成员检查现场作业条件是否符合作业要求，安全防护措施是否正确完备。

(2) 检查确认现场装备、工器具及材料是否满足作业需要。横担、金具、绝缘子须有合格证。表面光洁无裂纹、毛刺、飞边、沙眼、气泡等；镀锌层良好，无锌皮脱落锈蚀现象，瓷件与铁件组合不歪斜、组合紧密；弹簧销、垫弹力合适，厚度符合规定。

2. 立杆

立杆作业的方法主要有脱落式人字抱杆法立杆、人工立杆和吊车立杆等，临时供电中常采用如图 9-24 所示的人工立杆或如图 9-25 所示的吊车立杆，本次作业采用吊车立杆作业法。

操作步骤：工作前准备（履行工作票许可手续。检查杆坑大小、杆位、深度）→吊车位置确定（选择合适位置停好吊车，固定吊车支撑腿，为防止支撑腿下沉，在支撑腿下装设垫物，全部支撑腿都应支撑平稳牢固，并使吊车保持水平）→系吊点（选取电杆吊点，系 3 根临时控制拉绳（晃绳）于吊点上部）→起吊前检查（根据吊车立杆的施工技术措施，按起吊现场的布置，检查各项措施及工器具是否符合要求。立杆过程中，要严防重物伤人及倒杆伤人，杆坑内严禁有人工作。除工作负责人及指定人员外，其他人员必须在杆下远离1.2倍杆高的距离之外）→指挥起吊电杆（专人指挥，统一信号。当电杆离开地面0.5～1m时，应停止起吊，对电杆各受力点进行检查，确无问题后方可继续起吊。在电杆起吊时，注意整个过程的工作情况，发现异常情况，及时处理）→调整电杆（电杆立好后，调整电杆垂直至符合要求。直线杆的横向位移不应大于50mm。直线杆倾斜，10kV及以下线路杆梢的位移不应大于杆梢直径的1/2）→回填土夯实（基坑每回填500mm应夯实一次；松软土质的基坑，回填土时应增加夯实次数或采取加固措施。回填土后的电杆基坑宜设置防沉土层，基坑回填土土块应打碎。土层上部面积不宜小于基坑面积，培土高度应超出地面300mm）→工作终结[已经立起的电杆，只有在杆基回填土完全夯实后，方可撤除临时拉绳（晃绳）、吊点，清理现场]。

图9-24 人工立杆

图9-25 吊车立杆

3. 拉线制作与安装

（1）拉线类型及其作用

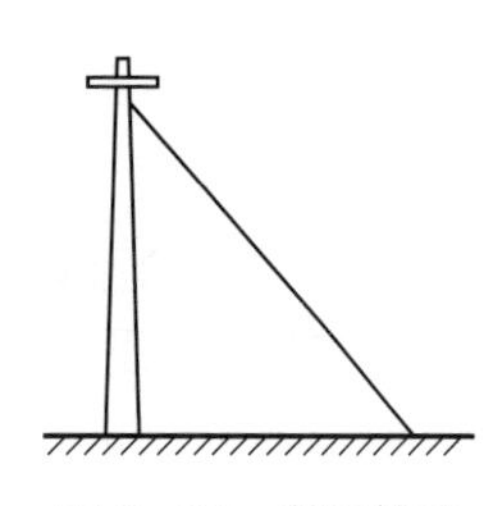

图9-26 普通拉线

杆塔拉线是用来平衡导线拉力或风压的一种电杆加固装置。根据应用场所不同，拉线有普通拉线、人字拉线、十字拉线、水平拉线、V形拉线、弓形拉线等多种形式，本次作业制作普通拉线，如图9-26所示。

普通拉线通常分上下两部分，拉线上部连接电杆，称为上把，与上把连接的部分称为中把；拉线下部包括拉线环、拉线棒，称为下把。拉线上把固定在电杆拉线抱箍上，拉线如从导线间穿过时，在上、中把的连接部分应装设拉线绝缘子，在断开拉线的情况下，拉线绝缘子距地面应不小于2.5m。拉线上端用楔形线夹与抱箍连接，下端用UT形线夹与拉线棒相连。拉线应用镀锌钢绞线制作，用镀锌铁线制作的拉线已逐步被钢绞线取代。拉线规格由设计计算确定，但不小于规程规定的最小截面（镀锌钢绞线为25mm^2，镀锌铁线为3×ϕ4.0mm）。

（2）拉线制作

① 拉线的绑扎法。拉线的上把环和下把环都要设置心形环，拉线环的绑扎宜用直径不小于 3.2mm 镀锌铁线缠绕整齐、紧密。上把环内径为 16 ～ 25mm，中把环长径不得大于拉线绝缘子长径的 1.5 倍。

② 上中把环的制作方法。按上中把环的内径将镀锌铁线密缠 120mm，扳起钢绞线端头，在本线上密缠 50mm，再将钢绞线端头压下去，密缠 80mm 后拧三个花的小辫，余线剪去。

③ 拉线下把环制作方法。将镀锌钢绞线握成能容纳拉线棒直径 1.5 倍大小的环，用直径 3.2 ～ 4.0mm 的镀锌铁线密缠 200 ～ 300mm，在相距 250mm 处再密缠 50mm 后拧三个花的小辫，余线剪去。

④ 拉线绝缘子套环的制作方法。在拉线绝缘子长径 1.5 倍处用 3 ～ 4 个钢线卡子，将钢绞线卡紧不得抽动。

（3）拉线安装

普通拉线与电杆夹角一般为 45°，受地形限制时不应小于 30°，防风拉线装设方向应与线路方向垂直；拉线坑的深度按受力大小及地质情况确定，一般为 1.2 ～ 2.2m，拉线棒最小直径为 ϕ16mm；拉线棒一般经过镀锌防腐处理，严重腐蚀地区自地下 500mm 至地上 200mm 处采用涂沥青、缠两层麻袋片防腐。

4. 应急配电线路架设

1）横担及金具、绝缘子安装

（1）耐张杆。① 2 名杆上电工登杆，并在工作点合适位置站稳，系好安全带。②地面电工准备材料起吊工作。③杆上人员用传递绳起吊材料，进行横担组装，紧固长螺栓，调整横担水平且垂直于线路方向。④起吊并安装连接金具。⑤起吊并安装绝缘子，将耐张线夹与悬式绝缘子串相连。

横担安装离拉线抱箍 50mm；横担两端上下歪斜不应大于 20 mm；横担两端前后扭斜不应大于 20 mm；螺栓安装方向正确，垂直方向由下向上穿入；水平方向应顺线路方向，由送电侧穿入；横线路方向，面向受电侧由左向右穿入；悬式绝缘子上的销子一律向下穿；绝缘子串在线路方向和垂直线路方向均应转动灵活；横担安装水平，无明显扭歪，安装后受力无滑动；所有螺母紧固无松动，螺母紧固后露出的螺杆不应少于 2 ～ 3 个丝扣。

（2）直线杆。① 1 名杆上电工登杆，并在工作点合适位置站稳，系好安全带。②地面电工准备材料起吊工作。③杆上人员用传递绳起吊材料，进行横担组装。④起吊并安装连接金具。⑤起吊并安装针式绝缘子，针式绝缘子安装在横担上应垂直固定，无松动。

横担安装离杆顶 200mm；横担安装在受电侧；所有螺母紧固无松动，螺母紧固后露出的螺杆不应少于 2 ～ 3 个丝扣；横担水平且垂直于线路方向；针式绝缘子安装在横担上应垂直固定，无松动；铁横担上的针式绝缘子应有弹簧垫圈或使用双螺母以防松脱；针式绝缘子顶槽与线路方向平行。

2）放线、紧线及导线固定

（1）人力放线。地面配合人员将线盘运至放线地点，支好放线架，在工作负责人指挥下展放导线。拖线时，凡是障碍物处都应有专人监护，发现异常情况应及时处理。将引线拉过滑轮，继续展放直至全线放完。放线时，放线盘及支架应放置平稳，转动灵活，制动可靠，专人监护。不得多根导线同时展放以免加大电杆侧压力造成倒杆事故。展放过程应匀速进行，发现导线磨损、断股时应立即停止并及时处理。

（2）紧线及导线固定。①紧线前，工作负责人应检查导线有无障碍物挂住。检查接线头、滑轮、横担处有无卡住现象，滑轮无跳槽现象，导线无损伤。检查杆塔的拉线及反方向的临时拉线或补强措施设置完毕，符合要求。②将耐张杆塔上待紧的导线挂好，直线杆上待紧的导线放在滑轮上。观测弧垂的人员到指定位置做好准备。紧线时，先由地面电工用拉动导线的方法收紧余线，然后杆上人员用紧线器拉住导线，防止余线回缩。在紧线端，紧线操作人员用紧线器收紧导线，同时与观测弧垂的人员紧密配合，调整弧垂至符合要求为止。紧线时应注意一边牵引导线一边观测弧垂，待弧垂接近规定值时放慢紧线速度；紧线时应检查杆塔受力情况，发现倾斜及时调整。③导线固定、附件安装。紧线后，必须在耐张杆用调节工具将导线与耐张线夹及绝缘子相连，导线所需过牵引量用调节工具调整，弧垂达到要求时，调节工具应能承受耐张绝缘子串及所带导线的重力。线头穿入耐张线夹紧固，回松调节工具时绝缘子串、导线及连接金具受力，所有附件安装完成后，复查绝缘子数量、外表质量、碗口朝向、R 销安装情况、螺栓穿向、销钉开口等是否符合规范要求。直线杆顶端针式绝缘子采用顶绑法将导线绑扎固定。

5. 引入接户线

（1）茶台采用双帽螺栓固定无松动，安装方向正确。

（2）接户线采用绝缘导线 BLV25，用并沟线夹固定引接，引接自 U、N 两线。

（3）两端绑扎长度不小于 8cm，副头无抽动或松动，绑扎起点（从瓷瓶边缘外起）在 10 ～ 15cm 之间；绑扎间隙不大于 1mm。

（4）尾线留（50±5）cm，并形成狗尾巴花固定在主线上，线头朝下，多余线头之和不大于 70cm。

（5）绝缘层剥离不伤及线芯，剥离长度适当。

（6）引线敷设做到横平竖直，美观大方，操作正确，符合工艺要求。弯曲处半径为 8 倍的导线半径，不出现硬折；弯曲位置距离紧固位置 50mm（±5mm）。接户线线头、线夹要打磨清除氧化层、涂电力复合脂。

6. 接入应急电源

安装引上线横担，引上线与架空线 U、N 用并沟线夹连接完好。要求便携式发电机接线前检查状态完好，接地良好；周围环境无安全隐患；接线前所有开关在开位；配电箱固定牢靠，开关、线材选择正确；开关进出线连接牢靠，绝缘层剥离长度适当；引上线沿电杆牢固固定；引上线线夹使用正确，连接牢固、规范、美观。

7. 安置房配电安装

1）户内配电箱安装

（1）确定安装位置、高度及安装方式。①配电箱应为制造商生产的标准配电箱。②安装场所应干燥、通风、无腐蚀、无灰尘、无振动、无杂物，无安全隐患。③配电箱与墙壁接触部分应涂刷防腐漆。④安装方式采用明装悬挂式，悬挂安装在板房内侧侧墙上。⑤明装配电箱应不低于 1.8m。

（2）安装固定。采用穿钉固定配电箱，根据板房厚度选取适当长度的穿钉，采用焊接或螺栓连接。首先定位确定四角固定点位置，用手电钻在固定位置处钻孔，其孔径及孔深应刚好将穿钉部分穿入，且孔洞应平直不得歪斜。安装穿钉后把箱体固定在紧固件上。

（3）接地。配电箱的箱体、箱门及箱底盘均应采用铜编织带或黄绿相间色铜芯软线可靠接于 PE 端子排，零线和 PE 线端子排应保证一孔一线。

（4）开关电器安装。①检查确认剩余电流断路器外观良好无破损，进行接通、断开试验，测试正常。②在配电箱内安装 3 个剩余电流断路器（漏电保护断路器），安装前确保断路器在断开位置。③采用上下两层布置，上层为总断路器，下层从左至右分别为插座回路断路器和照明回路断路器。④将 3 个断路器卡槽完全对应卡在箱体滑轨上，吻合严密，排列整齐紧密，无歪斜。

（5）箱内配线。用 2.5mm^2 的单芯铜线作为连接导线，按照电路图，将 3 个剩余电流断路器按照“一进两出”进行导线连接。①相线采用红色，中性线采用蓝色。②按照说明书进行剩余电流断路器接线，防止接错线或装错。③分清电源端和负载端，上端电源端由 N、1、3、5 端子引入，下端负载端由 N、2、4、6 端子引出，不可接错。④接零系统的零线，应在引入线处或线路末端的配电箱处做好重复接地。

2）室内用电回路安装

根据电路图要求，在板房内侧墙墙壁及顶棚预设的布线木板上，采用护套线在 PVC 线槽内进行配线，线路采用明敷方式敷设于板房墙壁及顶棚上；在指定位置安装照明回路的灯具、翘板开关和插座回路的插座。

① 定位画线。首先以布线木板的中心线与线槽中心线重合确定线槽安装位置及走向，然后用弹线墨斗在木板上画线，并预留照明开关安装盒、明装插座安装盒和吸顶木台的安装位置。

② 槽底下料。根据所画线位置把槽底截成合适长度，平面转角处槽底要锯成 45° 斜角，下料用手钢锯。有接线盒的位置，线槽到盒边为止。

③ 固定槽底和明装盒。用木螺钉把槽底和明装盒用胀管固定好。槽底的固定点位置，直线段小于 0.5m；短线段距两端 0.1m。在明装盒下部适当位置开孔，准备进线用。

④ 下线、盖槽盖。照明回路采用 BVVB-2×1.5 导线，插座回路采用 BVVB-3×2.5 导线，按线路走向把槽盖料下好，由于在拐弯分支的地方都要加附件，槽盖下料时要把长度控制好，槽盖要压在附件下 8 ～ 10mm。进盒的地方可以使用进盒插口，也可以直接把槽盖压入盒下。直线段对接时上面可以不加附件，接缝要接严。槽盖的接缝与槽底接缝错开。把导线放入线槽，槽内不准有接线头，导线接头在接线盒内进行。放导线的同时把槽盖盖上，以免导线掉落。

⑤ 白炽灯安装。将灯具木台用木螺钉安装固定在顶棚布线木板上指定位置（顶棚中心），将普通螺口灯座用木螺钉固定在木台上，将导线线头与灯座连接，将白炽灯泡在螺口灯座上拧紧。

⑥ 翘板开关安装。在户内配电箱下方适当位置以明装方式安装翘板开关 1 个，以控制灯泡。先用木螺钉将开关安装盒固定在木板上，然后将出、入侧导线（相线）与开关连接，将开关固定在安装盒上，盖好开关盖板。

⑦ 插座安装。在安装示意图指定位置处以明装方式安装单相三孔插座 1 个。用螺钉把安

装盒固定在木板上，打开插座盖，将导线穿过插座底座上的穿线孔，把插座用木螺钉固定在安装盒上，相线接右边接线柱，零线接左边接线柱，地线接上端接线柱；盖上插座盖板。

3）户内配电箱电源进线安装

从进户配电箱空气断路器出线端，经 PVC 管敷设护套线穿墙（穿墙孔已预设）接入板房内墙安装的户内配电箱，并完成导线与两端开关电器的连接；在进户配电箱及户内配电箱断路器断开的情况下，用低压验电笔在开关下口处验电，确认无电压时，方可进行导线连接工作。

（1）线管下料。根据安装位置示意图，进行 PVC 管下料及附件选用。PVC 管切割可以用手钢锯，也可以用专用剪管钳。

（2）线管敷设及固定。水平走向的线路宜自左至右逐段敷设，垂直走向的宜由下至上敷设；PVC 管连接、转弯、分支可使用专用配套 PVC 管连接附件，连接时应采用插入连接，管口应平整、光滑，连接处结合面应涂专用胶合剂，套管长度宜为管外径的 1.5 ～ 3 倍；管口进入电源箱或控制箱等：管口应伸入 10mm；明敷线管可用与管子规格相匹配的管卡、胀管、木螺钉直接固定在墙上。

（3）扫管穿线。①穿钢丝。使用 ϕ1.2mm（18 号）或 ϕ1.6mm（16 号）钢丝，将钢丝端头弯成小钩，从管口插入。由于管子中间有弯，穿入时钢丝要不断向一个方向转动，一边穿一边转，如果没有堵管，很快就能从另一端穿出。如果管内弯较多不易穿过，则从管的另一端再穿入一根钢丝，当感觉到两根钢丝碰到一起时，两人从两端反方向转动两根钢丝，使两根钢丝绞在一起，然后一拉一送，即可将钢丝穿过去。②带线。钢丝穿入管中后，就可以带导线了。一根管中导线根数多少不一，最少两根，多至 5 根，按设计所标的根数一次穿入。在钢丝上套入一个塑料护口，钢丝尾端做一死环套，将导线绝缘剥去 5cm 左右，几根导线均穿入环套，线头弯回后用其中一根自缠绑扎；多根导线在拉入过程中，导线要排顺，不能有绞合，不能出死弯，一个人将钢丝向外拉，另一个人拿住导线向里送。导线拉出后，留下足够的长度，把线头打开取下钢丝，线尾端也留下足够的长度，剪掉多余导线，一般留头长度为出盒 100mm 左右。

8. 测试、送电

1）回路检查、测试

（1）清理作业现场，回收全部工器具及作业材料，清理后现场符合送电条件。

（2）对新安装线路及设备进行全面检查，接线正确牢靠，回路测试正常。从电源侧到负荷侧逐级、逐条回路进行检查；检查选用导线、开关电器规格型号是否正确；检查断路器、控制开关、灯具接线是否正确，是否安装牢固；检查导线与接线柱连接是否可靠牢固；检查安装任务是否全部完成，是否有遗漏，是否符合电路图要求；拉开所有回路的断路器、控制开关，并确认在断开位置；用 500V 兆欧表对低压配电回路逐回路、逐段进行绝缘电阻测量。

2）送电

（1）启动发电机，至工作正常可以带负荷；按照先送电源侧再送负荷侧的顺序，依次合上 1 号配电箱各开关，回路送电，运行正常。

（2）合上进户配电箱电源进线刀闸及总断路器，验电正常；合上户内配电箱新安装的总断路器，并对该剩余电流断路器进行安装后的首次测试方可投入使用：①带负荷分、合三次，不得误动作；用试验按钮试跳三次，应正确动作；各相用 1kΩ 左右试验电阻或 40 ～ 60W 灯泡接地试跳三次，应正确动作；②剩余电流断路器因线路故障分闸后，需查明原因排除故障；③因剩余电流动作后，剩余电流断路器的剩余电流指示按钮凸起指示，需按下后方可合闸。按上述方法依次对照明回路和插座回路的剩余电流断路器进行带电测试，然后合闸，验电正常；合上新安装的翘板开关，并进行两次开合试验，确认电灯工作正常且开关位置与灯泡的状态切换相符，灯泡发光正常；用低压验电笔测试新安装的单相三孔插座带电正常。

Chapter 10

第十章 电力应急信息与通信技术

模块一 应急通信系统常用技术

培训目标

1. 了解应急通信的概念。
2. 了解应急通信的分类。
3. 了解有线通信的分类及特点。
4. 掌握无线通信的分类及特点。

知识点

一、应急通信的概念

应急通信并不是一个新概念，也不是到现代才有的，“飞鸽传书”“烽火告急”“鸡毛信”等都是人类早期的应急通信手段。当然，随着时代的发展和科技的进步，应急通信的内涵与外延都在不断地发生着变化，人们对应急通信的理解和认识也在随着时间的变化而演进，随着对重大事件响应的经验总结不断完善和提高。

应急通信的定义很不统一，在通信行业内比较有代表性的观点认为，应急通信是在原有通信系统遭到严重破坏或发生紧急情况时，为保障通信联络，采用已有的机动通信设备进行通信的应急行动。从这一定义不难看出，应急通信侧重于已有的通信系统遭遇意外时如何进行应急，或者说应急通信主要是由通信运营商为防范和应对通信系统的各类故障或突发事件而采取的应急行动，它的行动主体主要是通信运营商，应急的主要任务是保障和恢复通信系统的正常运行。

二、应急通信的分类

应急通信采用的通信方式主要分为两种，即有线和无线。

（一）有线通信

有线通信分为公用通信网和专用通信网。公用通信网最常见的是互联网，特点是覆盖的范围广、通信的容量大、承载的业务种类繁多，其性能也稳定，费用还低廉，是遭受一般自然灾害情况下应急通信最基本的信息传递手段，但其经受大灾害的冲击能力有限，紧急事态下在优先权方面的能力也很不足。因此，公用通信网抗大灾的能力有待继续提高，目前国内外对基于公用通信网的应急通信研究也很少。专用通信网是专业部门使用的专用网络，如各国政府部门、军队等的专用网络。当紧急事态下对公用通信网实施强制管制时，专用通信网是保障消息传递、上下级命令、应急指挥等的一种重要通信手段，但专用通信网在覆盖能力、互通性及宽带业务提供能力方面存在很大的不足，难以满足如地震等重大灾害通信的需求。

（二）无线通信

无线通信是利用电磁波信号可在自由空间中传播的特性进行信息交换的一种通信方式，不需要专门布线，不受“线”的制约，在其信号所覆盖的范围内可方便接入，并可以实现在移动中的通信。因此，相较于有线通信，无线通信具有抗毁能力强、组网简单、灵活快速等特点，是处置各种紧急突发事件时最常用的通信方式。无线通信主要有短波通信、超短波通信、微波通信、集群通信、卫星通信和无线局域网通信。

1. 短波通信

短波通信是一种依靠电离层反射进行传播的无线通信技术，其波长在 10 ～ 100m 之间，频率范围为 3 ～ 30MHz。短波通信通信距离较远，是远程通信的主要手段，并具有组网灵活、抗毁性和自主通信能力强、运行成本低廉等优点，但由于短波传播所依赖的电离层高度和密度易受地形、地物、昼夜、季节、气候等因素影响，所以短波通信的稳定性较差，噪声较大。随着数字信号处理技术、扩频技术、差错控制技术及自适应技术的进步，以及超大规模集成电路技术和微处理器的出现与广泛应用，短波通信的发展及使用进入了一个新的阶段。短波通信最常见的是短波电台，目前，短波电台已实现数字化和小型化，具有体积小、重量轻等特点，特别是车载短波电台机动灵活，可随时随地架设，是应对紧急突发事件一种行之有效的应急通信手段。

2. 超短波通信

超短波通信也是利用电离层进行传播的一种无线通信技术，其波长为 1 ～ 10m，频率范围为 30 ～ 300MHz，常用的有 4MHz、9MHz、70MHz、150MHz 等。超短波电离层传播有散射传播和透射传播两种主要形式，由于地面吸收较大和电离层不能反射，因此其主要特点是视距直线传播，同时有一定的绕射能力，工作频带较宽。超短波通信的缺点是频段频率资源紧张，并且传输距离短，一般只用于近距离战术通信。超短波通信最常见的是超短波电台，与短波电台相比，具有通信频带宽、容量大、信号稳定等优点，是近距离无线通信广泛使用的主要装备。

3. 微波通信

微波通信是使用微波进行传播的一种无线通信技术，其波长为 1mm ～ 1m，频率为 1 ～ 30GHz，采用直线传播，反射能力强，不被电离层反射，可通达各种距离，中继距离一般 50km 左右，可在各种艰难的环境中快速部署开通，具有通信容量大、通信质量稳定、受外界干扰小、抗毁能力强、小范围部署速度快等优点，能够提供电话、电报、传真、数据、图像等多种业务，所以非常适合于应急通信。但由于微波的频率高、波长短，在空中传播特性与光波相近，基本就是直线传播，遇到阻挡会被反射或阻断，因此微波通信的主要方式是视距通信，超过视距以后需要中继转发。

4. 集群通信

集群通信是指利用信道共用和动态分配等技术实现多用户共享多信道的无线移动通信，其最大特点是通信采用 PTT（Push To Talk）方式，以一按即通的方式接续，被叫不需摘机即可接听，且呼叫接续速度快，并支持群组呼叫功能；同时，由于采用了信道共用和动态分配技术，用户具有不同优先级和特殊功能，可实现通信时一呼百应。因此，集群通信具有组网快捷、灵活，指挥调度功能强，支持优先级控制等功能，特别适合作为一种指挥中心到现场及突发事件现场应急指挥专网的应急处置通信手段，其主要缺点是网络的覆盖范围有限。目前，主要的集群通信技术标准有欧洲的 Tetra、中国的 GT800 和 GOTA。

5. 卫星通信

卫星通信是指利用人造地球卫星作中继站来转发无线电波，在两个或多个地球站之间进行通信，实际上是微波接力通信的一种特殊形式，具有覆盖范围广且无缝隙覆盖、通信距离远、抗毁能力强、机动能力强、建立通信链路快、容易部署等优势。因此，卫星通信既可用于平常的地面固定线路传输备份线路，又能够在紧急情况下快速建立广域网的通信链路，所以非常适合地震等突发事件紧急情况下对应急通信广度的需求。卫星通信的缺点是传输时延大、资源稀缺、存在盲区、容量有限、易受天气等因素干扰，且使用成本很高。

6. 无线局域网通信

无线局域网通信主要是利用射频技术使用电磁波在空中进行通信连接，实现发送和接收数据，具有组网灵活、易扩展、安装便捷、移动性好、配置简单、成本低等优点。新的 802.11 无线局域网通信标准 802.11ac 协议，将通过 5 GHz 频带进行通信，可实现 1Gbit/s 多站式无线局域网通信或最大理论传输速率 2.34Gbit/s。无线局域网通信所能覆盖的范围从室内几十米到室外几百米，有效传输距离可达 20km 以上。目前，随着对无线局域网关键技术和无线组网方式的研究越来越深入，基于无线局域网的应急通信研究也越来越多，典型的是基于无线自组网技术应用，主要有 AdHoc 网、无线传感器网和无线 Mesh 网。

模块二　卫星通信技术

培训目标

1. 了解卫星通信技术常用技术方案。
2. 了解 VSAT 卫星通信技术的概念、特点，掌握 VSAT 卫星通信系统的构成、技术应用。
3. 了解海事卫星通信技术的概念、特点，掌握海事卫星通信系统的构成、技术应用。
4. 了解天通卫星通信技术的概念、特点，掌握天通卫星通信系统的构成、技术应用。
5. 了解北斗卫星通信技术的概念、特点，掌握北斗卫星通信系统的构成、技术应用。

知识点

卫星通信技术（Satellite Communication Technology）是一种利用人造地球卫星作为中继站来转发无线电波而进行的两个或多个地球站之间的通信。自 20 世纪 90 年代以来，卫星移动通信的迅猛发展推动了天线技术的进步。

与电缆通信、微波中继通信、光纤通信、移动通信等通信方式相比，卫星通信具有覆盖区域大、多址连接、频段宽、容量大、质量好、可靠性高等特点，而且成本与距离无关，因此被认为是建立全球个人通信必不可少的一种重要手段。

一、VSAT 卫星通信

VSAT 直译为甚小孔径终端，意译为甚小天线地球站，也称卫星通信地球站、微型地球站或小型地球站，是 20 世纪 80 年代中期开发的一种卫星通信系统。VSAT 由于源于传统卫星通信系统，所以也称为卫星小数据站或个人地球站，这里的“小”指的是 VSAT 系统中小站设备的天线口径小，通常为 0.3 ～ 1.4m，设备结构紧凑、固体化、智能化、价格便宜、安装方便、对使用环境要求不高，且不受地面网络的限制，组网灵活。

1. VSAT 卫星通信系统

VSAT 卫星通信系统由空间和地面两部分组成，如图 10-1 所示。VSAT 卫星通信系统的空间部分就是卫星，一般使用地球静止轨道通信卫星，卫星可以工作在不同的频段，如 C、Ku 和 Ka 频段。卫星上转发器的发射功率应尽量大，以使 VSAT 地面终端的天线尺寸尽量小。

VSAT 卫星通信系统的地面部分由中枢站、远端站和网络控制单元组成，其中中枢站的作用是汇集卫星来的数据然后向各个远端站分发数据，远端站是卫星通信网络的主体，VSAT 卫星通信网就是由许多的远端站组成的，远端站越多，每个站分摊的费用就越低。一般远端站直接安装于用户处，与用户的终端设备连接。

远端站的 VSAT 系统由室外单元和室内单元组成。室外单元即射频设备，包括小口径天线、上下变频器和各种放大器；室内单元即中频及基带设备，包括调制解调器、编译码器等，其具体组成因业务类型不同而略有不同。

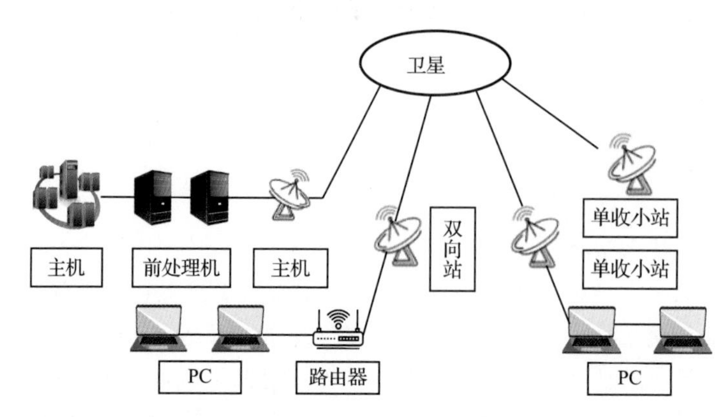

图 10-1　星状 VSAT 示意图

2. VSAT 技术应用

VSAT 网根据业务性质可分为数据通信网、语音通信网和电视卫星通信网三大类。具体的，VSAT 站能很方便地组成不同规模、不同速率、不同用途的灵活而经济的网络系统。一个 VSAT 网一般能容纳 200 ～ 500 个站，有广播式、点对点式、双向交互式、收集式等应用形式。它既可以应用于发达国家，也适用于技术不发达和经济落后的国家，尤其适用于那些地形复杂、不便架线和人烟稀少的边远地区。概括起来，VSAT 技术可以应用于以下几个方面。

（1）普及卫星电视广播和卫星电视教育，传送广播电视、商业电视信号，尤其对于我国的边远地区，利用这种方式可以在物质文明建设和精神文明建设方面起到很大的作用。

（2）用于财政和金融系统、证券系统，对市场的情况进行动态跟踪管理，大大地缩短资金周转周期。例如，深圳的证券交易系统就是利用 VSAT 系统与四面八方的客户进行双向通信的。

（3）用于水利建设的管理，监测水文变化，防止和减少自然灾害的损失。VSAT 系统可以及时传输气象卫星、海洋卫星、资源卫星和地面检测站获取的信息。

（4）用于交通运输的管理。国外发达国家已经将 VSAT 用在铁路的运营调度，大大缓解了交通运输的紧张状态。用 VSAT 可以方便地开展任何两地的通话、电传和电报业务，节省了经费和时间。

（5）应急通信和边远地区通信的应用。对于自然灾害或突发性事件，VSAT 都是最便利的应急通信备选体系，例如 VSAT 在“5・12”汶川地震中的应用。

未来，VSAT 技术在应急通信中的应用发展将以融合为主要方向。在继续发展更轻便的设备、支持更高的通信速率、实现更高的带宽效率的同时，与指挥调度系统和业务应用系统充分集成，才能在整个应急通信系统中发挥更重要的作用。

二、海事卫星通信技术方案

海事卫星，是用于海上和陆地间无线电联络的通信卫星，是集全球海上常规通信、遇险与安全通信、特殊与战备通信于一体的实用性高科技产物。海事卫星通信系统由海事卫星、地面站、终端组成，4 个覆盖区为太平洋、印度洋、大西洋东和大西洋西，可提供南北纬 75° 以内的遇险安全通信业务，可以提供海、陆、空全方位的移动卫星通信服务。海事卫星系统的推出，极大地改善了海事、航空领域通信的状况，在陆地上对于满足灾害救助、应急通信、探险等特殊通信需求起到了巨大的支持保障作用，因而发展迅速。

1. 海事卫星通信系统

海事卫星通信系统由船站、岸站、网络协调站和卫星等组成。下面简要介绍各部分的工作特点。

分布在大西洋、印度洋和太平洋上空的 3 颗卫星覆盖了几乎整个地球，并使三大洋的任何点都能接入卫星。岸站是指设在海岸附近的地球站，是卫星通信的地面中转站，归各国主管部门所有，并归它们经营。它既是卫星系统与地面系统的接口，又是一个控制和接入中心。船站是设在船上的地球站。船站的天线均装有稳定平台和跟踪机构，使船只在起伏和倾斜时天线也能始终指向卫星。网络协调站是整个系统的一个组成部分。每一个海域设一个网络协调站，它也是双频段工作。

海事卫星系统的特点是它的移动性。由于海事卫星系统使用的 L 波段固有的特性，宽的天线波束使得 L 频段终端可以迅速地寻星和对星。在车载和船载终端情况下，该特性使得天线制造工艺简化，成本低廉。

海事卫星使用的 L 频段为俗称的黄金频段，虽然它的通信费用昂贵，使许多用户望而却步，然而它的种种优点，在移动卫星通信中有着不可替代性。尤其是在突发事件应用中，保持行进中的视频图像、数据通信，在扎营后快速地建立通信枢纽，海事卫星系统在国内外都占有首要地位。

2. 海事卫星技术应用

海事卫星在国家历次重大自然灾害和紧急突发事件中都是救灾一线的基础保障，发挥着应急通信在关键时刻的关键作用，如 2008 年初的南方特大雨雪冰冻灾害救助现场，“5·12”汶川地震灾害的抗震救灾等。

海事卫星因其性能稳定可靠，满足全球海上遇险与安全系统（GMDSS）的要求，成为按 GMDSS 系统要求船舶必配的通信设备。海事卫星是唯一被国际海事组织（IMO）认可的 GMDSS 卫星通信服务系统。海事卫星具有遇险安全通信功能，其优先级为所有通信中的最高级，其遇险报警的成功率可达 99%。当船舶发生遇险事件时，可在第一时间将遇险信息发送至地面接收站，并通过专线通知搜救中心从而可最大限度地保证船舶和人员的生命财产安全。

日常情况下，海事卫星可以作为常规通信的补充，用于商务服务。它可以根据不同类型的用户需求，提供多种通信解决手段，从普通的语音传输、传真、低速数据、短信、电子邮件、FTP，到高速的视频传输。

三、天通卫星通信技术方案

1. 天通卫星通信系统

天通卫星通信系统是中国自主研制建设的卫星移动通信系统，由空间段、地面段和用户终端组成。

天通卫星覆盖区域主要为中国及周边、中东、非洲等相关地区，以及太平洋、印度洋大部分海域。覆盖地形没有限制，海洋、山区、草原、森林、戈壁、沙漠都可实现无缝覆盖。覆盖人群涉及车辆、飞机、船舶和个人等各类移动用户，为个人通信、海洋运输、远洋渔业、航空救援、旅游科考等各个领域提供全天候、全天时、稳定可靠的移动通信服务，支持语音、短消息和数据业务。发生自然灾害时，天通卫星的应急通信能力可以发挥极大的作用。天通卫星与电信集团合作，将与地面移动通信系统共同构成移动通信网络，为我国国土及周边海域的各类手持和小型移动终端提供语音和数据通信覆盖。此外，天通卫星最主要的优势体现在终端的小型化、手机化，便于携带。

2. 天通卫星技术应用

基于天通卫星，可以实现天通卫星电话、天通车载终端、天通船载终端、天通便携式终端等。

天通卫星电话终端包括天通智能卫星电话和天通功能卫星电话。天通智能卫星电话基于安卓操作系统，由地面4G移动网络和天通卫星移动网络组成，集普通移动电话和卫星电话于一体，实现语音、短信通信及APP应用功能。图10-2为天通卫星电话应急通信箱。天通卫星电话只能进行卫星电话的语音、短信通信。

天通车载终端也称车载动中通，能够实现汽车在运动或静止状态下在车内进行语音、短信、数据、视频传输等通信功能。图10-3为天通车载卫星电话。

天通船载终端也称船载动中通，解决船在海洋、湖泊、河流中颠簸状态下语音、短信、数据、视频传输等通信问题。

天通便携式终端的主要特点是体积小、重量轻，功能强大且又携带方便，能够实现语音、短信、数据、视频传输等功能。

图10-2 天通卫星电话应急通信箱

图10-3 天通车载卫星电话

四、北斗卫星通信技术方案

北斗系统是中国自行研制的全球卫星导航系统。北斗卫星导航系统和美国 GPS、俄罗斯 GLONASS、欧盟 GALILEO，是联合国卫星导航委员会已认定的供应商。我国的北斗系统与美国的 GPS、俄罗斯的 GLONASS、欧盟的 GALILEO 系统有着本质的区别——北斗系统具有短报文通信功能。基于北斗系统的这个特点，北斗系统不仅在国防建设中发挥着重要作用，在抗震救灾、应急通信中也发挥着不可替代的作用。

北斗卫星导航系统由空间段、地面段和用户段三部分组成，可在全球范围内全天候、全天时为各类用户提供高精度、高可靠定位、导航、授时服务，并且具备短报文通信能力，已经初步具备区域导航、定位和授时能力，定位精度为分米、厘米级别，测速精度为 0.2m/s，授时精度为 10ns。

1. 北斗系统应用

经过多年的发展，北斗卫星导航系统已经被广泛应用到国防安全、交通运输、基础测绘、工程勘测、资源调查、地震监测、公共安全与应急管理等国民经济众多领域。在应急救灾中发挥了重要作用，在突发事件和基础通信设施被彻底破坏后，北斗卫星短报文仍能通信畅通，能对中国国土及周边地区内的动、静态用户提供快速定位、应急通信和双向短报文通信服务。

在紧急救援上，基于北斗系统的导航定位、短报文通信及位置报告等功能，实现全国范围的实时救灾、指挥调度、应急通信、灾情信息快速上报与共享等服务功能，极大地提高了灾害应急救援的快速反应能力和决策能力。在 2008 年南方雨雪冰冻灾害、汶川抗震救灾，2010 年玉树抗震救灾、舟曲泥石流救灾中，北斗卫星导航系统都大显身手。

北斗的短报文通信功能，让救援部队和指挥部的联系保持顺畅，借助北斗用户机，各重灾乡镇甚至村社都建立了通信联系，在前后方之间架起了有效的信息沟通桥梁，保证了整个救灾的指挥调度，在决策、搜救、医疗等工作中发挥了关键作用。

2. 基于北斗卫星的电力调度应急通信系统的研究

根据电力系统的分布特点，结合电力应急调度通信系统的功能需求以及北斗系统的功能，提出了基于北斗卫星的电力调度应急通信系统。该系统分为 3 部分，分别为北斗综合服务系统、应急通信中心站和应急通信终端机。北斗调度应急通信系统的组成如图 10-4 所示。

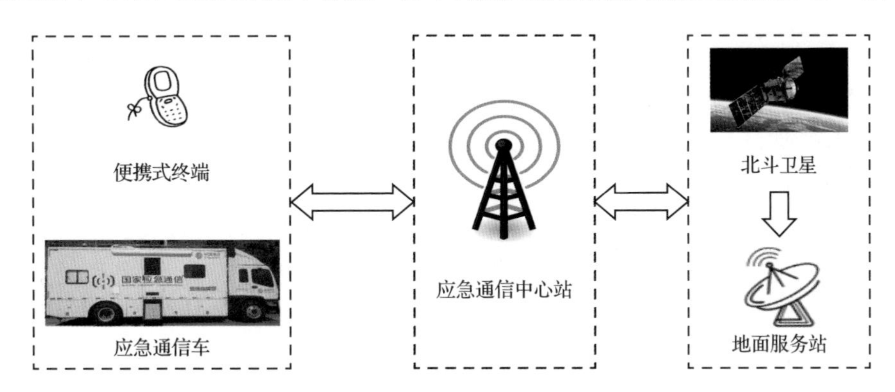

图 10-4　北斗调度应急通信系统的组成

其中，北斗综合服务系统属于北斗卫星服务侧功能，包括北斗卫星和地面服务站两部分，作为终端与终端相互通信的中转站，为用户定位与通信提供服务及卫星之间上下行数据的处理，对各类用户发送的业务请求进行响应处理，完成用户定位数据的处理和通信数据交换工作，并把计算得到的用户位置和经过交换的通信内容，送给相关用户。

应急通信中心站是电力调度应急通信中承担应急指挥中心的终端设备，有两种工作方式：点对点工作方式和通播工作方式。

应急通信终端机是电力调度应急通信中接收应急调度命令的终端设备，北斗卫星终端机具有定位和通信功能，配备于电力系统中的各个应急场所，作为应急系统的一线设备，是应急系统中最重要组成部分，在紧急时刻，通过北斗终端机接收电网应急调度命令和传送现场信息，同时可以进行故障点定位和设备信息的采集，在电力系统应急抢修和指挥调度中具有重要意义。

模块三　短波无线通信技术

培训目标

1. 了解短波通信技术，了解在应急通信中使用的短波收音机、短波应急电台。
2. 了解无线单兵技术。

知识点

一、短波通信技术在应急通信指挥中的应用

短波通信技术主要用于现场短距离快速组网以及与现场外的广域应急通信指挥，支持语音和低速数据业务。短波通信技术在应急通信指挥中的应用如图 10-5 所示。

1. 短波应急电台

短波应急电台对准频率后即可通信，通信链路建立快，能够在现场进行短距离通信以及与后方的固定应急指挥平台进行广域通信。根据应急通信的用途，短波应急电台分为便携式、机动式（如车载、舰载、机载等）和固定式电台。便携式电台主要用于保障现场单兵的通信；机动式电台主要用于进行移动应急通信指挥，并作为现场与后方的通信枢纽；固定式电台主要用于保障后方与现场的通信。

另外，利用短波应急电台，可组建短波应急通信网，保障现场区域以及与后方的通信。短波电台组网如图 10-6 所示。

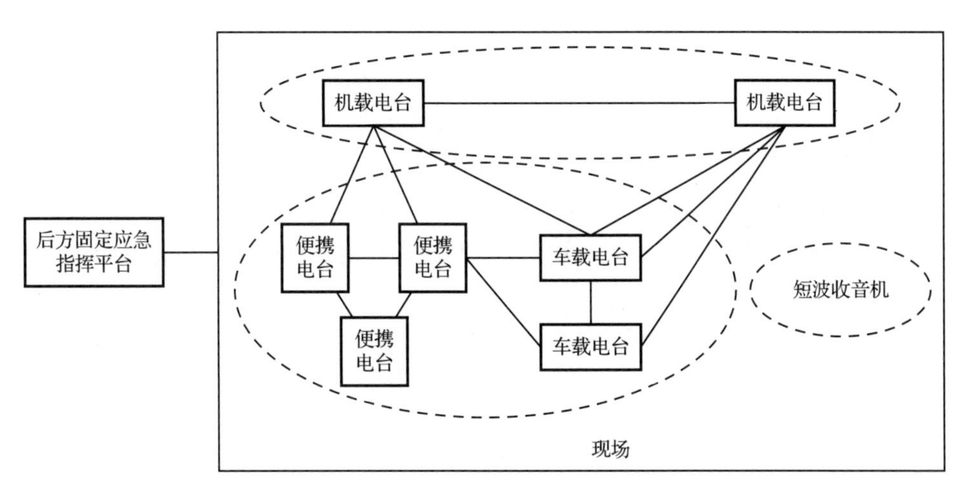

图 10-5　短波通信技术在应急通信指挥中的应用

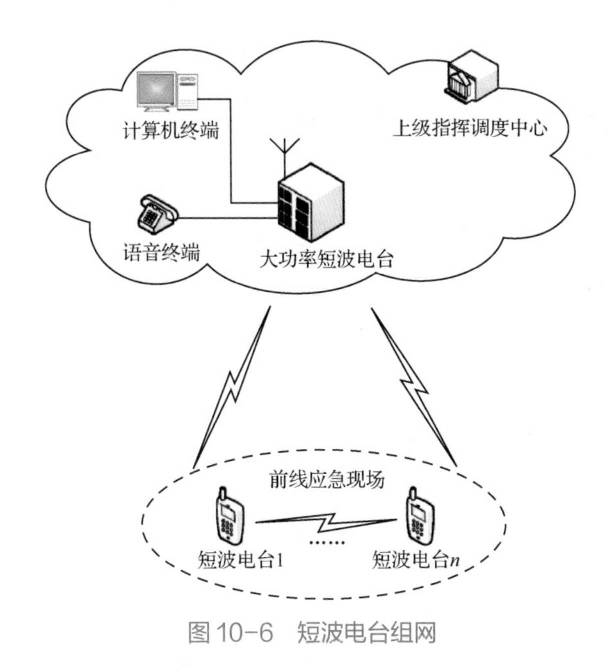

图 10-6　短波电台组网

2. 短波收音机

短波收音机能够使应急处置部门对现场公众进行信息发布，包括预警信息、事件进展通报、自救指导、安抚信息等。例如，日本几乎每个家庭都已将收音机作为家庭防灾的常备紧急物品，在地震、海啸等灾害发生时收听紧急广播。

二、无线单兵

通常短波式的无线单兵的设计，包括调制解调、通信控制、终端软件等一系列专门的设计。通过这些设计实现了单兵短波应急通信设备大功率、小型化、通信距离远、通信效果稳定、可靠等的要求。

调制解调模块包含编码纠错电路、调制电路、DA 电路、AD 电路、信号检测电路、译码电路等，实现信号的调制解调、数模转换等。

控制终端的软件设计很重要，通常可基于安卓操作系统进行设计，使单兵设备操作简单且功能强大。控制终端可以自动识别主机设备的端口号，并自动进行连接，且具备通信记录的自动存储功能，便于操作人员日后查阅。

控制终端通常采用无线通信方式控制主机设备，使得整套设备的操作更加灵活方便。可采用 Wi-Fi、Zegbee、蓝牙等通信方式实现控制，通常采用 Wi-Fi，Wi-Fi 通信支持多个接入，而且通信距离远，数据传输快。

为了实现单兵设备大功率，可采用能量密度大的锂电池组，此外可通过控制端远程实现对主机的发射，从而摆脱了数据传输线缆的限制，且保证了操作人员的人身安全。

模块四　应急组网技术

培训目标

1. 了解应急组网技术。
2. 掌握基于无人机的应急组网方案。
3. 掌握基于直升机的应急组网方案。

知识点

应急通信网络不是一种新型的通信网络技术，是预先建立的专网或在现场临时建立的通信网络。现场普遍应急组网采用的通信与网络技术主要包括卫星通信、短波通信、微波通信、集群通信、无线自组织网络、无线接入（如 5G、4G）等。这些通信与网络技术各有优缺点，在组网覆盖范围和功能上互相补充，具体选用哪些技术，应按照适时、适用、适度的原则。在实际应用中，通常应根据场景不同和应急处置的不同阶段综合应用多种手段。

一、基于无人机的应急组网方案

近年来，无人机技术发展迅速，其飞行性能、续航能力、搭载能力等不断提升，因此在某些应急现场可采用基于无人机的方式实现应急通信。为了充分提高通信服务的时间（无人机续航），通常采用系留无人机，其地面系留箱不仅可实现无人机与地面的信息传输，也可为无人机及其搭载的设备供电。基于无人机的应急通信组网示意图如图 10-7 所示。

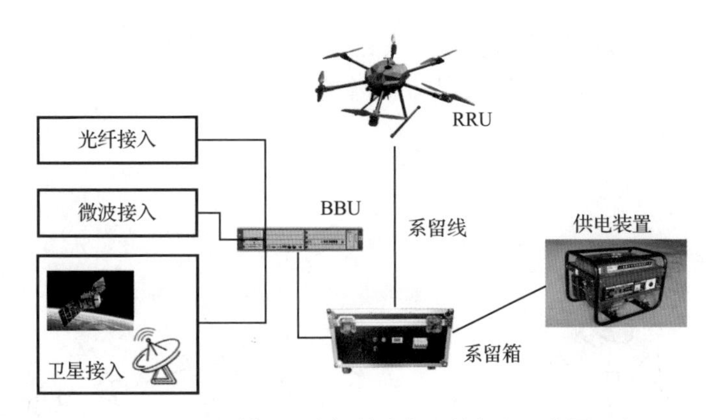

图 10-7　基于无人机的应急通信组网示意图

其中，无人机基站可以微波、卫星和无线中继等几种方式为基站提供回传。几种传输方式中，卫星传输能够满足应急救灾的各种场景，不受回传距离限制，但是传输带宽会有所限制并且租金相对较高，安装较困难；微波传输对安装要求也比较高；使用 4G/5G 方案为无人机提供回传，只需要无人机上的 CPE（Customer Premises Equipment）能够接入到 4G/5G 小区，就可以为无人机应急通信基站提供无线回传，但是有局限性，要求在应急现场附近存在可用的 4G/5G 基站。

无人机应急通信可采用分体式基站或一体化基站。采用分体式基站时，基站可放置在地面，无人机平台放置射频端，地面系留箱可为无人机及其上的射频端供电，同时还能够提供光纤连接基站和射频端。分体式基站的传输使用微波、卫星或者本地传输线缆等比较方便。

采用一体式基站时，无人机搭载射频端和基站两部分，两部分可以是一个整体或是通过网线连接的分体结构。此外，级联时如果仅仅是短时间提供无线覆盖，无人机也可以采用非系留式多旋翼无人机，这样基站就可以在空中移动，覆盖区域更具有目的性。

二、基于直升机的应急组网方案

针对具有大区域分布、灾情动态变化，以及对地面环境造成较大影响的灾害或突发事件，可采用基于直升机载卫通回传空地协同 4G 应急通信方案。基于直升机的应急通信组网示意图如图 10-8 所示。该系统将传统的二维平面应急通信网络延伸为空地一体的三维应急通信网络系统，可以为地面各节点终端提供中继转发消息。同时可以利用高空视角实现对大区域范围的灾情进行动态实时音视频等数据采集。

该系统中，直升机综合平台至关重要，主要包含三个功能分系统：直升机卫星通信、机载微基站、任务吊舱载荷。直升机卫星通信分系统实现直升机任务节点与后方地面关口站建立宽带卫星传输链路，实现任务吊舱采集数据回传、机载微基站与核心网之间数据传输，利用直升机平台的灵活机动特性，可以随时抵达复杂情况受灾现场。相比其他飞行器具有更大的灵活性、负重能力和长航时特性，更能满足救灾现场复杂要求。

直升机卫星通信分系统机载平台与地面卫星关口站之间建立的宽带卫星通信链路，可以实现卫星互联网接入，也可实现点对点卫星专网接入。直升机卫星通信分系统中采用基于突发调制解调的缝隙通信技术，可实现在旋翼遮挡情况下的高速数据通信，同时小口径、轻量

化的机载卫星动中通天线是该系统实现的关键，机载卫星天线一般采用 0.3 ～ 0.45m 口径低剖面卫星天线，可支持 2 ～ 6Mbit/s 的卫星传输链路。

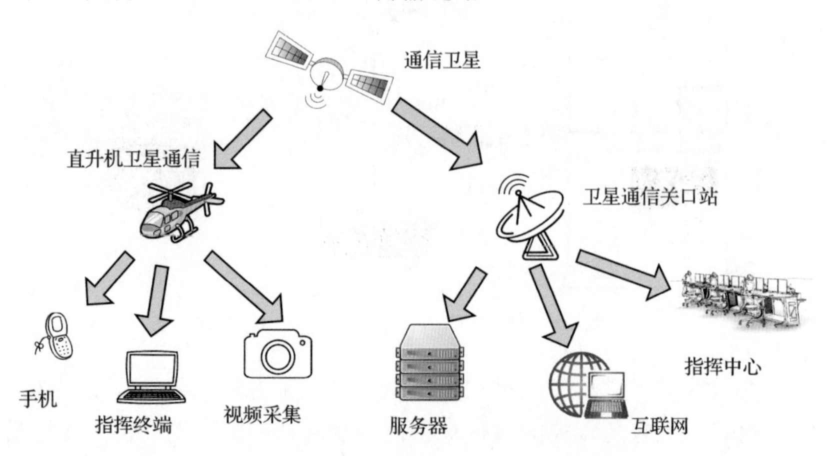

图 10-8　基于直升机的应急通信组网示意图

机载微基站设备通过直升机机载卫通链路实现与地面核心网之间的数据传输，实现与地面通信网络的互联互通，该基站可采用 4G、5G 等微基站。同时，救援人员也可以通过该通信网络信号实现与现场人员及后端指挥中心节点之间的多媒体数据交互。

此外，直升机作为一个可移动空中平台，利用其空中优势实现对大区域范围的灾情态势进行实时监控，通过对视频、红外图像等数据的采集，将现场情况实时回传至指挥中心，为指挥调度提供支撑。根据执行任务的不同，该光电吊舱可实现不同类型的数据采集。

第三部分

电力应急救援场景及其应用

案例一　设备事故引发大面积停电事件的应急处置与救援

<table>
<tr><td>发生时间</td><td>2012 年 4 月 10 日</td><td>发生地点</td><td>某市</td></tr>
<tr><td>应急救援类型</td><td colspan="3">设备设施损坏事件应急处置与救援</td></tr>
<tr><td>事件概述</td><td colspan="3">2012 年 4 月 10 日 20 时 30 分左右，某市电力公司某 500kV 变电站在母线倒闸操作隔离故障过程中，因线路刀闸支柱瓷瓶断裂，造成 220kV #2 母线发生接地故障，母差保护正确动作，导致一个 220kV 变电站、7 个 110kV 变电站失压，损失负荷 1063.46MW，占停电前该市电网总负荷的 11.05%。事故原因是 500kV 变电站开关 A 相主触头由于接触不到位，运行中随着线路负荷的增大触头不断发热、烧蚀，触头燃弧使 SF_6 气体分解，绝缘强度降低，燃弧产生的热量导致压力升高，引发瓷套爆裂。变电站运行人员在进行隔离故障点倒母线操作过程中，220kV 某线路 #1 母线侧刀闸 B 相支柱瓷瓶强度不足、顶端突然断裂，引起 #2 母线接地，保护动作跳开母线上所有运行的开关，属于设备质量不良引起的事故，未发现有人员责任及过失的情况。停电影响三个区域、16.81 万用户，其中 91.7% 为居民用户。城市部分交通秩序受影响、铁路晚点致数百旅客滞留、部分医院出现短暂停电、部分商业中心和小区发生电梯停运困人现象，市民拨打“119”指挥中心数量激增，消防部门出警频繁，部分重要用户短时停电，影响 18 个二级重要用户（其中公共管理和社会单位 6 个、电气化铁路 1 个、医院 4 个、水厂 5 个、电信 1 个、银行 1 个），部分媒体存在言辞过激情况。未构成一般电力安全事故。

故障断路器及故障位置

停电后的街道
事故发生后，公司立即启动电网事故应急预案开展抢修复电工作，3 小时后全部恢复供电。</td></tr>
</table>

续表

<table>
<tr><td>应急处置与救援</td><td>1. 第一时间启动响应
（1）停电事件发生后，公司按照本单位电网事故应急预案第一时间启动响应，应急总指挥和副总指挥及应急指挥中心成员迅速赶赴指挥中心开展处置。
（2）根据事态研判立即组织人员开展故障抢修，指挥当值调度合理安排电网运行方式及做好转电复电操作。
2. 领导靠前指挥
（1）事件发生后，上级公司主要领导在收到报告后，立即指示公司负责人和有关部门负责人组成现场临时指挥部并连夜赶赴现场协调处理和协调与地方政府的关系。
（2）网级调度接报后，及时组织各专业部门指导事件分析及应急处理；省级调度主要负责人及时赶到调度室，指挥电力公司 500kV 变电站及其 220kV 系统复电操作，并按预案对相关断面潮流进行调控。本级调度立即按预案进行电网事件处理。
3. 开展应急处置与救援
（1）20 时 35 分左右，鉴于 110kV 某一条线路负荷达 300MW，过载非常严重，调度立即按事故拉闸序位表对 16 个变电站进行紧急事故限电。20 时 38 分至 59 分，调度进行了一系列的操作，先后恢复了 5 个 110kV 变电站的运行，期间采取了相应措施有效控制了关键线路的潮流，防止了事件的进一步扩大。
（2）停运的 220kV 变电站于 21 时 34 分左右恢复；截至 22 时 07 分，受停电影响和处理过程中调整运行方式的变电站全部复电，并恢复至事件发生前运行方式。
（3）受影响用户的恢复情况：截至 23 时 30 分左右，除三个小区因用户设备故障外，其余受停电影响的用户全部恢复。
（4）主配与调控一体化模式。在电网发生停电事件时能够实现快速的负荷控制及负荷转供，有效保障电网稳定运行和用户快速复电，避免事件扩大。
（5）电网二次保护配置和管理到位。在目前电力公司电网结构不强的情况下，针对 220kV、110kV、10kV 薄弱环节配置的备自投和安稳装置正确动作，有效降低了供电负荷损失，减少了停电影响范围，同时也为事件快速分析和处置提供了可靠的依据。
（6）当值调度对电网停电事件的应急处置能力强、决策正确、操作迅速，有效保障了本次电力安全事件在发生 2 小时左右时间内，全部恢复了受影响区域的正常供电。
（7）设备备品调用效率高，通过台账核对及时调用了水贝站改造闲置开关，对受损开关进行更换，保障了故障设备抢修的及时性。
（8）受停电影响的各区电力公司反应迅速，及时组织自身力量和协作单位开展转供电、应急发电以及协助用户复电工作，有效减少了用户停电时间。
（9）经过多方努力，应急队伍在公司应急指挥中心正确指挥下，故障开关抢修顺利完成并恢复该 500kV 变电站全接线运行。</td></tr>
<tr><td>应急处置与救援启示</td><td>1. 反思
（1）该公司按照电网事故预案，各层组织指挥机构第一时间到岗到位，责任清晰，分工明确，有序开展，第一时间到现场指导协调指挥。虽然按照应急预案正确、及时、有效进行了处置，成功防止了事件扩大，但应急处置和联动还存在诸多值得反思和改进的地方。
（2）应急联动机制运作不畅。与政府相关部门（如交警、消防等社会公共管理单位以及水务、电信等公共服务行业）在应急处置信息交换、沟通与联动以及对重要用户应急处置引导、有效缓解停电事件对社会的影响方面还存在较多的问题。</td></tr>
</table>

续表

<table>
<tr>
<td>应急处置与救援
启示</td>
<td>（3）事件信息对外发布和内部流转机制有待健全。在对外信息的发布机制和具体执行上，还存在较多需要改进的问题（如事件发生后 1 小时 15 分首次向社会公众发布正式停电信息，导致各种猜测、质疑扩散，对企业形象带来不利影响）。应急情况下公司内部信息流转不够顺畅，影响到新闻应急处置响应效率和对外信息发布的快捷准确性（如 95598 与调度、急修班组、新闻中心等方面实时信息共享不足，导致发生停电事件后无法有针对性地为用户提供准确的支援服务）。
（4）该公司大面积停电事件应急处置领导小组办公室作用未能有效发挥。负责电力应急日常管理工作的部门未及时启动应急处置机制。
（5）部分重要电力用户电力应急能力不足。未按要求配备应急发电设备，自身的低压配电设备运行维护不当，无法有效防范和应对突发停电事件。
（6）用户低压脱扣装置设置问题亟待解决。在主电网恢复送电后，部分住宅小区配电房电闸因低压脱扣装置动作跳闸后，用户自身未及时合闸造成居民延时复电（据粗略测算，仅因用户侧低压脱扣装置设置问题就造成负荷损失接近 300MW，占全部负荷损失的 28%）。
（7）公众的停电自救、互救知识不足，避险教育不普及。据新闻媒体采访报道，遭遇停电后，部分市民手足无措，慌乱不堪。
2. 启发
本次停电事件是一起典型的城市大面积停电事件，通过事件的复盘和思考，有助于我们充分认识当前形势下做好城市大面积停电事件防范及应急工作的重要意义，不断完善电力应急机制，提高预防、处置停电事件的能力。
（1）加强以“预防为主”的电网企业应急能力建设
紧紧依靠政府力量，推动电网规划建设落地，联合消除电力设备重大外部安全隐患，着力提升电网防灾减灾能力。进一步理顺电网企业内部专业部门之间的横向协调联动机制，打破业务壁垒，共同防范大面积停电风险。丰富应急物资装备储备，保障应急物资装备应用水平满足要求。
（2）推动完善政府电力应急管理体系
深化政企联动机制，结合《大面积停电事件应急预案》应用以及修编工作，细化电力事故应急指挥部中相关部门的职责和协作流程，为部门间合作提供明确的指导。推动政府每年开展联合应急演练，紧扣大面积停电主要风险，重点选取部分政府部门、行业、重要用户参与，在演练过程中加强与外部各单位、内部各专业之间的应急协调联动，促进各行业单位建立健全应急预案和应对机制，完善电力应急管理流程，提升联合处置城市大面积停电事件的水平和能力。
（3）健全行业联动机制
依托市大面积停电应急处置指挥机构，加强成员单位之间的交流沟通和信息资源共享，完善电力与城市生命线系统、社会民生系统的应急联动处置机制，积极探索应急场景下与各行业高效配合的协作模式，包括交通保障、防洪排涝、燃油补给等方面，实现资源的共享与互通，提升协同响应能力和应急处置效率。
（4）推动强化电力重要用户应急能力建设
加强用户联络，定期组织对相关电力用户的检查和指导，督促用户落实隐患排查治理工作，对不满足供电电源及自备应急电源配置技术规范的重要电力用户，推动政府督促其按规定建设供电电源和配置自备电源；对于其他的城市生命线系统、社会民生系统电力用户，建议其根据自身需求完善自备电源和供电电源。
（5）着力提高社会各界大面积停电风险意识
随着电网供电可靠性的不断提升，民众对大面积停电的危机意识和应急意识存在逐步弱化的风险，需要推动采取多种措施（如重要用户走访、用户安全用电宣传、联合演练、政府职能部门监督和督促等），加强与政府宣传部门及新闻媒体的沟通合作，加深社会公众对电力应急的认知与理解，营造良好的舆论环境。</td>
</tr>
</table>

案例二　郑州“7·20”特大暴雨灾害造成设备设施损坏事件应急处置与救援

<table>
<tr><td>发生时间</td><td>2021 年 7 月 20 日</td><td>发生地点</td><td>河南郑州</td></tr>
<tr><td>应急救援类型</td><td colspan="3">气象灾害应急处置与救援</td></tr>
<tr><td>事件概述</td><td colspan="3">郑州“7·20”特大暴雨袭击中原，电网受灾来势猛、冲击大、范围广，对群众的生活带来很大影响，特别是郑州市，是近年来电网受损最严重的城市。7 月 20 日晚，郑州大学第一附属医院因灾停电，院区陷入沉沉暗夜，ICU 病房内，所有需要机械通气的呼吸支持已经停转，许多重症患者命悬一线。
据统计，全省主动避险停运变电站 40 座，其中郑州 10 座。全省停电台区 5.8 万个，用户 374.33 万户，包括重要用户 118 户。尤其是郑州因灾受损停运的 110kV 变电站 8 座、35kV 变电站 1 座、220kV 线路 1 条、110kV 线路 10 条、35kV 线路 18 条、10kV 线路 479 条、台区 12 425 个，1000 多个小区和其他用户遭到暴雨破坏停电，其中 473 户大型社区，89 户重要用户，对人民群众的生活带来很大的影响。
受灾之后，电力修复面临重重困难，水淹的电力设备和电缆再次使用前必须经过专门的检查、试验，根据受损情况进行修复甚至更换。小区被淹的配电设备没有干燥之前不能送电，否则会有危险，客观上给抢修复电造成了巨大困难。
在国家电网有限公司 25 个省级电力公司无私援助下，在各省兄弟单位的援助和人民群众的支持下，经过艰苦努力和顽强拼搏，各地抢修恢复工作相继取得显著成效。7 月 26 日，洛阳市所有因暴雨洪灾而受损停电的线路全部恢复供电；安阳市受灾停电的所有小区全部抢修完毕，恢复正常供电。28 日，河南电网基本恢复正常运行，郑州地区因灾停运变电站、线路全部恢复运行，城区停电用户全部恢复供电。河南电网及用户全面恢复正常，由抢修保供转入迎峰度夏常态，未发生抢修安全、用户用电人身安全事件。</td></tr>
<tr><td>应急处置与救援</td><td colspan="3">1. 及时预警、快速响应、全面动员保重点
（1）及时预警、快速响应
7 月 17 日，根据气象部门预测可能发生特大暴雨预警，全省电力公司进入战时状态，加强监测，开展应急值守、做好特巡特维等工作。依据省公司发布的暴雨强对流预警，各地市公司分别发布气象灾害 IV 级响应，省公司各专业管理部门及各单位开展防汛突发事件预测分析，落实风险预控措施。
（2）政府重视、国网总部领导挂帅作出总动员、总部署
面对严峻的防汛救灾形势，省委书记楼阳生连夜组织召开防汛救灾紧急会议，对重要变电站抗洪等事宜亲自安排部署；省长王凯亲临公司调研指导、慰问一线员工。国家电网有限公司辛保安董事长挂帅“总指挥”，对抗洪抢险作出总动员、总部署；张智刚总经理担纲“总前委”，带领工作组连夜赶赴郑州坐镇指挥、统筹协调；25 家省电力公司闻“汛”而动、紧急驰援河南。
（3）政企联动，“快”字当头，全面出击
河南省电力公司第一时间将防汛应急响应级别提升至 I 级，全面进入战时状态，明确“保特高压、保主网架、保重点、保民生”的应急处置总方针，动员全部力量和资源，投入防汛救灾保供电这场攻坚战——主要领导坐镇应急指挥中心，连夜展开应急处置、统筹调度工作；省市县供电公司各级人员坚守岗位、24 小时轮班值守；加强电网实时运行监控及供电设施的巡视、监测，重点排查变电站内涝及线路受灾隐患；安排防汛抢修队伍、救援装备、物资及车辆，为迅速开展灾后抢修复电工作做准备，以保电网、保民生、保安全、保质量为原则，全面打响防汛应急供电主动战、保卫战。
（4）以战时状态，国网、南网协同作战保重点
恢复电力是首要任务，国家电网公司和南方电网公司都高度重视河南防汛救灾工作，国网河南省电力公司第一时间启动一级应急响应，全面进入战时状态，上万名电力人 24 小时不停，一户一案，争分夺秒，不通电不撤兵。国网河南省电力公司坚持将“保特高压电网、保骨干网架”作为核心任务，全省 220kV、500kV 变电站恢复有人值守，确保应急处置措施高效落实；针对保障特高压电网积极采取防范措施，加强特巡与防护，确保外电入豫“主动脉”畅通无阻，确保 500kV 骨干网架牢固完整。</td></tr>
</table>

续表

应急处置与救援	2. 科学统筹、齐心协力快速恢复供电 （1）统一的指挥体系迅速建立 由国家电网有限公司总部、国网河南省电力公司和郑州供电公司共同组建抗灾抢险指挥中心，抢修人员运用该中心的应急指挥系统，实现应急发电车、抢修队伍在指挥中心的实时地图定位和状态更新，高效调配抢修资源；坚持抢险不冒险，制定抢修作业安全十条措施，在保障安全前提下以最快速度恢复供电。 （2）国家电网有限公司举全公司之力支援 25 个省级电力公司 1.5 万余名支援人员来到河南，与国网河南省电力公司 1.8 万余名抢修人员并肩作战，按照保安全、保民生、保重点的原则，精准制定抢修策略，全面加快抢修复电进度。同时，国家电网有限公司 5 亿元帮扶资金、16 亿元抢修物资集结河南、无缝衔接投入作战，5000 万元捐款直达灾区，近 1500 万千瓦支援电力跨区入豫。 （3）最大限度发挥外省驰援队伍力量 国网河南省电力公司安排专人与各省电力抢修队对接，提供保供电用户情况及所需物资清单，齐心协力快速恢复供电。本部 25 个党支部“一对一”对口服务 25 个省电力公司支援队伍，159 支志愿服务小分队 6300 余名“现场管家”深入支援队伍驻地和作业点，让支援人员住上舒适房、吃上热乎饭、喝上干净水。 21 日，紧急抽调 25 个省级电力公司、1.5 万余名技术骨干日夜兼程赶赴河南，累计调集发电车 475 辆、发电机 1200 余台，筹措抢修物资驰援河南。省政府每天抽调 100 余名消防官兵，集中为受淹配电室排水；每天提供 1000 吨柴油，保障应急发电车使用；为所有抢险车辆、发电车提供绿色通道，保障通行畅通无阻；发动社区力量协助抢险，加快推动电力抢修恢复供电。 （4）灾后疫病防范工作至关重要 国网河南省电力公司落实新冠肺炎疫情和灾后疫情“双疫情”齐防要求，出动医务人员 5032 人次，对 3600 余个作业点进行消杀，送防疫、防暑、防毒等药品 120 余万份，3.3 万名电力抢修员工未受到疫情影响，以健康的体魄和良好的精神状态全面打赢抗灾抢修攻坚战。 截至 8 月 3 日，25 个省电力公司支援队伍 15 028 名人员已全部返程，核酸检测结果均为阴性，我省防汛救灾保供电战役取得了决定性胜利。 3. 精准施策、克服抢修保供电的各项困难 （1）雨情汛情之重前所未有，抢修保供电困难多风险大 本次特大暴雨灾害给河南经济社会及电网设施造成“重创”，抗洪抢险面临“三个前所未有”：雨情汛情之重前所未有，电网受冲击程度前所未有，抢修保供难度前所未有。受贾鲁河泄洪和暴雨影响，7 月 20 日晚，500kV 官渡变电站周边水位持续上升，存在大水围城、围墙倒塌、设备停运的重大风险。该站作为郑州东北区域最重要的电源枢纽，担负着省委省政府、郑徐高铁等重要用户供电任务，同时也是特高压天中直流的重要配套工程，一旦有失，后果不堪设想。   电网设施受到“重创”

续表

应急处置与救援	（2）掌握整体汛情，确保抢险措施精准有效 汛情紧急，国网河南省电力公司连夜从省应急救援基干分队、检修公司等单位调派200余人赶赴现场。他们在道路受阻、暴雨如注的情况下及时全部到位。调配防汛沙袋、修筑站外围堰、布置大型泵机，利用高清巡检系统巡视、无人机巡视等手段，实时全面掌握整体汛情，确保抢险措施精准有效。经过6个昼夜的鏖战，500kV官渡变电站汛情得到有效控制，险情解除。 （3）精准施策、保特高压大电网安然无恙 特高压中州换流站人员利用摄像头不间断进行远程巡视，在确保人身安全的前提下，及时检查室外端子箱有无进水隐患，围墙周界有无坍塌隐患，确保站区无积水，设备设施正常。河南送变电建设有限公司出动巡线人员500余人次、群众护线员900余名，投入车辆160台次，前往全省存在风险点的特高压线路杆塔开展不间断特巡。灾情发生以来，河南境内特高压“5站13线”始终安全平稳运行，河南大电网安然无恙。 为确保全省救灾期间电力供应平稳有序，国、网、省三级调度交易密切协同，全力开展跨区支援，将天中直流送电能力首次提升至600万千瓦，河南受电规模提升至1481万千瓦，约占全省用电负荷的35%，均创历史新高，有效缓解了电煤供应紧张局面，保障了全省用电需求。 （4）精准抢修、保医院保铁路保民生 郑州“7·20”特大暴雨发生当天，国网河南省电力公司从开封、驻马店等9个地市调集615名业务骨干，以及发电车、冲锋舟、排水泵等防汛物资支援郑州，有效保障了防汛抗灾指挥机构、泵站等重点部位紧急防汛用电。抽调近20名焦裕禄共产党员服务队队员，10小时抢通亚洲最大医院——郑州大学第一附属医院ICU病房用电，保障了600余名危重病人的生命安全。在发电车强行进入地下配电房被淹熄火的情况下，16小时恢复全国铁路枢纽——郑州铁路局调度指挥中心用电，保障了全国铁路正常运转。 千方百计让居民和重要用户复电，是抢修工作的重中之重。国网河南省电力公司坚持“民生为大、时间为要”，不计成本、不讲条件、不分昼夜、不分设备资产归属，分类精准制定抢修复电策略，全力以赴开展供电抢修。 4. 创新举措、新方法在抢修中成效显著 （1）“最后一公里”为抢修复电带来巨大困难 大网修好了，但从小区变电站到家里的电表还有一个检修过程，很多小区配电房被淹，抽水后需要设备进行烘干，烘干后做线路和设备检测，检测设备均能正常使用后，小区配电房才具备通电条件，如果检测不能运转，还需要进行更换、准备物料。如果小区居民楼的地下室和一楼积水严重，还需要断开后为楼上通电，以确保安全。因为居民社区配电设施大都设计在地下室，进水严重，排水和抢修恢复供电非常困难，水淹的电力设备和电缆需要更换才能使用，为抢修复电带来了巨大的困难。  抢修复电现场

续表

<table>
<tr><td>应急处置与救援</td><td>
抢修复电现场（续）
（2）抢修中不断总结恢复供电的经验和方法
在经历水灾后的设备设施恢复工作过程中，经现场勘察发现，绝大多数配电室遭遇不同程度的积水浸泡，但由于大部分配网设备在淹没前已退出运行，未造成设备电气损坏，后期恢复配网的主要任务，是对浸泡过的配网设备进行修复，在抢修中不断总结恢复供电的经验和方法，以“冲，擦，吹，烘”四步法，成功修复被洪水浸泡的配网设备。
（3）严格按照特定流程与操作步骤进行抢修
由于配网设备在洪水中长时间浸泡，造成设备内外泥沙淤积，后续修复工艺复杂，技术要求高，需严格按照特定流程与操作步骤进行抢修，通过“解剖麻雀”的方式逐项精准研判排除故障，修复受损设备。
①“冲”，清水冲洗。
使用清水利用高压水枪对10kV高、低压开关柜从上到下、从里到外进行冲洗，主要对高、低压柜的母线仓、套管、断路器、隔离开关、支柱绝缘子、柜体及设备插接口等易聚集泥沙部位进行清洗，确保设备里外干净，无泥沙。
②“擦”，酒精擦拭。
先用吸水性强的棉布或纸巾，对高、低压柜的母线仓、套管、断路器、隔离开关、支柱绝缘子、柜体及设备插接口、电缆头等配网设备的水渍进行擦拭，使设备表面干燥。再使用纱布沾95%酒精对以上设备进行擦拭清洗，重点擦拭污秽部位。
③“吹”，风机普吹。
使用功率1kW左右的轴流风机，放置在配电室中部，面朝大门进行强排风。确保与室外空气对流交换，使配电室内空气干燥，减少配电室的空气中的水分及酒精含量。同步使用手持便携式吹风机对高、低压开关柜的母线仓、套管、断路器、隔离开关、支柱绝缘子、柜体及设备插接口等配网设备进行普吹。
④“烘”，热风烘干。
根据现场条件选用烘干机、大功率吹风机、碘钨灯、电暖器等设备进行烘干，以达到干燥空气、干燥设备目的，提高设备的绝缘水平。一般有两种烘干方式：第一种是针对性烘干，操作人员戴棉质手套，手持便携式烘干吹风机，对设备内易残留积水部分进行针对性烘干；第二种是广泛性烘干，烘干机、暖风机放置在面朝设备所处环境距离约1m处。烘干过程中应实时检测温度变化情况，控制在80℃以内。</td></tr>
<tr><td>应急处置与救援启示</td><td>1. 政府支持，成立各级组织机构，分工明确，处置有序
省长亲临一线调研指导，国家电网有限公司董事长挂帅“总指挥”，迅速对抗洪抢险作出总动员、总部署；张智刚总经理担纲“总前委”，带领工作组连夜赶赴郑州坐镇指挥、统筹协调；25家省电力公司闻“汛”而动、紧急驰援河南，迅速开展灾后抢修复电工作，是开展应急处置与救援、快速恢复供电的根本保障。科学统筹、以抵御“7•20”特大暴雨灾害为目标，坚持以防为先为要，以抢为后为重，聚焦电网防灾能力、隐患排查治理、应急体系完善等堵漏洞、补短板，确保电网安全稳定运行；确保水库大坝安全；确保应急管理及时有效；确保责任措施落实到位，牢牢守住“不发生人员伤亡、不出现涉电次生灾害引发的负面舆情”的“硬底线”。
2. 明确“保特高压、保主网架、保重点、保民生”的处置总方针
特高压方面，开展特高压线路及密集通道、湿陷性黄土区、采空区等地质灾害易发区域巡视排查和地质灾害防范，关注岩体松动、排水沟不畅、杆塔基础开裂等隐患，实时掌握隐患发展态势。主网方面，开展变电站围墙阻水能力不足、电缆沟封堵不严、排水通道不畅以及输电线路杆塔基础不稳固、通道外树木超高等隐患排查治理，全力防止发生水淹停运事件。配网方面，提高地下配电站房的抗涝水平，全面落实车库、楼梯等所有地面出入口防水挡板、防水沙袋等封堵措施。厘清资产界面，属于公司资产的，由公司负责防堵；与用户配电站房同一空间的，由公司和用户共同协作防堵；属于用户资产的，要督促用户防堵。公用地下配电室因地制宜，有条件的，迁移改造，不具备迁移条件的，落实各项防涝加固措施，提升防倒灌能力。</td></tr>
</table>

续表

应急处置与救援启示	3. 推动用户侧排险除患，开展防汛抗灾专项排查，落实防汛措施 针对医院、高铁、供水、城市交通、泄洪水闸、泵站、阀门、排灌站等重要用户和重点部位，开展防汛抗灾用电安全专项排查，建立用户侧问题隐患清单，向属地政府相关部门书面报告、存档备查。促请政府督促用户落实防汛措施。按照“谁所有、谁管理、谁负责”原则压实用户防汛责任，并做好地下配电设施防汛迁移改造、防汛隐患整改和防涝加固工作。指导督促资产归属方储备充足的吸水膨胀袋和防汛沙袋，提前调试地下排水泵，在地下配电所全部出入口处设置挡水槛或防水闸，防止雨水倒灌冲击地下配电站房。 4. 增强预防预控能力，预案、预演是应对重特大自然灾害的关键 增强预案的针对性。吸取郑州“7·20”特大暴雨灾害期间郑州市政府预案缺失、质量不高等教训，把各种情况考虑周全，把各项措施准备充分，预案简单明了实用。增强预演的实战性，坚持全流程推演，精心制定预演方案，开展分级别、分区域、分类型的应急演练，尤其要针对公网通信瘫痪下灾损信息统计、重要用户地下配电室水淹抢修等极端场景，将分级预警、响应处置、队伍调度、物资保障及信息报送等实战流程演练纯熟。同时要将电力抢险纳入政府防汛演练体系，参与政府综合演练，通过预演改进预案、锻炼队伍、提升能力。 5. 科学快速抢修复电，做好提前摸排，明确抢修原则 对接摸排重要用户供电方式、配电站房位置、应急电源容量及接口设置等情况，建立健全重要用户防汛信息台账，“一户一案”制定抢修方案，确保安全快速复电。明确抢修原则。坚持“民生为大、时间为要”，防汛抢险时要不计成本、不讲条件、不论设备资产归属，对居民、重要用户“先复电、后抢修”。统筹避险抢险，做到抢险不冒险。不具备安全抢修条件的，特别是水淹地下涵管照明设施等，要及时提醒用户主动停电避险，防止发生次生及涉电人身伤亡事故。

案例三　南方区域强台风“天兔”应急处置与救援

发生时间	2013 年 9 月 22 日	发生地点	南方区域
应急救援类型	气象灾害应急处置与救援		
事件概述	2013 年第 19 号强台风“天兔”于 9 月 22 日 19 时 40 分在广东省汕尾市沿海地区登陆，登陆时中心附近最大风力为 14 级，最大阵风为 17 级。 台风影响期间，南方电网失压变电站 45 座，其中 220kV 变电站 3 座、110kV 变电站 33 座、35kV 变电站 9 座；220kV 倒塔 3 基，110kV 倒塔 5 基，35kV 倒塔 5 基、电杆倾倒（斜）2 基，10kV 倒杆（塔）15 635 基，低压倒杆（塔）20 983 基；配变损坏 430 台；受损线路 1964km；停电台区 31 881 个，受影响用户 291.8 万户，重要用户 20 户，损失电量 5767.72 万千瓦时。 强台风“天兔”造成主网损坏情况 广东电网累计停电台区 30 983 个，受影响用户 282 万户，占全省总用户数的 10.2%，损失电量 5764 万千瓦时。公司累计投入抢修人员 23 594 人次奋力抢修，于 9 月 30 日 24 时完成 36 590 多杆（塔）和 1964km 线路的抢修任务，全面恢复 282 万受影响用户供电。		

续表

<table>
<tr><td>应急处置与救援</td><td>1. 监测预警
根据南方电网公司防风防汛应急预案，9 月 20 日 16 时（台风预计登陆前 48 小时），发布了防风防汛黄色预警。各分、子公司根据自身实际情况，相继发布了预警。
2. 预防准备
（1）电网运行方面
编制网、省、地三级电网调度运行方案，制定强台风期间线路零功率控制措施。相关地区变电站、电厂做好站用变、低压备用线路、柴油发电机等保安电源的保障措施，核电站安排运行人员在核辅助站值班。沿海燃煤电厂提前安排上煤计划。
（2）设备管理方面
① 输电专业：开展线路及重点跨越点特巡特维工作。清理树障隐患点、飘挂物等，通过拉线等方式加固杆塔。
② 变电专业：对变电站防风防汛特巡及隐患排查工作，开展边坡、挡土墙、排水沟等防汛设施的检查维护。对变电站内端子箱、门窗、标示牌进行检查与加固，并重点检查站用交直流电源系统。220kV 及以上变电站恢复有人值班。继电保护专业、变电检修专业人员进驻保底重要变电站。
③ 配电专业：对配网线路及设备采取特巡特维、加固基础、清理树障、处理飘挂物、紧固拉线、加打拉线等措施。
（3）客户服务方面
向全市市民发送预警短信，对重要用户、重点关注用户、有水浸隐患的大型小区配电房、防洪排涝用户开展现场安全检查工作。提前派出应急发电车和发电机。
（4）基建工程管理方面
组织各相关参建单位重点排查在建项目，排查加固施工项目部及临时工棚、临时打拉线及杆塔基础加固、清理地面易飘物、脚手架加固、深基坑硬围蔽，施工班组妥善安置。
（5）应急抢修力量及装备方面
召集本地内外应急队伍，抢修队伍已按预案预置在驻地待命。
（6）应急物资方面
梳理现有库存物资，包括钢芯铝绞线、配变、低压铝芯线、变压器配电箱、10kV 柱上断路器成套设备、水泥杆等。
（7）后勤保障方面
与全市各接待酒店联系，预留床位和用餐。对办公楼宇门窗、户外广告牌、架构等提前进行防风加固，检查排水设施情况，储备充足的防汛沙包、挡板、抽水机等物资。
（8）信息安全方面
信息安全专业人员及终端运维人员按响应级别要求进行现场值守工作；设备、安全设备、重要系统运行正常，UPS 和机房精密空调设备运行正常。
3. 应急处置
（1）8 月 23 日 9 时，公司启动Ⅱ级响应，进入 24 小时值班状态
① 按照预案迅速启动应急响应，开展应急处置。应急办部门负责人及相关处室人员在应急指挥中心值守，实时监视灾情发展情况，及时协调处理灾害应对各项工作。
② 及时处理电网异常，确保主网安全。及时调控，确保电网各断面不越限。一是总调、中调根据跳闸情况对线路强送；二是提前安排核电厂降至 80% 功率运行，确保主网以及核电机组的安全运行等。
（2）应急队伍及资源快速到位。按照“知灾、人到、旗到、电通”的要求，快速有序地开展抢修复电工作。受灾单位根据受灾损失，提出资源支援需求
① 开展灾情勘察。台风过后，利用直升机、多旋翼无人机等手段，组织对受影响区域开展灾后巡查，及时掌握设备受损状况，有序开展设备抢修。
② 调派应急支援力量，快速恢复供电。按照既定对口支援措施，抽调应急队伍、车辆、应急发电车、应急发电机、大型机械支援重灾区抢修复电和用户保供电工作。
③ 推进主配网抢修复电工作。主网抢修队伍在对倒塔和变电站受损设备开展抢修的同时，配网抢修则按照“高、低压分片包干”的原则，逐镇、逐村、逐变、逐户核实，开展抢修工作。
④ 开展宣传，树立形象。主动与地方相关主流媒体提前联系，及时发布抢修复电新闻稿，并通过微博和新闻通稿等方式及时向社会各界报道受灾及抢修复电情况。</td></tr>
</table>

续表

应急处置与救援	⑤ 主动沟通，服务用户。在台风登陆前，主动向各重要用户发布预警短信通知，积极做好抢修复电期间用户沟通和信息传递的工作，指导用户进行有效的应急处置。 ⑥ 政企联动，保障抢修。主动向政府相关机构报送信息；及时联系公安交警部门，获取了交通便利，使得抢修复电的应急物资运输得以优先放行。 （3）新闻舆情精准管控 通过微博、微信和网上营业厅等多种渠道向用户发送台风期间安全用电短信提醒，受理用户故障报修诉求，回复电子渠道留言，安抚用户情绪。协助用户启动调试应急发电设备、排查用电安全隐患。及时发布抢修复电计划和工作进度信息，对于较长时间无法复电的用户，告知原因和复电计划，做细安抚工作。 （4）特殊环境下设备快速抢修 台风过后，对澳供电南通道、中通道被破坏，退出运行，仅剩北通道两个单线回路供应澳门及珠海市区，电网结构十分薄弱，运行风险突出，存在再次大面积停电风险。 经勘灾队伍反馈，220kV 某线路距 N25 塔约 1m 处有断线，是造成线路停电的主要原因。现场环境如下： ① 大量树木倒伏，巡线道路无法通行，人工无法及时排查摸清全线路受损情况。从山脚至 #25 塔只能按巡线线路到达，全程为山坡，无专用道路，无法通车。 ② 通信网络大面积受创，现场的情况无法及时反馈，指挥信息无法及时下达。 ③ 台风刚过，仍有阵雨，现场夜间大规模抢修环境恶劣。 公司组织应急特勤队到现场搭建现场指挥部、应急通信系统，开通抢修通道，搭建应急照明。现场指挥部向应急特勤队队长传达指令，队长开展任务分工和现场管理协调，为后续抢修创造条件和安全环境。 （5）应急通信保障 ① 个人通信保障需求。 满足应急指挥人员在乘车行程和现场指挥中的个人语音和数据通信需要，适用个人语音电话和个人互联通信需求，配备 BGAN 动中通、BGAN 平板、小型交换机、无线接入设备、卫星电话和公网对讲机等。 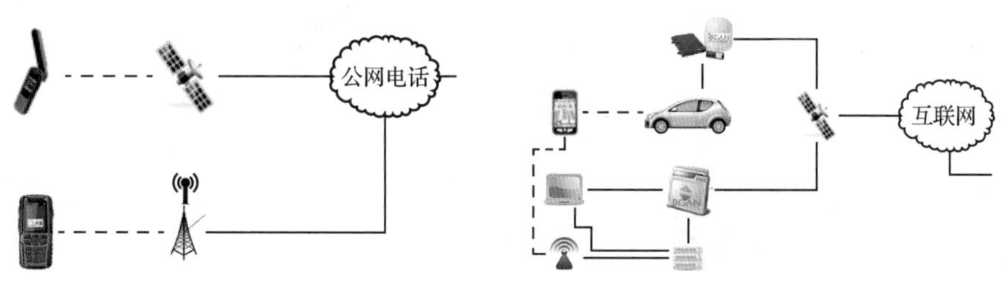 个人通信示意图 ② 外巡人员个人通信保障需求。 保障包括巡线人员、灾情勘察人员，满足 1 ～ 2 人小分队外巡时的个人通信和灾情勘察通信需求，适用个人语音电话和抢修现场视频采集场景，配备卫星电话和视讯单兵（离线单机运行）。 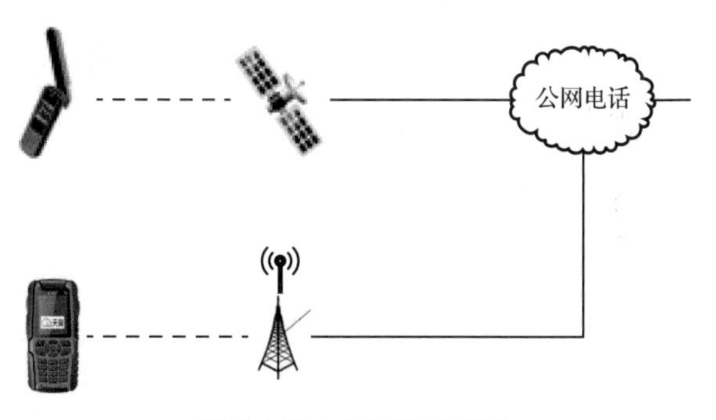 外巡人员个人通信示意图

续表

<table>
<tr>
<td>应急处置与救援</td>
<td>

③ 现场驻点指挥部通信保障需求。

保障人群：包括抢修点驻点指挥部的指挥领导、信息报送人员等的现场通信需求。

保障业务：适用个人互联网通信、驻点多路电话、驻点视频会议、抢修现场视频采集场景等。

配置装备：卫星电话、卫星便携站、BGAN 平板、语音网关、桌面电话、小型交换机、无线接入设备、视频会议终端、计算机、视讯单兵等。

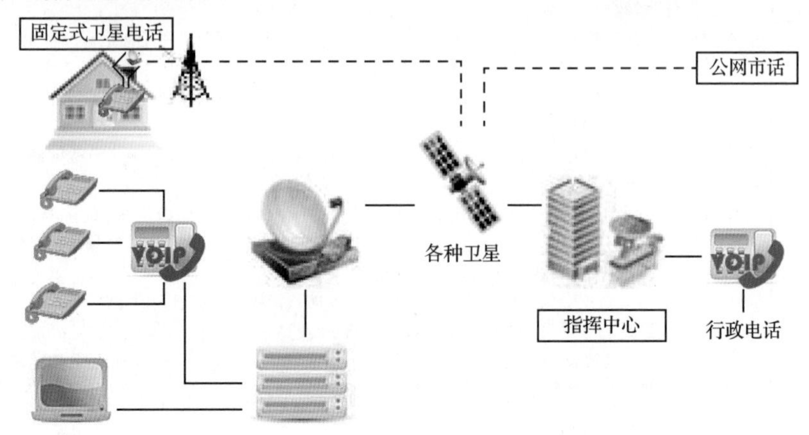

现场驻点指挥部通信示意图

④ 抢修作业面通信保障需求。

通过卫星互联实现不同的局部区域施工队伍语音互通并传回指挥中心，适用多人群组语音场景，基础配备包括常规对讲机、常规对讲中继台等，可选卫星互联设备包括卫星便携站、小型交换机等。

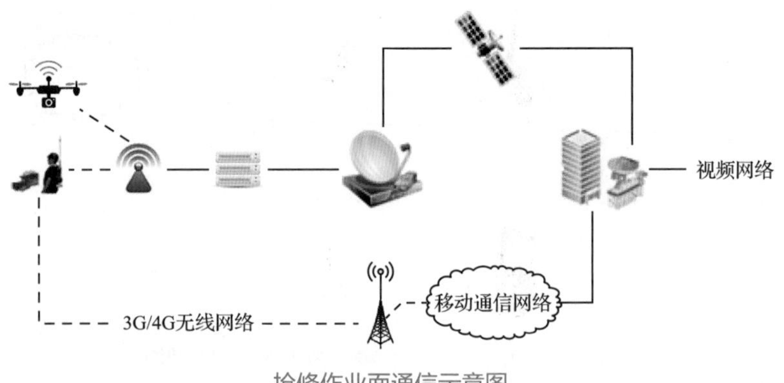

抢修作业面通信示意图

</td>
</tr>
</table>

续表

<table>
<tr><td>应急处置与救援</td><td>
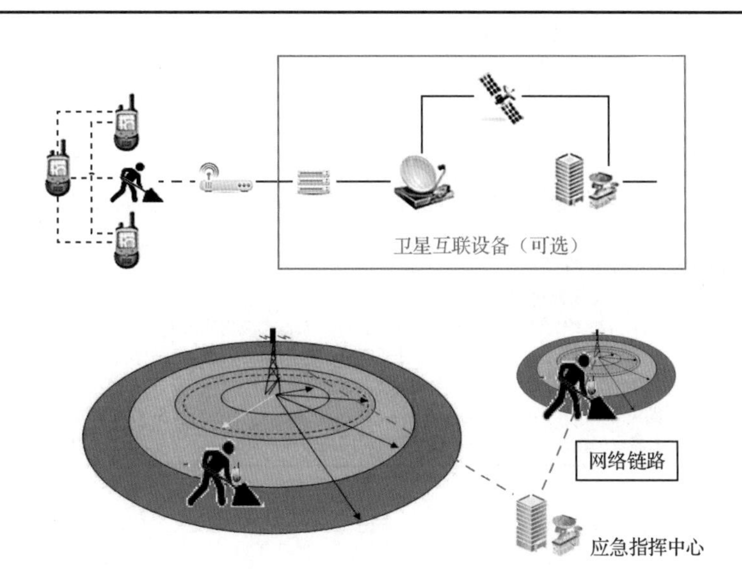

抢修作业面通信示意图（续）

⑤ 受灾区域供电所通信保障需求。

保障受灾区域供电所的临时语音和互联网通信需求，适用个人互联网通信、驻点多路电话、驻点视频会议、抢修现场视频采集场景，配备卫星电话、卫星便携站、BGAN 平板、语音网关、桌面电话、小型交换机、无线接入设备、视频会议终端、计算机、视讯单兵等。

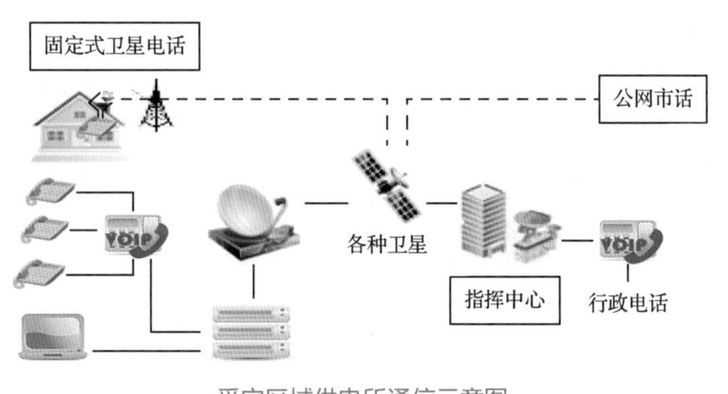

受灾区域供电所通信示意图
</td></tr>
<tr><td>应急处置与救援启示</td><td>
1. 加强台风多发地区电网结构，从源头提高主网抗击台风能力

（1）从规划源头保证台风地区主网架完整运行。优化目标网架，采取措施降低短路电流，并从规划上确保台风地区主网可完整运行，提高主网抗击台风能力。

（2）合理规划 500kV 变电站新增布点，加快台风地区电网建设。按照“适当容量、灵活布点”的思路在沿海地区布局新增 500kV 变电站，优化完善电网结构。控制沿海地区单个 500kV 变电站规模，降低单站失压或出现大面积跳闸的影响范围。

（3）合理布局新增输电通道。加强 500kV 通道建设，提高该片区防风抗灾能力。

（4）增加城市中心区域 220kV 变电站布点，开展保底电网规划。在自然灾害多发区域合理规划新增变电站布局，构建坚固合理的电网结构，提高城市中心区域防风抗灾能力。

（5）新增输电通道架空线路路径宜尽量避开离岸线距离 20km 以内的强风区域。提高局部电网设计建设标准，强化电网本身的防风抗灾能力。
</td></tr>
</table>

续表

应急处置与救援启示	2. 加强设备受损的技术分析，提供基础数据保障 建立灾害受损情况统计分析机制和重复受损追溯机制，加强受损分析深度，深挖重复受损原因，为提高电网综合防灾保障能力建设和防风加固工程提供可靠的数据资料。 3. 强化防灾风险隐患排查治理工作 开展日常隐患排查治理工作，实现防范自然灾害等各类突发事件的防灾风险隐患排查常态化。 4. 完善应急队伍支援机制，强化后勤保障 建立应急队伍支援机制，完善支援队伍自身物资和装备配置、专业搭配、梯队轮换和补充等相关机制。 完善灾区当地对支援力量的接收机制，建立人员指挥和调配、食宿保障、交通与地形向导、任务分配与交接、信息传递、物资协调供应等环节一系列配套措施。 5. 完善公司应急平台建设，规范和完善信息报送机制 完善应急平台决策辅助和指挥功能，丰富公司气象信息应用决策支持系统功能，不断加强电网地理接线图、应急资源分布图、气象信息、电网运行信息及用户停电信息等集中展示和辅助决策功能。 6. 加强应急通信技术建设，强化恶劣环境下通信保障 针对不同灾害特性以及当地地形、气候，制定应急通信保障方案；实现在发生信号区域性中断的情况下，快速建立应急通信平台，恢复区域内音、视频和网络数据的传输。

案例四　南方区域2008年雨雪冰冻灾害应急处置与救援

发生时间	2008年1月	发生地点	南方区域贵州省和广东省、广西壮族自治区、云南省部分地区
应急救援类型	气象灾害应急处置与救援		
事件概述	受拉尼娜事件影响，2008年元旦过去后我国南方地区遭遇罕见的持续低温雨雪冰冻灾害，给贵州省和广东、广西壮族自治区、云南省部分地区的电力设施造成了严重破坏。南方电网所辖贵州全省，广西、云南和广东的北部受灾最严重。雨雪冰冻灾害损毁了大量电网设备，全网7541条线路 和859座变电站停运，其中110kV及以上线路588条、变电站270座；损毁线路杆塔126 247基，其中110kV及以上线路杆塔损毁2686基；全网99个县（市）、1579个乡镇受停电影响，涉及54 046个工业用户、642.9万居民用户和2618.2万人口，影响电量超过72亿千瓦时。同时，受灾区域的公路、铁路、民航运输严重受阻，大量车辆被堵、人员被困，电力基础设施受损，农作物和森林被冻，部分水产品受冻死亡，煤电油运供应极其紧张。特别是临近年关，上百万返乡旅客被迫滞留在车站、机场，上百万人民群众面临缺电、缺水、缺粮危机。 贵州电网某线路覆冰情况		

续表

<table>
<tr><td>事件概述</td><td>
贵州电网某变电站覆冰情况

贵州电网铁塔覆冰破坏情况
1 月 21 日，南方电网公司启动应急预案。积极开展预警监测和应急准备工作，及时调整电网运行方式，安全有序开展抢险救灾工作。经过 40 多天应急处置，广西、云南、广东电网分别于 2 月 27 日、28 日、29 日全面复电，贵州电网于 2 月 29 日恢复了 220kV 及以下省内电网正常运行，实现了行政村“村村通电”，3 月 8 日实现“户户复电”。</td></tr>
<tr><td>应急处置与救援</td><td>1. 监测预警
根据南方电网公司防冰应急预案，1 月 17 日，南方电网公司发布了防冰红色预警。南方电网公司及贵州、云南电网公司等及时调整电网运行方式，以应对可能发生的突发事件。同时，南方电网公司密切关注灾情发展，并收集、上报信息。
2. 预防准备
由于本次雨雪冰冻灾害持续时间较长，灾中守和灾后抢两个阶段的工作是相互交叉进行的。在灾害初期，公司各级调度根据线路停运情况及时调整电网运行方式，控制负荷水平，确保电网稳定运行。针对灾害情况，电网公司制定电网黑启动方案、停运期间反事故预案等应急措施。确定保主网安全、保重点城市用电、保居民用电、保要害部门、保重要用户的应急供电目标。</td></tr>
</table>

续表

<table>
<tr><td>应急处置与救援</td><td>3. 多种手段，综合开展防冰、融冰工作
（1）直流融冰
合理安排电网运行方式，在安全可靠前提下，串接线路开展融冰工作。
（2）方式融冰
高效运用现有的一套直流融冰装置，合理调整昭通电网运行方式进行融冰。
（3）人工除冰
对于35kV及以下的配网和农网输电线路，以敲打、震动等人工除冰为主，破除低压线路覆冰。
4. 安全有序开展应急抢修处置
构建完整的应急指挥体系。南方电网公司成立抗冰保供电总指挥部和电网抢修、电力供应2个工作组，在贵州设立前线指挥部，在各分、子公司设立现场指挥部，公司派出特派监察协调专员，赴各受灾省区协调各类工作，形成完整的指挥体系。
全面落实安全管控措施。大规模抢修恢复工作展开后，针对抢修恢复参与单位多、施工作业面广、施工条件复杂等特点，为防止抢修恢复期间发生人员伤亡事故，总指挥部及时发出“特别安全令”，各分、子公司明确各阶段工作目标，层层签订责任状，将责任压力传递到位。
有效开展信息沟通。南方电网公司应急管理领导小组下设的应急办公室切实履行应急值班、综合协调、信息汇总和传递、新闻发布等职责，确保了信息的上通下达。信息内容包括受灾省区线路，变电站的停运、抢修、恢复情况，杆塔倒塌和断线情况，停电区域和人口情况，电网运行情况，电厂煤情和全网电力电量平衡情况，应急发电机供应和到位情况，天气情况及全网应急工作动态等。
高效开展各级调度枢纽操作。广东、广西及云南中调（省级调度室）根据总调度室的具体安排，制定相应方案，各燃煤电厂备足电煤。广东所有燃油机组立即按调度安排并网发电。各级调度机构加强与市场营销部门的沟通协调，最大限度地减少错峰限电对用户的影响。
5. 应急支援
南方电网公司应急管理领导小组按照应急管理程序要求，启动公司应急预案，并动员全网力量全力以赴做好抢险救灾工作。同时，一方面组织超高压公司及广东、广西、云南电网公司赴贵州支援抗冰抢险；另一方面要求各级营销和调度部门加强配合和协调，采取柴油发电车等非常规措施进行支援，广东、广西、云南等地要从本地征调柴油发电机支援贵州受灾地区。贵州灾情发生后，南方电网公司迅速调集广东、广西、云南、海南的抢修队伍支援贵州。派出1 000多名抢修人员进入贵州。人民解放军、武警部队和预备役以及社会各界力量都加入抢修队伍。</td></tr>
<tr><td>应急处置与救援启示</td><td>1. 及时预警，迅速响应
突发事件发生前的预警和发生后的信息报送在应急工作中至关重要。在发出预警通知后，南方电网公司及贵州、云南电网公司等及时调整电网运行方式，并做好相关预防措施和启动应急预案的准备工作，南方电网公司密切关注灾情发展，并收集、上报信息，为及时决策打下基础。在这次应急实战中，南方电网公司应急管理领导小组下设的应急办公室切实履行应急值班、综合协调、信息汇总和传递、新闻发布等职责，确保了信息的上通下达。
2. 应用融冰技术抵御冰灾
融冰技术的应用是南方电网抵御冰冻自然灾害的主要措施。开展基于新材料的防冰融冰技术、激光除冰技术、高频高压激励融冰技术和强电磁脉冲除冰技术的应用研究可以有效辅助融冰。
3. 建立电力应急通信网，保障通信畅通
在面对不同自然灾害时，公用通信网与空中架设的电力通信专网具有很强的互补性。利用公用通信资源，包括公用地埋光纤资源、管线路径资源、卫星和移动通信网络等建立电力应急通信网，有效保障应急指挥通畅。
4. 全网一盘棋保障应急处置
灾情发生后，南方电网公司迅速调集广东、广西、云南、海南的抢修队伍支援贵州。随后，在党中央、国务院的支持下，人民解放军、武警部队和预备役以及社会各界力量都加入抢修队伍。南方电网公司筹集1.9亿元资金，紧急购买和组织柴油发电机（车）5469台，有效保障大年三十晚上，全网100%的县城、100%的乡镇居民都用上电。</td></tr>
</table>

案例五　地面塌陷和沉降应急处置与救援

发生时间	2021 年 6 月 19 日	发生地点	南方电网超高压公司南宁局
应急救援类型	地质灾害应急处置与救援		

事件概述

2021 年 6 月 19 日上午 12 时左右，南方电网超高压公司南宁局接到贺巴高速公路项目部通报：承担西电东送的 ±500kV 兴安直流输电线路（输送功率 3000MW）620# 塔的高速路边坡地质监测到较大位移（约 6cm），危及 620# 塔位安全。15 时 34 分边坡出现局部垮塌。620# 塔为直线塔，塔高 40.5 m，前后相邻杆塔均为耐张塔。其中 620#-621# 塔档距为 937m，跨越贺巴高速公路、二级公路、村庄，619#-620# 塔档距为 205m。根据高速公路设计方案，坡顶至杆塔水平距离为 24.71 m，实际测量为 19 m。19 日边坡垮塌后通过对铁塔基础沉降、边坡位移、杆塔倾斜等进行测量发现，基础沉降导致 A 腿沉降 38.41mm、B 腿沉降 53.39mm、C 腿沉降 40.93mm、D 腿沉降 13.94mm。铁塔倾斜度的测量值为顺线路方向向大号侧倾斜 3.54‰，两侧地线金具向小号侧偏移明显，严重危及线路运行。

事件发生后，超高压公司南宁局立即启动应急机制，与高速公路项目部、地方政府多方联动，迅速阻止了险情的恶化，为后来线路停电迁改赢得了时间，确保了 ±500kV 兴安直流输电线路的安全稳定运行。最终于 8 月 20 日，仅用 11 天完成停电迁改任务并验收合格，较常规工期缩短 33%。兴安直流于 8 月 21 日凌晨恢复送电成功。

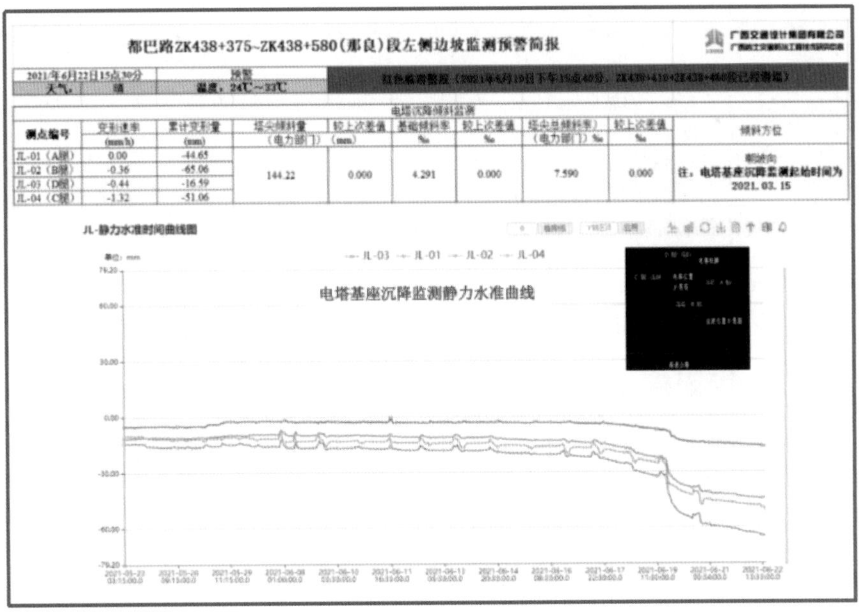

测点编号	变形速率 (mm/h)	累计变形量 (mm)	塔尖倾斜量（电力部门）(mm)	较上次差值	基础倾斜率 ‰	较上次差值 ‰	塔尖总倾斜率（电力部门）‰	较上次差值 ‰	倾斜方位
JL-01（A腿）	0.00	-44.65	144.22	0.000	4.291	0.000	7.590	0.000	朝坡向 注：电塔基座沉降监测起始时间为 2021. 03. 15
JL-02（B腿）	-0.36	-65.06							
JL-03（D腿）	-0.44	-16.59							
JL-04（C腿）	-1.32	-51.06							

边坡沉降监测预警简报

续表

<table>
<tr><td>事件概述</td><td>
边坡地面塌陷和沉降位置图</td></tr>
<tr><td>应急处置与救援</td><td>1. 开展预警
南宁局提前向施工方贺巴高速公路项目部提出了边坡施工需实时监测杆塔倾斜、位移和边坡滑动的要求，安装了在线监测装置。装置及时报警，及时发现险情。
2. 汇报沟通
险情发生后，超高压公司高度重视，立即向南方电网公司生技部、安监部、总调汇报，并启动应急响应。超高压公司主要领导亲自部署，分管领导立即组织南宁局和有关部门协同开展抢修处置，组织中南电力设计院、广西电力设计院、施工单位于 19 日下午全部抵达现场勘察并评估风险，要求公路施工方当天下午开始采用反压回填措施。公司领导及相关人员抵达现场，第一时间组织召开现场会，明确应急处置要点。
3. 协调联动
积极向河池市、大化县等相关部门报告，得到政府部门的大力支持。自治区书记、主席、副主席以及河池市市长、常务副市长等做了针对性的指示、批示：加强指导，全力做好现场处置，确保人民群众生命财产安全。为加强应急指挥，现场成立由当地政府及自然资源局、应急局，超高压南宁局，高速公路施工方组成的临时应急抢修指挥部，24 小时指挥应急抢险工作。
4. 评估决策
19 日 下午，超高压公司组织中南电力设计院结构、岩土专家开展 620# 塔稳定性评估，根据评估结果与高速公路施工方组织的交通设计院专家共同确定“回填反压 + 锚筋桩加固 + 临时拉线”的防止杆塔倾倒措施并划定倒塔包络线范围。
5. 各方全力开展处置工作
迅速成立抢险指挥工作组，南宁局第一时间成立现场监测组、杆塔倾斜度测量组及临时加固组；超高压公司立即成立兴安直流 620# 塔应急抢险指挥工作组织机构；在自治区、河池市等领导批示及组织下，高速公路施工方组织成立边坡局部塌方应急处置指挥部，下设锚筋桩施工组、土方施工组、监控测量组、边坡技术方案组、500kV 电塔改迁设计方案组、500kV 电力迁改组、现场警戒组、裂缝巡查组、彩条布防水组、群众安置组、10kV 电力迁改组、征地拆迁组、后勤保障组、信息报送组、舆情处置组共 15 个小组。具体处置措施如下：
（1）及时疏散群众。根据评估结果，为确保人民群众生命财产安全，第一时间与村庄群众沟通，组织 21 户 48 名群众快速转移，并在后续过程中开展了针对性的演练。
（2）及时出台兴安直流紧急停运原则，严防带电倒塔。
（3）在中国共产党建党 100 周年特级保供电关键时期，为快速、高效应对现场突发情况下的线路紧急停运，以“不发生带电倒塌”为目标，6 月 25 日，公司生技部组织召开兴安直流 620# 塔边坡塌方隐患紧急停运原则宣贯讨论会，总调调度处、南宁局、广州局、南宁监控中心相关人员参加会议，就突发情况下兴安直流紧急停运原则进行了讨论和明确。</td></tr>
</table>

续表

<table>
<tr><td>应急处置与救援</td><td>（4）全力开展临时措施的实施。南宁局 26 名抢险人员与高速公路施工方 300 人、200 台机械连续奋战 7 天 7 夜，24 小时不间断完成临时加固措施。
① 24 小时不间断回填反压——减缓边坡位移。
设计计划分两期回填土方 30 万立方米，回填高度约 37m。1 期用时 3 天，完成土方回填 15 万立方米及混凝土浇筑 2 032 立方米，2 期用时 3 天，累计完成回填反压土方 32.5 万立方米及回填高度 37.27m，均已超设计计划。
② 24 小时不间断锚筋桩加固——加固铁塔基础。
分两期完成 74 根 36 m 深锚筋桩施工开孔、下筋和注浆浇筑。1 期用时 3 天，完成 33 根锚筋桩施工，2 期用时 3 天，累计完成 74 根锚筋桩施工。同步完成锚筋桩冠梁混凝土浇筑，并将锚筋桩通过钢丝绳与 3 个锚锭墩反拉固定。
③ 安装临时拉线——防串倒降低设备损失。
21 日完成 619# 塔大小号侧 4 组拉线和 621# 塔大小号侧 4 组拉线的安装工作；同时，完成 620# 塔身三组拉线和 4 个基础的临时拉线布置安装工作。经中南电力设计院评估，发生倾倒导致相邻耐张塔发生串倒的可能性进一步降低。
④ 彩条布、临坡面喷浆及护坡——防雨水渗透。
为防止雨水渗透加剧边坡滑塌，对高速公路边坡敷设防水帆布约 7000m^2，并对已开挖的杆塔临坡面进行喷浆及制作挡土护坡。
6. 同步开展迁改工作
中南电力设计院驻点现场办公，4 天出基础施工图，7 天出杆塔结构图和电气施工图，制定“拆 3 建 5”的迁改方案，并于 6 月 28 日完成施工图多方会审。
7. 加快物资供应
公司生技部、供应链部协调具备南网供应商预审资格范围内全国铁塔、导地线、绝缘子、金具等厂家，与生产周期最短、供货最快的厂家合作，并安排监理和南宁局人员进驻铁塔厂监造。全部物资 15 天内到货，第 1 基塔材 7 天到货。
8. 争分夺秒加快施工进度
（1）优化施工方案，按半天倒排工期。7 月 5 日，公司生技部安排南宁局组织高速公路业主方邀请网内外经验丰富的施工、设计和监理行业专家，会同公司生技部、基建部、总调等对原施工方案进行审查，主要是对施工方案内容完整性及工期安排合理性进行评审，会议建议对施工方案进一步优化。7 月 9 日，公司生技部再次组织内外部专家，会同公司生技部、基建部、总调等对完善后的施工方案进行讨论，最新方案将施工步骤按照每半天进行优化，最终确定了工期安排（在停电工期由原计划 15 天优化至 13 天的基础上，总工期还减少 3 天）。
（2）24 小时不分昼夜开展基础开挖、制钢筋笼、制模及浇筑施工。施工全过程安排人员现场开展监督、分部工程验收。
（3）基础养护强度达到 70% 时，立即组织杆塔组立。按计划提前 1 天完成线路外侧 3 基杆塔组立工作并随工开展验收。
（4）迁改工作整体按计划推进。截至 7 月 23 日，按计划完成停电前的全部工作，迁改整体进度达 70%，线路现场已具备停电开展改造段两端铁塔组立、架线及拆旧施工条件。
9. 成效显著
截至 7 月 26 日，杆塔倾斜率为 7.59‰，已保持 34 天维持不变，充分证明临时措施关键有效；24 小时监测数据 A、B、C、D 腿基础沉降值已持续 27 天均为 0，基本稳定；杆塔结构持续 27 天未发生变化；地表位移监测点已持续 27 天无明显位移，边坡坡体基本稳定。</td></tr>
<tr><td>应急处置与救援启示</td><td>1. 成立各级组织机构，责任清晰，分工明确，处置有序
公司成立兴安直流 620# 塔应急抢险指挥工作组织机构，发挥主导作用。
高速公路施工方组织成立边坡局部塌方应急处置指挥部，下设锚筋桩施工组、土方施工组、500kV 电塔改迁设计方案组等 15 个小组，提供强有力支撑。
南宁局主要负责人和分管领导冲锋在前，第一时间赶赴现场，组织生技部、安监部、输电所相关负责人分工协作起到关键作用。</td></tr>
</table>

续表

应急处置与救援启示	2. 建立信息共享机制，及时传递、分析和决策 （1）建立信息报送群。一是建立包含公司领导的汇报群以及南宁局内部的应急抢险尖刀连信息沟通群。二是跟高速公路施工方建立边坡抢险微信群及620# 塔设计迁改工作组。保证了现场第一手信息的流转及发现问题的及时沟通反馈和协同。 （2）成立联合监测。成立联合交通设计院、交科集团、南宁局的三方监测信息组，客观、快速、科学分析数据，为快速研判险情提供支撑。 （3）建立例会机制。及时通报工作推进情况，协调解决存在的问题。 （4）建立信息报送机制。统一信息出口，及时传递现场治理措施落实进度。 3. 资源投入有力 在各方努力下，共投入近400人，200台机械24小时不间断施工，采取三班倒机制，不计成本投入抢险工作。 （1）设计工作及时高效。公司及时协调中南电力设计院设计资源投入，“就地驻扎 + 后方团队支持”响应快速，4天出具基础施工图，7天出具电气施工图。 （2）高速公路施工方全力以赴抢险。需让对方知道后果的严重性，才能投入大量人力物力。以回填反压为例，第一天零星投入车辆较少，仅10余辆车，后增加至200余辆。 （3）现场施工质量严格管控。盯紧现场，发现问题自上而下反馈，处理问题要及时。

案例六 “4·20”芦山地震抗震救灾应急处置与救援

发生时间	2013年4月20日	发生地点	四川雅安芦山
应急救援类型	地质灾害应急处置与救援		
事件概述	2013年4月20日8时2分46秒，雅安芦山发生7.0级强烈地震，给人民群众生命财产、给当地电网造成了巨大的损失，芦山县、天全县、宝兴县电网全部垮网，220kV变电站停运2站，110kV变电站停运7座，35kV变电站停运15座，10kV及以上输配电线路停运265条。芦山县、天全县、宝兴县停电用户达8.6万户，雅安境外，成都、内江、乐山、阿坝等地个别地区停电。 事件发生时，国网四川省电力公司总经理正驱车前往基层调研工作的途中，得知芦山发生强烈地震后，立即掉头向震中驰去，并电话联系调度中心主任询问电网运行情况，通知公司立即启动地震灾害Ⅰ级应急响应，并将地震信息上报至国家电网公司。公司总工程师、安全总监、应急中心主任等人也在第一时间赶到应急指挥大厅，将地震的震中、震级和烈度信息发送至相关领导。震后10分钟，应急大厅集结15人，分管应急工作的副总经理立即成立公司抗震救灾应急指挥部。 经过紧张有序的应急处置和救援，4月22日20时，芦山县、天全县、宝兴县主供线路已经全部送电成功，国网四川省电力公司全面完成雅安芦山地震电力应急抢险阶段任务，转入电网恢复阶段。		
应急处置与救援	1. 应急响应 震后15分钟，应急大厅集结80人，公司安全总监已带领第一批抢险队伍、应急中心移动卫星地面通信系统（动中通）前往雅安。震后20分钟，公司集结200人，组建了救灾抢险组、电网调度组、应急救援组、新闻及公共关系组、通信保障组及治安交通保障组等六个应急专业处置小组并指挥前线人员快速展开救援。公司相关领导坐镇应急指挥中心指挥应急抢险各项工作。		

续表

应急处置与救援	 应急救援现场图片 总公司总经理召开抗震救灾部署会，第一时间作出指示：立即按照预案要求启动应急响应，调派应急救援人员、物资、车辆、应急发电车等赶往现场救灾。 09 时 00 分，公司应急指挥部统一下达了第一批应急抢修队伍增派命令，调遣相邻的五家电力公司应急发电车紧急驰援雅安，必须以最快的速度点亮灾区希望。 09 时 20 分—09 时 39 分，公司调集与雅安相邻的五家电力公司 10 辆发电车，476 人电力抢险人员集结出发，在当天 16 时左右赶到芦山，在太阳下山的那一刻，做好灯火亮起的准备。 15 时 00 分，第二批抢险队伍 151 人，抢险车辆 33 辆（含发电车 3 辆），应急发电机 39 台前往灾区。 16 时 00 分，在得知前往宝兴道路全部中断，成为孤岛的时候，公司总经理命令应急中心做好从水路进入宝兴县抢修的准备。应急中心立即集结水上救援队和 6 艘冲锋舟待命，随时从岷江、青衣江驶入宝兴县救援抢险。 2. 积极协调，加强应急联动 地震发生后，公司第一时间向省委省政府、省应急办等上级部门汇报电网受灾情况，确保政府准确掌握灾情，制定抗震救灾计划。公司与地震局、气象局、交通运输部、民政部等部门紧密联系，实时了解灾区动态，为进一步部署工作提供信息支撑。积极参与政府有关抗震救灾会议活动，坚持“灾区在哪里，我们前往哪里；政府需要什么，我们提供什么”的原则，加快电网抢修，尽快恢复城乡电网供电，全面满足政府抢险救灾、恢复重建工作对电力的需求，为医院、学校等重要单位及居民临时安置点提供坚强电力保障。地震当晚，李克强总理前往芦山中学视察的路上，看见县城主干道路灯已经恢复照明，县城一片光明。总理称赞国家电网公司在此次抢险中表现突出，在短时间内恢复了电力供应，体现了央企良好的社会责任，并高度评价国家电网公司在此次抢险救灾中所取得的成绩，表扬国家电网“言必行，行必果，打了一场抗震救灾恢复供电的漂亮仗”。 3. 了解电网受损情况，制定抢修恢复方案 12 时 40 分，公司总经理到达芦山县，深入芦山县城察看配网受损情况，了解芦山县清仁供电所供区范围，勘察 110kV 金花变电站主设备受损情况。在 110kV 金花变电站主控楼成立芦山现场指挥部，召开了第二次现场协商会。会上对各部门人员进行了分工，针对主网受损情况制定了应急抢修方案：一要积极与政府沟通，保证芦山县城今晚临时用电，保证政府抗震救灾指挥部、医院、灾民安置点供电；二要考虑从 110kV 苗溪变电站搭接电。110kV 金花变电站 10kV 出线是芦山县城城区负荷主要输出通道，在该站主要设备受损情况下，总经理灵活布置，充分利用未受损设备，临时拼接，组建了一条“电力通道”。同时，通知当地电力公司开展线路特巡工作，做好当晚送电准备。

续表

<table><tr><td>应急处置与救援</td><td>4. 应急抢修路线
17 时 00 分—18 时 35 分，多台发电车到达芦山县，为公安局、人民医院、武装部、学校、变电站等重要场所保供电。
19 时 50 分，总经理参加由李克强总理、汪洋副总理召开的抗震救灾协调会，汇报了电网抢修情况，并保证 21 时 20 分恢复县城主干道供电。
20 时 57 分—21 时 15 分，多条 10kV 线路送电成功，芦山县、天全县主干道、县医院、武装部、抗震救灾指挥部、芦山中学安置点等重要场所陆续恢复送电。一面面鲜红的电力抢险旗帜在废墟上飘扬，一支支共产党应急先锋队、救灾突击队迅速成立。在灾情最严重的地方，在群众最需要的地方，公司领导干部挺身而出，冲锋在前……
22 时 10 分，受李克强总理召见，公司总经理汇报了电力公司总体抢险情况，保证医院、指挥部、灾民安置点等地的电力供应。
23 时 50 分，总经理在金花变电站组织召开了第一次全体公司现场工作布置会，听取抵达芦山的多家地市公司及本部相关部门最新工作情况汇报，并提出要求：抢险不冒险，要做好救援中的安全工作；认真排查灾区受灾情况，对芦山、天全、荥经、宝兴等地进行排查；对芦山、宝兴跳闸线路进行巡查，并作为下一步恢复的任务；要做好后勤及医疗保障。
4 月 21 日 08 时 20 分—22 时，随着道路的打通，支援宝兴县电力公司的抢险队伍从小金到达宝兴县城，通过紧张有序的抢修工作，恢复了 110kV 穆平站、35kV 宝兴站 10kV 母线供电，宝兴县城主网 3 条 10kV 线路恢复送电。

抢险队员为宝兴县最大的安置点宝兴中学架设应急线路
4 月 22 日 11 时 00 分，110kV 黄龙线也已送电，恢复负荷约 600kW，35kV 宝兴变电站恢复供电。宝兴县城 4 条 10kV 供电线路——穆上线、穆下线、宝中线、宝沙线，除宝沙线外已全部恢复。电视台、水厂、消防支队、成都特警、交通局 5 个点提供临时恢复供电。19 时 35 分，宝兴县宝盛乡三个安置点的应急照明灯全部通电。
5. 成效显著
经过全力抢修，截至 21 日 07 时 30 分，雅安 220kV 变电站恢复 1 座，110kV 变电站恢复 5 座，35kV 变电站恢复 11 座；220kV 线路恢复 5 条，110kV 线路恢复 6 条，35kV 线路恢复 30 条，10kV 线路恢复 66 条。因地震造成停电的 18.66 万用户中，恢复供电的为 12.35 万户，其中重灾区芦山县城县政府、医院及新城区已恢复供电，天全县恢复近 70% 停电用户的电力供应，宝兴县采用发电机发电，解决了县城抗震抢险指挥部、医院等用户的供电。
22 日 20 时 00 分，宝兴的 4 条主供线路已经送电成功。至此，宝兴县电力抢险工作的第一阶段应急抢险阶段顺利完成。公司总经理在芦山抗震救灾指挥部召开现场工作布置会，宣布：截至 22 日 20 时，全面完成雅安芦山地震电力应急抢险阶段任务，转入电网恢复阶段。</td></tr></table>

续表

应急处置与救援启示	1. 成立各级应急指挥部，责任清晰，分工明确，处置有序 震后 10 分钟，公司副总经理立即成立公司抗震救灾应急指挥部。 12 时 40 分，公司总经理到达芦山，成立芦山现场指挥部，积极与政府沟通，保证芦山县城当晚临时用电，保证政府抗震救灾指挥部、医院、灾民安置点供电。 16 时 30 分，公司应急救援队 4 名队员（第四救援队）乘坐直升机空降宝兴，立即成立宝兴地震救灾指挥部，及时向公司应急指挥部报送受灾情况，成为抵达宝兴的首支电力救援力量。 2. 实时新闻发布，传递正能量 多年来，国网四川省电力公司高度重视事故信息报告和公开透明，在应急体系建设中大力提升了新闻媒体应急能力水平，能正确应对采访，及时准确发布突发事件信息，有效引导舆论。以持续的信息发布，全面、真实、准确地向媒体及社会公众发布灾区电力保障恢复信息。新媒体在传播电力救灾信息、传递正能量方面发挥着不可替代的作用。 地震当日 13 时 30 分，公司副总经理向中央电视台和中央人民广播电台作第一次新闻发布，发布震后电网受损情况和应急抢险情况。14 时 10 分，第二次新闻发布，接受《第一财经》电视台的电话采访，就电网受损情况、抢险恢复情况及下一步采取的主要措施作详细介绍。之后公司通过微博、网络、电视等向全国发布了电力抢修恢复情况。截至 24 日，中央主要媒体共发布电力救援相关报道 184 篇，官方微博发布信息 192 条次，粉丝数量达到 67 529 名。信息的公开透明，让电力抢修与全国人民关注灾区的心紧紧联系在一起，树立了电力企业的良好形象，传递了信心，也传递了力量。 3. 快速反应，机制通畅 完善的应急机制和快速的应急响应是决定突发事件抗灾减灾成功的关键。地震后 20 分钟内，公司就成立了芦山抗震救灾应急指挥部，组建了救灾抢险组、电网调度组、通信保障组、治安交通保障组、应急救援组、新闻及公共关系组等各专业处置小组，指挥前线人员快速展开救援。震后 1 小时，灾区相邻单位的应急抢修人员和应急发电车集结完毕前往灾区增援。震后 2 小时，公司领导带领应急小队已经到达雅安决策指挥。震后 3 小时，已有超过 500 人的应急救援和应急供电队伍进入灾区。 公司上下快速响应，第一时间保证了地震当日灾区应急供电和电网抢修的人力物力。这成功的第一步归功于公司近年来建设了统一指挥、功能齐全、反应灵敏、运转高效的应急机制，完善了统一指挥、覆盖全川、高效协调的省、地、县三级应急指挥平台，健全了自上而下的应急管理组织体系，形成高效通畅的应急通道。 4. 集结快速，队伍素质高 公司应急指挥部下达第一批应急供电队伍增派命令之后，短短 30 分钟，10 辆应急发电车，476 人应急救援队伍集结赶赴灾区，及时满足芦山县城重要场所的用电需求。而在地震发生后的 72 小时内，公司共组织应急抢险队员 2100 余人，300 余辆车到达指定地点，开展抗震救灾工作；调集 12 台发电车及 272 台发电机全部抵达灾区，保障应急供电任务的顺利完成。 高素质的队伍与公司建设应急培训基地和组建专业应急队伍密不可分。公司应急救援队伍通过在应急培训基地开展冰灾、地震、洪涝、山地自然灾害等多种防灾减灾培训和演练，辐射、带动、引领企业的建设，组建了一支“召之即来，来之能战，战之能胜”的电力应急救援突击队，确保事发地应急尖兵 2 小时内到达灾害现场，应急救援抢修队伍在应急状态下 1 小时内集结待命，可满足在多灾难或重大突发事件中同时完成 2 点救援和 5 大区域同时抢修任务，全面提升公司在各类电力突发事件下的指挥决策和应急救援的综合实力。 5. 装备先进，救援高效率 要在自然条件恶劣的抗震一线真正发挥作用，离不开一批高、精、尖装备的支撑。汶川地震后，公司加大对应急装备的投入力度，研制开发了多种应急救援的勘察、救援、后勤保障装备。配备了静中通便携站、移动卫星通信指挥车、无人机、大型应急充电方舱、冲锋舟等一流的应急设备，极大地突破了自然条件的限制，形成“海、陆、空”立体式应急救援网络，带动了电网应急抢险能力的整体提升。 在本次抗震救灾中，无人机在勘察宝兴县道路路况、输配电线路的任务中发挥了重要作用，对宝兴河对岸无法到达的区域进行了航拍勘察并发现 3 处故障点，大大加快了抢修进程。在震中芦山，抢险队员通过单兵微波图像传输设备，近距离拍摄电网受损和灾区受灾情况，动中通同步将图像和影音资料传回应急指挥中心，为第一时间科学制定抢险救援方案提供依据。在受灾群众安置点，应急充电方舱为群众提供充电服务，同时支持 1300 余台手机充电，并设有 300 余个插座，用于电筒、台灯等充电，满足了群众的生活需求，得到了多家媒体的宣传。同时，公司在灾区调配了医疗方舱、淋浴车、餐车等装备，可提供熟食热饭和医疗救助，大大改善了前线应急救援人员的工作条件。从灾情勘察到后勤保障，各类特种装备为应急救援提供了多方面的支撑和服务，极大提高了应急救援效率。

续表

应急处置与救援启示	6. 以人为本，严防次生灾害 "抢险不冒险"是从事抢险工作的基本原则，大型天灾是一场对人类意志力的考验。在余震不断、环境恶劣的情况下，充分保障抢险人员的生命安全与健康是确保完成恢复供电任务的前提和关键。在抗震救灾中，公司领导注重、倡导和践行"以人为本"的理念，想员工之所想、急员工之所急，将生命始终放在最高位。 针对灾区道路因余震易发生飞石、滑坡等次生灾害，公司积极联系地方政府，搜集道路抢通信息，研究制定交通运输方案，及时发布安全行车信息，确保抢险期间的交通安全。公司对参与抢险工作的各级员工制定了详实的工作轮换制度，确保抢险人员良好的精神状态；并派出 9 人的电力医疗小分队，在灾区开展治疗及现场防疫工作，保证员工身体健康。同时，在后勤保障方面，公司组织共计 8200 余件矿泉水、5400 余件干粮、26 000 余斤新鲜食品，以及帐篷、睡袋、棉被、充气垫、防潮垫、军大衣、雨衣、冲锋衣等 43 000 余件生活用品和 12 000 余盒药品送往雅安芦山、宝兴和天全的抗震救灾前线，面面俱到的后勤保障服务深深温暖了灾区员工和援建队员的心。 7. 循序渐进，不断完善 总结此次雅安地震救援的过程，我们体会到应急体系建设带来的成功，但仍存在需要提升的空间。 （1）信息搜集汇总和灾情反馈不够全面及时 现阶段公司应急信息通信系统主要以视频会商为核心手段，灾情的汇报仍以口头汇报和表格信息为主，现场灾情、环境、人员、物资的具体情况实时监控性不强。我们需要进一步加强应急通信和信息系统的建设，以物联网技术为基础完善现场的数据采集和数据链路建设，建设可视化灾情汇报系统，并结合电网 GIS 平台等信息系统构建一个灵活互动的信息平台，进一步提升应急指挥的信息化和智能化水平。 （2）应急体系标准化建设需进一步完善 公司应急体系建设取得了丰硕成果，但将成果转化成应急体系软硬件标准化建设仍然欠缺。我们需要进一步建立完善应急培训体系、装备配置、队伍建设等标准化制度，实现省、市、县级应急队伍装备种类、型号、数量等的标准化。并将先进的应急管理、救援、培训、研究体系向全省乃至全国推广，促进应急管理领域国际交流与合作。 （3）应急处置后评估和研究分析亟须加强 每一次应急救援实战都是一次宝贵的、不可复制的经验。公司在全力实施抢险救灾的同时，对应急处置后评估工作的开展力度仍然不够。为进一步提升未来应急处置的能力，公司需要积极开展应急处置后评估工作，汇集分析应急处置中的数据，结合实践经验分析总结，获得比单纯总结更有价值的结果，更好地指导和提升未来应急管理工作。

案例七　电力监控系统网络攻击实战应急演练

发生时间	2017 年 5 月 17 日	发生地点	某市
应急救援类型	电力监控系统突发事件应急处置与救援		
事件概述	网络安全就是国家安全，网络攻击从普通的黑客行为上升为国家级、集团级攻击行为，网络安全高级持续性威胁（APT）活动的日益猖獗，使得网络战成为常态。电力监控系统作为关键信息基础设施，是网络安全的重中之重，也是可能遭到重点攻击的目标。乌克兰、委内瑞拉大停电等事件表明，一旦遭受严重的病毒及网络攻击，直接影响电网安全稳定运行，影响国计民生及国家安全。台积电感染勒索病毒造成生产线停摆，损失高达 78 亿元。国家层面出台电力安全风险管控行动计划，明确提出要加强网络战攻防实战演习。由于网络安全导致的事件案例不多，这里以某企业内部电力监控系统网络攻击实战应急演练为例，描述演练的场景设置、处置过程及启示。		

续表

<table>
<tr><td>事件概述</td><td>这次实战演练目标站点是某 220kV×× 站（暂时停运中），场景均为实际现场，包括变电站现场、网安值班室、自动化值班室、调度室、通信调度室等。目的是检验电力监控系统网络安全防护能力及应急处置能力，检验病毒及网络攻击对电力监控系统的实际影响；检验电力监控系统遭受网络攻击对电网运行的实际影响；检验电力监控系统应急预案及处置方案的可行性、可操作性；检验各层级、各专业纵向指挥及横向协同机制的有效性。
演练设置了两个实战攻击场景。在监测到系统告警后，各专业开展应急处置，电力监控系统受到的影响没有超出预期。</td></tr>
<tr><td>应急处置与救援</td><td>1. 实战攻击场景设置
利用 U 盘摆渡感染监控后台，造成应用被锁死；之后以监控后台为攻击源，相继感染测控装置、远动装置，造成测控和远动装置失灵。
2. 事件的发生
14：33，对 220kV×× 站实施病毒攻击。
14：38，态势感知系统相继监测到变电站遭受病毒及网络攻击，发现攻击行为及相关异常。发现 USB 设备非法接入变电站后台；针对病毒利用 telnet 非法登录进行告警。
14：43，计算机监控后台被勒索、数据和应用被锁死；远动、测控功能失灵；104 通道中断；变电站失去运行监控。

计算机监控后台被勒索后出现的画面
3. 应急处置
在监测到告警后，各专业应急、分析、处置及系统恢复比较有序，整个演练过程风险受控，电网运行正常，电力监控系统受到的影响没有超出预期，未发生其他异常情况。
14：58，变电班组进站检查。
15：23，外部技术人员入场。
15：30，变电班组协同外部技术人员分析、隔离、处置。
15：45，开始恢复设备及系统。
17：00，恢复远动、后台、测控。
19：15，完成全站遥信遥测数据核对。
20：18，完成全站开关、中心点地刀遥控预置试验。
20：54，基本恢复电力监控系统。
次日 02：09，完成变电站远动监控功能的全部预置试验。</td></tr>
<tr><td>应急处置与救援启示</td><td>1. 证实了病毒的破坏性
演练证实了病毒及网络攻击可造成电力监控系统被破坏、被控制，进而对电网安全稳定运行和可靠供电造成严重影响，要做好一二次系统协同防控。
（1）电力监控系统遭受攻击影响电网安全稳定运行
勒索病毒造成数据被窃取、被损坏或被篡改，造成数据泄密或业务系统局部功能异常；二次系统失灵或失效，造成电网失去监控或者保护、稳控拒动；系统被控制，导致误调、误控，影响电网安全运行。
（2）病毒感染若扩散后果更为严重
保护装置：轻则导致保护装置失灵，造成拒动；重则导致保护装置误动，对电网运行造成巨大的威胁。调度主站或集控站：轻则导致敏感信息泄露；重则导致系统失灵，电网失去监控，完全进入盲调状态，容易造成对电网的误调、误控，导致系统频率和电压失去控制。</td></tr>
</table>

续表

应急处置与救援启示	（3）若遭受攻击，将严重影响可靠供电 220kV×× 站如遭受攻击将导致全站失压，损失负荷，并影响二级用户 220kV 某高铁牵引站；若遭受国家级敌对势力攻击，则极有可能造成类似乌克兰或委内瑞拉的区域甚至是全国范围的大停电事故，严重影响社会稳定甚至国家安全。 2. 应对网络攻击应急处置涉及面广、难度大、时间长，须健全相应的应急体系 （1）应急处置涉及面广 网络安全专业需要开展攻击行为监视、病毒分析、溯源、处置等；自动化、保护、通信等专业根据被攻击破坏情况，评估各系统的受损情况，开展病毒处置及业务恢复工作；电网调度专业评估电网运行的影响范围及程度，做好负荷转移、运行方式调整等各项应急处置工作；设备监视和变电运行专业人员需要做好现场值班、设备现场巡视及操作。 （2）处置难度大 在病毒排查与处置方面，病毒攻击具有隐蔽性，变化形式多，分析排查困难；电网处置决策时，短时间内无法全面、准确判断影响范围，难以决策是否停运保护装置以及是否将变电站退出运行；在设备监视和变电运行方面，变电站转现场运行值守，现有人力物力难以应对。 （3）应急处置时间长 这次小范围攻击造成变电站系统恢复时间近 7 小时，如全站设备被感染，需各专业对全部疑似感染设备进行全面病毒查杀和检查，保护、测控等设备需要厂家人员支持，短时间难以完成系统及业务恢复。 3. 下一步工作的启示 （1）加快推进网络安全能力提升，提高电力监控系统网络安全防御水平 要加强电力监控系统物理安保。梳理完善电力监控系统关键区域的安保工作标准，并落实最小化原则、分配门禁权限等要求，严防“社工”，严控被物理攻击风险；做好电力监控系统“三同步”网络安全管控，针对增量系统级设备，做好供应链安全及“三同步”管控；加快落实纵深防御工作要求。 （2）加强队伍建设 进一步提升应急处置能力，加强网络安全专业基层队伍建设及人员配备，加快攻防培训环境建设，加强技能培训。

案例八　服务器启动故障应急处置与救援

发生时间	2016 年 5 月 13 日	发生地点	某市
应急救援类型	网络与信息系统突发事件应急处置与救援		
事件概述	2016 年 5 月 13 日 14 时 45 分左右，某市电力公司服务器突发故障自动重启，启动失败。同时，监控到操作系统假死故障再次发出告警信息，系统运维人员登录服务器时发现无法正常远程服务，出现连接失败提示，但并未收到短信告警。操作系统组收到蓝鲸平台告警短信，显示服务器 agent 心跳丢失。可定位到企业能耗数据计算分析应用系统部分页面访问异常是服务器发生故障导致。事件已造成服务器无法访问。据统计已有超过 30% 以上单位不能访问企业级应用系统，已开始影响业务，95598 电话不断，信息系统管理已启动网络信息Ⅳ响应。 事件发生后，公司立即启动网络信息事件应急预案开展恢复工作，四个半小时后通过 OPC 访问系统，重连数据库服务器，确认系统恢复正常运行。		

续表

应急处置与救援	1. 第一时间，启动响应 当公司部分服务器无法访问时，公司信息管理部门按照网络信息事件专项应急预案启动应急响应，立即检查信息中心操作系统及信息监测预警设备，通过操作系统组在服务器和蓝鲸平台上监控系统运行状态。 2. 统一指挥，迅速排查 公司应急指挥中心全面部署，要求在岗信息人员立即开展排查并确保其他系统正常运行，减少损失，防止事件升级。 按照预案组织调度信息团队的应急队伍（包括系统运维组、调度信息组、操作系统组、网络组、虚拟化组等）以及应急物资等，结合公司系统故障的程度合理安排人员排查并安排人员做好设备检查。 3. 应急处置，快速恢复 （1）按照预案迅速开展应急处置，及时处理系统异常，确保系统安全。首先确定根据服务器启动失败报错提示，尝试通过系统救援模式进行修复。在救援模式无法修复故障的情况下，则重装服务器系统，运维厂家则重新部署应用。调度信息团队和系统运维人员已进入应急状态，开始组织系统恢复。 （2）系统恢复程序： ① 调度信息组通知系统运维人员及各平台运维班组成员进行排查和处理。 ② 系统运维组的人员检查发现服务器无法访问，并将该情况反馈给调度信息组。 ③ 操作系统组收到蓝鲸平台告警短信，显示服务器 agent 心跳丢失。可定位到企业能耗数据计算分析应用系统部分页面访问异常是服务器发生故障导致。 ④ 调度信息组通知所有班组成员进行应急处理。 ⑤ 网络组巡检排查交换机状态，确认网络无问题。 ⑥ 操作系统组检查所有自动重启服务器，发现启动失败，其他服务器均已恢复正常。根据服务器启动报错提示，初步判定该服务器出现了操作系统层面的故障。 ⑦ 操作系统组立即对启动失败的故障服务器进行修复，挂载系统镜像进入救援模式。 ⑧ 操作系统组通过进一步排查，定位到服务器故障问题，服务器 MBR 挂了，分区表也没了。 ⑨ 由于服务器分区表损坏，无法进行修复。操作系统组将该情况上报给调度，并提出申请重装服务器系统。 ⑩ 调度信息组发出重装系统通知，操作系统组立即实施重装系统。 ⑪ 虚拟化组收到重装通知，虚拟化组对故障服务器实施退运，准备以同样的配置重新部署。 ⑫ 故障服务器完成退运，重新提交配置申请，等待虚拟机完成搭建。 ⑬ 完成新服务器的搭建，IP 与原服务器一致。 ⑭ 调度通知系统运维组人员重新部署应用。 ⑮ 系统运维组人员通过 OPC 访问系统，重连数据库服务器，确认系统恢复正常使用。如果应用系统右下角出现验证码，则服务器正常。 ⑯ 信息调度在信息中心运维工作群汇报系统恢复，公司信息服务公众号通知相关用户系统已恢复。
应急处置与救援启示	（1）应急处置信息迅速畅通、处置及时、处理有序，但应急的细节还需要进一步磨合，应急预案需要进一步完善，通过实战推演验证各信息班组和运维人员的应对处置能力。 （2）在实际应急处置过程中发现，制定的服务器启动故障现场处置方案中故障恢复步骤编写不全面，缺乏详细的操作程序。 （3）做好应急准备，全面部署实时系统监控，从加强监测、开展应急值守、做好特巡特维等方面提出了具体要求： ① 编制专项应急预案，优化操作系统运行方式。 为妥善应对和处置公司操作系统软硬件平台突发事件，建立现场处置保障和恢复工作机制，保证现场处置工作迅速、高效、有序地进行，满足突发事件下公司操作系统及其承载的数据业务保障和恢复工作的需要，确保公司操作系统的正常运行并及时响应业务，完善专项应急预案。 ② 预判告警、预测需求，提前调配应急队伍和物资资源。 系统故障发生前提前梳理可调配应急队伍力量和应急物资储备情况，结合系统故障的程度开展应急资源初步需求分析，根据实际情况开展应急队伍、应急物资调配演练。 （4）信息管理人员方面。每个岗位要进一步梳理各自岗位职责，熟悉本岗位流程和角色定位，掌握各类网络与信息安全技能，提升应对网络与信息安全突发事件能力。

案例九　某电力公司变电站火灾事故应急处置与救援

发生时间	2016 年 6 月	发生地点	西北某市
应急救援类型	火灾事故应急处置与救援		
事件概述	2016 年 6 月 18 日 0 时 20 分左右，西北某市电力公司某 35kV 电缆发生相间故障，事故越级扩大造成某 330kV 变电站及某 110kV 变电站主变压器烧损。事故起因是该 35kV 电缆中间接头爆炸，同时电缆沟道内存在可燃气体，发生闪爆。事故主要原因是该 330kV 变电站 #1、#2、#0 站用变因低压脱扣器全部失电，蓄电池未正常连接直流母线，全站保护及控制回路失去直流电源，造成故障越级扩大。事故造成 8 座 110kV 变电站失压，损失负荷 243MW，占地区总负荷的 7.34%；停电用户 8.65 万户，占该地区总用户数的 4.32%。造成该 330kV 变电站 #3 变压器烧损、某 110kV#4、#5 变压器烧毁，部分避雷器、开关、刀闸、母线、开关引线、电缆分箱等设备受损，经济损失达 378.2 万元，定性为一般设备事故。 事故发生后，该电力公司迅速开展抢修恢复工作，6 月 20 日 3 时 53 分全部用户恢复正常供电，共历时 51 小时；7 月 18 日 3 时 55 分，恢复了 330kV 变电站运行，地区电网恢复正常运行。 涉事 330kV 变电站火灾后图片		
应急处置与救援	1. 开展扑火行动 事故发生后，运行值班人员迅速将火情报告消防部门，0 时 35 分，变电站所在区消防大队赶到现场，现场二十几辆消防车展开灭火、救援工作，三百多警察赶到现场维持秩序。1 时 20 分，站内明火全部扑灭。 2. 开展信息报告 1 时 16 分、1 时 52 分，该省电力公司、省会城市供电公司值班室分别向省、市政府总值班室报送信息；2 时 46 分向省电力公司上级单位总值班室报告信息；3 时 30 分，省电力公司向上级公司安质部报送停电情况。 3. 应急指挥到位 1 时 25 分，省电力公司主要领导到达事故现场。2 时 30 分，市政府主要领导到达现场。省电力公司成立了现场抢修指挥部和专业工作组，调集抢修人员、试验设备和物资，开展抢修恢复工作。 4. 抢修 51 小时恢复用户供电 6 月 20 日 3 时 53 分，该 110kV 变电站 #5、#6 主变压器投运，全部用户恢复正常供电，历时 51 小时。7 月 18 日 3 时 55 分，安全完成了 3 台 330kV 主变压器、2 台 110kV 主变压器等事故设备修复和 110kV 户外敞开式设备更换为 GIS 设备改造，恢复了该 330kV 变电站和省会地区电网的正常运行。		

续表

应急处置与救援	5. 调度处置专业 0 时 28 分，省电网调度自动化系统相继发出 330kV 南寨Ⅰ，南柞Ⅰ、Ⅱ，南上Ⅰ、Ⅱ、南城Ⅰ线故障告警信息，同时监控系统报出上述线路跳闸信息。 0 时 29 分，省检修公司安排人员立即查找故障。0 时 38 分确认该 330kV 变电站全站失压，站用电失去，开关无法操作；8 座 110kV 变电站失压。 0 时 55 分—1 时 58 分，市地调陆续将 7 座失压变电站倒换至其他 330kV 变电站供电。火灾涉及的 110kV 变电站所供 1.2 万户用户陆续转带恢复，至当日 12 时，除了 700 户不具备转带条件的，其他用户全部恢复供电。 1 时 20 分，站内明火全部扑灭，省电网调度要求现场拉开所有失压开关，并检查站内一、二次设备情况。2 时 55 分确认该 110kV 变电站 #4、#5 主变压器烧损，330kV 变电站 #3 主变压器烧损，#1、#2 主变压器喷油，均暂时无法恢复。 5 时 18 分，330kV 变电站完成 3 台主变压器故障隔离。 6 时 34 分—9 时 26 分，330kV 变电站 6 回出线及 330kV Ⅰ、Ⅱ母线恢复正常运行方式。
应急处置与救援启示	1. 细化突发事件信息报告流程 火灾蔓延速度快，信息报告十分重要。本次火灾事故发生后，向各方的信息报告滞后。要落实责任，提升信息报送的及时性。要细化各部门在突发事件应急响应中的职责，确定主要部门的联系人，将责任落实到人。细化突发事件信息需要上报的单位，将突发事件应急响应流程图表化，全面加强应急实战能力建设。 2. 重要电力用户应加强应对停电能力的建设 本次事故中，某外企电子厂虽然没有和涉事变电站有直接电力联系，但由于整个系统电压下降，部分半导体设备感应到电压异常后自动停止运作，工厂损失约 10% 的生产力，造成数千万元的经济损失。要建立健全与政府部门、重要用户等相关单位突发事件应急救援内外部联动和资源共享机制，做好重要用户的供电服务，协助用户提高应急能力。 3. 提高电缆沟运行环境监控能力 引起火灾的故障电缆沟位于该市某区某路上，型号为 1m×0.8m 砖混结构，内敷 9 条电缆，其中 35kV 3条，10kV 6 条（均为用户资产）。电缆沟所沿路面沉降，沥青层损毁，沟道内壁断裂严重，电缆沟内电缆中间接头爆炸为故障起始点，沟道内存在可燃气体，引发闪爆。应加强对隐蔽电缆沟运行环境的监测和隐患排查，及时消除导致事故发生的隐患。 4. 高度重视站用直流电源的可靠性 本次事故主要原因是该 330kV 变电站 #1、#2、#0 站用变因低压脱扣器全部失电，而蓄电池未正常连接直流母线，全站保护及控制回路失去直流电源，造成故障越级扩大。要重视直流系统专项隐患排查，特别针对各电压等级变电站直流系统改造工程，全面排查整治在组织管理、施工方案、现场作业中的安全隐患和薄弱环节，加强风险分析和措施落实，坚决防止直流等二次系统设备问题导致事故扩大。